核工业西南物理研究院科学技术丛书

国际核聚变能源研究现状与前景

中国国际核聚变能源计划执行中心
核工业西南物理研究院 编著

中国原子能出版社

图书在版编目(CIP)数据

国际核聚变能源研究现状与前景 / 中国国际核聚变能源计划执行中心，核工业西南物理研究院编著.—北京:中国原子能出版社,2015.4
ISBN 978-7-5022-6399-7

Ⅰ.①国… Ⅱ.①中… ②核… Ⅲ.①核能-研究 Ⅳ.①TL

中国版本图书馆 CIP 数据核字(2014)第 229262 号

内 容 简 介

本书系统调研了国际受控热核聚变发展的历程、研究现状，介绍了包括美国、俄罗斯、中国、欧盟、日本、韩国和印度等在内的世界主要核聚变能源研究国家的核聚变研究背景、研究开发现状、主要实验装置和研究成果。同时介绍了正在实施中的国际大科学工程计划——国际热核聚变实验堆(ITER)计划的背景和意义、ITER 计划的科学和工程技术目标，各参与方承担的任务、各方执行情况的最新进展、ITER 计划实施阶段的整体进展。介绍了当前以国际磁约束聚变为主的受控热核聚变研究的前沿课题及各国的聚变研究发展战略。

国际核聚变能源研究现状与前景

出版发行 中国原子能出版社(北京市海淀区阜成路 43 号 100048)
责任编辑 付 真
装帧设计 崔 彤
特约编辑 张一鸣 曾丽萍
责任校对 冯莲凤
责任印制 潘玉玲
印 刷 北京卓诚恒信彩色印刷有限公司
经 销 全国新华书店
开 本 787 mm×1092 mm 1/16
印 张 22 **字 数** 578 千字
版 次 2015 年 4 月第 1 版 2015 年 4 月第 1 次印刷
书 号 ISBN 978-7-5022-6399-7 **定 价** **168.00 元**

网址:http://www.aep.com.cn **E-mail:atomep123@126.com**
发行电话:010-68452845

《国际核聚变能源研究现状与前景》

编委会名单

总 序

核工业西南物理研究院是我国最早从事核聚变能源开发的大型专业研究院，作为中国聚变能研发的一支主力军，也是我国参与国际热核聚变实验堆(ITER)计划的重要技术支撑单位之一。在近50年的受控核聚变研究进程中，我院总共建成了22个受控核聚变实验研究装置，先后承担并完成国家重大科学工程项目“中国环流器一号(HL-1)装置研制”、“中国环流器新一号(HL-1M)装置研制”及“中国环流器二号A(HL-2A)装置工程建设项目”，在探索受控核聚变的道路上取得了重要进展，实现了我国核聚变研究由原理探索到大规模装置实验的跨越发展，在具有偏滤器位形的大型托卡马克实验装置的建造、实验和运行及等离子体约束和输运、磁流体不稳定性、高能粒子物理及杂质控制等研究领域取得了一批创新性的科研成果，并在高约束模运行的研究和实验上进行了富有成效的探索。

随着国际热核聚变实验堆计划的启动和受控热核聚变研究的深入开展，越来越多的科技工作者关注和投入到这一高新前沿课题的研究之中。为了将我院专家在长期核聚变与等离子体科学及相关技术领域研究中所积累的经验和取得的成果加以总结，并提供给从事核聚变与等离子体科学及相关技术研究领域的科技工作者参考利用，以推动国内核聚变研究及相关领域学术水平的进一步提高，加快人才培养，加强学术交流，促进我国核聚变事业和相关科学技术的发展，决定组织出版核工业西南物理研究院科学技术丛书。自2009年以来，本丛书已陆续出版了《核真空科学技术》(朱毓坤编著)、《托卡马克装置工程基础》(袁保山等编著)、《托卡马克实验的物理基础》(秦运文编著)和《聚变堆物理——新构思与新技术》(邓柏权编著)等四本著作。

为探索符合我国国情的中长期核聚变能源研究发展乃至商业化的发展道

路，为有关部门部署国内聚变能研究与发展乃至未来能源政策取向提供科学技术研究、分析基础和战略决策依据，2010年至2013年，科技部中国国际核聚变能源计划执行中心和核工业西南物理研究院历时三年共同完成了科技部软科学研究计划"我国核聚变能源研究发展技术预测和战略途径研究"课题。作为本套丛书的第五本著作，《国际核聚变能源研究现状与前景》以完成的上述软科学研究计划课题报告为基础，系统介绍了包括各国聚变发展战略规划等在内，国内外核聚变能源研究的现状和发展趋势，详细描述了中国参加国际热核聚变实验堆(ITER)计划的历程和目前承担的任务，提供了大量世界核聚变研究的第一手资料。

谨以此套丛书献给近半个世纪以来在受控核聚变与等离子体科学与技术研究领域辛勤耕耘和不懈奋斗的科技工作者！

《核工业西南物理研究院科学技术丛书》编审委员会

2015年1月8日

序　言

《国际核聚变能源研究现状与前景》一书是由科技部中国国际核聚变能源计划执行中心和核工业西南物理研究院历时三年共同完成的科技部软科学研究计划“我国核聚变能源研究发展技术预测和战略途径研究”的课题报告编著而成。本书收集了迄今为止我所看到的最为丰富的国内外聚变研究有关资料，包括各国聚变发展战略规划，具有很高的研究和参考价值。书中详细描述了中国参加国际热核聚变实验堆(ITER)计划的历程和目前承担的任务，展现了我国聚变研究的历史全貌，因此，本书的编著、出版是十分有意义的。

ITER 计划作为人类历史上最大规模的科学工程和研究合作计划之一，集成了当今国际受控磁约束核聚变研究的主要科学和技术成果，具备可靠的科学依据和坚实的技术基础。其目标是验证和平利用聚变能的科学技术可行性，为实现聚变能源商业化应用奠定科学和技术基础。国际核聚变研究成果表明，托卡马克是已知的最有可能首先实现聚变能商业化的途径。基于托卡马克途径的 ITER 实验堆开始建设，标志着国际聚变能源开发已由基础性研究进入了实验堆研究阶段。

中国是 ITER 计划的重要参与国。作为这一国家重大科技项目的技术支撑单位，核工业西南物理研究院和中科院等离子体物理研究所目前正通过 HL-2A 和 EAST 托卡马克实验装置，为 ITER 计划的顺利推进，开展前沿课题研究和技术研发，并已取得了一系列重大进展。

人类对能源的理想是开发环境可接受度高，固有安全性好，储量又极为丰富的新能源。核聚变能不仅资源丰富，而且是一种无碳能源，对解决地球温室效应具有极大吸引力。因此，作为一种高效、清洁、安全、环境兼容的能源，它是人类未来最理想的新能源之一。磁约束聚变研究的最终目标是获得具有商业价值的聚变能源。为了获得聚变能源，首先必须将聚变燃料加热并约束到能够发生大量聚变反应的状态——实现“燃烧”。与此同时，“燃烧”获得的功率应等于或大于消耗的功率，即功率倍增因子大于1，达到和超过得失相当条件。此时，聚变能的开发才有实用意义——表明开发聚变能源的科学可行性得到证实。其后必须长时间维持“燃烧”，才能获得具有使用价值的聚变能量而不仅仅是短暂的聚变功率。在开发聚变能源的不同阶段，研究重点有很大差别。在证实科学可行性阶段，主要研究目标是改善约束和发展有效加热手段，以便达到“燃烧”条件和证明可以获得有收益的聚变功率。

对磁约束聚变装置，由于“燃料气体”密度很低(大气压的百万分之一)，因此，即便物理上有全新的发现，聚变功率也不可能达到极高水平(如惯性约束)，否则聚变装置将非常巨大。由于磁约束聚变堆的体积(规模)不可能无限增大(ITER已经很大了)，因此，在磁约束聚变堆上获得大量聚变能源的主要研究目标应当是：实现长时间“燃烧”，以获得有实际使用价值的聚变能源。

在获得聚变能源成功的基础上，对物理和工程技术进一步优化和提高，以获得安全、高效的具有很高商业价值的聚变能源堆是一个长期的发展过程，不是近期就可制定出明确的行动规划或计划的。

随着世界三大托卡马克装置——JET、TFTR和JT-60的成功，表明在托卡马克类型的磁约束装置上开发聚变能的科学可行性已经得到证实，这是国际聚变界经过40多年的共同努力取得的重大进展。在此基础上，聚变能的开发研究应该也必须进入一个新的阶段：实现长时间的聚变燃烧。与追求改善约束和获得短暂的高温聚变等离子体不同，要维持长时间的聚变燃烧，必须深入进行聚变燃烧物理的理论和实验研究：包括稳态燃烧的物理基础与限制；加料效率的物理基础与限制(稳态的加料与排灰)；燃烧效率的物理基础与限制；稳态的加热与移能；燃烧等离子体中高能粒子的作用；破裂的物理与控制等等。

实现稳态燃烧还必须要有强有力的工程技术支持：如稳态的或者非常长脉冲的磁体系统——超导或者高效水冷磁体；稳态的或者非常长脉冲的加热系统，包括α粒子加热；稳态的或者非常长脉冲的电流驱动系统，包括自举电流；稳态的高效加料系统；高效、安全、快速的氚大规模回收、分离、再纯化及存储系统；可满足聚变堆氚自持要求的包层技术和系统；破裂的完全避免和控制系统等。

如果不能实现稳态或者有相当平均功率的等效稳态燃烧，就一定不会获得足够的具有实用价值的聚变能量。那样，磁约束聚变将失去支持，如果实现了这一目标，研究的问题将可立即转入未来示范堆(DEMO)或者聚变电站必将面对的更多的工程技术和物理问题：例如高中子辐照下的材料问题；氚的加料效率，燃烧效率，回收效率以及它与环境条件的作用等等，这些将决定氚的初次投料总量和在线循环运行所需总量;氚在包层中如何增殖才能实现聚变能源堆氚的自持,因为没有任何其他办法可为聚变能源堆提供如此大量的氚的净消耗量。

因此,在国际磁约束聚变已经获得巨资建造ITER,同时中国政府已经决定拨大量经费参加ITER的情况下,中国聚变能源研究的战略应当是:将主要的人力物力和财力集中支持:ITER和ITER上长脉冲、高有效燃烧时间(duty time)的实验和工程技术研发;ITER之后中国聚变工程实验堆的稳态燃烧聚变等离子体物理和相关的工程技术研发。

本书提供了大量世界核聚变研究第一手资料并首次系统地调研了以国际磁约束聚变为主的受控热核聚变发展的历程、研究现状、参与ITER计划以及包括中国、美国、欧盟、日本、俄罗斯、韩国、印度等世界主要聚变研究国家在内的各国磁约束聚变发展战略,使我们能够对国际聚变研究的情况有比较全面的了解,这对思考我国磁约束聚变能研发的技术途径和总体规划有重要价值。本书既是对国际国内核聚变能源开发历程的回顾和总结,也是对未来发展的一个预测和展望,对制定我国核聚变能源研究的发展战略、实施路线图及必要的政策措施等具有重要的参考价值,可供关心和参与核聚变科学研究各种层次的研究人员及提供政策支持的各级部门参考。

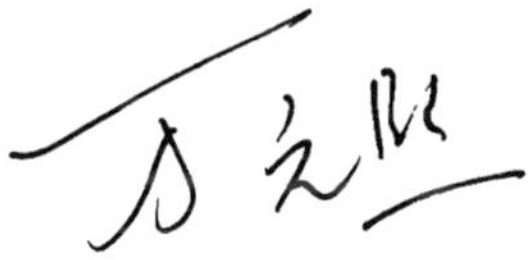

2013年12月

前 言

2010年7月，中国国际核聚变能源计划执行中心和核工业西南物理研究院接受了科技部下达的国家软科学研究计划——《我国核聚变能源发展研究技术预测和战略途径研究》课题的研究任务。其目的旨在：在充分调研和了解国际核聚变能源研究发展中的科学研究及技术突破趋势的基础上，探索符合我国国情的中长期核聚变能源研究发展乃至商业化的发展道路，为有关部门部署国内聚变能研究与发展乃至未来能源政策取向提供科学技术研究、分析基础和战略决策依据。我国聚变能源发展研究技术预测和战略途径研究课题组在广泛文献调研的基础上，积累了大量国内外聚变研究发展现状和未来发展趋势的资料，并通过与国内聚变界相关专家开展合作讨论，听取专家意见，深入开展分析研究，历经三年时间，完成了《我国核聚变能源发展研究技术预测和战略途径研究》课题的研究任务。《国际核聚变能源研究现状与前景》一书便是在该课题报告的基础上编撰而成。

本书分为三章。第一章“世界各国的核聚变研究”介绍了包括美国、俄罗斯、中国、欧盟、日本、韩国和印度等在内的世界主要核聚变能源研究国家的核聚变研究背景、研究开发现状、主要实验装置及其研究成果。第二章“国际热核聚变实验堆(ITER)计划”介绍了正在实施中的国际大科学工程计划——ITER计划的背景和意义、ITER计划的科学和工程技术目标，美国、俄罗斯、中国、欧盟、日本、韩国和印度等ITER计划的参与各方承担的任务、各方执行情况的最新进展、ITER计划实施阶段的整体进展。第三章“国际核聚变能源发展趋势和前景”介绍了当前国际磁约束聚变研究的前沿课题，以及各国针对这些前沿课题利用现有装置开展的研究项目；已经制定、实施或正在拟定或讨论中的聚变研究发展战略、聚变发展路线图、聚变堆开发路线和聚变堆的开发计划，同时对各国的聚变发展路线图进行了分析比较。

本书的出版，得到了科技部中国国际核聚变能源计划执行中心、中国核工业集团公司以及核工业西南物理研究院各级领导的大力支持和帮助，也得到了包括上述单位以及中科院等离子体物理所、中国科学技术大学、华中科技大学、北京大学、清华大学、北京科技大学、国家核安全局等单位的有关专家对本书内容的有益建议和补充修改。中国工程院院士、中国科技大学核科学技术学院万元熙院长为本书作序。在本书出版之际，谨向各级领导和专家表示诚挚的谢意。

需要说明的是，由于编者知识和认知的有限，以及本书所收集资料时间的局限，且资料的来源既有来自官方的，也有来自会议资料或个人的著作和意见，再加之核聚变能源科学研究进展、状态变化很快，聚变相关政策随之有可能进行相应调整等因素，本书对国际核聚变能源研究发展趋势和前景的介绍以及预测、分析等有一定的局限性，仅供读者参考。本书的编撰也将随着国际核聚变能源研究的深入开展，进一步补充和完善，并期待读者对本书的内容提出积极的建议和宝贵的意见。

《我国核聚变能源发展研究技术预测和战略途径研究》课题组

2014 年 6 月

目　录

总　论

人类赖以生存的能源并非是取之不尽用之不竭的。众所周知，煤炭、石油、天然气等化石能源是古生物在地下历经数亿年沉积变迁形成的，不可再生，其储量极为有限。以目前能源利用情况来看，世界上的煤、石油和天然气等生物化石能源将在几十年至数百年内逐渐耗尽。而且，上述化石能源的使用，带来了一系列的环境问题，目前世界上最严重的大气污染就来自化石能源燃烧造成的大气中二氧化碳量的增加，带来的主要后果是：酸雨、温室效应和臭氧层破坏。因此，新型能源的开发成为人类迫在眉睫的课题。

核聚变能实际上是宇宙的能源，它伴随着宇宙的产生和运转，是宇宙中取之不尽、用之不竭的洁净能源。地球存在于太阳系，太阳犹如一座巨大的核聚变反应堆，源源不断地向地球输送能源。在太阳的中心，温度高达 1 500 万摄氏度，气压达到 3 000 多亿个大气压，由于太阳内部的高温高压，使原子进行着激烈的运动和变化，氢原子核聚变成氦原子核，热核聚变反应不断进行，同时释放出巨大的能量。几十亿年来，太阳犹如一个巨大的核聚变反应装置，无休止地向外辐射着能量。1952 年，当第一颗氢弹爆炸之后，人类应用核聚变反应成为现实，但那只是不可控制的瞬间爆炸。受控核聚变就是根据太阳释放能量的原理，设法将氢弹爆炸瞬间完成的核聚变反应变成一个可以控制的过程，使释放的能量充分被人类利用。

开发新型能源必须同时考虑防止地球大气层温室效应及有利于保护环境。人类对终极能源的追求是开发环境可接受度高，固有安全性好，资源储量又极为丰富的能源。核聚变能源具有以下得天独厚的优点：

1）资源丰富。核聚变燃料之一的氘（D）广泛地分布在海水中。1 L 海水里提取出的氘，在完全的核聚变反应中可释放相当于燃烧 300 L 汽油的能量。如果实现以 D 为燃料的受控核聚变，按地球的储量计算，可获取 2×10^{11} TW・a（太瓦年）的核聚变能，若按照每年 20 TW 的速度消费，可供全人类使用 100 亿年；即使以氘-氚（D-T）为燃料，也可供人类使用 3 000 万年。

2）核聚变能源是内在安全的能源。燃烧等离子体一旦形成，任何运行故障都能使等离子体迅速冷却，从而使聚变反应在短时间内自动停止，这意味着核聚变反应堆本身具有内在的安全性。

3）核聚变能源是相对清洁和环境友好的能源。核聚变电站不产生化石燃料电站所释放的温室气体，没有裂变产物。不过，以 D-T 为燃料的核聚变电站，T 是具有放射性的，但它的半衰期非常短，而且在聚变堆中将很快再循环、燃烧。

4）核聚变反应所产生的大量高能中子在军事上以及其他领域都有广泛的用途。因此，核聚变能源是目前认识到的最终解决人类能源问题的最重要途径之一，研究核聚变、开发核聚变能源具有极其重大的科学意义和战略意义。

在地球上，实现核聚变反应需要两个基本条件：一是把燃料加热到极高温度，如 D-T 反应所要求的燃料温度不低于 1 亿摄氏度，而 D-D 反应所要求的温度不低于 5 亿摄氏度。这两个温度都已经远远地超过了太阳温度，这是十分苛刻的条件。在这样高的温度下，燃料粒子处于电离状态，即通常所说的“等离子体态”。等离子体是一种充分电离的、整体呈电中性的气体。在等离子体中，由于高温，电子已获得足够的能量摆脱原子核的束缚，原子核完全裸露，为核子的碰撞准备了条件。当等离子体的温度达到几千万甚至几亿摄氏度时，原子核可以克服斥力聚合在一起。二是除了高温条件之外，必须将等离子体约束在某种容器中，并维持足够长的时间，以便充分地发生核聚变反应，释放出足够多的能量，使聚变反应释放的能量大于产生和加热等离子体本身所需的能量及其在此过程中损失的能量。这样就能够利用聚变反应放出的能量来维持其所需的极高温度，无需再从外界施入能量，聚变反应也能自持地进行下去，表征这个概念的科学术语叫“聚变点火”。可是约束等离子体的时间越长，技术上越难于实现。约束高温等离子体不能像对待一般的气体或液体那样将它们简单地装在容器中，因为它们的温度特别高，其中的粒子有非常高的热运动速度，若把它们装在容器中，高速运动的粒子与器壁接触，将立即冷却而终止聚变反应。要想维持高温等离子体，必须采取一些特殊的手段。例如，磁约束核聚变利用磁场将高温等离子体约束在被称为真空室的容器中，可以使真空室中的高温等离子体环与器壁完全脱离。

那么，约束时间多长才能实现点火呢？约束时间跟密度有关。为了得到大量的聚变能，等离子体必须有足够的密度（如每立方厘米 $10^{14}\sim10^{16}$ 个）才会有足够多的粒子发生反应，并有聚变能输出。科学家劳逊（J. D. Lawson）早期就完成了核聚变等离子体中的能量平衡计算。设等离子体密度为 n，加热到温度 T，该高温等离子体的热能约束时间为 τ，要实现热核聚变反应，必须满足 $n\tau T$ 三项乘积（称“聚变三重积”）大于 $5\times10^{21}\ \mathrm{m^{-3}\cdot s\cdot keV}$。也就是等离子体的“聚变三重积”达到 10^{22} 时，聚变反应输出的功率等于为驱动聚变反应而输入的功率，必须超过这一基本值，聚变反应才能自持进行。

实现点火仅是受控核聚变研究的第一步。受控核聚变研究的第二个目标是使输出的能量超过输入的能量，获得净聚变能，建成核聚变发电站。

核聚变能是两个较轻的原子核结合成一个较重的原子核时释放的能量，根据 D-T 反应方程式，一个氘核和一个氚核的聚变反应所释放的能量为 17.6 MeV。其中大部分（约 80%）能量由高能中子 n(14.1 MeV) 所携带，其余的能量则被氦核即α粒子携带（3.5 MeV）保留在等离子体内自加热。在未来的核聚变反应堆中，高能中子将在包围等离子体周围的一个外套包层中慢化，它们携带的能量被转化为热能。这些热能被冷却剂带出用来产生热蒸汽，推动常规的透平汽轮机发电。产生聚变的主要燃料之一是氢的同位素氘。氘广泛地分布在海水中。1 公升海水里提取出的氘，在完全的聚变反应中可释放相当于燃烧 300 L

汽油的能量。如果用煤来测算，每吨海水中可提取出的核聚变燃料氘相当于 350 t 标准煤。根据科学家的分析，如果我们未来能建成一座 1 000 MW 的核聚变电站，每年只需要从海水中提取 304 kg 的氘就可以产生相应的电能，照此计算，地球上仅在海水中含有的氘，足够人类使用上百亿年。尽管目前受控核聚变的研究还处于科学和技术验证阶段，但被称为"人造太阳"的受控核聚变能源终有一天会应用于核电产业，从根本上解决人类对能源的需求，实现真正无污染、环境友好、取之不尽的清洁能源，从而使核聚变能源毫无疑问地成为世界能源产业的主基石。有学者指出，如果说热中子堆是第一代核电站，快中子堆是第二代核电站的话，那么核聚变反应堆将是第三代核电站。同时，核聚变反应能够产生大量的高能中子、极高能的带电粒子和极强的 X 波段微波辐射，这些特色很容易转变为军事上的重要用途。

但是，聚变能的开发难度极大。科学家们发现轻核聚变和重核裂变都是在 20 世纪 30 年代，而第一座可控自持裂变反应堆在 1942 年就实现了，第一个原子弹也在 1945 年爆炸了，9 年后(1954 年)，就有了第一座基于裂变的试验核电站。然而，基于热核聚变的首枚氢弹在 1952 年试验成功后，至今已 60 多年，半个多世纪过去了，可控聚变的研究才达到能提出热核聚变实验堆计划的阶段。可见聚变能开发难度的确很大。难度越大，开发过程就越漫长，越应早策划、早起步、早投入。

早在 1919 年，科学家阿斯顿(F. W. Aston)发现核聚变反应可以释放出能量，几乎在同一时期，卢瑟福(L. Rutherford)也证明了轻的元素以足够的能量相碰撞就有可能产生核反应。1929 年，阿特金森(R. Atkinson)和奥特曼斯(F. Houtemans)从理论上计算了氢原子在几千万度高温下聚变成氦的可能性，并认为太阳上进行的可能就是这种核聚变反应。1934 年，奥立芬特(Mark Oliphant)发现了第一个 D-T 核聚变反应。1942 年，施莱伯(Scllreiber)和金(King)在美国普渡大学第一次实现了 D-T 核聚变反应。

20 世纪 50 年代，欧美各主要国家开始着手进行磁约束核聚变的相关研究。一些可控聚变的概念及相应的实验装置如仿星器、箍缩装置和磁镜装置等相继被提出。但上述装置的性能不是很理想，如在箍缩装置上，等离子体仅能维持几个微秒。与此同时，苏联也在进行受控磁约束的探索。物理学家塔姆(Tamm)和萨哈罗夫(Sakharov)认为，将环形等离子体中感应电流产生的极向磁场跟外部环向磁场结合起来，可以实现维持等离子体平衡的位形，并提出了实现磁约束容器的装置托卡马克(Tokamak)，Tokamak 是由环形(Тороидаль)、室(Камере)、磁(Магнит)、线圈(Катушка)4 个俄文单词词头组成的缩写。第一个托卡马克装置于 1954 年在苏联库尔恰托夫原子能研究所建成，并在这个装置上实现了聚变反应，但其产生的能量极微，放电时间仅维持了 300 μs。随后研究人员对装置进行了改进，整体性能有了很大的提高。

在 1955 年的第一次和平利用原子能国际会议上，大会主席、印度科学家巴巴(Bhabha, Homi)预言：将在 20 年内实现受控核聚变。到了 1958 年的第二次和平利用原子能国际会议，人们开始认识到工程上的艰巨性和物理上的复杂性，认为这不是一个能在短期内完成的任务，研究题目转向更基础的项目。正是在这次会议上，各国将研究成果解密，公布了一批理论和实验结果，从此开始更密切的国际合作。

为了开发利用核聚变能，人类经历了半个多世纪的艰苦探索。从 20 世纪 40 年代末起，投入大量人力物力，经费总计每年超过 10 亿美元。在这个过程中，人们对开发聚变能源难度的认识也逐步深化，最终将受控核聚变的研究大致集中到磁约束和惯性约束两种途径，磁约束聚变使用磁场约束高温等离子体;惯性聚变则用强激光聚焦加热燃料靶丸。磁约束聚变包括托卡马克、磁镜、仿星器、箍缩等多种研究途径,其中托卡马克途径在技术上最成熟,进展也最快,逐渐显示出其独特优势,成为磁约束核聚变研究的主流。

1968年8月,在新西伯利亚召开的第三届IAEA等离子体物理和受控核聚变研究国际会议上,苏联科学家阿齐莫维奇(Artsimovich Lev Andreevich)公布了托卡马克T-3的最新实验结果。在托卡马克装置T-3上,首次观察到核聚变能量输出,等离子体电子温度达到1 keV,离子温度0.5 keV,$n\tau=10^{18}\ \mathrm{m^{-3}\cdot s}$,等离子体能量约束时间长达几个毫秒,能量增益因子$Q$值为十亿分之一。这是受控核聚变研究的重大突破,在当时是一个令人震惊的结果,因此不少人表示怀疑。次年,英国卡拉姆实验室主任皮斯(R. S. Pease)带领一个小组访问苏联,他们带上当时最先进的红宝石激光散射系统对T-3的等离子体温度进行了验证。结果表明,电子温度确实达到了1 keV,这一鼓舞人心的结果引起了随后几年世界范围内的托卡马克研究热潮。包括美国普林斯顿大学由仿星器-C改建成的ST Tokamak,美国橡树岭国家实验室的奥尔马克(Ormark),法国冯克奈-奥-罗兹研究所的TFR Tokamak,英国卡拉姆实验室的克利奥(Cleo),西德马克斯-普朗克研究所的Pulsator Tokamak。

从20世纪70年代开始,托卡马克进入了快速发展的时期。到20世纪70年代中期,第二代托卡马克已经建成,并成功投入运行。理论研究也从纯粹的基础理论研究转入到理论与实验相结合,一些重要的物理过程和机制先后被发现和了解,杂质控制和辅助加热等技术也得到了很大的发展。TFTR、JT-60、JET和T-15等一些有很大影响力的大型托卡马克也在这一时期先后建造成功。

托卡马克装置又称环流器,等离子体被约束在"磁笼"中,形成一个中空的面包圈,并有很强的环电流。随着各国不同规模的托卡马克装置的建成、运行和实验,托卡马克显示了较为光明的前景。在托卡马克装置上努力提高能量增益因子,即提高输出功率与输入功率之比一直是核聚变研究的重点目标之一。20世纪70年代末开始,美、欧、日、苏开始建造4个大型托卡马克,即美国的托卡马克聚变实验反应器TFTR,欧洲建在英国的欧洲联合环JET,日本的JT-60和原苏联的T-20(后来因经费及技术原因改为较小的T-15,采用超导磁体),上述4个装置后来在磁约束聚变研究中做出了决定性贡献。

20世纪70至80年代,中国科学院北京物理研究所、核工业西南物理研究院、中科院合肥等离子体物理研究所等先后建设了CT-6B(中国科学院物理研究所)、FY-1(核工业西南物理研究院)、HT-6B(中国科学院等离子体物理研究所)、HL-1(核工业西南物理研究院)、KT-5B(中国科学技术大学)等中小规模的托卡马克装置。1984年,核工业西南物理研究院成功研制并运行中等规模的托卡马克装置HL-1(后被改造为HL-1M)。HL-1装置是中国磁约束核聚变进入大规模实验的一个重要里程碑。

进入20世纪80年代以来,托卡马克实验研究取得了很大进展。1982年,在德国ASDEX装置上发现了高约束放电模式,该结果对于建设商用反应堆具有重大的意义。1984年,JET装置公布的实验结果显示,其等离子体电流达到3.7 MA,并能够维持数秒。1986年普林斯顿的TFTR用功率为16 MW的氘中性束注入氘靶等离子体,当时被叫成"超级炮"(super shot),中心离子温度2亿度是太阳中心温度的10倍,产生了10 kW的聚变功率,中子产额为$10^{16}\ \mathrm{cm^{-3}\cdot s^{-1}}$。有了以上这些突破性进展,人们于20世纪90年代开始真正获取D-T聚变能的尝试。1991年11月在JET上首次成功地进行了氘-氚放电实验,

1997 年 JET 用 25 MW 辅助加热功率演示产生聚变功率 16.1 MW，即聚变能 21.7 MJ 的世界最高纪录，但是，由于当时密度太低能量尚不能得失相当，即输出正能量。美国的 TFTR 装置于 1993 年 10 月也实现了 D-T 聚变反应。1997 年 12 月，日本在 JT-60 上成功进行了氘-氘反应实验，折算到氘-氚反应，Q 值可以达到 1.00，即能量得失相当，后来，Q 值又超过了 1.25 即有正能量输出。此后，日本 JT-60U 装置也取得了受控核聚变研究的最好成绩，获得了聚变反应堆级的等离子体参数：峰值离子温度约 45 keV，电子温度 10 keV，等离子体密度约为 10^{20} m^{-3}，聚变三乘积约为 1.5×10^{21} keV·s·m^{-3}，等效能量增益因子大于 1.3。可以说，这些突破性进展宣告了以托卡马克为代表的磁约束核聚变的堆芯等离子体科学可行性在实验上已经得到了证实，人类已经奠定考虑建造聚变实验堆，创造研究大规模核聚变的条件。

中国科学院合肥等离子体物理研究所 1995 年建成中国超导托卡马克装置 HT-7。2002 年，核工业西南物理研究院建造并运行了具有偏滤器位形的托卡马克装置 HL-2A。2006 年 3 月中国科学院合肥等离子体物理研究所完成建造中国自行设计研制的世界首个全超导托卡马克装置—— EAST。2000 年以来，中国的磁约束聚变研究取得了巨大进步，不仅建造了先进的大中型聚变装置(HL-2A 和 EAST)，而且在这些装置上取得了具有国际先进水平的创新性实验成果，中国的聚变研究与国际聚变研究交流和合作也越来越紧密，成为世界聚变研究重要的一部分。

惯性约束聚变方面，20 世纪 60 年代激光问世以后，苏联学者巴索夫(Никола́й Генна́диевич Ба́сов)和中国科学家王淦昌，于 1963 年和 1964 年分别独立提出了激光聚变的建议。但是在 60 年代末至 70 年代初，按照这种早期模式，要使聚变达到实用规模所需的激光能量，仍然让科学家们望而生畏。惯性约束核聚变的主要方法是利用多束高功率激光聚焦到氘氚靶球上实现聚变反应，它是把几毫克的氘和氚的混合气体或固体，装入直径约几毫米的小球内。从外面均匀射入激光束或粒子束，球面因吸收能量而向外蒸发，受它的反作用，球面内层向内挤压(反作用力是一种惯性力，靠它使气体约束，所以称为惯性约束)，就像喷气式飞机往后喷气体推动飞机向前飞一样，小球内的气体受挤压后压力升高，并伴随着温度的急剧升高。当温度达到所需的点火温度(大约几十亿度)时，小球内气体便发生爆炸，并产生大量热能。这种爆炸过程时间很短，只有几个 ps(1 ps$=10^{-12}$ s)。如每秒钟发生三四次这样的爆炸并且连续不断地进行下去，所释放的能量就相当于 1 000 MW 级的发电站。原理虽然简单，但是现有的激光束或粒子束所能达到的功率，还与此相差几十倍、甚至几百倍，加上其他种种技术上的难题，使惯性约束核聚变仍是可望而不可及的。

激光技术的发展，使惯性约束核聚变的“点火”难题有了解决的可能。目前，世界上最大激光输出功率达 100 TW，足以“点燃”核聚变。除激光外，利用超高额微波加热法，也可达到“点火”温度。世界上不少国家都在积极研究惯性约束的理论和技术，美国、俄罗斯、日本、欧盟和中国已经取得可喜的进展。由于测量装置、理论、计算模拟的迅速发展，以及 20 世纪 80 年代中期，更大型激光器、粒子束以及脉冲功率装置的建立，使得惯性聚变科学与应用(IFSA)可为 21 世纪新的科学实验能力提供激动人心的坚实基础。

美国劳伦斯利弗莫尔国家实验室的激光聚变实验装置——国家点火装置(NIF)2009 年开始投入运行，在首轮实验中，科学家们将 192 束激光聚焦到未装燃料的空靶上，激光束的能量达到 NIF 实现点火需要达到的最大能量的 40%。2010 年 9 月，NIF 进行了首次综合性点火实验。实验实现了点火实验所需要的所有复杂系统的整合。全部 192 束激光齐发，将 1 GJ 的激光能输入首个低温靶丸中。实验时靶丸温度降到了 -425 ℃。靶丸含有一种由氚、氢和氘组成的混合物，保证获得最全面的物理结果。实验产生的中子比以前实验多 1 000 倍，这些中子将用于未来的点火试验。所有系统都运行良好，并使用了 26 个靶诊断系统。靶性能获得的初步结果是令人鼓舞的。NIF 项目负责人指出："这是惯性约束聚变研究 50 年来最重要的时刻，代表了我们在综合实验能力方面取得了重大进展，很好支持了国家核安全局的核武器储备管理工作、国防部工作以及基础科学和能源任务工作。"在美国，惯性约束主要用于军事目的。

无论磁约束聚变或惯性约束聚变研究的根本目标均是取得可控聚变能。两种约束方式都有很高的开发难度，技术上各有特色，各有优缺点。在未来的发展中，两者都要解决持续提供能量和燃烧物理的问题，都要把自持燃烧的物理问题与复杂的工程问题结合起来，都存在不确定性和开发风险。只是性质有所不同，状况也不一样。

托卡马克磁约束核聚变研究最大的问题是等离子体的不稳定性。所谓等离子体的不稳定性是指等离子体放电很快破裂。托卡马克等离子体是一种载流电离气体，它极不稳定，容易破裂。将等离子体加热到高温高密度状态，是使其产生核聚变的基本条件。但如果过度加热，等离子体就容易破裂。这就是核聚变研究的最大难点之一。根据日本原子能研究开发机构的内部资料显示，破裂已经被认识到是一个最大的课题，所以认为在验证堆中有必要将其控制在两年发生一次的水平。目前解决该课题的对策是"通过运行方案的优化加以回避"，也就是在即将发生的时候予以回避。

惯性约束核聚变也存在其特有的等离子体不稳定性问题，但它区别于托卡马克的是，在不稳定性发展到等离子体破裂之前，反应就会终止。但惯性约束核聚变进入实用堆阶段后，必须将微小氢弹的连续爆炸提高到每秒 10 次以上，目前还没有开发出能有如此连续发射能力的功率激光。

磁约束核聚变研究从科学研究到能源应用大致可分为 4 个阶段，即：科学可行性验证、工程可行性验证、示范反应堆和商用反应堆。总体上看，国际磁约束核聚变研究正处在点火装置和氘氚燃烧实验阶段，并逐步向反应堆工程实验阶段过渡。核聚变的研究开发由于其技术上的难度、功能性的复杂，所以要实现所期待的性能并非易事。一旦突破设备大型化，结构复杂这一商用化阶段的代表性技术难题，这将成为人类发展史上的一个重要里程碑。当核聚变一步步走向实用化的时候，决定性的因素除了技术性的问题外，经济性和环境安全性也将成为很重要的因素。

为了验证磁约束聚变能和平利用的科学可行性和工程技术可行性。欧盟、俄罗斯、中国、印度、美国、韩国、日本于 2006 年 11 月 21 日签署了《联合实施国际热核聚变实验堆计划建立国际聚变能组织的协定》和《联合实施国际热核聚变实验堆计划国际聚变能组织特权和豁免协定》。由世界上主要核国家的聚变界历时十多年，耗资近 15 亿美元启动的国际热核聚变实验堆(ITER)项目，作为人类历史上最大规模的科学工程和研究合作计划之一，集成了当今国际受控磁约束核聚变研究的主要科学和技术成果，将第一次在地球上实现能与未来实用聚变堆规模相比拟的受控热核聚变实验堆，验证和平利用聚变能的科学技术可行性，为实现聚变能源商业化应用奠定科学和技术基础。如果 ITER 装置如期建成并达到预期目标，1 000 MW 级的示范聚变电站可望在 2030 年前后开始建造，并在 2050 年前后实现核聚变能源商用化。ITER 开始建设,标志着托卡马克磁约束的国际聚变能源研究由基础性研究进入了实验堆的研究阶段。

磁约束核聚变的研究开发目前面临的当前和未来的两个问题是:如何通过正在推进的 ITER 计划进一步确认已经获得的核聚变研究开发的巨大成果(当前问题);如何解决现有技术和实用化技术之间存在的差距(未来的问题)。

本书在对国内外大量文献调研的基础上,介绍了世界各主要国家核聚变能源研究的开发历史、主要研究成果、发展现状,介绍了 ITER 计划的背景、目的、进程。在此基础上介绍和分析了各国聚变发展战略及趋势。

第1章　世界各国的核聚变研究

受控核聚变研究的根本目标是实现聚变能源的商业应用。但无论是磁约束核聚变还是惯性约束核聚变都有很高的研发难度，它们在技术上各有特色，各有优缺点。在未来的发展中，两者都要解决持续提供能量和燃烧物理等问题，都要把自持燃烧的物理问题与复杂的工程问题结合起来，都存在一定的不确定性和研发风险。下一步建立示范堆也有可能面临多途径的竞争。目前，聚变界较为普遍的预期是30～40年后有可能实现聚变示范堆。而在实现受控核聚变能的商业应用之前，还会有十分艰巨、复杂的研发历程。本章介绍了世界主要聚变研究国家对核聚变科学研究的定位、政策、经费投入情况及其主要聚变实验装置开展的聚变科学研究历史、现状和进程以及面临的研究课题。

1.1　美　国

1.1.1　美国核聚变研究的背景及总体概述

美国核聚变的研究历史悠久。第二次世界大战结束后几年，美、苏一直在相互保密的状况下，开展受控热核聚变研究。在此期间，美国的聚变计划称为雪伍德(Sherwood)工程。后来由毕肖泼(A. S. Bishop)所著《雪伍德方案》一书记载了美国的早期聚变计划，叙述了磁约束聚变的各种途径，其中包括仿星器、磁镜和箍缩等。

1951年，美国普林斯顿大学的天体物理学家斯必泽(L. Spitzer)理论上提出了一个出色的磁约束聚变途径——仿星器。1952年初，他和他的同事建造了小型仿星器，即模型A，后又建造了较大的模型B和更大的模型C。与此同时，美国另有两个基地也开展着不同途径的受控热核聚变研究。一个是新墨西哥州洛斯阿拉莫斯实验室(Los Alamos National Laboratory，LANL)开展的环形箍缩装置研究，另一个是加州劳伦斯利弗莫尔辐射实验室(Lawrence Livermore National Laboratory，LLNL)开展的磁镜研究。

到了1958年，美、苏的科学家意识到，保密不利于研究工作的发展。只有解密，开展国际学术交流，才能促成聚变研究。1958年秋在瑞士日内瓦举行的第二届和平利用原子能国际会议上，英、美、苏3国展出了各自的聚变实验装置，并达成协议，互相公开研究计划。即使在冷战时期，其他核技术都是相互保密的，唯独热核聚变技术是相互公开的。自这次会议之后，研究的重点开始转移到高温等离子体的基础问题。

1962年在奥地利萨尔斯堡(Salzburg)召开了第一届等离子体物理和受控核聚变研究国际会议。会上美国报道了仿星器C、角向箍缩PHAROS、磁镜DCX等装置的实验结果。其中美国的装置有仿星器C、角向箍缩PHAROS、磁镜DCX等。1968年在苏联新西伯利亚召开的第三届会议成为一次关键性的会议。阿齐莫维奇(Artsimovich, Lev Andreevich)公布的在托卡马克T-3装置上取得的最新实验结果令人鼓舞。从此，各国掀起了研究托卡马克的热潮，纷纷建起大小不等的托卡马克。美国普林斯顿等离子体物理实验室(PPPL)很快将仿星器C改建成托卡马克ST，于1970年建成并运行。之后美国的几个装置相继建成并运行，它们是：美国橡树岭国家实验室(ORNL)的ORMAK(1971年建成并运行)，普林斯顿的ATC(1972年建成并运行)，麻省理工学院(MIT)的ALCATOR(1973年建成并运行)。进入20世纪70年代中期，第二代托卡马克也相继建成，并投入使用。其中，有美国普林斯顿大学(Princeton University)等离子体物理实验室的PLT，通用原子公司(General Atomics)的DOUBLET-Ⅲ。

1973年10月—1974年3月，阿拉伯石油禁运给许多以中东石油为主要能源的国家带来了极为严重的问题。美国由此迅速增加了可替代能源方案的研究与开发经费。美国原子能委员会(AEC)下属的美国聚变研究计划(后来称为受控热核反应堆研究计划)，在磁约束聚变研究和能源开发办公室负责人罗伯特·赫斯奇(Robert L. Hirsch)直接领导下，得到美国政府的大力支持。1972年初罗伯特·赫斯奇掌管聚变计划时，曾经想尽快将聚变计划从研究转入开发与利用。当时斯蒂芬·迪恩(Stephen O. Dean)是3个最大的部门的负责人，他向罗伯特·赫斯奇做了汇报，并在1972年初该负责人掌管聚变计划时，曾经想尽快将聚变计划从研究转入开发与利用，因此制定了“决策树”，描述了在1984年之前运行“物理实验反应堆”、1991年前运行“实验动力反应堆”、2000年前运行聚变动力“示范堆”的计划。

20世纪70年代中期，韦斯顿·斯泰西(Weston M. Stacey)带领阿贡国家实验室(Argonne National Laboratory)的一个小组开始了2个实验动力堆(EPR)的概念设计。橡树岭国家实验室(Oak Ridge National Laboratory, ORNL)的麦克·罗伯茨(Mike Roberts)和通用原子能机构的查理·贝克(Charlie Baker)承担其他的EPR设计。斯泰西著作《Quest of a Fusion Reactor: An Insiders Account of the INTOR Workshop》追溯了国际合作设计EPR的历史，该设计始于1978年。EPR被命名为“INTOR”，是国际托卡马克反应堆(INternational TOkamak Reactor)的缩写。

INTOR研究是一项在国际原子能机构(IAEA)的统一规划下，由美国、日本、苏联和欧洲共同参与的项目。正是INTOR项目，促成了苏联领导人戈尔巴乔夫和美国总统里根在1985年日内瓦峰会上提出通过国际合作实现聚变的建议。

INTOR的研究目标是“评估世界聚变计划的准备状况，完成首座实验聚变能反应堆的设计与建造，确定它是有必要进行的研究与开发，完成这种装置的设计概念，确定和分析需要解决的关键技术问题。”1978年11月，INTOR成立工作组并召开研讨会。1979年10月之前，工作组对EPR的成本做了大概的评估，范围在15亿美元到23亿美元之间。INROR

设计改造一直持续到1988年启动国际热核聚变实验堆(ITER)设计研究为止。INTOR最初的许多目标与设计最终纳入了ITER计划。目前ITER的进度是2019年投入运行,该进度比1972年预计的时间点1990年推迟了30年。在INTOR的概念设计阶段,美国所承担的大部分工作由"工程试验装置设计中心"承担,美国的其他核聚变研究单位也给予了支持。

美国1972年制定的聚变计划目标,最终在1980年10月写入美国国会《1980年磁聚变能工程法案》,使得这些目标成为"国家政策"。1980年11月美国共和党总统候选人罗纳德·里根当选为美国第40届总统后,美国能源政策发生了重大变化。1982年春天的国会听证会把美国新的聚变政策描述为"开发聚变数据库",但是"验证聚变能源是工业应发挥的作用"。该政策显然偏离了1972年制定的目标,但是已经编入《1980年磁聚变能工程法案》。

1985年,美国总统里根和苏联领导人戈尔巴乔夫,在日内瓦首脑会议上倡议开展一个核聚变研究的国际合作计划,要求"在核聚变能方面进行最广泛的、切实可行的国际合作"。后来戈尔巴乔夫、里根和法国总统密特朗又进行了几次高层会晤,支持在国际原子能机构主持下进行国际热核实验反应堆,即ITER的概念设计和辅助研究开发方面的合作。

1987年欧共体、日本、美国和苏联4方合作设计建造国际热核实验堆,第一个国际热核实验堆的概念设计计划由此诞生。不久,苏联解体,热核计划受到很大影响。到20世纪90年代中后期,美国调整了聚变研究计划,国会开始大幅削减聚变研究的预算,并于1998年退出ITER计划。这一举动使得美国许多重要的聚变研究任务被迫停止,美国也因此失去了关键领域的技术优势并失去了大批优秀人才。然而,几年的停滞期使美国科技界及政府逐渐认识到需要重新评价聚变研究。聚变能在确保未来的人类能源安全方面具有光明的前景。能源短缺和供给中断引发冲突的风险,以及现行能源生产方式造成严重环境影响的危险,都成为促进聚变能发展的积极因素。2001年美国发表的国家能源政策已经认识到了这一点:"聚变——太阳的能量来源——具有作为充足的清洁能源的长期潜能"。2001年,美国能源政策重新将聚变能研究提到重要议程。2002年7月,在美国能源部的建议下,美国聚变界在科罗拉多州的"斯诺马斯"(Snowmass)召开了夏季研讨会,200多位科学家除对聚变研究的一些重大问题给出了结论外,并明确提出希望美国重返ITER计划。2003年1月,美国总统布什发表声明,宣布美国重新加入ITER计划。声明特别指出了聚变能的商业化对美国能源安全和环境的重要意义。2003年11月,经过近一年的讨论和协商,美国公布了未来20年打算建设的28个重大科技项目,其中ITER被列为最优先发展的项目。

美国重返ITER计划后国内聚变研究经费大幅增加。2007年底,美国国会决定削减2008财年计划用于ITER的经费。美国再次对ITER计划产生动摇,这引起了国际和国内聚变界的极大反响,ITER其他伙伴国都期待从美国得到明确的消息。2008年初,美国能源部表示,虽然美国政府削减了国内ITER项目的经费,但是仍将继续参与ITER理事会及其附属机构——科学技术咨询委员会,管理咨询委员会和财务审计委员会的事务性工作。2010年5月中旬欧盟委员会在发布的一份备忘录中宣布:欧洲用于建造ITER的费用将增加到72亿欧元,是最初估计成本的2.7倍。关键问题是,到2013年,欧盟用于资助核聚变研究的经费将出现14亿欧元的短缺。美国最初估计要承担10亿美元的费用,如今要支付的账单却高达22亿美元。但是,ITER七方参与国并未打算放弃ITER计划,美国和其他ITER参与国仍在继续参与ITER计划的实施。

1.1.2　美国核聚变研究的经费与政策支持

1.1.2.1　20 世纪 70 年代的经费与政策

20 世纪 70 年代初，磁约束聚变能(MFE)在美国是一个每年投入大约为 3 000 万美元的适度的研究项目，由美国原子能委员会管理。惯性约束聚变(ICF)的官方经费数字显示，1970 年的经费水平为 3 400 万美元。聚变是原子能委员会基础研究工作的一部分。1973 年的石油危机对美国聚变能源的需求产生了重大的影响。政府认识到国家在安全和经济健康方面的易受损性，呼吁"能源独力"。从战略观点看，提供安全性和多样性的能源成为国家的战略目标。因此从 20 世纪 70 年代中期到 80 年代初期美国不断提高聚变经费预算，由 1973 年的 4 000 万美元上升到 1978 年的 3.5 亿美元，1984 年达到 4.6 亿美元。1974 年原子能委员会成立了一个新的部门办公室——磁约束聚变研究和能源开发办公室，开展托卡马克聚变试验堆(TFTR)项目和以点火、长脉冲为目的的超导装置的设计研究。简而言之，在 20 世纪 70 年代，当磁约束聚变项目的经费从每年 3 000 万美元上升到每年 3.5 亿美元时，ICF 防御项目仅由每年 3 400 万美元上升到每年 1.5 亿美元。

1.1.2.2　80 年代的经费与政策

1981 年 10 月 7 日卡特总统签字批准的《磁约束聚变能工程法案》中规定：1982 和 1983 财政年度的拨款每年增加 25%(不包括通货膨胀的影响)。1982 年度的实际预算为 5.06 亿美元，低于规定的数字。里根政府上任后对能源开发特别是在示范项目中所起到的作用持完全不同的观点。它坚持理性的观点，就是政府所起的正确作用是支持长期的研究，而不是支持短期的开发项目。经过几乎两年的思考与观察后，里根政府得出结论，即聚变能源的研究和开发确实是适合政府支持的领域。然而，多年来一直上升的预算分配已不再上升了。里根政府为了压缩开支，执政后将磁聚变研究设计预算削减为 4.6 亿美元。这样能源部不得不相应地调整原定计划。由于聚变能源开发法案明确要求在 1990 年底前建成 FED 聚变工程装置，因此有关该装置的设计研究和计划安排仍将继续进行。为了适应削减费用的需要，暂时停止在橡树岭研究所进行的两项计划，即聚变材料辐照试验装置(FMITF)和杂质研究实验装置(ISX-Impurity Study Experiment)。磁约束聚变的预算费用主要集中在两个方面，首先是环形系统，特别是托卡马克装置，其次是线性系统，重点是串级磁镜装置。二者拨款占全部预算的 90%。具体计划是争取在 1982 年 12 月建成 TFTR 托卡马克聚变试验装置和在劳伦斯利弗莫尔研究所建造的磁镜聚变试验装置(MFTF-B)以及一些带有共同性的研究计划，例如聚变材料的研究试验。剩下的 10%拨款则用于其他约束方法的实验和理论研究。里根总统要求 1981 年惯性约束聚变的预算经费缓拨 1 000 万美元，将其转入 1982 年预算；1982 年里根政府关于惯性约束聚变的预算经费为 1.9 亿美元，比卡特政府规定的少 2.9 亿美元。1984 年至 1986 年，聚变预算经费从 4.6 亿美元下降到 3.6 亿美元。

1986 年，美国发起采用国际合作的方式发展聚变能的号召，加入 ITER 概念设计(1988—1990 年)。国家对 ITER 支持的结果是美国磁约束聚变项目在它履行 ITER 的职责中将得到几乎全力的支持。事实上，由于总统的支持，聚变预算经费在 80 年代中后期总体上都相当不错。20 世纪 80 年代末 90 年代初预算变得紧张，美国磁约束聚变的项目范围变窄，重点集中于托卡马克概念和支持 ITER 的技术工作。这导致项目失去了平衡，并且在 90 年代中期产生严重后果。20 世纪 80 年代 ICF 项目保持大致的水平，1989 年其经费约为 1.65 亿美元。

1.1.2.3 90 年代的政策调整

在布什政府执政初期，美国能源部负责能源研究的新领导人鲍勃·亨特(Bob Hunter)审查了磁约束聚变(MCF)项目和惯性约束聚变(ICF)项目，建议提高 ICF 经费，压缩 MCF 经费。减少 MCF 经费的要求得到国会的积极赞成，但是 ICF 的经费并没有到位。1990 年，当时的能源部部长沃特金斯(Admiral Watkins)任命盖伊·史蒂夫(Guy Stever)领导一个委员会审查 MCF 项目和惯性约束聚变项目。1991 年，能源部公布了国家能源战略报告，其中包括史蒂夫委员会的大多数建议。史蒂夫委员会对 MCF 持积极态度，并建议该研究应集中于证明聚变动力的可行性。委员会同样对 ICF 的成就和发展潜力表示祝贺。提议在这两个项目之间进行一定程度的协调和综合。然而，实现所有史蒂夫委员会的建议需要持续增加 ICF 项目和 MCF 项目的预算。在 MCF 项目上，估计预算需要从每年的 3.6 亿美元提高到 7 亿美元以上。由于 90 年代初的经济衰退、海湾战争及其后果，这显得不切实际。

20 世纪 90 年代初，能源部(DOE)提出一个长期的聚变能源项目，寄希望于 2025 年前建成示范堆，要求进一步提高预算。由于项目要求与实际预算间的矛盾，聚变能源项目无法按计划执行。1995 年夏天，美国国会把 1996 财年的核聚变经费削减 1/3，并提出对该项目进行大幅度的调整。国会要求能源部重新审查聚变项目目标，使之更适于长期的研究工作而不是沿着能源开发项目的方向。在 1996 年和 1997 年 2 个财政年度内，经费从大约 3.6 亿美元下降到 2.4 亿美元左右。1995 年 12 月 5 日美国能源部要求核聚变能源咨询委员会提出咨询报告，此报告于 1996 年 1 月 27 日完成，报告题为“重新调整的美国聚变能源科学项目战略计划”。该计划反映了聚变项目重心从能源技术到聚变能源科研的一个转变。经过本次调整，聚变能源科学计划将着重于基本的聚变科学和技术研究，可对建立更加诱人的聚变电厂提供更深的理解，并且为美国在将来开展聚变能源发展计划提供科学基础。新计划中提出的美国聚变能科学计划的新使命为：发展先进等离子体科学；聚变科学及聚变技术；探索更经济环保的聚变能源的知识基础。支持新使命的政策目标为：发展等离子体科学研究，实现国家科学技术目标；作为国内计划的核心目标包括促进聚变科学、技术及等离子体约束创新；参与国际合作，寻求聚变能科学与技术。调整后的计划寻求保证美国承担的 ITER EDA(ITER 工程设计活动)在 1998 年 7 月的圆满完成，从而为美国参与 ITER 计划打下伏笔，这是一项低花费，高回报的投资。在管理规划上，原来的聚变能源办公室(Office of Fusion Energy, OFS)更名为聚变能源科学办公室(Office of Fusion Energy Science, OFES)。原先的聚变能咨询委员会(FEAC)更名为聚变能科学咨询委员会(FESAC)，以反映其新的工作重心。为成功执行这个新的战略，从而实现调整项目所带来的重要科学利益和未来机遇，聚变能源科学计划要求每年的经费为 2.55 亿美元。这个预算已包含在 1997 年度总统预算提案之中。

削减预算已经导致了以下的结果：美国对 ITER EDA 的贡献被调整和削减(在削减中尽量减少对项目计划和其他成员的不良影响)；美国重要的新科研装置被停建(包括停止即将开工建设的托卡马克物理实验项目)；美国主要托卡马克装置的科学项目大幅减少；大学

的实验等离子体物理研究计划的经费缩减；一些重大技术项目被中止；大学、国家实验室和工业界损失了大批的科研人员。

1998年美国退出ITER计划。1999年5月20日美国公布《美国先进托卡马克聚变科学计划白皮书》，指出当前美国的策略是通过国际合作探索燃烧等离子体。ITER计划是主要的国际参与者优先选择的方案，希望美国以适当形式参与。但美国已不是ITER的合作伙伴，ITER合作伙伴是欧盟、日本和俄罗斯。他们打算建造一个技术目标比原来的ITER设计少，且费用也低的装置。如果美国重新加入这种新的合作，可以获得很多好处。

1.1.2.4 21世纪初的政策调整

世界上开发聚变能的努力正处在其研究工作新阶段的初期：研究燃烧等离子体。燃烧等离子体的实验研究长期以来一直是美国基于科学的聚变规划的一个目标。2000年由美国大学聚变协会（包括来自国家实验室、工业界和大学的聚变科学家）倡议召开的一系列燃烧等离子体研讨会，恢复了推进燃烧等离子体研究的兴趣。

在这些研讨会之后，2000年FESAC成立了一个专门小组以评估燃烧等离子体物理学，并对正在进行评估的下一步选择方案的研究方向提出建议。专门小组在建议中断言：现在是美国为建造燃烧等离子体实验设施采取行动的时候了，应增加在核心聚变能科学预算上的实验经费，美国应制定一个有关燃烧等离子体实验的前瞻性的计划（而不是观望国际聚变界在燃烧等离子体实验设施建设上的行动）。

FESAC专门小组为聚变界推荐了3个步骤，把美国聚变计划推向制定一个燃烧等离子体战略。第一，应对3个现有的实验方案（IGNITOR、FIRE和ITER）进行统一的技术评估；第二，在2002年夏季召开一次有"斯诺马斯风格"的研讨会，聚变界将在研讨会上评估这3个选择方案中每一个的科学和技术可行性，并证实（或否决）着手进行燃烧等离子体实验的时间是现在而不是将来的某个不确定的时间；第三，应召集一个FESAC"行动"专门小组为美国未来的燃烧等离子体实验行动方案制定蓝图。

根据以上提议，2002年7月美国聚变界在斯诺马斯召开夏季研讨会，对聚变能科学计划在磁聚变能和惯性聚变能领域的未来主要步骤进行了重要评估。主要结论：核聚变科学要以开发聚变能源为目标；聚变研究已经取得了重大进展，托卡马克类型研究领先其他途径很多年，美国及世界聚变界都要将研究转向燃烧等离子体聚变实验研究。建议优先重返ITER。2002年9月FESAC提交了"推进聚变能发展的燃烧等离子体计划"，建议美国重新加入ITER计划。FESAC将这份报告提交国家研究理事会（NRC）进行更高层次的评估。

2002年11月美能源部委托的一个专家委员会访问了ITER伽兴联合中心，并对ITER进行了全面的成本评估，提交了"ITER计划费用估计"，认为ITER的成本预算和可实施的工程进度时间表是可靠的。2002年11月FESAC向美能源部科学办公室提交了"聚变能发展计划"的初稿，认为聚变可提供取之不尽的能源，未来几十年成功地发展聚变能将大大增进美国的能源安全，有效减少温室效应。

2003年1月包括众议院科学委员会主席在内的5名众议员再次联名致信能源部长要求美国重新加入ITER计划。2003年1月美国总统和能源部长讲话宣布美国将参加ITER计划国际谈判。2003年3月NRC燃烧等离子体评估委员会提交了对参与ITER谈判的期中报告，主要结论是美国参与ITER是一项政策稳定的聚变计划，要强化国内聚变科学项目的研究，确实增加聚变研究的经费。

2003 年 3 月 5 日 FESAC 的"聚变能发展计划"定稿，定稿报告中指出，"……通过解决关键的聚变科学问题，从而巩固美国在聚变技术上强有力的地位(能源部长斯宾塞·亚伯拉罕)"，"……聚变能商用具有极大的潜力，可以解决美国能源安全问题。……(总统乔治·布什)"布什总统提出在 21 世纪中期实现聚变发电的商业化的目标。据此，能源部 FESAC 在 2003 年提出了一个 35 年的长期计划。计划明确指出将在 35 年内建成有净发电能力的聚变示范电站 DEMO，DEMO 必须为在 21 世纪中叶建成第一代有吸引力的商用聚变电站开辟道路，要求逐步增加预算，恢复到 20 世纪 70 年代末，80 年代初的水平。计划确定了关键进展，重大决策，需要的主要装置和资金需求。35 年预算总投资约 240 亿美元。

2005 年 8 月 8 日，美国政府颁布"2005 国家能源政策法案"，该法案是近 40 年来美国最全面详细的能源法案，几乎涉及了所有能源类型，也是美国面向 21 世纪的一部能源法，为美国能源安全提供了一个综合、平衡和对环保有利的长期战略。该法案强调了美国利用核聚变能，确保提供可商业化的核聚变能源技术的研究与开发。在"能源政策法案"的指导下，美国能源部实施了"核聚变能研究项目"，该项目囊括了美国国内广泛的研究计划和美国参与的 ITER 计划。

2006 年 2 月 9 日，布什总统颁布了"先进能源计划"，作为"先进能源计划"的一部分，布什总统要求国会 2007 年为 ITER 增加拨款。

新世纪之初，美国能源政策的调整重新将聚变研究提到重要议程，2003 年能源部增加了聚变研究的预算经费，达到 2.57 亿美元，主要用于支持当时还在运行的国内 3 个聚变装置(通用原子能公司的 DIII-D 装置，麻省理工学院的 Alcator C-Mod 托卡马克装置和普林斯顿等离子体物理实验室的 NSTX 球形环磁聚变装置)的有关研究工作。

2004 财年美国国会批准的主要领域研发投入拨款方案中，聚变能科学的投入额为 2.63 亿美元。

在 2006 财政预算提案中，划拨给聚变能科学办公室的经费为 2.905 5 亿美元，与总统提案申请的费用相同，但比 2005 财年增加 1 670 万美元。不过经费的分配与总统提案的分配有所不同。总统提案中拨给 ITER 的经费是 5 550 万美元，比 2005 财年增加 5 010 万美元。总统提案大幅缩减了美国国内聚变大纲的经费。美国参众议院拨款委员会的委员们提出国内聚变大纲的经费应当保持在 2 990 万美元，由此 ITER 经费要相应的减少。与会委员提出警告说："按照以往的做法，委员们可以直接通过能源部从 2007 年财政拨款的其他途径划拨用于 ITER 的费用，而不是减少国内聚变研究经费或科学办公室计划的做法"。委员会要求，面临经费缩减的国内聚变大纲应与 2005 年财政拨款水平保持相同。委员们还指出，"美国审计总署(GAO)负责审查国内聚变能科学办公室的研究大纲，以便确定国内支持 ITER 的主要设施的作用，包括提出一些建议，可能的话在支持 ITER 方面巩固或加强合作使研究价值最大化。GAO 还将对影响美国国家核安全局研究的各种机会进行评估，以此作为托卡马克概念的选择方案之一。"

2007 年 2 月 5 日，美国总统布什向国会提交了 2008 年的财政预算，加大了对 ITER 的投入，从 6 000 万美元增加到 1.6 亿美元。因此，能源部的聚变研究领域的预算将上升 1/3，总额达到 4.28 亿美元。然而，2007 年 12 月美国国会决定削减 2008 年计划用于 ITER 的费用。但这并不会影响原计划 2008 年在法国卡达拉奇动工的 ITER 建设。除了削减国内 ITER 预算外，美国国会还禁止能源部从其他项目中挪用资金来满足对 ITER 伙伴国的承诺。具有讽刺意义的是，为了建设国内的3个小型聚变装置，美国国会为能源部提供了9 350万美元，比申请的费用超出600万美元。自从2008年拨款法案颁布以来，美国数百名科学家下岗，研究经费缩减，国家实验室的装置的运行时间大幅度缩短。而且被迫违背美国对ITER建造承担的1.6亿美元的承诺，损坏了美国在国际项目中作为一个可信赖的合作伙伴的声誉。在国内要求政府增补2008财年ITER经费的呼声中，政府为美国国内的ITER项目办公室提供了部分资金。

2009年度美国聚变预算申请ITER拨款略有增长。2009财年美国能源部大多数项目的预算都获得了大幅提高。特别是，2008年ITER在国会遭受重创后，这次热核研究项目的总预算达到4.93亿美元，增长了72%，其中2.15亿美元用于ITER。能源部已经修改了ITER计划的拨款，从先前11.22亿美元 的"顶级投资"上升到14.5亿美元至22亿美元"范围"的拨款。根据布什总统的预算申请，2009财政年度美国国内聚变能科学大纲(不包括ITER)预算经费为2.785亿美元，与2008财政年度的2.76亿美元相比，上涨了1%。预算案认为OFES决定要继续支持国家紧凑仿星器(NCSX)建造项目。能源部提出为NCSX增加366万美元的预算申请，同时减少DIII-D装置费用280万美元，减少Alcator C-Mod装置费用133万美元，减少NSTX运行费用280万美元。费用大幅缩减的项目还有LLNL的球形环实验(减230万美元)，ORNL的仿星器(减110万美元)以及材料研究(减100万美元)。费用大幅增加的项目有问题分析研究(增200万美元)和(新的)聚变模拟项目(增198万美元)。

美国核聚变研究(包括MFE和ICF)年度预算的总体变化趋势，参见图1.1.1。

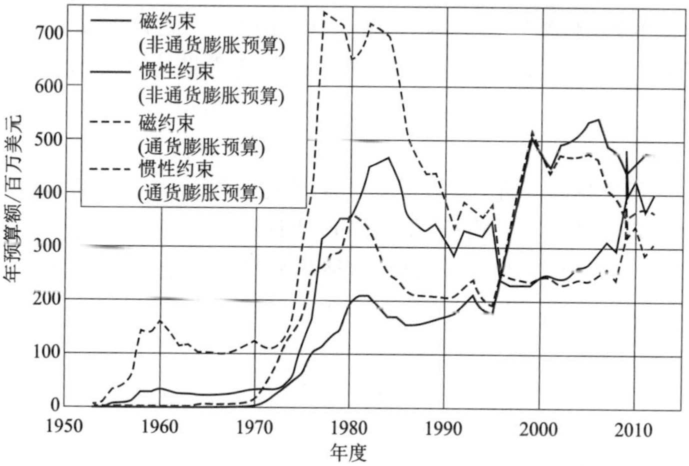

图1.1.1 美国聚变研究MFE和ICF年度预算总体趋势

美国2009财年的研发预算一出台，立即引起美国科技界的广泛关注。美国能源部负责科技的副部长雷蒙德·奥巴赫(Orbach Raymond)表示，大多数的科学家都相信美国既应该投资解决当前能源问题的短期项目，也应该投资瞄准未来的长期项目，国会不重视长期项目是错误的，没有基础研究的发明和发现，国家将失去未来的希望。

2009年8月美国能源部聚变能源科学办公室(OFES)获得政府划拨的8 310万美元刺激经费，其中1 170万美元用于DIII-D托卡马克的升级改造。包括辅助加热系统、电源系统、芯部和边缘诊断方面的升级，并支持短期博士后新的研究岗位，增强诊断性能的研究项目。700 万美元用于 NSTX 装置若干关键部件的强化与改造。NSTX 研究强化/改造项目将会及时地落实关键的、最优先的 NSTX 装置和诊断的改造。Alcator C-Mod 装置升级获得 500 万美元经费支持。包括射频(RF)加热和电流驱动系统的增强以及若干诊断系统的改善。2009—2010 财政年度,3 个主要聚变装置(DIII-D、C-Mod、NSTX)的运行时间各延长 5 周,为此提供经费 490 万美元。

在美国国会通过的 2010 年能源和水利拨款法案中,为聚变能科学提供的资金为 4.26 亿美元。根据总统奥巴马提交的 2011 财年预算报告,能源部在 2011 年的科学预算将增加 4.4%,达到 51.2 亿美元,基础能源科学的经费将增加 12%,达到 18.3 亿美元;聚变能源科学将减少 10.8%,只有 3.8 亿美元,因 ITER 的延期,美国已经大幅削减了它的预算。2011 年美国总统提出的国内 ITER 预算资金为 8 000 万美元,比 2010 年(1.24 亿美元)大幅降低。美国国内 ITER 机构主任内德·绍瑟夫(Ned Sauthoff)表示,2011 年美国"持续性决议"预算可能不会对美国 ITER 项目造成很大影响。

在国会提交的 2012 财年预算申请中,聚变大纲的预算总体上涨。ITER 经费增加到 1.05 亿美元,反映了 2010 年 ITER 国际组织签署 ITER 整体项目进度协议和任命新的高水平的建设管理团队之后,ITER 建设步伐的加快。国内聚变装置的预算费用也有所增加,NSTX 升级改造经费为 1 460 万美元,DIII-D 装置经费为 6 860 万美元,C-Mod 装置经费为 2 850 万美元,较 2010 财年分别上涨 570 万美元、350 万美元、200 万美元。

美国 2013 财年总统预算报告显示,能源部(DOE)聚变能科学办公室聚变能源科学项目的预算被削减为 3.98 亿美元,削减幅度为 0.8%,与此同时,美国 ITER 项目的预算从 1.05 亿美元上涨到 1.5 亿美元。这就意味着,一旦美国国会通过该预算案,美国国内的聚变大纲将受到严重的影响,预算经费将由 2012 财年的 2.96 亿美元减少为 2.483 亿美元,降幅为 16%,麻省理工学院的 Alcator C-Mod 托卡马克装置将被迫关闭。该装置是美国目前为 ITER 建造做出主要贡献的 3 大装置之一。在世界其他国家都在加大聚变研究力度的时候,美国 2013 年预算案却在逐渐减少聚变计划经费。削减国内聚变大纲的预算经费,引起了美国聚变界的强烈反响。为此,美国聚变界资深人士联名致信美国能源部长朱棣文和总统奥巴马的科学顾问约翰·霍尔德伦,信中写道:"作为美国目前的聚变研究工作的领导人和管理者,我们不得不指出,2013 财年预算申请将导致美国聚变大纲在国际聚变研究中降级为二线球员。""多年来美国国内聚变大纲一直在最低预算和基本的资金水平运行,在我们的基本能力和对国际聚变大纲以及 ITER 计划的科学贡献没有严重的负面影响的情况下,根本无法承受预算减少的提案。""如果要执行的话,4 900 万美元的预算削减将会导致美国数百名聚变科学家、工程师、研究生和技术支持人员被迫裁员。"美国如果没有一个强大的国内聚变研究计划来获取 ITER 的研究成果和技能发展,将不能从 ITER 投资中获得益处。因此,美国在履行其承担的 ITER 责任和义务的同时,应大力资助包括 Alcator C-Mod 在内的国内聚变研究计划。美国应当在支撑未来聚变的发展中发挥作用。

2012 年 4 月 25 日美国众议院拨款委员会驳回了奥巴马政府提出的 2013 财年削减美国国内聚变研究经费的提案。美国 ITER 项目经费也超出了预算申请额。核聚变能科学项目在现有预算基础上增加了 7 260 万美元,达到 4.746 亿美元,超出了政府申请预算,超出部分为 7 630 万美元。近 2.97 亿美元将用于国内聚变项目。委员会对 DOE 做出指示,使用额外的资金维持 MIT Alcator C-Mod 聚变装置的运行。委员会还希望 DOE"继续为科学办公室的国内核聚变项目提供研究、运行和升级改造的资金。"

美国 ITER 项目资金也有所上涨，增加了 7 300 万美元，达到 1.78 亿美元，比预算申请额高出 2 800 万美元。但拨款委员会警告说，全面的 ITER 筹资构成了“巨大的预算挑战”，并提醒 DOE 制定一个 10 年计划，清楚地说明当局应如何为美国承担的 ITER 费用提供资金。

近年来美国国内聚变预算(3 大主要装置)和 ITER 预算情况，参见图 1.1.2。

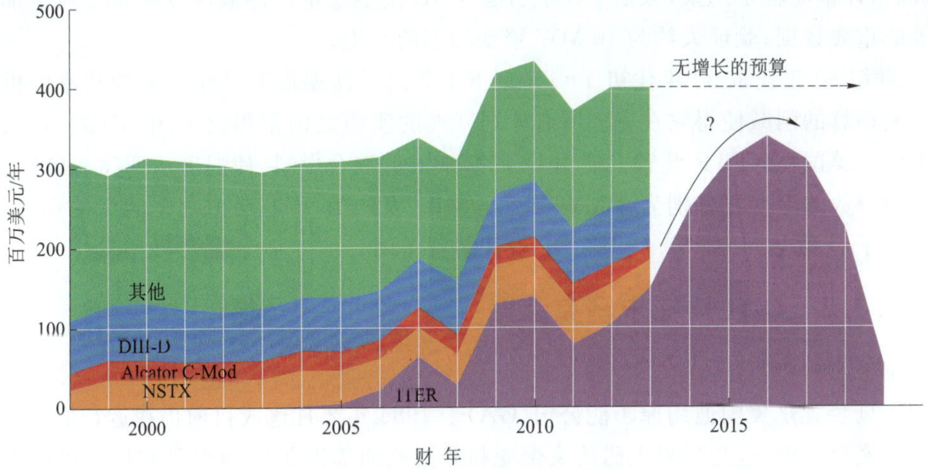

图 1.1.2 美国聚变预算走势图

1.1.3 美国主要实验研究装置

1.1.3.1 TFTR 托卡马克装置

TFTR 是美国 PPPL 于 1974 年开始建造，1982 年建成并投入运行的大型托卡马克装置(见图 1.1.3)。该装置造价 3.14 亿美元。根据原来的时间表，该装置应该在 1981 年投入运行，原定建造费用为 2.19 亿美元。1982 年 12 月圣诞节前夜，该装置比规定的日期提前一周产生了关键性的初始等离子体，成为当时正在建造的新一代聚变研究装置中第一个开始运行的装置。TFTR 装置的主要参数见表 1.1.1。

图 1.1.3 TFTR 装置全貌图

表 1.1.1 TFTR 装置的主要参数

装置类型	运行时间/年	大半径/m	小半径/m	磁场(环向)/T	加热功率/MW	等离子体电流/MA
托卡马克	1982—1997	2.1～3.1	0.4～0.96	6.0	51	3.0

TFTR 的物理使命是探索并了解聚变堆等离子体芯部的基础等离子体科学。就燃料密度、温度和聚变功率密度而言，TFTR 中心的氘氚(D-T)等离子体性能和预计的 D-T 聚变堆等离子体性能很相似，这就允许 TFTR 在与 D-T 聚变堆等离子体芯部相关的条件下

研究等离子体输运、MHD稳定性和 α 粒子物理。TFTR 的工程使命是要获得一个尺寸接近实验动力堆的聚变工程系统的经验。

TFTR 氘氚实验的主要目的：安全运行氚处理系统，在有 14 MeV 中子的强辐射环境中成功地运行装置和诊断设备；提供从氘等离子体变化到氘氚等离子体时约束和加热变化的详细资料；评价 α 粒子约束，包括 α 粒子引起 TAE 模不稳定性的效应及获得 α 粒子加热和积聚等的重要数据；验证大约为 10 MW 聚变功率的产生。

20 世纪 80 年代末 90 年代初 TFTR 创下了等离子体温度和产生的聚变功率的世界纪录。但是预算的削减使得它在完成所有计划开展的实验之前不得已关闭。1993 年 12 月 9 日和 10 日，美国在 TFTR 装置上使用 D-T 各 50%的混合燃料，使温度达到$(3\sim4)\times10^{8}$ K，两次实验释放的聚变能分别为 3 MW 和 5.6 MW，大约为 JET 输出功率的 2 倍和 4 倍，能量增益因子 Q 值达到 0.28。1997 年 TFTR 装置关闭。

1.1.3.2 DIII-D 托卡马克装置

1）概况

DIII-D 装置是美国通用原子能公司(GA)于 1986 年 2 月建成目前仍在运行的美国最大的磁约束聚变装置，也是世界上磁约束聚变和非圆截面等离子体物理研究最先进的大型实验装置之一。DIII-D 拥有大量测量高温等离子体特性的诊断设备，还具有等离子体成形和提供误差场反馈控制的独特性能，这些性能反过来又影响等离子体的粒子输运和稳定性。此外，DIII-D 在过去 10 年中是世界聚变项目中一些领域的主要贡献者，包括等离子体扰动、能量输运、边界层物理学、电子回旋等离子体加热和电流驱动。能源部科学办公室的聚变能源项目是这个装置运行的主要支持者。

GA 从 20 世纪 60 年代开始磁聚变研究，是环形磁约束装置托卡马克的先驱者。更具体地说，他们研究的是非圆截面的托卡马克装置，包括 Doublet II、Doublet III 和目前的 DIII-D 装置。DIII-D 具有的非圆截面和多功能的实验性能对 ITER 关键问题的物理学基础和 ITER 先进运行模式的发展会产生极大的影响。图 1.1.4 为 DIII-D 装置全貌图。表 1.1.2 列出了 DIII-D 装置的主要参数。

图 1.1.4 DIII-D 装置全貌图

表 1.1.2 DIII-D 装置的主要参数

参数	实际值
大半径(R_0)/m	1.67
小半径(a_0)/m	0.67
纵场(B_T)/T	2.1
等离子体电流(I_P)/MA	3.5/5
中性束功率(P_{NBI})/MW	20
离子回旋加热功率(P_{ICRF})/MW	4.4
电子回旋共振加热功率(P_{ECRH})/MW	2

DIII-D 计划是一项国家研究计划，很多从聚变能科学计划（FES）直接获得资金支持的美国实验室和大学广泛参与了该计划。在与欧盟、日本、韩国、中国、印度和俄罗斯等国家开展的国际合作中，DIII-D 计划起到了核心作用，它吸纳了许多国外科学家，同时派出 DIII-D 科研人员到国外参加实验。

DIII-D 计划是一项大型的国际研究计划，有 92 个参与机构和一个 515 人的国家研究团队。GA 运行的 DIII-D 是美国能源部聚变能科学办公室真正的用户设备。DIII-D 研究成果曾 4 次获得美国物理学会杰出等离子体物理学奖。

DIII-D 采取对外开放的形式开展聚变研究，面向世界各国接受他们提出的实验方案，美国能源部为此制定了研究合作协议。在 2004—2005 年度实验中，共收到世界各国提交的研究方案 451 个。

DIII-D 计划是美国聚变研究计划战略的奠基石。DIII-D 计划的主要目标是建立优化托卡马克途径产生聚变能的科学基础。通过提高对聚变等离子体广泛课题的基础科学认识来实现此目标，这些课题包括利用磁偏滤器控制等离子体边缘的磁场位形，开展输运、稳定性、等离子体-波物理学和边界层物理学的研究。这些课题是 DIII-D 实验科学研究室六个物理组（稳态整合，综合模拟，ITER 物理学，等离子体控制与运行，聚变科学以及等离子体边界界面）的主要研究内容。另外，3 个交叉任务组主要研究 ITER 快速停堆的方案、ITER 非轴对称磁场物理学和输运模型的验证。过去几年中，对 ITER 相关的放电状态的研究，包括先进运行模式的发展，在 DIII-D 实验计划中得到了重点关注。

目前，DIII-D 国家聚变计划 60％的科研人员（全职）来自合作单位。该团队的组成人员包括研究生和从事聚变研究 30 多年或经验更加丰富的资深科学家。他们中不少人因杰出研究获得认可：11 人是美国物理学会（APS）杰出物理学奖获得者，55 人是 APS 会员。

DIII-D 国家团队的核心人员包括运行人员约 90 人，科学家约 120 人（大多数为合作科学家）。大多数合作人员在装置现场的时间占大部分（每年 2 周或更多时间参与实验）。GA 近一半的物理研究与硬件的制作和运行、任务的协调、建立并维护计算机编码以及类似的服务活动有关。

很多科学家为装置运行提供支持。包括诊断和数据采集维护、诊断设备的运行、系统标定、数据压缩/分析。随着 DIII D 实验复杂化的增长，诊断和数据分析的需求也在增长。许多诊断需要实际运行来调整增益、滤波、对准和定时，以便满足特殊实验的需求。装置运行后，许多数据在与其他数据进行比较之前，要求做进一步的压缩与分析。有些仪器与数据压缩已采用自动化，但总的来说，科学家们是提供实验支持的主要人员，他们是 DIII-D 国家团队的组成部分。

除了 GA 外，国内还有 7 个主要的合作单位，这些单位承担了许多课题项目，有的还承担了项目的管理。主要的合作单位加入到 GA，组建了指导项目策略和近期研究方向的执行委员会。表 1.1.3 列出了 DIII-D 国内主要合作单位的项目职责。其他合作单位还包括各大高校和国内国际的实验室与研究机构。表 1.1.4 列出了参与 DIII-D 项目的其他国内国际研究机构的项目作用。

2）2009—2013 年 DIII-D 5 年规划

2009—2013 年 DIII-D 5 年规划的任务是“建立优化托卡马克途径产生聚变能的科学基础”。DIII-D 新的 5 年计划的重中之重是创新与优化，目标是实现具有吸引力的聚变能。

2003—2008 年计划中，最初的重点是先进托卡马克研究，强调先进的聚变科学与概念。随着 ITER 建设的启动，2009—2013 年 DIII-D 计划的 3 个主要研究目标或课题为：为 ITER 成功提供解决关键问题的物理方案；为 ITER 及以后的稳态高性能运行建立物理学基础；发展对前沿聚变等离子体的基础认识。

表 1.1.3　2008 年 DIII-D 国内主要合作单位的项目职责

LLNL • 边缘、偏滤器物理学、诊断和模拟研究中的主导作用 • 质量输运和氚滞留研究中的主动作用 • MSE 诊断，测量内部电流分布 • 先进托卡马克(AT)计划中的积极作用 • 提供诊断支持 PPPL • 电阻壁模的主动致稳 • AT 输运垒的研究 • 旋转与动量输入 • 提供 FW 和 ECH 支持，开展分布控制研究 • 在快离子物理学中发挥积极作用 • 托卡马克运行和诊断支持 ORNL • 铅弹丸注入计划 • 大量喷气减缓破裂 • 在 AT 计划中发挥积极作用，包括状况模拟 • FW 传输线和 FW 物理学 • 边界物理学和诊断研究	SNLA • 在偏滤器物理学和 ELM 抑制中发挥积极作用 朗缪尔探针诊断 • 等离子体壁相互作用 UCLA • 突击任务(thrust)，ITPA 中的领导地位 • 反常电子输运 • 输运垒 • 先进 FIR 和微波诊断 UCSD • SOL 输运与各种流 • ELM 控制与快速边缘探针 • 破裂减缓、逃逸电子和软 X 射线诊断研究 • H 模物理学 • 尘埃测量 哥伦比亚大学 • 电阻壁模控制的主导作用 • 高 βAT 实验中的主导作用

表 1.1.4　2008 年参与 DIII-D 项目的其他国内国际研究机构的项目作用

ASIPP(中国) 科学家互换交流，等离子体控制系统， EAST 托卡马克合作 综合模拟 法国原子能委员会(CEA)-卡达拉奇(法国) Tore Supra 协调实验 CompX Fokker-Planck 模拟 CPI 回旋管运行 INEL 可靠性研究 IPP(德国) ASDEX-U 协调实验 JAEA(日本) 高性能稳态托卡马克综合物理学与控制 JET(英国) JET 协调实验 MHD 模拟与破裂研究	KFA 于利希(德国) QMB 与氚滞留研究 KSTAR/NFRC(韩国) 先进托卡马克物理学整合 偏滤器设计与等离体控制系统 库尔恰托夫研究所(俄罗斯) ITER DINA 破裂模拟 LANL MHD 模拟 马克斯-普朗克(德国) 快偏滤器 IRTV NREL/卡拉巴萨斯 Creek 公司(小型企业创新研发计划，SBIR) 非晶硅研发(微波辐射) SWIP(中国) 综合模拟 特罗伊茨克(俄罗斯) 破裂模拟 威斯康星大学 BES 诊断 湍流，带状流与输运

第一个目标确认了美国和世界聚变计划中ITER成功的重要性。DIII-D计划的近期目标将很大程度上受ITER研究需求的影响。第二个目标重申了对先进托卡马克研究的承诺，发掘托卡马克作为具有吸引力的能源装置的最佳特性。最佳特性的概念是完成对创造与创新的承诺。第三个目标表达了DIII-D研究人员的愿望和DIII-D计划的职能，继续充当发展聚变等离子体基础认识的引领者。建立牢固的实验科学基础是发展聚变能最切实可行和最有效的方法。

DIII-D计划今后5年将在以下5个领域为ITER成功作出贡献：提供ITER设计中关键问题的物理学基础；发展并验证满足ITER物理学目标的综合运行模式；加强对ITER性能和优化起关键作用的可预测问题的认识；发展提高ITER研究能力的稳态高性能运行模式的物理学基础；为美国下一代聚变科学家参与ITER运行及担任ITER研究的领导角色提供最新水平的研究平台。表1.1.5列出了美国DIII-D计划将为ITER研究做出贡献的领域。

表1.1.5 DIII-D计划将为ITER研究做出贡献的领域

2005 2010 2015

ITER发展阶段 聚变科学实验	设计支持	试运行	调试 首次产生等离子体
集成的燃烧等离子体系统	ITER高能量增益长脉冲感应方案 ✓✓ 研制集成的等离子体模型 ✓✓	ITER高能量增益稳态方案 ✓✓ 研制集成的等离子体模型 ✓	
宏观等离子体物理学	设计压强驱动的不稳定性抑制线圈 ✓✓	研究避免破裂和减缓破裂的方法 ✓✓ 确定致稳约束的射频系统、限制不稳定性 ✓	
波与高能粒子	解决射频与微波问题 ✓ 研究高能粒子的不稳定性 ✓✓	确定ITER加热和电流驱动系统的升级计划 ✓ 开发α粒子的诊断 ✓	
多尺度输运物理学	理解电子热输运 ✓✓ 决定如何使ITER等离子体旋转 ✓ 理解输运垒 ✓✓	研究ITER湍流诊断 ✓	
等离子体-边界界面	理解边界台基物理学 ✓✓ 确定边缘不稳定性的影响降至最低的途径 ✓✓ 理解偏滤器物理学中密度的作用 ✓		
聚变工程学	研究第一壁材料的可选方案 ✓ 参与试验包层模块大纲 研究ITER先进燃料 支持超导磁体的建造 研究射频源与波发射器 ✓ 研究诊断技术 ✓		

注：重大贡献的领域在表中用"√√"表示，主要贡献用"√"表示。

DIII-D 托卡马克的磁场较低，更适合用电子回旋电流驱动。2 个装置都制定了强大的偏滤器物理学计划，用理论和编码支持偏滤器的研究和边缘输运。DIII-D 装置的特点是使用全碳壁 PFC，C-Mod 则使用高 Z 硼化材料。C-Mod 增加了偏滤器泵，可直接与 DIII-D 的粒子控制实验进行对比。2 个装置都有减缓破裂的研究计划。由于大范围的尺寸和等离子体参数，DIII-D、ALCATOR C-Mod 与欧洲较大的 JET、日本的 JT-60U 托卡马克在无量纲定标实验中发挥着重要作用，各计划的科学家们参与了备受关注的联合实验。

2011 财年，DIII-D 实验于 2011 年 4 月开始，之前从 2010 年 4 月到 2011 年 3 月关闭了一年进行装置升级改造。改造的内容主要包括重新定位其中一个中性束线，获得更好的离轴电流驱动能力，并在托卡马克中心位置安装等离子体控制线圈。2011 财年的实验计划是利用新改进的装置开展实验，继续重点开展为 ITER 关键问题提供解决方案的实验，为制定 ITER 计划建立扎实的物理基础。DIII-D 计划还将继续与国际机构合作，配合开展一系列联合实验。图 1.1.5 为 DIII-D 计划与世界主要聚变装置的合作关系。

DIII-D 升级改造的目标参数：EC 12 MW，NBI 总功率 30 MW，离轴功率 10 MW，先进的 3D 性能，增添进行物理验证的新诊断设备。

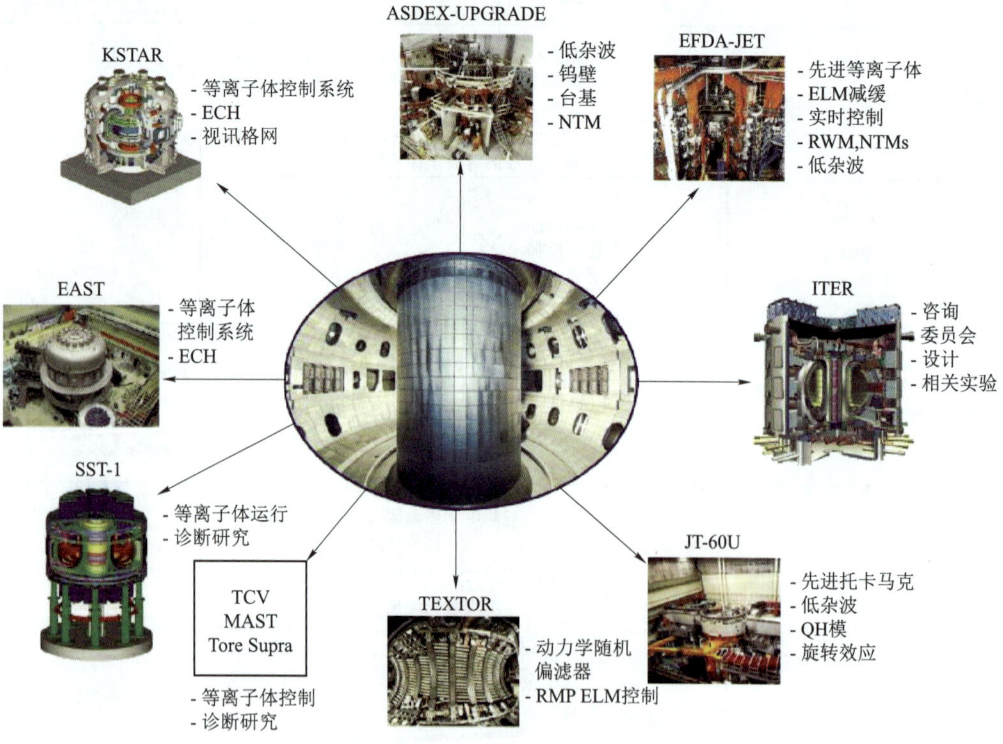

图 1.1.5　DIII-D 计划与世界主要聚变装置的合作关系

1.1.3.3　Alcator C-Mod 托卡马克装置

Alcator C-Mod 托卡马克装置由麻省理工学院于 1993 年建成，是世界上唯一按照 ITER 设计磁场和等离子体密度并超出 ITER 设计要求运行的托卡马克装置，它产生了世界最高压强的托卡马克等离子体。也是唯一采用全金属壁以适应高功率密度的托卡马克装置。由于

图 1.1.6　Alcator C-Mod 装置全貌图

这些特性，C-Mod 非常适合检验与 ITER 极为相关的等离子体状态。该装置在诸多领域为世界聚变计划做出了重要贡献，如等离子体加热与电流驱动、稳定性以及强磁场托卡马克的约束等。Alcator C-Mod 是继 Alcator A（1975—1982）和 Alcator C（1982—1988）之后，Alcator（Alto Campo Torus，高场环）系列装置的第 3 个，该装置是美国大学中最大的运行中的聚变装置，是 MIT 等离子体科学与聚变中心（PSFC）的主要组成部分。图 1.1.6 为 Alcator C-Mod 装置全貌图。

该装置利用紧凑的强磁场环境研究等离子体物理学，主要研究方向是偏滤器物理学、等离子体约束、等离子体控制和射频加热。

2011 财年，Alcator C-Mod 继续积极开展研究，同时为 ITER 提供支持。实验将解决采用等离子体放电的射频（RF）加热法产生鞘层的种种问题。一种新型的与 C-Mod 磁力线几何形状更加匹配的离子回旋频率天线将作为实验的主要工具。

Alcator C-Mod 研究团队还将继续开展 ITER 相关的其他课题研究，包括边缘等离子体 H 模台基特征，等离子体表面与全金属壁（尤其是偏滤器区域）的相互作用，测量等离子体破裂的影响并减弱等离子体破裂，了解大热流出现时等离子体边缘的物理学，控制电流密度分布以便获得更好的稳定性，采用无量纲参数技术协助建造国际跨装置的数据库。重点将转向开发精确的等离子体边缘模型，此项活动对于 ITER 和未来有潜力的示范堆（DEMO）来说都非常重要。该装置还将继续参与诸多国际联合实验。

1.1.3.4　NSTX 球形环磁聚变装置

NSTX 装置是美国普林斯顿等离子体物理实验室（PPPL）的球形环托卡马克聚变实验装置。该装置建在 PPPL 屏蔽良好的试验场内，它利用了原 TFTR 装置的很多设备，特别是为磁体、辅助系统和电流驱动系统提供可靠运行的电源系统。1999 年装置投入运行并首次产生等离子体，取得了装置和运行的各种里程碑。2003 年环向场线圈接头故障，导致 8 周无法运行。2004 年，安装了一个新的改善接头的环向场线圈中央导线束后，装置恢复运行。

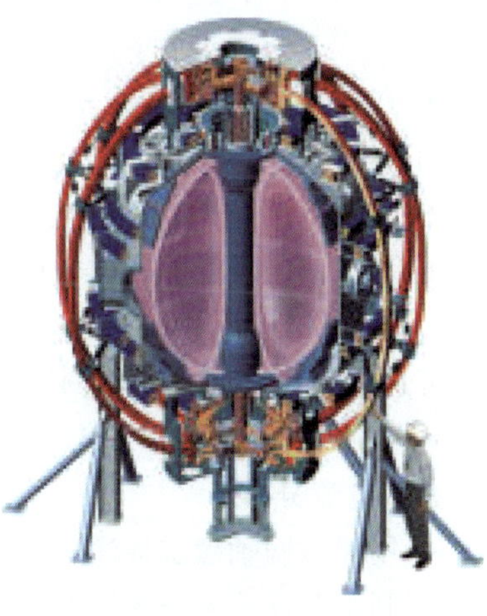

图 1.1.7　NSTX 装置全貌图

NSTX 是一个低环径比的球形环（ST）（$R=0.86$ m，$a=0.67$ m）装置，采用中性束加热和射频加热，是世界上性能最好的球形环研究装置，并且是美国球形环国家研究计划的核心。NSTX 装置的研究目标是确定球形环概念的吸引力，研究等离子体的普遍性能，支持所有托卡马克的研究任务，包括 ITER。图 1.1.7 为

NSTX 装置全貌图。表 1.1.6 为 NSTX 装置目前的主要参数。

表 1.1.6 NSTX 装置目前的主要参数

参 数	实际值
大半径/m	0.85
小半径/m	0.68
拉长度	1.8～3.0
三角形变度	0.2～0.8
等离子体电流/MA	1 (峰值 1.4)
环向场/T	0.35～0.55
加热与电流驱动	7 MW NBI (2 s), 5 MW NBI (5 s), 6 MW HHFW (5 s), 0.2 MA CHI
脉冲长度	0.55 T 时约为 1 s, 0.38 T 时约为 2 s

NSTX 是 PPPL 与橡树岭国家实验室、哥伦比亚大学和设在西雅图的华盛顿大学共同建造。它产生的等离子体的形状为球形,中心有孔,不同于常规托卡马克产生的圆形等离子体。NSTX 装置的位形可能具有若干优势,主要是在给定磁场强度下具有约束较高等离子体压强的能力,由此,可以开发较小的更为经济的聚变反应堆。

NSTX 的任务是建立潜在的实现实用聚变能方法的球形环位形,为磁约束各研究领域获得独到的科学理解作贡献,如电子能量输运,液态金属等离子体材料接口,以及 ITER 燃烧等离子体的高能粒子约束。如果 NSTX 成功的话,随后可开展更大规模的实验,探索最终通过反应堆获得连续的聚变功率需要解决的各种问题。NSTX 实验研究是在国内和国际研究机构组成的合作研究团队下开展的,美国 30 多个试验室和大学以及 11 个国家的 28 个国际研究机构的物理学家和工程师参与了该项目的研究。

NSTX 是重新调整美国聚变能科学大纲的重要组成部分,既包括对创新约束概念的研究,也包括对基础物理学的促进从而加强聚变能的科学基础。自 1999 年投入运行以来,NSTX 装置的设备逐步扩展,装置的诊断能力不断提高。目前该装置可提供以下几方面的能力:

- 在低环径比 $R/a \geqslant 1.27$ 时,可形成归一的拉长比为 $k \leqslant 3.0$,三角形变度为 $\delta \leqslant 0.8$ 的非圆等离子体截面;
- 适当地调整等离子体与导电板之间的距离可致稳高 β 下压强驱动的不稳定性;
- 通常环向场线圈的磁场最大可达 0.55 T;
- 受环向场线圈脉冲长度的限制,等离子体电流 I_P 约 0.75 MA,持续时间约为 1.8 s,瞬间可达到 1.4 MA,超出环向磁体电流;
- 采用中性束注入(NBI, 7 MW)和高谐波快波(HHFW, 6 MW)系统可控制加热、电流驱动和电流分布;
- 用瞬态同轴螺旋性注入(CHI)启动欧姆电流;
- 利用双锂蒸发器系统抑制 ELM,改善电子约束,改善 HHFW 和电子波恩斯坦波的耦合;

• 用误差场校正线圈和电阻壁膜反馈控制线圈致稳高β下出现的MHD膜。

NSTX的长期目标：2009—2013年NSTX研究计划最优先解决的任务是开发ST数据库，研究有吸引力的ST运行方案和位形，利用ST作为支持DEMO的下一步装置。在2009—2013年的5年内进行NSTX装置的重大升级改造，研究利用升级改造后的装置将延长到下一个5年(2014—2018年)。

2009—2013年NSTX研究计划的3个首要任务是：

① 确定ST的物理学特性——利用装置的低环径比(A约为1.5)和等离子体压强与磁场压强的极高比率(达到一个β量级)促进环形等离子体科学。

② 为托卡马克数据库提供特有的ST数据，支持ITER最终设计活动，并通过参与国际托卡马克物理活动组织(ITPA)和美国燃烧等离子体组织(USBPO)为ITER燃烧等离子体研究做好准备，同时通过参与托卡马克和ITER研发活动从中受益。

③ 开发ST数据库和有吸引力的ST运行方案与位形，利用ST缩小ITER预期性能与DEMO包括ST-DEMO预期的聚变环境之间的差距。特别是，NSTX研究的目的是利用ST开展以下几方面的工作：整合高性能等离子体条件下与DEMO相关的等离子体与材料接口(PMI)的各种方法(国家高功率先进环实验——NHTX的任务)；在ST部件测试设备(ST-CTF)上产生与DEMO相关的具有高占空因子的中子通量和流量。

上述任务③是2009—2013年NSTX研究计划中需要最优先解决的任务，任务①为任务②和③提供科学基础。为解决上述任务所开发的数据库与性能也将大大增强开发以ST为基础的DEMO前景。

NSTX装置的运行计划：2009—2013年NSTX装置的利用计划是每年基础等离子体的运行时间各20周，600个小时。增量等离子体运行时间为：前3年每年各20周，800小时，后2年每年各20周，600小时。根据NSTX五年计划提出的目标，每年运行20周能够让NSTX研究团队获得令人满意的进展，同时还需进行必要的升级改造，包括在2012财政年度之前，安装新的中心柱。2013财政年度减少运行时间，目的是在NSTX上安装第二个NBI。

2009年NSTX开始升级改造，主要内容包括：安装液态锂偏滤器靶以便获取较低的碰撞特性参数，改造HHFW天线使其功率翻一番，改造束发射光谱诊断设备，将等离子体湍流的局部测量扩大到离子回旋半径的范围。从长远看，计划安装一个新的中心柱，使装置能够在磁场为1 T、等离子体电流为2 MA，脉冲长度为5 s的条件下运行，同时升级用于电流分布控制的第二个中性束系统和偏滤器，处理预计的全脉冲热通量。这些升级改造的目的是，实现全非感应的可持续的长脉冲高性能运行，根据较高的等离子体温度和较低的碰撞特性参数，探索扩展的等离子体参数空间。升级改造获得的新的物理条件将大大缩小目前NSTX和计划中的下一步ST实验之间的差距，并缩小从NSTX外推到下一步ST实验之间的不确定性。

NSTX 5年计划提出对装置进行重大的升级改造，这些改造项目与计划中的创新诊断系统将为实现NSTX 5年计划任务提供所需要的数据，特别是加强下一步ST装置设计所需要的数据库。新的中心柱和第二个NBI属于重大升级改造项目，它们将支持NSTX所有感兴趣的科学专题领域的研究。应当注意的是，升级改造的实施进度取决于所需经费可使用的情况。

2004—2008 年 NSTX 装置利用情况：5 年间，NSTX 满足或超出了计划规定的运行时间。装置运行的有效率大大提高。运行有效率的测量方法是每个运行周等离子体放电的数量（定义的运行时间为 40 小时）。等离子体放电的总数量与实验研究的产出率也直接相关。过去 5 年间，每周等离子体的放电数量都在稳步增长，约为 3%，从 2004 年每周 117 次增长到 2008 年每周 155 次。实际上，2008 年等离子体放电数量创下了纪录，由 2004 年运行 21 周、放电次数 2 460 次上升到 2008 年仅运行 16.6 周、放电次数达到 2 571 次。有效率增长的原因很多，包括装置的成熟度，运行团队不断提高的经验，等离子体实时控制系统的改进，开发和利用各种工具对等离子体条件的总体改善，如锂蒸发器。

装置用户概况：在 NSTX 装置上工作的研究人员有的来自普林斯顿大学的 PPPL，有的来自 PPPL 以外的研究单位，包括国内和国外的合作人员。2007 年有 200 多名人员参与 NSTX 研究。过去几年中，人员数量相对稳定。但是，值得注意的是，较为年轻的研究人员（博士后、研究生）的参与数量在上升，从 2004 年 18 人增加到 2007 年 42 人，上涨 2 倍多。

NSTX 国内研究团队主要负责等离子体诊断和计算工具，包括数据分析和模拟编码的研究。很多国外的研究合作团队直接承担了理论计划和技术虚拟实验室（VLT）的研究。国际上，有来自日本、韩国、英国、意大利、法国、德国、以色列、捷克共和国，加拿大、乌克兰和俄罗斯等国家 26 个研究所的合作研究人员参与 NSTX 项目。他们中大多数在他们各自的国家从事 ST 概念的研究，也有来自托卡马克和仿星器实验室的人员，如 LHD、KSTAR 和 JT-60U。与日本的合作规模最大，涉及 9 所大学和 2 个国家实验室，因为日本有不少小规模的 ST 研究设施，但是都比不上 NSTX。

1.1.4 美国主要装置的研究成果

1.1.4.1 TFTR 装置的研究成果

1993 年 12 月 TFTR 开始氘氚燃烧实验，是 TFTR 氘氚实验计划的第一阶段，达到了下列目标：证明聚变功率大于 5 MW；测量逃逸的 α 粒子；试验约束 α 粒子的诊断设备；测量氚输运。1994 年开始 TFTR 氘氚实验的第二阶段，目的是研究 α 粒子加热和输运，由 α 粒子驱动的不稳定性，将增加聚变功率和 α 粒子密度。将用高达 12 MW 的 ICRF 功率来研究 D-T 等离子体中的耦合、RF 与 α 粒子的相互作用，来增加 α 粒子密度。该阶段获得的重要物理结果如下：在同样的中性束功率和壁锻炼条件下，D-T 等离子体的电子温度、离子温度和等离子体储能，与 D-D 等离子体相比，全都大为提高；实验还表明，α 粒子对电子的加热和其约束随平均粒子质量而改善；α 粒子的损失似乎是经典的；直到聚变功率约为 6 MW，都没有 TAE 模（环向阿尔芬本征模）活性的征兆，而在聚变功率大于 7 MW 时观测到 TAE 模频率范围内的不稳定性等。

TFTR 的主要研究成果：在 TFTR 的圆形孔栏位形中产生了 DT 加料的 H 模等离子体。这些 H 模首次在高温高极向 β 和大的氚含量条件下实现。这些实验对于 ITER 和将来其他的托卡马克是重要的。这些研究对于了解基本的 H 模式转变和约束物理也是重要的。TFTR 的 D-T 实验获得了有关聚变堆规模的 D-T 等离子体的约束、加热及 α 粒子物理的特有信息以及在实验环境中氚处理和 D-T 中子活化的首次经验。在 TFTR 中产生并研究的 D-T 等离子体的峰值聚变功率达 10.7 MW，其中心聚变功率密度为 2.8 MW · m^{-3}，与 ITER 的 1 500 MW 运行计划的 1.7 MW · m^{-3} 聚变功率密度相近。TFTR 在 D-T 运行的 3 年期间，对 D-T 等离子体物理做出了重大贡献。在 TFTR 中产生了反向剪切、高 l_i 和内部势垒的先进托卡马克运行模式，这种模式有可能使聚变功率达到约 20 MW，也就能在与 ITER 所计划的条件非常类似的条件下研究 α 粒子效应。TFTR 的运行经验证明，该装置能在与 ITER 相关的 D-T 等离子体参数下进行输运和输运势垒的实验。还有能力用射频加热等离子体，从而产生输运势垒，并把 α 粒子能量直接引到聚变离子。TFTR 还在研究两项创新技术：α 通道和可控制的输运势垒，这两项技术有可能大大改进标准的先进托卡马克。

1.1.4.2　DIII-D 成果介绍

1）DIII-D 2003—2008 年 5 年规划与成果

为提高 DIII-D 装置的科学和运行性能，DIII-D 2003—2008 年 5 年规划制定了一个雄心勃勃的研究计划。在此期间，DIII-D 成功实现了该阶段所承诺的 100%的运行，平均每年运行 14.8 周。装置停机期间，完成了束线反向和底部偏滤器的升级改造。经费的限制导致该阶段实际运行时间较原计划每年 21 周的运行时间有所减少。同样，由于经费的限制，装置的开发水平未能达到计划要求，否则的话，会根据更新的实验运行与装置维护的进度安排对大量硬件进行升级。

DIII-D 2003—2008 年规划提出在以下 7 个方面进行装置的重大升级改造：

① 将 3 个(10 s，1 MW)和 3 个(2 s，0.8 MW)回旋管的电子回旋功率提高到 9 MW 10 s；

② 重新定向其中一条束线，由同向等离子体电流变为反向等离子体电流；

③ 增加用于电阻壁模(RWM)控制的内部非轴对称线圈组和高带宽电源；

④ 高三角形变度双零位排气；

⑤ 增添新的诊断设备，升级现有的诊断设备；

⑥ 重建快波射频发射器；

⑦ 实现 10 s 的脉冲长度。

以上第②～⑥项在 2003—2008 年 5 年计划期间已全部完成。第⑦项涉及的工作量很大，已完成 10 s 的脉冲长度，包括 TF 带状母线的改造，电源主变压器 10 s 的采集。下一步要完成变压器的安装。电子回旋系统已升级为 6 个回旋管组成的系统，每个回旋管的脉冲长度为 10 s，功率为 1 MW。增加了 10 个新的诊断仪器，完成了大量诊断设备的升级改造。历史上，DIII-D 实验运行时间占每年近 2/3 的时间，诊断仪器的标定、维护和维修接近 1/3 的时间。实验从 2004 年持续到 2005 年年初，真空未受到破坏，因此为 DIII-D 提供了较长的维修时间，并按照实验进度完成了 2005 年和 2006 年的运行时间。这一阶段，无论运行人员还是平常从事研究的科研人员，都投入到装置改造的活动中来。

DIII-D 托卡马克计划为世界聚变发展做出了许多科学贡献。在 2003—2008 年 5 年计划中，为使 ITER 成为成功托卡马克反应堆的先驱，DIII-D 计划已从建立 AT 的可行性和指导当前的 ITER 设计转向为关键问题提供关键的物理解决方案。

DIII-D 计划不仅开创了改善等离子体性能的等离子体放电位形，而且开创了分布控制。DIII-D 计划对目前的 ITER 设计做出了重要贡献，包括位形、破裂减缓系统、MHD 稳定性控制和 ITER 先进运行模式。稳定性研究为高 β 和超出自由边界限值的运行奠定了基础，也为电子回旋电流驱动撕裂模致稳的常规运行奠定了基础。发现剪切 $\boldsymbol{E}\times\boldsymbol{B}$ 流在形成输运垒过程中的重要作用，实现了在整个等离子体截面的新经典离子约束。**DIII-D** 开创了边缘台基的研究，边缘台基在获得高性能方面的重要性得到认可，验证了剥离/气球模可决定边缘局域模（ELM）的限值。另外，DIII-D 最先使用非轴对称线圈控制边缘压强梯度，抑制 ELMs。DIII-D 同时开创了电子回旋加热与电流驱动的物理学与技术，验证了电流驱动理论，开发了用电子回旋电流驱动控制电流分布与不稳定性。DIII-D 与其他项目共同发现了环形性引起的阿尔芬本征模（TAEs），继续开展支持 ITER 的理论模型验证的详细实验。在模拟、详细的分布测量和湍流测量上取得的进展对输运模型进行了验证，它是 DIII-D 项目较为重要和较为突出的部分。用同向和反向 NBI 控制等离子体旋转的 DIII-D 新性能突出了等离子体旋转对输运和稳定性的重要意义。DIII-D 开展了用偏滤器几何学和辐射偏滤器进行粒子和热通量控制的开创性研究。DIII-D 计划的关键要素和强项是等离子体控制的开创性研究，分析并阐明基础物理学，以便精确地控制等离子体不稳定性，接近先进性能工况。DIII-D 数字等离子体控制系统现已广泛用于世界许多托卡马克装置。

2）DIII-D 2003—2007 年的科学成就

DIII-D 托卡马克装置是世界公认的取得成果最多的装置之一。2003—2008 年的 5 年计划实施顺利。这里主要介绍 2003—2007 年 DIII-D 项目取得的部分实验成果，这些成果可直接应用于 2009—2013 年 5 年计划中 3 个主要的研究课题。这些课题应用于 ITER 和燃烧等离子体物理学时，具有高度的相关性。比如，NTM（新经典撕裂模）致稳的问题是所有 ITER 运行模式中最受关注的问题，而对于实现较高归一 β 值的 AT 运行模式来说更是如此。再者，对电子回旋电流驱动（ECCD）致稳 NTM 的科学认识是对于界定一个系统的功能是否适当及可靠十分关键，同时也可避免因过度界定而导致的不必要成本。

ITER 在 DIII-D 研究中的重要性是显而易见的，尤其在 2003—2008 年 5 年计划的研究成果中有所体现。DIII-D 开发了解决 ITER ELMs 的创新方案，用共振磁扰动实现 QH 模并抑制 ELM。开发了具有 ITER 高性能的运行模式，即先进的感应电流和混杂波运行模式，可潜在地为 ITER 第二阶段的开发利用提供 ITER 所需的较高 Q 值或较长的脉冲时间，如评估实验包层模块。

下面主要关注与 ITER 相关的那些问题，并且 DIII-D 在解决相关问题上正取得进展。

① 支持 ITER 的研究

• ELM 减缓。ELMs 仍然是 ITER 积极关注的主要问题。

—DIII-D 发现用边缘共振磁扰动可抑制 ELMs。验证了所设计的 ITER 碰撞条件下的 ITER 位形。ELM 抑制线圈组的设计是 ITER 研究的一个热点问题，DIII-D 为此将开展初始实验。

—DIII-D 发现了所谓的静态 H 模，即一种没有 ELM 的 H 模，最初是由指向 NBI 的反向 I_p 获得。利用共向 I_p 和反向 NBI 的混合，QH 模的运行空间扩展到更底部，同时获得了更多的与 ITER 相关的旋转以及更大的聚变产额所需要的更高等离子体密度。

—DIII-D 将继续推进 QH 模运行空间的限值，建立 ITER 和托卡马克反应堆的实用性。

• 破裂减缓。ITER 第一壁长期工作所需要。

—DIII-D 表明，在一次放电中快速并大量的注入一次性中性气体流可产生软着陆，否则会转而产生破裂，相当于撞击性着陆。

—下一步要开展的研究将测试固体弹丸注入的最佳原子成分，并将试图阐明原子成分对扩散热能和电磁能的影响。

• 电阻壁模的控制。ITER宽电流分布稳态运行模式现象易受RWM的影响。

—DIII-D首创了利用真空室非轴对称外部和内部扰动线圈对RWM的主动反馈致稳。实验取得了成功。DIII-D上新的平衡束性能揭示，相对小的环向旋转似乎可致稳RWM。

—正在进行的DIII-D实验将为ITER提供与线圈组、主动反馈系统以及可能的NBI扭矩相关的详细指南，以确保达到优良的旋转水平。

• NTM致稳。有必要避免ITER能量约束和聚变输出的降低，并降低破裂的风险。

—DIII-D用EC波动物理学的领先技术证实了ECCD NTM模3/2和2/1的主动致稳。利用与DIII-D先进控制系统专业知识的耦合，开发了跟踪NTM模电流驱动空间靶的多种技术，事实上先发抑制了模的产生。

—今后的实验将在电源、发射属性和响应时间方面确定详细的ITER EC系统设计。

• ITER等离子体启动。对各种各样的运行模式必须是牢靠的、可灵活应用的。

—DIII-D提出了ITER关注的问题，即名义启动技术可能接近垂直不稳定性的极限。DIII-D实验验证了关注的问题，决定进行升级以避免问题的产生。

—DIII-D将继续利用装置在成形和启动技术的灵活性，对计划的各种运行模式进行试验并确定更适合ITER的那些模式。

• ITER运行模式的验证。获得比基准条件更好的性能。

—在DIII-D上验证了低旋转条件下与ITER $Q\approx10$ 的性能一致的长脉冲混杂波等离子体，结果与ITER的设计参数吻合。

—实验重点将继续放在偏滤器与抑制ELM的整合上。

② 稳态先进托卡马克研究

• 高 β_N 下全非感应运行。对适当的稳态聚变性能是必要的。

—DIII-D实现了至少一次在 $\beta_N<3.5$ 时电阻时间100%的非感应(NI)运行，最近在 $\beta_N>3.5$ 时，实现了大于90%的NI运行，后者仅仅受中性束脉冲长度性能的限制。以上都是在所谓上升的 q_{min} 条件下实现的。

—在今后一段时间内，DIII-D借助ECCD和NBCD能力预计把后者提高到100% NI运行。

• 验证其他可能的稳态运行模式。高 l_i 运行模式也许不需RWN主动致稳。

—高 l_i 放电，形成了ITER参照的启动运行模式，瞬间获得了 $\beta_N>4.5$，$H_{89}>3$。

—高 l_i 运行模式几乎与上升的 q_{min} 运行模式相关的实验时间。今后将研究这种有前景的结果。快波系统是主动控制放电锯齿不稳定性的关键。

• 控制稳态等离子体密度。是稳态运行必需的基础条件。

—DIII-D验证了混杂波和先进托卡马克两种放电中双零等离子体位形对密度的良好控制。

—今后的实验将继续开发性能，整合稳态高 β 下密度和热负载的控制。

③ 科学认识的发展

• 整数 q_{min} 条件下的芯部输运垒。输运垒形成的细节对于理解燃烧等离子体非常重要。

—DIII-D 发现，当背景旋转剪切足够大时，在整数 q_{min} 条件下有持续的芯部输运垒形成。最重要的是，这是 GYRO 模拟的理论预测，表明带状流对湍流涡流的去相关作用。

—该效应今后将通过实验和理论加以探索。

• 高 k 湍流。电子能输运仍面临认识上的挑战。

—DIII-D 验证了高 k 湍流活动的存在，与电子温度梯度(ETG)模活动一致，再者，高 k 湍流的变化与电子输运的变化相关。

—诊断设备将进行升级，以提高有前景结果的测量能力，探索对电子能输运的认识。

• “固有旋转”物理学。必须了解、预测 ITER 环向旋转，这样才可以预知对系统设计和 ITER 性能的影响。

—环向旋转存在于托卡马克，无外部扭矩作用于内部。这是 ITER 的实际问题，但在制定诸多辅助系统的计划中，必须优先考虑这点。该课题是 2008 年美国能源部聚变能科学计划(DOE FES)Joule Milestone 的主题项目。

—DIII-D 在平衡 NBI、诊断系统查找原因及约束等离子体中固有环向动量方面具有独特性能。

• 高能粒子驱动引起的不稳定性产生的快离子输运。可应用于 ITER 聚变产物(α)的输运。

—在不稳定性驱动引起的增量输运的情况下，DIII-D 测量的快离子分布与理论预测值完全吻合，表明理论上已认识。

—升级后的快离子分布诊断设备允许 DIII-D 进一步研究与理论相吻合的各种详细情况。

• 取决于环向旋转的 L-H 功率域值。需详细了解该域值的物理学，它是 ITER 的运行条件。

—凭借现有平衡 NBI 性能，DIII-D 发现 H 模功率域值取决于环向旋转。它可低于目前 ITER 的确认值，低于所期望的相对旋转水平。

—针对此新现象开展的进一步实验可能最终揭示导致 H 模边缘输运垒分叉的关键机制。

3）DIII-D 对 ITER、USBPO 的支持，DIII-D 与美国的理论研究计划

① 对 ITER 的支持：DIII-D 研究计划致力于 ITER 实验取得成功。DIII-D 国家聚变计划通过以下方式支持 ITER 计划：参与 ITPA 和 USBPO 的工作，为回应美国 ITER 项目办公室提出的特殊要求，提供物理学和工程分析；根据 ITER 科学家提出的建议开展实验。

DIII-D 是支持 ITER 开展研究的理想研究装置。为验证对基础物理学的认识，运行的灵活性允许在美国及国外其他托卡马克装置上开展类似的实验，一旦 ITER 开始运行，有可能模拟 ITER 的等离子体形状和碰撞特性参数来预测未来的结果。DIII-D 装置有一套最新水平的综合诊断设备，为模型的验证提供强大的基础，设备由国家队的科学家们维护并运行。DIII-D 加热与电流驱动系统，与先进等离子体的控制系统耦合，提供分离和阐述基础物理学的能力。最后并且最重要的是，DIII-D 国家队通过提供相关数据、分析和专业知识助力 ITER 取得成功。

现阶段，ITER 项目正在寻求紧急解决以下相关项目的设计问题，如等离子体启动状况与控制，第一壁材料与维护，ELM 控制，不稳定性的反馈控制(如新经典撕裂模和电子壁

模）。DIII-D计划为满足ITER的要求，采取了以下相应措施：安排相应的运行时间开展目标实验，为解决特殊问题提供支持，派遣人员到ITER工地与ITER团队解决特殊难题，与USBPO一道制定并完成最优先的研究任务。

2008年，DIII-D一半的运行的时间与ITER迫切解决的研究课题相关。另外，DIII-D实验科学研究室于2007年年初进行了重组，以便更好地管理ITER相关研究课题。采用共振磁扰动(RMP)研究ELM控制就是DIII-D与ITER计划密切联系的一个范例。RMP提供了减小ELM尺寸或消除ELM的方法，以便达到ITER可接受的水平。ITER设计团队正在考虑如何完成这种控制线圈，希望DIII-D完成基于物理的设计要求。2008财年DIII-D运行关注的其他ITER领域包括，采用ECH控制新经典撕裂模(NTM)、破裂减缓实验、氚的滞留与等离子体壁的相互作用、台基研究、高性能混杂波现象研究。DIII-D提交给DOE的2008和2009财年计划里程碑的2/3与ITER研发相关。

ITER今后的需求会从设计相关的问题转向运行问题。美国预测DIII-D将有助于研究启动的各种现象，研究氢运行的经验，模拟ITER控制系统的运行。氢运行非常重要，因为ITER研究计划包含重要的氢运行，可使活化降至最低，而过去20多年，所有高功率高性能的托卡马克进行了专门的氚运行。我们相信，开展支持ITER的研发活动，DIII-D装置将为美国下一代聚变科学家提供出色的培训，他们将担负起ITER聚变实验的职责。

② 对USBPO的支持：DIII-D科学家是组建USBPO的主要力量。USBPO研究委员会定期通过电话会议讨论和制定国内大纲的研发计划。2006—2008年USBPO确定了14个与ITER相关的最优先的研究任务，美国聚变界可利用DIII-D和其他国内装置解决；DIII-D计划下属的12位科学家承担PI任务。参加DIII-D研究的70多位科学家成为USBPO各专题组的会员，并与专题组负责人评价燃烧等离子体研究的进展，修改研究计划。

USBPO希望在较长时间内解决与燃烧等离子体科学发展相关的广泛课题，延伸到ITER使命之外。今后的聚变实验可能研究高压等离子体下全非感应的稳态运行，诸如在ARIES-RS和AT反应堆研究和提议的聚变发展装置(FDF)中考虑。这类装置要求对目前聚变研究相关的很多部件加以整合，如采用主动控制MHD模避免破裂的同时，维持沿高辐射边界100%的非感应电流驱动。目前，DIII-D计划的科学家们正在参与很多与这类稳态整合问题相关的合作，这些问题都与聚变能的长期发展相关。

③ DIII-D与美国的理论研究计划：DIII-D计划的突出特点是理论学家与实验人员之间的密切联系。理论激发并指导实验方案的形成，反过来，DIII-D实验观察常常用来指导理论和计算工具的研究。理论学家被纳入DIII-D近期和长期计划之中，他们为DIII-D研究理事会工作。他们积极参与DIII-D实验计划的制订、实施和实验分析。这种相互作用加上理论预测与实验的详细对比，从而确认大量重要的新的物理学。

GA理论组关注的5个研究领域如下：稳定性与MHD；约束与输运；高能粒子、加热与电流驱动；综合模拟；创新概念。

15名理论学家中，1/3是APS会员，2名获得聚变理论Rosenbluth奖。除GA人员外，理论组受益于与其他资深理论学家的密切合作。过去、现在都有长期访问学者和顾问。

通过与GA理论大纲的相互作用，DIII-D计划与高级计算科学发现项目(SciDAC)、聚变模拟项目(FSP)以及其他的OFES理论计划方案都保持了密切联系。有几个SciDAC

FSP 样机研究中心和聚变 SciDAC 项目与 DIII-D 计划保持密切联系，包括波粒子与 MHD 相互作用模拟中心（SWIM），等离子体边缘模拟中心（CPES），回旋动力学粒子模拟中心（GPSC），波-等离子体相互作用模拟中心（CSWPI），扩展的 MHD 模拟中心（CEMM）等。

1.1.4.3 Alcator 2003—2008 年的主要研究成果

1）输运学

—取得无外部施加动量时芯部自发环向旋转的开创性研究。

—采用详细的密度和温度分布进行的回旋动力学模拟证明，用离轴 ICRF 加热减少 ITG 湍流驱动，在 C-Mod 上形成了 ITB。

—验证了增大的 TEM 驱动，作为控制机制，额外采用较强的中心加热，限制了 ITB 放电中形成的压强峰值。

—对比芯部扰动测量，验证了回旋动力学模拟。

—密度峰值与碰撞特性参数有关，接近密度极限值。

2）台基物理学

—发现就局部变量而言的 L-H 域值特性，包括根据拓扑结构与流的相互关系解释了 L-H 域值范围内梯度 B 的不对称性。

—开发了反映台基特性与量纲、无量纲等离子体参数相互关系的广泛数据库。台基区域测量的密度、电子温度和离子温度、旋转与径向电场分布通常用毫米级空间分辨率。

—对比 C-Mod 与 DIII-D，无量纲拟合实验表明，等离子体物理学在确定台基宽度时起主要作用。与 JET 的对比显示出类似的结果，但有迹象表明，当中性气体平均自由程比宽度大时，在极低密度下的确加宽了台基密度。

—台基压强似乎可通过临界梯度机制调制，类似于芯部输运中的动力学。

—准吻合(QC)模，可调制 EDA 的台基密度和杂质排出，它与电阻气球驱动一致。详细测量了 QC 模的特性，结果与理论吻合。在 C-Mod 台基压强最高时，在 QC 模上出现了小的 ELMs。

—通过增大位形（特别是，活跃的 X 点的高三角形变度），在 C-Mod 上获得了 1 型 ELM；由于中间的 n 剥离气球模，用 M3D 电阻 3-D MHD 编码进行了模拟，发现 1 型 ELM 域值条件之间相互吻合得很好。

3）等离子体边界学

—有证据表明，电磁湍流决定了最后闭合通量表面附近的压强梯度。

—验证了类气球输运不对称性引起的径向输运驱动的边缘等离子体流，这种流对约束等离子体的环向旋转产生影响，并潜在地解释了 X 点与 L-H 功率域值的依赖关系。

—利用一套独特的吹气湍流成像系统，首次获得了刮削层湍流结构的详细信息。

—在 DIII-D、C-Mod 和 JET 的远刮削层，研究了交叉场粒子对流的无量纲定标。

—提高了硼化作用与高 Z 金属面向等离子体部件相互关系的认识。

—首次测量了大体积钼 PFCs 中氘的滞留，解释了等离子体的产生和其后捕获氢同位素的金属缺陷扩散。

4）波-等离子体相互作用

—C-Mod 上用 ICRF 天线加热等离子体，产生了创世界纪录的功率通量水平（$>10\ \mathrm{MW\cdot m^{-2}}$）。

—验证了 ICRF 壳层是产生杂质的主要机制。

—开发并应用了最新水平的天线-等离子体模拟编码(TOPICA),并通过实验进行了验证,与大量边缘等离子体参数下的负载测量进行了详细对比。

—成功实验了快速铁素体调谐器(FFT)主动匹配系统,该系统可在极为广泛的等离子体条件下与 ICRF 系统匹配;可处理和调制 1 ms 的瞬间变化,包括 L-H 跃迁和弹丸注入。

—确认了物理学机制导致高中性气体压强下的天线击穿。

—利用相对比成像诊断设备,首次直接观察到 ICRF 模转换过程的细节。验证了所有 3 种等离子体波(快波、离子波恩斯坦波和粒子回旋波),用 TORIC 编码进行了模拟,与实验结果完全吻合。

—ICRF 模转换电流驱动用于锯齿调布。

—利用低杂波电流驱动(LHCD)获得了大于 800 kA 的非感应电流,相当于总电流的 80%。

—成功应用离轴 LHCD 加宽电流密度分布。

—用可变相位控制改善了低杂波的径向沉积位置,并改变了内电感。

—用 LHCD 实现了锯齿致稳。

—启用运动斯塔克效应诊断设备,首次测量了 LHCD 引起 $j(r)$ 的变化。

—首次研究了 LHCD 导致的芯部等离子体旋转的变化,在降低的剪切放电中形成明显的内部输运垒。

5) 宏观稳定性

—用组合的稀有气体,通过大量吹气,详细研究了破裂减缓,包括晕电流的大幅降低,储能和磁能几乎 100%被辐射掉。

—先进的破裂减缓动力学的 3D MHD 模拟,包括辐射功率。

—验证了紧急垂直破裂事件的实时探测与减缓。

—完成了锁模误差场域值的重要定标,包括 JET、DIII-D 尺寸的大小和磁场定标的协调研究,可外推到 ITER。

—用 PCI 诊断测量了电流斜升期间反剪切阿尔芬本征模的径向结构,ICRF 加热导致不稳定性;与 NOVA 编码综合诊断的详细对比表明,与编码验证非常吻合。

6) 整合现象—ITER H 模基准条件

—研究了创世界纪录的托卡马克等离子体压强($<p>=1.8$ 大气压)下的放电演示,$B_T=5.4$,$\beta_N=1.7$,正如 ITER 基准条件计划的那样。

—通过 ITPA 协调的联合实验,定标了 ITER 锁模域值。

—研究表明,H 模低密度限值不能用 $n/n_{Greenwald}$ 定标。

7) 整合现象—先进的现象

—启用了 LHCD 系统和 MSE 诊断。

—用 LHCD 成功地改善了 $j(r)$,包括演示了 1 MA 等离子体电流几乎百分之百为非感应电流。

—用偏滤器低压泵进行粒子/密度控制。

—成功地结合 LHRF 和 ICRF 两种加热方式,证明可在高功率 ICRF 下维持良好的 LH 耦合。

—演示了 LHRF 与 H 模放电的耦合。

—在高功率 ICRF(总输入能量大于 6 MJ)下，脉冲长度延长到 4 s。

—用最新编码模拟的整合现象取得重大进展。

1.1.4.4 NSTX 对托卡马克物理学和 ITER 的贡献

1) ITPA

NSTX 装置获得的独特的参数环境，为与各种环径比的托卡马克装置和未来的燃烧等离子体实验相关的基础等离子体物理学提供了新的见解。因此，正在大力研究 NSTX 数据以便阐明托卡马克物理学中环径比、β、快离子，以及其他相关性。自 2005 年以来，NSTX 已越来越多地参与到国际托卡马克物理活动(ITPA)中来，并参与了许多有 NSTX 研究人员参与的联合实验和/或者为一些国际数据库贡献实验数据，如 H 模约束数据库、破裂电流崩塌率数据库。参加 ITPA 组织的活动也有利于 ST，有助于理解较高 β 和减小的环径比对下一步 ST 设计中各种物理问题的影响。截至 2008 年 6 月，NSTX 主动参与了 17 项 ITPA 联合实验，正在参与的项目为 24 个。

2) ITER 设计

2007 年，确定 ITER 设计的若干问题至关重要，因为它们会潜在的影响 ITER 的能力，其目标是实现功率为 500 MW 时 $Q=10$，持续时间为 400 s，$Q=5$ 时进行全非感应运行。ITER 所有现象中的关键问题是减缓 ELMs。2008 财年，在 NSTX 上开展了若干专门针对 RMP ELM 的控制实验。了解 RMP ELM 减缓的关键问题是等离子体对施加的场的反应。开发了理想扰动平衡编码(IPEC)以便更好的模拟托卡马克等离子体对 3D 场的反应。最初开发该编码的目的是为更好地了解 NSTX 闭锁膜域值定标和误差场效应，该编码已应用于 DIII-D，今后会用于 ITER。采用 RMP 减缓 ELM 尤为重要的是，避免激活芯部共振的径向场扰动(使磁岛激发最小化)以及共振与非共振旋转阻尼的最小化。连接 IPEC 与新经典环向黏滞性(NTV)计算，利用最佳的外部场可计算各态历经边缘(即满足 H 膜坪顶中 Chirikov 重叠参数)，同时使芯部磁岛的形成和 NTV 流阻尼最小化。ITER 的一个关键问题是，在垂直位置控制系统恢复失败和发生垂直位移事件(VDE)导致等离子体电流破裂之前，装置允许的可承受的等离子体垂直位置发生位移(主要由 MHD 对 I_i 和/或 β_P 扰动所引起)的最大值。用类似于 ITER 的等离子体拉长度和内部感应，在 NSTX 上进行了专门实验，观察到最大可恢复位移 $\Delta Z_{MAX}/a<10\%$。该数值与较高环径比 $A\approx3$ 的结果吻合，并进一步证实了为大的垂直偏移提供强大控制的原 ITER 垂直控制系统潜在的缺陷。NSTX 进一步潜在的重大发现问题表明，最大可恢复位移取决于位移的方向，可能是 NSTX 真空室导电结构上/下非对称的结果(ITER 也存在真空室导电结构上/下非对称)。最后，除了充分的 ELM 和垂直控制外，ITER 还要求 $n=1$ 的 RWM 控制，以便在所提出的 $Q=5$ 的全非感应状态下稳态运行。VALEN 计算表明，ITER 提出的 3D 内部线圈足以致稳 $n=1$ 的 RWM，$\beta_N=3.7$。因此，在 $\beta_N\approx3$ 的条件下运行，比无壁和 RWM 控制限值之间的分隔小 50%，应当提供足够的边界进行 ITER 先进状态下强大的 RWM 控制。

NSTX 除了对托卡马克物理学和 ITER 有所贡献外，ST 对一系列聚变能科学应用来说也极具吸引力。ST 可提供归一的高压强(即高 β)，因其低环径比，几何形状非常紧凑，大大降低了外部板低场侧的线圈应力，从而简化了常规的导电磁体。ST 还提供了单匝拆卸环向场线圈中心导电棒的可能性，并且便于维护、可接近和更换部件。

1.1.4.5　2009 年研究进展

1）高约束等离子体实验中材料壁对聚变燃料的低吸收

对 ITER 的主要担忧是需要将吸入反应室壁的氚燃料量降到最低，因为高吸收率将缩短部件的寿命。在 DIII-D 和 Alcator C-Mode 托卡马克上的一系列协作实验证明在有利于 ITER 的运行状态下吸入粒子很少，甚至没有。最后把整个壁材料吸入可能只发生在向运行状态转换之前的放电早期的短暂阶段。这个结论对 ITER 运行有重要意义。

2）等离子体行为预测的进展

NSTX 研究组通过观察进入等离子体的散射微波检测到理论预测的小规模密度波动。由于波动规模和振幅都很小，因此很难测量，但是这对于确定聚变反应产生的能量是如何扩散到反应堆的问题将非常重要。麦迪逊对称环（MST）反场箍缩的研究人员第一次测量了高温等离子体内的电磁湍流。他们利用新开发的激光技术，同时测量了电子密度湍流和磁场湍流，使人们能够对随机磁场内的电子输运本质有直观的了解。这对磁聚变能研究有关键性意义，因为随机磁场可能会应用于反应堆控制等离子体边缘对反应堆壁的产生的不需要的热脉冲。在 DIII-D 托卡马克上，科学家用局域微波加热，通过控制边缘温度梯度来重复改变湍流。等离子体模拟值和目前测量值的比较结果与计算出的湍流结果一致，但是与得出的能量输运结果不一致，因此促使了进一步完善理论。

3）对 3D 磁场等离子体速率认识的完善

在等离子体和 3D 磁场扰动耦合理论上的进展为托卡马克内等离子体旋转剪切控制提供了新的思路。强旋转提高等离子体稳定性并且强旋转剪切降低湍流输运，促使了高能约束。DIII-D 上测量扭矩及其导致的等离子体旋转的实验观察到了如理论所预测的对等离子体碰撞特性参数的依赖。相关实验使用静态 3D 场产生高边缘旋转剪切，进而产生高约束。以上结果对于达到并保持 ITER 要求的边缘旋转有重要积极意义。

4）对可能的 ITER 改进约束模式进行探索

在无边缘局域模或杂质沉积等有害效应前提下达到良好的能量约束是 ITER 需要解决的一个关键问题。Alcator C-Mod 托卡马克上发现了改进能量约束模式并正在对其研究。这种新模式的特征是：达到 ITER 要求的标准能量约束水平，等离子体无杂质粒子并且由于良好的能量约束达到了高温。这种模式把能量和粒子分开约束，因此也避免了边缘局域等离子体不稳定性。正在积极研究将这个状态外推到 ITER 的可能性。

1.1.5　美国聚变动力堆发展进程及研究现状

1.1.5.1　ARIES 计划

在聚变能最终商用化之前，必须至少经历实验堆和商用示范堆两个阶段的发展：设计和建造可自持燃烧（即“点火”）的实验堆以验证聚变反应堆的物理和工程可行性；设计和建造商用示范堆以验证聚变堆的氚自持能力、安全性能、经济性能以及对环境的影响等。ITER 是一个可点火的聚变实验堆。在产生聚变能的聚变堆中，包层是实现高环境适应性和低发电成本的聚变能源应用的关键能量转换部件，除了作为包容高温等离子体的容器外，其主要功能是氚增殖、能量转换和辐射屏蔽等。在 ITER 运行期间安装的实验包层模块（TBM），置于中子流强最高、热流密度最大的ITER装置赤道中平面的窗口位置，用来模拟和测试与未来聚变电站相关的材料和技术。世界各国在聚变能商用化之前，都必须经历一个DEMO堆的发展计划，即聚变商用示范堆，美国商用聚变设施的概念设计体现在国家聚变电站研究计划上，它包括两个主要的聚变堆概念设计与新概念技术探索国家研究计划：ARIES（Advanced Reactor Innovation and Evaluation Study，国家聚变电站研究计划）和APEX（Advanced Power Extraction Study，先进功率密度提取研究计划）计划。

ARIES计划是1990年由美国能源部聚变能办公室资助，加州大学圣地亚哥分校领导多个机构参加的国家研究项目，主要任务是进行先进聚变电站概念设计，探索聚变能发展潜力并给出关键技术的研发方向。美国开展了一系列聚变堆概念设计，命名为ARIES-I、ARIES-II、ARIES-III、ARIES-IV、ARIES-ST、ARIES-RS、ARIES-AT、ARIES-CS。在堆芯物理方面，早期的研究是ARIES-I、-II、-IV先进物理运行模式，随后发展到反剪切托卡马克ARIES-RS和-AT先进托卡马克模式，改善了堆芯物理特性，提高了纵场β，降低了纵场要求；低环径比（$A<2$）的球形环托卡马克ARIES-ST大大提高纵场β至50%以上，为提供紧凑型中子源提供了候选；目前正在研究的紧凑型仿星器ARIES-CS为无外部电流驱动的稳态运行模式，为未来聚变堆的物理堆芯的候选提供参考。图1.1.8为ARIES概念图。

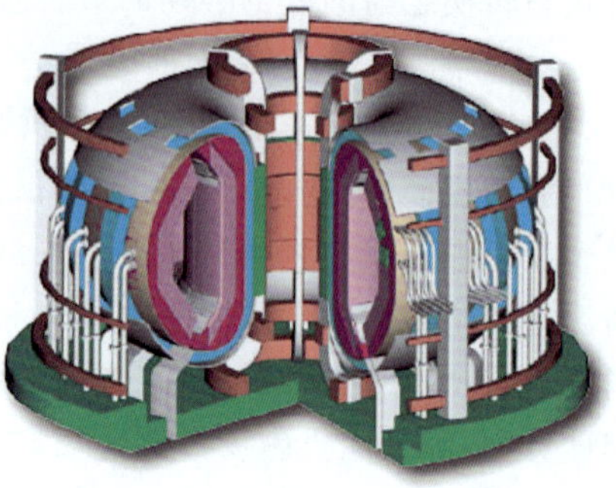

图1.1.8 ARIES概念图

在工程方面，早期的ARIES-I、-IV就以满足发电经济性、安全与环境特性为要求，包层选用碳化硅为结构材料，固态陶瓷LiZrO或LiO作增殖材料，采用先进氦气循环发电；后期，为进一步适应高功率密度、高温度与高热转换效率的要求，主要发展液态金属增殖剂包层，如ARIES-II、-RS的液态锂自冷，以钒合金为结构材料的包层；ARIES-ST采用双冷（氦气和液态金属锂铅）包层，氧化弥散强化（ODS）铁素体钢作结构材料，加碳化硅流道绝缘插件；ARIES-AT采用液态金属锂铅自冷却碳化硅包层等。

ARIES计划为美国聚变电站的概念设计所做的研究设计按时间顺序依次为：TITAN（反场箍缩，1988），ARIES-I（1990），ARIES-III（1991），ARIES-II&-IV（1992），Pulsar（脉冲托卡马克，1993），SPPS（仿星器，1994），Starlite（聚变动力堆和示范堆的目标与技术要求，1995），ARIES-RS（反剪切托卡马克，1996），ARIES-ST（球形环托卡马克，1999），聚变中子源研究（2000），ARIES-AT（先进托卡马克，2000）。2000年以后开展了紧凑型仿星器ARIES-CS和ARIES-IFE（惯性聚变能）研究设计。

1.1.5.2 APEX计划

APEX计划始建于1998年，是美国聚变能源科学计划的一部分，主要任务是探索新颖、革新性的堆内部件技术概念，希望根本性地提高未来聚变能源系统的吸引力。其技术目标包括高功率密度、高热电转化效率和高可用度等。主要研究的新概念有液态金

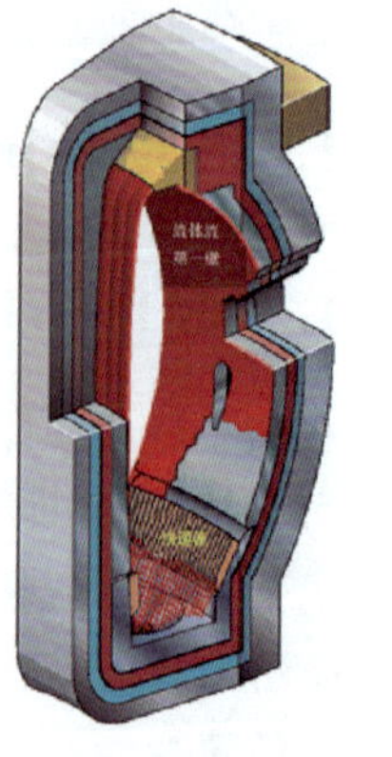

图1.1.9 APEX概念图

属壁技术和高温锂汽化、高温材料固态壁包层技术。图1.1.9为APEX概念图。

1.1.6 聚变材料计划

聚变材料计划的长期目标是发展结构材料。它将使聚变发展成为安全、环境上可以接受、经济上有竞争力的能源。

美国有一个专门的聚变先进材料计划。其任务是，为那些能使聚变成为一种安全、环境上可以接受和经济上有吸引力的能源的材料发展材料科学基础。为创新材料和制造方法的发展而建立材料科学基础将能改善性能、增强安全和减少整个聚变系统的费用，从而使聚变达到它的全部潜力。

有3种材料被考虑用作聚变系统的结构材料：SiC复合材料、钒基合金和铁素体钢。铜合金，因其突出的热导和电导性能，最有可能应用于聚变动力系统，包括常温导电线圈。由于材料科学广泛领域的进展，或新设计概念的进展，未来可能会考虑使用新材料体系。新概念设计允许对有可能满足性能目标的材料体系加以另外的选择。美国材料研究的重点是低活性材料的科学研究。低活性材料具有高性能，并且可以承受长期暴露于高能粒子和电磁辐射环境。

MFE和IFE用的聚变材料必须能承受非常苛刻的环境，包括高温、化学相互作用、随时间变化的热和机械负载，以及强中子流等不同的组合。在发展有吸引力的聚变动力中所面临的主要材料问题之一是强中子流的影响，来自DT反应等离子体的第一壁中子谱含有大量14 MeV成分。这不仅导致高的原子位移率，还会引起更高的嬗变率。由于对材料物理和机械性能的影响，以及材料的活化，中子辐照就成为一个特别重要的问题，而利用现有设施研究这些问题非常棘手。

目前，聚变测试反应堆是研究中子辐照对聚变材料影响的主要手段。为此，美国参与了国际聚变材料辐照设施（IFMIF）的国际合作科学研究项目，该项目的管理者是国际能源机构（IEA），目的是测试核聚变反应堆所用材料的可用性。IFMIF将使用基于粒子加速器的中子源在适当的时间周期内产生大的合适的中子流，以测试在极端情况下材料的长期行为，这些极端情况类似于反应堆内壁的情况。

IFMIF将由两个平行的加速器构成，每个长约50 m，用加速氘离子束。用这些氘离子束撞击锂元素组成的目标靶后，产生剥裂反应可得到高能中子并伴随大量极高能的α粒子产生，进而照射材料样品和被测试成分。IFMIF的建设准备工作已于2006年开始，该设施实际的测试功能至少在2017年以后启用。

1.1.7 虚拟技术实验室

美国虚拟技术实验室（VLT）现设在橡树岭国家实验室（ORNL）。VLT及其促成技术是美国聚变能源科学计划的一个关键要素。促成技术可发展先进等离子体科学实验，探索长期的聚变研究所必需的材料和技术的创新解决方案，并在21世纪实现聚变的潜能。VLT现由全美8个实验室、11所大学和3个工业部门共22个单位组成。

VLT的任务是通过以下3个方面促进国家科学和技术基础：为现有的和下一步实验装置发展促成技术；探索和了解具有吸引力的聚变发电来源的关键材料和技术的可行性问题；开展集成了所认知财富的先进设计研究以指导研发的优先次序，发展下一步和未来聚变装置的设计方案。该任务的3个方面是美国能源部制定的任务"发展先进等离子体科学、聚变科学和等离子体技术——它们是经济上和环境上具有吸引力的聚变能源所需的知识库"中的关键组成要素。

VLT技术大纲包含以下几个方面：磁体技术、电子回旋加热、离子回旋加热、加料系统、聚变安全性与氚的研究、面向等离子体部件、材料研究、等离子体反应室系统、氚的处理以及系统研究。美国在这几方面的研究计划与现状如下：

磁体系统：新型的创新高温超导磁体(HTS)材料如钇钡铜氧化物(YBCO)是下一步聚变应用中具有充分先进性的材料。它除了具有高的临界温度外，还可以在相当强的磁场条件下运行，大大提高等离子体性能。

美国新型磁体研发综合大纲的重点是开发高温超导磁体和磁体系统。目标是在可接受的成本范围内，发展具有高性能、高可靠性、可用性和可维护性的聚变装置。短期内，超导磁体发展计划可提供在稳态条件下运行的灵活的实验装置，包括托卡马克、仿星器以及其他非平面几何形状的三维磁体位形装置。

电子回旋加热：电子回旋加热(ECH)技术研究的重点是电子回旋等离子体加热所需的高功率微波源和传输线。

目前在GA运行的6 MW、110 GHz回旋管系统使用的就是美国通讯电力工业公司(CPI)建造的回旋管和GA提供的传输线。美国将负责提供170 GHz下运行的24 MW ITER ECH系统的传输线。

橡树岭国家实验室(ORNL)正在建造ITER传输线部件试验台。美国几所大学(麻省理工学院、马里兰大学、威斯康星大学)和几家小企业在开展其他方面的研究。

ECH技术面临的挑战包括将回旋管的功率水平从兆瓦级提高到1.5～2.0 MW范围；回旋管的效率提高到55%以上；在等离子体运行磁场范围内使用频率可调谐的回旋管；降低传输线的损失；研制先进的、有效的固态电源。

离子回旋加热：目前美国主要实验中的RF系统有能力为装置等离子体提供3～6 MW的功率；未来的聚变反应堆如ITER需要数量级更大的功率。

要保证射频波发射器的可靠运行，即电压高达数万伏的数百安培电流在热等离子体中流动几厘米，还面临不少技术上的挑战：必须减小等离子体与天线之间有害的相互作用，必须能承受等离子体破裂期间作用于天线结构上的巨大电磁力，开发可维持等离子体快速改变的能量传输技术，配置可在未来聚变反应堆高中子通量环境下兼容的部件。虽然要尽可能在专用测试设施上开发天线部件并检验，但天线与部件之间的密切耦合最终还需在运行的等离子体实验中进行最终的技术评价和完善。美国已设计、加工了多兆瓦级RF天线，并在美国和国际的大型实验中投入使用。

加料系统：美国首创并改进了弹丸加料技术，即用可靠的、可重复的稳态气枪以极高的速度向等离子体注入H、D、T固体低温燃料弹丸。利用该技术在TFTR装置上反复进行弹丸注入获得$n\tau$劳森参数，在JET上发现反剪切弹丸增强的性能模式。这种气枪注入器的弹丸注入速度在100～1 700 $m \cdot s^{-1}$之间。还研制了两级轻气枪注入器，反复运行后速度达到3 000 $m \cdot s^{-1}$。目前正在开发该注入技术并应用于ITER加料，减小等离子体边缘的不稳定性，快速终止等离子体破裂。美国VLT研制的弹丸注入器已安装在DIII-D上进行减缓等离子体破裂的研究。弹丸大小为$\phi 15 \times 20$ mm的圆柱体氖或氩弹丸。

聚变安全/氚的研究：30多年前，美国爱达荷国家实验室（INL）创建了聚变安全大纲（FSP）。FSP是探索安全与无害环境的先进能源系统的国际领先者。聚变设计的许多方面都需要考虑对公众、工人和环境安全的影响。

FSP运用安全评价机制制定和实施监管导向的安全分析工具，运用了诸如MELCOR-聚变、MAGARC、TMAP和RELAP5 3-D等计算机分析编码。FSP可维持强大的安全与氚应用研究（STAR）设施的实验方案，研究单个或多个系统部件的行为及协同效应。

STAR是美国能源部科学办公室（DOE-SC）的国家用户设施，与安全和氚相关的实验以及更多的实验都可以在该设施上实施。STAR是世界上极少数可开展辐照材料氘氚同位素质量输运实验的氚实验室之一，是开发聚变核技术极为重要的研究领域。FSP的独特之处是在实验和模拟两方面具有内部的专业特长，并且两个组之间可直接互动。

面向等离子体部件：美国VLT PFC工作组（由11个机构组成）正在开展以下几方面的研究：为解释目前美国/世界托卡马克和实验装置中等离子体-表面相互作用开展模拟/分析；为科学地理解关键PFC问题，利用本国装置开展就地实验（NSTX，DIII-D，C-MOD等）和实验室实验；为ITER、DEMO和聚变核科学研究设施开展PFC设计和性能预测。重点研究固态面向等离子体PFC表面（Be，C，Mo，W），制定了液态金属表面（Li，Sn，Ga）的重大研究计划以及各种不同的结构材料和冷却方法。

材料研究：材料计划着重于开展以科学为基础的研究，发展可控制聚变发电系统材料性能限制现象的破坏机制的科学理解。该计划采用一整套实验和计算工具，探索聚变环境下材料有限寿命的退化现象。总体目标是开发经实验验证的、以物理学为基础的复合材料行为的可预测模型，改善现有材料，或者设计更好的模型。

由于目前没有聚变测试反应堆，因此，正在采用新型的实验技术和计算机模拟了解高能聚变中子引起的辐照损伤下材料退化的基本方面，以及核嬗变引起的辐照材料产生的大量氦的影响。例如，已经研制出在中子辐照下向材料注入氦的新实验方法。利用该方法，有可能研究聚变相关条件下氦对材料的显微结构变化的影响。

等离子体燃烧室系统：产生聚变能源的燃烧等离子体是存在于特有的、复杂的物理环境下相当密集的高能中子辐射源。了解这些高能中子、质子和其他的聚变环境条件对环绕在燃烧等离子体周围的等离子体燃烧室的材料和系统的影响是所面临的挑战。该工程科学领域被称为“聚变核科学与技术”，或FNST。ITER将在这个核时代迎来聚变科学。但是，要求FNST取得超越ITER的重大进展，并为确定是否或如何在实际的等离子体燃烧室系统下同时获得氚的自持和高温功率提取所需的科学基础做好准备，实际的等离子体燃烧室系统是：与等离子体运行兼容；在等离子体真空室内部可靠地运行；实现潜在的聚变环境优势。因为核燃烧室系统具有广泛的功能（如氚的产生、核屏蔽、除热、除氚与氚控制），并且要经历各种各样的物理条件（如核、磁、热、化学），因此FNST要求许多基础工程、物理、等离子体和材料科学学科的协同作用。

氚的处理：下一步聚变能源装置使用的燃料由氘（重氢）和氚（放射性氢）构成。由于自然界氚的存量极其微量，也因其放射性因而是有害的，因此特别受关注。为此，实际的聚变装置必须：增殖自身的氚（通过中子-锂的反应）；高效率的净化和回收氚；安全地存放和处理氚。

这种系统的开发和验证在美国和世界各国的许多装置上已取得进展。不过，氚处理的特殊要求使其开发具有挑战性，下一步聚变装置（如 ITER）要求大幅度地扩大现有的有限经验。

目前的研发任务主要是为实现下一代聚变装置苛刻的要求，开展各种有必要的课题研究。

系统研究：系统研究涉及对聚变能源应用综合概念的探索，以及为了解聚变能源的市场潜力和发展民用核聚变能源的最佳途径的社会经济学研究。ARIES 就是系统研究中最大的一个项目。ARIES 是一项由美国多家机构参与的研究活动。自 20 世纪 80 年代，ARIES 团队开展了若干有潜在吸引力的聚变电站的详细设计研究，包括托卡马克、仿星器和反场箍缩。还开展了其他有选择性的聚变能源开发的研究课题，包括可替代应用研究（中子源研究）和 DEMO 目标与要求（Starlite 研究）。

1.1.8 美国激光聚变研究的情况

1.1.8.1 背景及美国国家点火装置(NIF)概况

受控核聚变包括磁约束聚变和以强激光和粒子束为驱动源的惯性约束聚变（ICF）等。美国国家点火装置（NIF）是美国能源部所属的、研究惯性约束聚变和高能量密度物理（HEDP）的代表性实验装置。

1960 年 7 月，美国加州马里布休斯研究实验室（Hughes Research Laboratory）的西奥多·梅曼（Theodore Maiman）成功建造了世界上第一个光学激光器。几天之后，美国劳伦斯·利弗莫尔国家实验室（Lawrence Livermore National Laboratory，LLNL）的物理学家约翰·纳克尔斯（John Nuckolls）就提出如何利用激光实现聚变靶丸的设想。

随着超高强度激光技术的发展，“快点火”（Fast Ignition）作为一种新的惯性约束聚变（ICF）方式，在 1994 年被美国利佛莫尔国家实验室的科学家首先提出来。起因是 1992 年布什总统与国会取得一致，并签署法令，停止地下核试验。在“基于科学的储备管理”的保护下提出的新项目。ICF 学界提议建立一个 1.8 MJ 激光国家点火装置（NIF）。由于它被认为可以降低对聚变靶丸预压缩的驱动器能量要求，同时提高聚变能量增益，所以该方案提出后，即引起激光聚变界的极大兴趣。

随着 2002 年日本和英国学者合作的集成实验初步观测到强激光脉冲对预压缩靶丸的加热效应，快点火聚变方案迅速成为一个研究热点。在美国，物理学家约翰·纳克尔斯（John Nuckolls）的设想直接推动了国家点火装置（NIF）的建造。国家点火装置由美国能源部下属国家核安全管理局（NNSA）投资，该计划自 1994 年开工以来延期了很多次，1997 年正式开始建设，已于 2009 年建造完成，容纳 NIF 装置的建筑物长 21 m，宽 120 m，相当于 3 个足球场，该装置共耗资 35 亿美元，装置的测试点火工作已于 2009 年夏天开始。

国家点火装置可以把 200 万 J 的能量通过 192 条矩形激光束聚焦到 1 个很小的点上，即在 30 ft（1 ft＝0.304 8 m）的靶室中实现会聚，其中靶室内含有直径为 0.44 cm 的氢同位素靶丸，从而产生类似恒星和巨大行星的内核以及核爆炸时的温度和压力。发生聚变反应时，温度可达到 1 亿摄氏度，压力超过 1 000 亿个大气压。在此基础上，科学家可以实施此前在地球上无法实施的许多试验。

国家点火装置呈球形，直径约为 10 m，重约 130 t。装置内有 1 个目标聚变舱，点火实验就发生于目标聚变舱内。整个球体由 18 块铝材外壳拼接而成，每块外壳均约 10 cm 厚。球体外壳上正方形窗口就是激光束的入口，而圆形窗口则是用来安装和调节诊断装置，诊断装置共有近 100 个分片。图 1.1.10 所示为 NIF 装置的全貌合成图。3 层楼高的建筑内围绕靶室挤满了激光器和诊断设备。图 1.1.11 所示为 NIF 装置直径约 9 m 的球形靶室。

图 1.1.10　NIF 装置全貌的合成图

图 1.1.11　NIF 装置直径约 9 m 的球形靶室

2009 年 5 月 29 日世界上最大的激光聚变装置 NIF 在美国加利福尼亚州北部的利弗莫尔劳伦斯国家实验所举行落成典礼。加州州长施瓦辛格在落成典礼上发表讲话说，这一激光系统的建成是加州和美国的伟大成就，它将有可能使美国的能源结构发生革命性变化，因为它将教会人们驾驭类似太阳的能量，使其转变成驾驶汽车和家庭生活所需要的能源。

1.1.8.2　NIF 的任务与装置研究的意义

美国国家点火装置 NIF 共有 3 个任务：第一，是让科学家用它模拟核爆炸研究核武器的性能情况，这也是美国建设国家点火装置的初衷，即作为美国核武器储备管理计划的局部，保证美国在无需核试验的情况下保持核威慑力。第二，使科学家进一步了解宇宙的秘密。科学家可使用国家点火装置模拟超新星、黑洞边界、恒星和巨大行星内核的环境进行科学试验。这些试验大部分不会保密，将为科学界提供大量此前无法获取的数据。第三，保证美国的能源安全。科学家希望从 2010 年开始借助国家点火装置来制造类似太阳内部的可控氢核聚变反应，最终用来生产可持续的清洁能源。科学公报说："国家点火装置所产生的能量远大于启动它所需要的能量，这是半个多世纪以来核聚变研究人员一直梦寐以求的'能量增益'目标。如能取得成功，将是有历史意义的科学突破。"近来，美国又提出利用高功率激光装置处理太空垃圾等设想。

NIF 是美国国家核安全管理局的库存管理计划的关键环节。NIF 是在受控实验室条件下进行聚变点火和热核燃烧实验，实验结果将为 NNSA 提供相关武器生产条件的实验手段。这些条件对 NNSA 在不开展地下核试验的条件下评估并验证核武库的工作至关重要。国家点火装置实验将研究武器效应、辐射输运、二次内爆和点火相关的物理学机理，并支持库存管理计划继续取得成功。

目前美国 NIF 是激光驱动核聚变的领军装置，NIF 的建造成功与点火实验，无疑给激光聚变和相关领域的科学家群体增加了聚变点火的信心。美国利弗莫尔国家实验室在 2009 年 5 月提出 7 个未来 5 年重点关注研究的领域，其中一个就是激光惯性聚变能源(LIFE)，其目标是到 2050 年为美国提供大于 200 GWe 的可持续、封闭燃料循环核能源选择。

惯性约束聚变的长远目标是为人类提供干净的聚变能源，彻底解决人类的能源问题。美国科学家认为他们所使用的"点火"方式，其好处就是用激光开启核聚变后就可以马上切断能量，距离实用化的目标最近。近年来，世界其他国家也对惯性约束聚变研究十分关注，并不同程度投入到相关研究中。目前，巨型激光驱动器已经成为一个国家综合国力的反映，能够代表一个国家在高技术领域的科技水平。

1.1.8.3 NIF 取得的最新进展

激光核聚变发电，相比利用核裂变反应的核电站，其安全性极高，因此，奥巴马政府对此投入了相当的力量。2009 年，美国政府为 NIF 装置投资约 500 万美元。该装置计划在 2012 年点火，聚变能源被认为是人类的终极能源，美国政府为此制定了以 2030 年为目标，实现激光聚变堆商用化的蓝图。

2010 年 9 月 29 日上午 8 点 27 分，美国国家点火装置(NIF)进行了首次综合性点火实验。本次实验实现了点火实验所需要的所有复杂系统的整合。全部 192 束激光齐发，将 1 MJ 的激光能输入首个低温靶丸中。实验时靶丸温度降到了 −425 华氏度。本次实验产生的中子比以前实验多 1 000 倍，这些中子将用于未来的点火试验。所有系统都运行良好，并使用了 26 个靶诊断系统。NIF 项目负责人艾德・摩西(Ed Moses)指出："这是惯性约束聚变研究 50 年来最重要的时刻，代表了我们在综合实验能力方面取得了重大进展，很好支持了国家核安全局的核武器储备管理工作、国防部工作以及基础科学和能源任务工作。"

2011 年，美国物理学家组织网报道，美国国家点火装置(NIF)项目的科学家攻克了点火装置中两个关键难题，类似太阳般的极端高温以及均匀的使标靶不会失形的压力，从而演示了在激光驱动下产生核聚变所需的条件。

在实验中，NIF 科学家用一种直径 2 mm 的塑料小球代替了金质黑体辐射空腔，将 192 束激光聚集在含氦元素的塑料球上，所产生的巨大热量中近 90%转换为 X 射线，使温度达到 360 万摄氏度。在这一温度下，2 mm 直径的塑料球各向均匀收缩为只有 1/10 mm。

NIF 副主管爱德华・莫斯表示，新实验已经模拟出聚变反应发生的实验条件，比以前更加切实可行，并有望在 2012 上半年进行真正的演示。研究人员目前正在对含有不等量氘和氚的小球进行测试，以检验不对称向心聚爆的可行性，以实现最终的点火。

尽管实验条件看起来相当成熟，但真正的点火跟实验还有些不同。真正点火时，燃料芯块中用的不是氦而是铍元素，并包含了氢同位素氘和氚。激光产生的 X 射线使铍产生一种向内的向心聚爆，将震波传给氢同位素，进一步提高氘和氚原子核的温度，达到临界点后，它们才会克服彼此的斥力而聚合在一起。

NIF可以全面开展极端超强激光下的各种物理过程的系统研究，同时为人们探索研究各种极端条件下的物理过程开辟了广阔的前景。

2012年7月5日，NIF在美国加利福尼亚完成点火试验，这不仅是人类历史上威力最大的一次激光脉冲发射，还是核聚变能源探索之路上的一座里程碑。这次试验持续时间仅为230亿分之一秒，产生相当于500万亿瓦特功率的能量，比同瞬间段美国全国电能消耗总和1 000倍还多。麻省理工学院科学家理查德·彼得拉索博士称“这是一个了不起的、令人振奋的成就”，“因为它在实验室里创造了以前只有在行星内部深处才存在的情况。”

2014年2月，美国劳伦斯·利弗莫尔国家实验室宣布，NIF在最新一次的激光核聚变实验中，在国际上首次实现了输出能量大于输入能量，由此使激光核聚变实验研究往前推进了一大步。

参考文献

[1] 丁厚昌，等. 聚变能——21世纪的新能源[M].北京：原子能出版社，1997.

[2] 霍小兰. 核聚变研究与ITER计划[J].全球科技经济瞭望，2006，21(6)：40-42.

[3] 钱尚介. 美国对核聚变能开发作重大调整[J].自然杂志，1998，20(2)：108-110.

[4] 聂锦麟[译]. 里根政府关于核聚变的拨款预算，国外核新闻，1982(1)：8-9.

[5] 凌必利，等[译]. 调整后的美国聚变能源科学项目战略计划，2003，http://tokamak.ipp.ac.cn/htdocs/a1.htm.

[6] 关欣. 美国的能源状况[J].全球科技经济瞭望，2002，17(9)：48-49.

[7] 李宏伟. 美国联邦政府2004财年研发投入简析[J].全球科技经济瞭望，2004，19(6)：8-11.

[8] 曹建业. 简析美国2008财年研发预算[J].全球科技经济瞭望，2007，22(10)：13-15.

[9] 曹建业. 美国2009财年研发预算简析[J].全球科技经济瞭望，2009，24(1)：19-21.

[10] Stephen O. Dean, Pre-ITER History Chronicled by Stacey A Book Review[OL]. 2011, http://aries.ucsd.edu/fpa/fpn11-03.shtml.

[11] 林尊琪. 激光核聚变的发展[J].中国激光，2010，37(9)：2202-2207.

[12] 莫神星. 核聚变研究与ITER计划[OL].http://www.yadian.cc/blog/66545/.

[13] 新华网. 美国再添核威慑利器 最大激光聚变装置亮相[OL]. 2009，http://news.xinhuanet.com/tech/2009-05/31/content_11461954.htm.

[14] P. I. Petersen et al., DIII-D: Recent Physics Results, Implemented and Planned Hardware Upgrades [R].Fusion Engineering, 2005, Twenty-First IEEE/NPS Symposium on.

[15] 施仕潮[编译].美国托卡马克聚变试验堆提前完成.国外核新闻，1983(6)：26-28.

[16] 雪兰[译]. TFTR的初始D-T实验.国外核聚变，1994(3)：9.

[17] C. E. Bush，等. TFTR中氘-氚H模式研究，李锐[译].国外核聚变，1996(2)：1-10.

[18] D. M. Meade, TFTR的最新进展，寒冰[译].国外核聚变与等离子体应用，1997(6)：13-17.

[19] 平原[译]. 关于聚变能源历史的回顾及其对未来的意义.国外核聚变，2001(3)：1-15.

[20] Princeton Plasma Physics Laboratory，USA, NSTX Research Program Plan 2009-2013[OL]. chapter 1, http://nstx.pppl.gov/DragNDrop/Five_Year_Plans/2009_2013/NSTX_Research_Plan_2009-2013.pdf.

[21] Princeton Plasma Physics Laboratory，USA, NSTX Research Program Plan 2009-2013[OL]. chapter 7, http://nstx.pppl.gov/DragNDrop/Five_Year_Plans/2009_2013/NSTX_Research_Plan_

2009-2013. pdf.
[22] Brad Nelson. ITER Project Overview[R]. Central Solenoid Pre-Solicitation Vendor Conference, April 7, 2010.
[23] 吴宜灿,等.磁约束聚变堆及 ITER 实验包层模块设计研究进展[J].原子核物理评论,2006,23(6):89-94.
[24] General Atomics, San Diego,USA, The DIII-D National Fusion Program Five-Year Plan 2009-2013 [OL].2008, https://fusion. gat. com/images/e/e8/A25889-5YP-final. pdf.
[25] Plasma Science and Fusion Center. Massachusetts Institute of Technology, ALCATOR C-Mod FY08-10 Work Proposal[OL]. 2008, http://www. psfc. mit. edu/research/alcator/program/Alcator_C-Mod_Work_Proposal_FY08-FY10. pdf.
[26] T. S. Taylar,et al.A Path to a Fusion DEMO after ITER[R]. First Workshop on MFE Development Strategy, Beijing, China, Jan. 5-6,2012.
[27] R. D. Stambaugh. Fusion Nuclear Science Facility and Program[R]. Fusion Power Associates 31st Annual Meeting and Symposium Fusion Energy: Focus on the Future.
[28] Oak Ridge National Laboratory. Virtual Laboratory for Technology[OL].2010, http://vlt. ornl. gov/index. shtml.
[29] Martin Greenwald. 2007 FESAC Planning Panel Final Report[R].
[30] T. S Taylor. Fusion Energy Science Program Priorities[R]. FESAC Subcommittee on MFE Priorities, Bethesda, Maryland, July 18, 2012.
[31] M. R. Wade. DIII-D's Role in Advancing US Interests in Fusion Energy Development[R]. FESAC Subcommittee on MFE Priorities, Bethesda, Maryland, July 18, 2012.

1.2 俄罗斯

1.2.1 俄罗斯聚变研究背景

俄罗斯占有世界能源资源的 12%～13%,是世界能源强国之一,也是欧洲和独联体国家的主要能源供应国。截至 2005 年,俄罗斯的石油探明可采储量居世界第七位,天然气探明可采储量居世界第一位,已探明煤储量居世界第二位,同时还拥有丰富的铀资源。此外,俄罗斯有雄厚的能源基础设施。能源是俄罗斯发展经济的基础、推行内外政策的工具。俄罗斯在国际能源市场上的作用很大程度上决定着其地缘政治影响。

俄罗斯表示,以目前的全球经济增长速度来看,到 2030 年世界的能源需求量将会增长 3 倍,发展热核能源将会缓解全球能源危机。发展热核能源的战略能够使俄罗斯向开辟俄罗斯新能源时代前进一大步。

俄罗斯是世界上最早研究核聚变能的国家之一。自苏联研制出第一台托卡马克装置,到世界首座国际热核聚变实验堆(ITER)国际合作项目的确定,俄罗斯为热核聚变能源早日造福人类做出了重要贡献,推动了核聚变科学的发展。

20 世纪 40 年代初,热核能源研究一开始纯粹是为了军事目的而提出,更确切地说是为了制造氢弹。苏联专门成立了一个从事氢弹研究的专家小组,小组成员中便有后来成为苏联聚变研究创始人的安德烈·萨哈罗夫。在军事方面,除了氢弹的直接军事意义之外,受控核聚变产生的大量的 14 MeV 的中子在制造核燃料方面有着重要应用。在政治上,第二次世界大战后形成的东方社会主义和西方资本主义两大阵营之间展开了一场竞赛。两大阵营各自以苏联和美国为领导，在高度保密情况下展开了大规模的热核聚变研究。

1.2.2　俄罗斯聚变研究历史及主要聚变装置

第二次世界大战结束后不久，苏联科学家 Tamm（塔姆）和 Sakharov（萨哈罗夫）就提出了“托卡马克”的概念。当时，萨哈罗夫和他的同事们一边继续进行氢弹制造，一边开始考虑实现可控热核聚变的可能性。但研究从一开始，就遇到了许多困难。萨哈罗夫从一个普通的无线电兵的思路中得到一定启发，得出了一个有重大意义的假说：滚烫的等离子体原则上可以装入放置在磁场内的炉膛里。萨哈罗夫的这一主张引起了科学家塔姆的兴趣，塔姆马上参与了反应堆的计算。

1950 年 10 月，萨哈罗夫和塔姆草拟了核聚变物理学和热等离子体磁约束初步原理，并首次提出了建造对等离子体进行磁约束的热核反应堆的可能性。而当时他们正在对外保密的 Arzamas-16 核中心参与热核武器开发工作。

1951 年初，萨哈罗夫就已经计算出了环形热核 D-D 反应堆（MTR，功率 900 MW）的临时参数，还提出了创造这种磁位形的另外一种方法，即在等离子体内直接驱动电流。

1951 年 5 月 5 日，Stalin（斯大林）签署了“MTR 法令”。同年，由 Kurchatov（库尔恰托夫）领导过的一个小组建造了称为“α”的试验性环形管反应装置，库尔恰托夫所在苏联聚变计划领导人 Artsimovich（阿齐莫维奇）亲自指导下开始了等离子体启动和环形系统加热实验研究。起初，实验是采用玻璃、陶瓷或金属的环形真空室并用绝缘垫板分开。这个系列中最大的装置 TMP 大半径 $R=0.8$ m，小半径 $a=0.13$ m，$B_0=1.5$ T，$I=0.25$ MA，这个与后来的经典托卡马克各方面比例非常接近。

事实上，在 20 世纪 50 年代很多科学家已经致力于受控核聚变问题的研究，只是所有工作都是高度保密的。苏联首次倡导了受控核聚变研究工作的公开化。1956 年 4 月，库尔恰托夫在英国哈威尔发表了与高电流脉冲放电相关的聚变方面的演讲，这是此倡导方向上迈出的第一步。两年后，在日内瓦召开的第二届和平利用原子能国际会议上，一共提交了 105 篇关于苏联、美国、英国、德国和其他国家聚变研究工作细节的论文。论文内容表明，尽管保密机制各不相同，但是各国研究方向都一致。会议没有立即促成各国之间的科研合作，但是它为后来世界范围内广泛合作的开展奠定了坚实的基础。

在国际原子能机构的领导下，从 1958 年起，全球热核研究领域的专家开始定期举行研讨会。塔姆、萨哈罗夫及其合作者的论文首先于 1958 年第二次日内瓦会议前在一本包含 4 卷的书《等离子体物理及受控热核反应问题》中发表。几位作者提到 MTR 反应堆能够用于氚增殖（每天 100 g）或者铀-233 生产（每天 8 g）。

1958 年年底，苏联的 T-1 托卡马克装置开始运行，它是第一个具有全金属反应室且不带绝缘垫板的装置，被认为是世界首个托卡马克装置。安装完成后，尽管电介质上没有产生拉弧放电，但是杂质的真空紫外线辐射导致的能量损失仍然是影响热等离子体能量平衡的主要损失。

下一步的实验计划重点是找到降低辐射损失的方法。为达到此目标，第二年建造了 T-2 托卡马克装置。这个装置具有波纹金属制成的内部真空反应室（内衬），反应室能够加热到 550 ℃。室内有一个膜片用于限制放电电流区域。在微观稳定状态下（根据 Shafranov

的标准 $q>1$)辐射损失比例不超过输入等离子体总功率的 30%。

1961 年美国建成了较大的仿星器-C 装置，但很快发现，仿星器中等离子体的输运远大于最初的估计，等离子体参数受到非常大的限制。在这一时期，苏联的托卡马克研究得益于孔栏技术，壁处理技术和位移控制技术的发展取得了很大的进展，以 TM-6，T-3 等装置为代表的几个托卡马克的等离子体参数远高于仿星器。到 60 年代中，T-3 中等离子体的综合指标已比仿星器-C 高一个数量级。

20 世纪 60 年代和 70 年代早期，所有托卡马克装置都在研究功率平衡的问题，但是在 T-3、T-3a、TM-1、TM-2、TM-3 和 TM-4 上进行的实验详细地研究了托卡马克等离子体热约束问题。最初的 10 年进展不大，电子温度 T_e 只有 100 eV 左右。后来，真空室改用薄的不锈钢制成，并增加极向场线圈的匝数，以降低磁场的波纹度。等离子体环的平衡条件研究主要在 T-5 上进行。T-5 托卡马克在等离子体位形平衡研究方面取得了重要进展。

T-3a 装置于 1968 年投入运行，并获得成功。其等离子体参数大大提高，电子温度 $T_e=1\,000$ eV，离子温度 $T_i=400$ eV，电流脉冲宽度大约 50 ms，能量约束时间 7 ms。

那时，很多科学家都认为仿星器和其他聚变装置的实验结果证明了环形系统的等离子体热隔离符合所谓的根据经验总结出的玻姆公式。这个公式显示热隔离随着等离子体温度升高而降低。而那几年对托卡马克研究的基本结果的总结是环形系统的等离子体热隔离不会随着等离子体温度升高而降低。实验测得的托卡马克内等离子体能量约束时间值超过了玻姆公式所预测值一个数量级。理论和实际相互矛盾在好几年时间内是等离子体界科学讨论的主题。在 1968 年新西伯利亚召开的第三届热等离子体物理及核聚变国际会议上，这个争论上升到了最激烈程度。甚至在这之前，普林斯顿等离子体物理实验室主任 L. Spitzer（斯必泽）宣称他认为苏联实验采用的温度测量技术没有考虑真实结果。作为回应，苏联核聚变计划负责人阿齐莫维奇邀请卡拉姆等离子体物理实验室主任 R. S. Pease（皮兹）在一次联合实验中检验苏联的托卡马克装置，用卡拉姆实验室研发的仪器采用激光散射诊断的方法测量 T-3a 托卡马克装置的电子温度。

T-3a 联合实验的结果在 1969 年苏联杜伯纳举行的封闭系统等离子体约束国际会议上公布。用激光散射方法测得的电子温度与之前库尔恰托夫所使用的对从等离子体中逃逸的原子的反磁测量和电荷交换分析获得的数据一致。这是核聚变历史上的首次国际实验结果，尽管能量增益因子 Q 值仅为十亿分之一。其结果对于消除对托卡马克的怀疑做出了重大贡献，使托卡马克装置成为了世界进一步研究等离子体磁约束的基本方向。这一重要成就为核聚变研究指出了光辉前景，使困惑多年的等离子体物理学家们受到了极大的鼓舞。从此以后核聚变研究在全世界范围内受到更广泛的支持，并不断取得重大进展。

60 年代末，苏联专家阿齐莫维奇进一步提出在国际原子能机构下成立国际热核研究委员会的动议，得到国际原子能机构的支持，并于 1970 年 6 月召开了高级评审专家会议。

大约在 1970 年，几乎世界各地的聚变实验室都建造了新的托卡马克。大量同类型实验装置的存在需要快速的情报交流；世界规模的会议和集会增加了。不久就积累了一些积极的成果，进展是迅速的。与阿齐莫维奇的预测一致，聚变领域内的头一个重大成就是一直以低 β 运行的约束方案取得的。实质性进展只能通过建造大型托卡马克取得。

到 20 世纪 70 年代中期，随着聚变工程技术的发展，一些大型加热设备如 MW 级中性束注入设备，离子回旋共振波加热设备被研制出来，先后用于托卡马克研究，把离子温度提高了一大截。随后，美、日、欧的磁约束研究经费有很大增加，主要用于较大规模装置的建造及诊断设备的改进，苏联当时改进了 T-10 托卡马克装置。

1975 年，T-10（$R=1.5$ m，$T=0.4$ m，$B_0<5$ T）开始实验，总费用为 2 000 万卢布。T-10 托卡马克装置是最后一个只考虑欧姆加热设计的装置。其参数优化的标准是在之前已定好的能量约束定标律和可能做出的技术方面的决定基础上，提供欧姆加热模式下可能最高的等离子体温度。T-10 的第二个目标是开始进行辅助等离子体加热技术的研究。在 20 世纪 70 年代初建造的 T-11 上也进行了非欧姆加热研究。该装置具有中性原子注入系统、改进后的内部铜壳和磁场位形。通过离子回旋、低混杂和电子回旋共振，在大型和小型等不同托卡马克上进行了更多的等离子体加热实验。在小型 TM-1-VCh 托卡马克上进行了突破性实验，在一定量的氢和氘离子以及快波本模激发态下，进行离子回旋等离子体加热，发现了少数离子加热、二次谐波离子加热和离子-离子混杂共振现象。这为之后在大型托卡马克上广泛探索到的 ICRF 物理现象奠定了基础，而这个现象正是用于 ITER 离子加热和等离子体稳定控制的原理。

在 T-10 上，ECR 等离子体加热实验起初是在 EC 频率一次谐波下开展的，加热效率为 70%～80%。放电的欧姆加热阶段，靶等离子体的中心区域电子温度提高了约 0.6～0.9 keV。制造出了具有 11 个回旋管、计划总功率为 4.4 MW 的双频 ECH 设备（81 GHz 和 75 GHz）后，研究了能量约束对辅助功率依赖程度，发现其比对欧姆加热功率的依赖程度大大增强。实验获得的电子温度达约 10 keV。这个值可以称为热核值。在实验中没有观察到高能电子软 X 射线谱任何严重的麦克斯韦分布的偏离。在 T-10 最初的启动 ECRH 实验中，对锯齿稳定/去稳现象以及其他 MHD 不稳定性控制的最初证据进行了陈述。这为 ECR 方法作为等离子体物理研究手段的重要性提供了依据。实验显示了高密度等离子体 ECR 加热的优势，以及进行电子回旋频率二次谐波研究的机遇。

在 140 GHz 下的各种实验显示了能够把等离子体有效加热到直线平均等离子体密度为 $6\times10^{19}\ \mathrm{m}^{-3}$。实验确定了 ECH 驱动电流能够有效产生，并且再一次以更高水平显示了内部局部等离子体不稳定性的全面稳定以及在等离子周边出现的 MHD 行为的强稳定因素的机会。当今的 ITER 的问题之一就是把启动电流的伏 秒数降到最低。而 T-10 在非感应等离子体启动电流方面的实验正是对准此目标。

20 世纪 70 年代初，阿齐莫维奇和 V. Shafranov（沙弗拉诺夫）提议为了提高托卡马克稳定性采用拉长等离子体截面的办法。实验促成建造了一系列非圆截面的托卡马克：T-9，T-8，T-12，TBD。这些结果证明了非圆形形式下达到平衡等离子体的可能性，用磁场体积提高效率的可能性，以及采用纵向偏滤器位形的可能性。接下来一步就是大型 T-15 托卡马克计划，当中包含了各类装置运行的经验和成果。T-15 是世界上第一个拥有 Nb_3Sn 超导磁系统的托卡马克。T-15 的辅助加热系统通过中性原子注入（9 MW）、ECR（6 MW）和 ICR 波（6 MW）提供电流加热和维持。T-15 的诊断复合系统是在世界很多装置的基础上建造的，环向磁场由 Nb_3Sn 超导体线圈系统构成。T-15 的基本建造工作在 1988 年完成。在其试运行期间，超导磁系统在等离子体轴的磁场达到了 3.6 T（设计值 3.5 T）。在 0.4～1.0 MA 等离子体电流下进行了约 100 次欧姆模式脉冲。约在 2009 年上半年期间，由于经济原因 T-15 实验暂停，几年后对 T-15 进行改造，降低了部分参数，从某种意义上讲可以算作重新建造。

1970 年后整个国际社会参与了托卡马克概念研发，证明了托卡马克概念的成功。广泛的国际合作正是从这个时候开始的，这个阶段也为托卡马克反应堆物理学和技术研发做出了重要贡献。如上所述，尽管当时科学家的物理认识水平还不允许他们进行可靠的托卡马克设计，但是积累的实验数据和研发出的编码为 ITER 物理研究的最后阶段的成功奠定了坚实的基础。

需要强调的是在 20 世纪 60、70 和 80 年代期间，在库尔恰托夫所进行托卡马克实验研究的同时，等离子体物理学的强大理论研究和托卡马克理论基础研究也在 B. Kadomtzev, V. Shafranov, R. Sadeev, A. Mikhailovskii 等许多科学家的带领下进行。这项工作在 *Voprosy Teorii Plasmy*（等离子体理论中的问题）丛书中进行了总结。这项工作主要是关于 2D-3D 等离子体平衡、线性和非线性不稳定性、等离子体加热和非感应电流驱动，为包括托卡马克的热等离子体磁约束研究奠定了基础。Kadomtsev 从数字漂移型湍性等离子体半定性分析、相似定律、世界各国托卡马克实验能量约束时间定标律得出结论，建造具有合适尺寸、磁场和等离子体参数的 D-T 托卡马克反应堆是可能的。几年后，偏滤器位形托卡马克上的 H 模状态的重要发现（ASDEX & F. Wagner, 1982 年）极大地确定了这个结论。

1977 年年底，苏联热核专家向苏共中央提交在解决热核聚变问题上主动开展广泛国际合作的建议，苏共中央政治局于 1978 年做出了相应决定。根据这一决定，1978 年 5 月于维也纳举行的国际热核聚变会议上，苏联代表团建议在苏联领土建造首座热核反应堆。

为了探讨向建造国际热核聚变反应堆过渡的可能性，在国际原子能机构的领导下成立了国际工作组。当时参与设计的只有苏联、美国、欧盟和日本 4 家。1978 年 5 月，在国际聚变研究会议上，苏联规划领导人科学院院士维里科夫（E. Velikhov）建议，作为 IAEA 赞助下合作的大胆尝试，开始在下一个大型托卡马克（现称 INTOR）反应堆上进行概念研究。在 1979—1987 年 INTOR 计划期间，欧盟、日本、苏联和美国参与了计划，这是迈向现在 7 方领导参与的 ITER 计划的重要一步。

1985 年，苏共中央总书记戈尔巴乔夫在会见法国总统密特朗和美国总统里根时，提出了签署联合建造国际热核实验堆协定的建议，密特朗和里根响应了戈尔巴乔夫的倡议。从此，ITER 项目得到国际社会政治上的大力支持。

1991 年苏联解体后，俄罗斯承担了继续参与 ITER 国际合作项目的任务。1992 年，俄罗斯、美国、欧盟和日本的科学家决定联合起来共同研究与设计第一座热核实验反应堆。此后，专家们以俄罗斯研制的托卡马克装置为基础开始了 ITER 技术结构的设计工作。在 10 多年庞大的技术方案的设计工作中，俄罗斯承担了 ITER 17%的前期设计工作量，完成了大量的科研设计工作。

2005 年 6 月，ITER 场址落定法国，由俄罗斯、欧盟、日本、中国、美国和韩国等参与的 ITER 核聚变能研究大型国际合作科研项目正式启动。俄罗斯作为 ITER 项目建设的重要一员，在该项目的前期研究、实验和设计方面起到了重要作用。俄罗斯参与 ITER 项目的准备工作主要体现在科研、设计与工业生产 3 个方面。在科研与设计方面，俄科学家将继续在托卡马克装置上进行聚变能的理论与实验研究工作，包括超导磁力系统和低温恒温器、真空室和辐射保护系统、分流器、信号抑制和外壁系统、等离子加热和电流控制系统、热核反应堆冷却系统、热核反应堆定时维护和修理系统、等离子体诊断系统、实验数据采集和储存系统、热核反应堆控制系统、保障系统等方面。在设计方面俄参与并完成了工作量值 20 亿美元的

ITER方案设计工作，之后参与了建造ITER的关键设备、开发技术工艺等方面工作。

俄罗斯政府针对ITER项目先后出台了《关于研究国际热核实验堆技术方案》的总统令(1991年)，《关于批准1996—1998年国际热核实验堆联邦专项计划及其科学研究和实验设计工作》(1996年)，《2002—2005年国际热核实验堆联邦专项计划》(2001年)等重要文件，并一直拨款支持ITER项目研究。

1.2.3 俄罗斯聚变研究的困难和经费投入

俄罗斯在苏联时期对聚变研究进行了大力投入，但是受各种因素影响，在20世纪90年代开始的经济转轨时期，俄罗斯的整个科研大环境出现了很多问题，财政困难、国家投入逐年减少是俄罗斯科研单位当时面临的最重大问题。自1991年以来，科研拨款占国内总产值的比重一直呈下降趋势。1996年俄政府的科研拨款为23.3亿美元，仅相当于1991年的15.4%。1997年国家预算中，科技拨款也仅占预算的2.67%。而根据俄《科学与国家科技政策法》，这一数目不应低于4%。自1993年以来，科研单位由于缺少财政支持，很多研究项目中断，国际合作的规模大大缩小，探索性研究工作减少。俄罗斯科学院由于缺少资金，有的重点实验室关闭，科研设备、仪器、试剂无法更新和补充，国外专业期刊无钱订阅。科技信息交流渠道中断，科研后劲匮乏。另外，俄罗斯经济转轨后，科研人员待遇太低，科研队伍不稳，人才流失严重。主要迁居国家是德国、美国、以色列和韩国。从俄罗斯移居外国的科学家中60%是40岁以下有才华的青年人，12%的人具有博士学位。当时俄罗斯的对外科技合作政策处于新旧交替的过渡阶段，尚缺乏支持对外科技合作方面的健全法律政策。政治混乱，经济困难，各科研单位各自行动，自谋生路，独立参与国际合作者渐多。就国家宏观管理而论，可以说出现了一个“失控”期。

俄罗斯进行等离子体物理和受控聚变研究科学家的一项大型年度事件就是召开Zvenigorod(兹韦尼哥罗德)等离子体物理和受控聚变国际会议，从近年的会议召开情况来看，参与的研究机构的数量在增加，提交的关于热等离子体约束的论文数量也在增长，俄罗斯科学家进行的大型磁系统实验研究仍然保持较高的水平，把越来越多的研究精力放在了应用研究领域，越来越多年轻科学家对这些领域产生了兴趣。

近年俄罗斯在等离子体物理这个领域的研究队伍逐渐缩小和老龄化，仪器设备老化和缺乏，研究资金缺乏，大批研究由在欧洲和美国的俄罗斯研究人员进行。

进入新世纪，俄罗斯政府认识到，基础研究、应用研究与开发是国家经济增长的基础，是决定国家国际地位的重要因素。2002年，俄罗斯政府制定《俄罗斯联邦至2010年及未来的科技发展基本政策》，将发展基础研究、应用研究与开发列为国家科技政策支持的首位。

据此，俄罗斯对其科技战略作出了调整，除了调整科技政策、体制和立法以外，还加强了科学研究的国际合作。俄罗斯继承了苏联的雄厚科技基础，但由于经济滑坡、经费紧张，基础研究难以维持，因此把参与国际合作作为保存其科研实力的重要措施。俄罗斯凭借自己的科研力量，已经成为多项大型国际合作科学研究的积极参与者，国际热核聚变实验堆计划就是其中一项。

由于ITER项目的重要性，苏联及此后的俄罗斯历届政府对ITER项目都很重视。ITER项目的研究经费一直由政府拨款，它的预算支出占了俄热核计划全部预算的80%左右。20世纪90年代的俄罗斯虽十分支持ITER，但力不从心，没有经济实力。进入新世纪后，俄罗斯加大了对 ITER 的投入，仅 2002—2005 年的经费投入就有 8.6 亿卢布(1 美元约合 30 卢布)。

在 2007 年 8 月 16 日的政府会议上，俄罗斯通过了至 2015 年及以后开发聚变发电产业策略草案的主要条款。策略规定，为发展直到 2050 年的聚变发电产业投资 5 150 亿卢布(约 200 亿美元)，其中包括建造商用热核聚变反应堆的费用。俄罗斯第一副总理伊万诺夫在评估未来投资时称："热核聚变值得投资。"

根据俄罗斯政府公布的资料显示，俄罗斯发展热核能源的战略分为 3 个阶段。第一阶段是 2009—2015 年，恢复并重新装备其技术基础，对苏联时期创造的技术加以改进及培训科技人员，该阶段计划费用预计为 300 亿卢布(11.7 亿美元)；第二阶段是 2016—2031 年，研制和试验用于未来聚变发电反应堆的材料；第三阶段是 2032—2050 年，俄罗斯希望在此期间设计并开始建造商用热核聚变电站，这项工程将耗资达到 5 150 亿卢布。如果俄罗斯最终决定建造自己的反应堆，费用就将增加到 7 700 亿卢布。

1.2.4 俄罗斯主要聚变研究机构

1.2.4.1 俄罗斯原子能机构/集团(ROSATOM)

ROSATOM 于 2007 年按俄罗斯总统命令建成，以取代俄罗斯联邦原子能部(俄原部)。ROSATOM 管理俄罗斯所有的核资产，既包括民用原子能领域，也包括核武器综合体，全集团员工人数约 36 万人，集团最高领导是总经理基里延科・谢尔盖・弗拉基连诺维奇。

ROSATOM 中从事基础核物理研究的主要中心有国家科学中心"高能物理研究所"和国家科学中心"理论和试验物理研究所"。这两家研究所都是作为苏联高能物理和核物理研究的全国性试验基地而组建的，现在依然是俄罗斯在基础核物理领域主要的研究基地和年轻科学家的培养基地。另外，俄罗斯联邦核中心"萨罗夫试验物理研究所"和"斯涅任斯克技术物理研究所"也承担着大量的基础和应用研究任务。此外，在 ROSATOM 集团的子公司"原子能工业公司"(Atomenergoprom)中也有 20 多家科研院和设计局。其中包括业内领先的反应堆研制和设计单位"水压机"试验设计局和阿夫利甘托夫机械制造试验设计局、铀和其他金属开采和加工新工艺研制单位"全俄化学工艺科学研究所"、新型核燃料和结构材料研制单位"全俄无机材料科学研究所"、原子反应堆研究所等。

ROSATOM 积极参与各类国际合作项目，如以托卡马克装置为基础的国际热核试验反应堆项目、IAEA 主导的新一代核反应堆 INPRO 和第四代反应堆项目等。

ROSATOM 在基础研究领域的又一重要伙伴是俄罗斯科学中心"库尔恰托夫研究所"。ROSATOM 与该所专家一道进行等离子体研究、VVER 反应堆和大功率管式石墨堆安全论证，并在此基础上不断完善工艺。

ROSATOM 承担着俄罗斯 ITER 国内机构国家订货人的任务。它从俄罗斯联邦政府获得 ITER 专款，再根据制造合同，将制造和采购设备的专款划拨给库尔恰托夫研究所，同时将部分现金贡献直接上交给 ITER 总干事。

1.2.4.2 库尔恰托夫研究所(KI)

库尔恰托夫研究所是俄罗斯在核能源领域的主要研发机构。建于 1943 年，最初目的是开发核武器。从1955年开始进行热核聚变和等离子体物理方面的工作。第一代托卡马克系统诞生于此，当中最成功的是T-3以及更大型的T-4。T-4于1968年在新西伯利亚测试，进行了第一个准稳态热核聚变反应。1975年建成大型托卡马克装置T-10。此外，该研究所还拥有研究中性束加热的T-11和研究超导系统的T-7，T-15等装置。1991年11月，库尔恰托夫所管理权转交给了国家科学中心。该所的所长由总理根据ROSATOM的推荐任命。

库尔恰托夫所在理论和实验活动的主要课题之一就是大型等离子体稳定性。该所研究方向包括：

1）安全发展核电（原子能发电及其燃料循环）：核电站用原子能发电设备，包括其安全性问题；工业化原子能反应堆；海上核动力设备；空间核动力设备；试验反应堆和反应堆材料学；同位素分离；生态清洁动力；原子氢动力。

2）可控热核聚变及等离子体反应：国际热核反应堆的设计；T-10和T-15上的试验研究；脉冲等离子体物理的基础性研究。

3）低能及中能核物理：核物理和基本粒子物理的基础性研究；材料及新技术研制中的带电粒子射线研究。

该所在热核聚变领域进行的技术研发包括NBSOURCE程序、计算机程序“DRB_turb”、ATSV程序、ZIMPUR程序、“EPTrjectory”计算机编码、COBRA编码、X射线分光偏振计，还为ITER的回旋管测试开发了磁镜波导回路抽真空自动化系统，其中COBRA代码用于T-10，T-15，TEXTOR，ASDEX升级装置和TCV托卡马克装置的实验数据分析。

库尔恰托夫所也是俄罗斯ITER的国内机构，负责将采购协议下的采购任务分配给各研究机构和企业，并将制造完成的实物贡献提交给ITER总干事。该所承担的ITER采购任务包括极向场线圈管内电缆导体，氢线光谱诊断系统，ITER HFS反射仪，以及激光感应荧光。

1.2.4.3　俄罗斯科学院约飞物理技术研究所(PTI RAS)

俄罗斯科学院约飞物理技术研究所（PTI RAS）简称约飞所，是俄罗斯最大的专门进行物理技术研究的中心。建于1918年圣彼得堡，隶属于俄罗斯科学院。拥有FT-1，FT-2，TUMAN-2，TUMAN-3(3M)，TUMAN-2A托卡马克装置。

经历了TUMAN-1，TUMAN-2和TUMAN-2A等几代进行绝热压缩研究的装置，约飞研究所最大的托卡马克装置——TUMAN-3从1977年开始运行，至今仍在工作。其参数为$R=55$ cm，$a=23$ cm，$B_0=1\sim3$ T，$I_p=130\sim180$ kA。研究的主要课题包括绝热压缩、RF加热、H模、NB加热以及参数稳定性。约飞研究所在对FT-2托卡马克（1980年$R=55$ cm，$a=8$ cm，$B_0=3$ T，$I=50$ kA）研究中，尤其是在H模物理特性、LH加热和电流驱动以及参数稳定性方面，取得了很多重要的成果。

该所还于1999年建造了俄罗斯第一个球形托卡马克装置Globus-M，用于聚变装置高温等离子体研究。主要进行等离子体辅助加热方法的研发以及加热物理现象、输运和等离子体MHD稳定性的研究。基本辅助加热方法是氘原子或氢原子NBI。该装置在改变了环向磁场方向以后已经实现了可靠的高约束模式。其他主要研究方向：诊断系统和加料设备研发，针对材料研究的等离子体壁相互作用的研究，球形托卡马克内非感应CD基础的创立以及偏滤器物理研究。

该所共设5个研究室，其中聚变和ITER相关性最大的研究室为等离子体物理、原子物理和天文物理研究室，研究方向包括高温等离子体（托卡马克、等离子体波相互作用、等离子体诊断），低温等离子体，超音速流和物理运动，原子撞击过程和中性粒子等离子体诊断，原子光谱学，气体表明相互作用，类星体理论、中子星和星际介质，太阳物理、彗星射线物理、γ和X射线天文学，质量光谱测定法。

该所承担的ITER采购任务包括ITER等离子体诊断系统的Gamma-射线光谱系统，Lenpa（低能量）和Henpa（高能量）中性粒子分析仪，ITER偏滤器汤姆逊散射。

1.2.4.4 俄罗斯应用物理研究所（IAP RAS）

该所成立于1976年7月28日，前身是俄罗斯联邦高等教育部下的射频物理研究所。该所最突出的成果是制造了回旋管和回旋速调管并将其升级改造到高技术水平，开发了有效转换和运输强电磁辐射的方法等。

该所承担的ITER采购任务为ECR加热和电流驱动设备。

1.2.4.5 叶菲莫夫电物理仪器研究所（NIIEFA）

该院建于1945年，由于国防原因取名为“特殊设计局”，该局很快证明了其在制造独特电物理设备方面的能力，不久以后被指定为核物理、高能物理和受控热核聚变基础研究设备的主要设计单位。1960年改名为电物理仪器科学研究所，1961年加上了第一任院长叶菲莫夫的名字。

目前NIIEFA的主要工作是设计和制造回旋加速器、直线加速器、高压倍加器、受控核聚变设备、激光技术和电工学设备等。NIIEFA尤其在加速器和实验物理设备电磁体的设计、工程设计和制造方面有丰富广泛的经验。

该所承担的ITER采购任务包括ITER磁系统PF1（极向场1）线圈，ITER真空室上部窗口，偏滤器盒圆顶/内衬和第一壁部件，ITER供电系统开关装置，以及PFCs高热通量试验。

1.2.4.6 俄罗斯特罗伊茨克创新和热核研究所（TRINITI）

该院研究领域为核聚变、等离子体物理、激光物理、磁流体动力（MHD）发电机以及离子源和短波辐射的应用。该院于1999年宣布了俄罗斯制造了第一座脉冲中子加速器。该加速器花费1.8亿卢布（1999年2月3日相当于780万美元），其中1.2亿卢布来自科技部和俄罗斯科学院拨款，另外的6 000卢布由该院自己筹得。其功率当时是世界上最大的，达220 kW，TRINITI所长称还可以把功率增加到2 000 kW。该加速器可以把中子加速到45%光速。

该所承担的ITER采购任务包括ITER中子诊断系统，电荷交换重组光谱诊断系统。

1.2.4.7 俄罗斯 A. A. Bochvar 无机材料高科技研究所（VNIINM）

该所创立于1945年，目的是为了进行核武器的材料及工艺问题研究，原名为“特殊材料研究所”，1993年改名为全俄无机材料科学研究所，1994年加入俄罗斯联邦国家科学中心。

研究所在反应堆材料、放射性废物处理、超导、氚水再加工、铍制品的生产、高场脉冲系统加工及其他方面与美国、英国、日本、法国、加拿大等国建立了科技合作关系，还参与了IAEA 签定协议范围内的配合研究。

该所承担的 ITER 采购任务为 ITER 磁系统超导体。

1.2.5　俄罗斯磁约束聚变研究

1.2.5.1　俄罗斯主要托卡马克装置和成果

1）T-3/T-4

T-3 是库尔恰托夫研究所在 20 世纪 60 年代建造的一系列托卡马克实验装置中最大的一个（图 1.2.1）。T-4 是 T-3 经改进后的名称。就在这个装置上创造了奇迹，随后在世界范围内形成了研究托卡马克的热潮，并使得核聚变研究从此开始了新的重要的转机。T-3 的主要特点是，采用铁芯变压器，用可烘烤的不锈钢做真空室系统，用耐熔金属做孔栏，并用铜壳来控制等离子体平衡位形。

图 1.2.1　T-3 托卡马克装置

在 T-3 及其相同规模的同类装置上首先对实现稳定放电的必要条件进行了探索。采用了烘烤和多次重复的“锻炼放电”过程，亦称为“放电清洗”。在 T-3 上，采用铜壳与外加垂直场结合的方法将等离子体精确地控制在孔栏的中心位置上，从而使得由于等离子体与器壁的相互作用而释放出来的杂志降到最低水平。

在库尔恰托夫所还发展了多种诊断技术。起初，T-3 的电子温度是通过测量等离子体的电阻来估计的。这样得到的电子温度称为电导温度。T-3 等离子体的电导温度大约 100 eV。后来随着诊断技术的发展，发现 T-3 的实际电子温度远不止 100 eV。在库尔恰托夫所的 T-3 及其他装置上发展起来的诊断技术包括反磁测量，中性粒子能谱分析，中子探测，以及用激光散射测量电子温度。所有这些测量都表明，托卡马克完全能够约束住温度高达 1 000 eV 的等离子体。1969 年 T-3a 的实验结果再次被证实之后，人们受到了很大鼓舞。从 20 世纪 70 年代开始，世界各国纷纷建造具有不同特色的托卡马克装置，这几个装置的总体参数仍是当时国际上最高的，可以说它们是现代磁约束研究得到全面发展的火种。

2）T-10

这是在托卡马克的发源地库尔恰托夫所中最大的一个托卡马克装置（图 1.2.2）。它采用了传统的托卡马克设计思想，具有中等大小的径比。T-10 的研究重点有两方面，即欧姆加热过程中的输运问题和电子回旋共振加热机制的研究。除了这两个研究重点以外，T-10 还成功地进行了低 q 情况下的稳定运行。在其他托卡马克上曾经发现，当 q 低于一定值时能量约束时间变化，并认为这是由于 MHD 不稳定性的增长引起的。然而，在 T-10 托卡马克装置上发现这个问题是可以克服的。在等离子体边界外面加上一个孔栏便可以实现低 q

运行。实验结果表明，这种情况下即使 q 降低到 2 也能获得通常在 q 为 3 与 4 之间才能获得的良好约束性能。

在 T-10 托卡马克装置上，采用了多种方法对粒子输运问题进行了广泛研究。用一台多道微波干涉仪来测量突然增加或突然减少充气量或者对充气进行调制时的瞬变响应，从而推断出平均流速随半径的变化情况，再结合输运方程进行模拟。通过掺杂方法并采用光谱技术还研究了杂质的输运问题，获得了类似的结果。

图 1.2.2　T-10 托卡马克装置

通过相关干涉仪研究了极向不对称、径向关联长度以及长距离环向关联。用非中心 ECRH 加热和电流斜升的方法观察到 $q=1.5$ 区域附近形成了内部输运垒(ITB)，证明了在低密度有理面和低磁场剪切条件下低水平有理面上形成 ITB 的概念。重离子束探针诊断表明，等离子体电位随着密度上升而降低，在 ECRH 时升高。在 T-10 上研究了二次谐波辅助启动。实验表明了用 ECRH 加热和预先设计好的欧姆电源系统和送气相结合，在密度极限破裂时能量淬灭后可能控制逃逸电子的生成以及电流的衰减率。对孔栏和器壁采用锂吸气，使得杂质水平的大大降低和循环系数达到 0.3 成为可能。

采用 1 MW 大功率回旋管在 T-10 上进行了电子回旋共振加热实验，中心电子温度从 1.4 keV 提高到 4 keV。在这同时，粒子温度的变化与按照库仑碰撞中电子与离子之间能量交换规律计算得到的结果是一致的。这时总的能量约束时间略有下降。

在 T-10 托卡马克上研究了等离子体芯部的电势能。放电参数运行范围大大增加：环向场 $B_0=1.5\sim2.4\,\text{T}$，等离子体电流 $I_p=140\sim250\,\text{kA}$，密度 $\bar{n}_e=(0.7\sim3)\times10^{19}\,\text{m}^{-3}$，ECR 功率 $P_{EC}=0.4\sim1.6\,\text{MW}$(分别为在轴和离轴位置)。研究了稳定以及电流和密度上升时的放电情况。使用重离子束探针(HIBP)测量电势能。用关联反射仪观察芯部湍流，发现欧姆放电的势能有负面信号。当密度上升时，电势能大幅度降低到负值。相反，当 ECRH 打开时，电势能也减弱(200～300 V)。当电子温度增加时，电势能绝对值降低。测量了电流、磁场、安全因子、密度、ECRH 功率及其位置的定标律。

在 T-10 托卡马克上开发了锂尘埃喷流(lithium dust jet)技术，研究目的是寻找达到以下目的的条件，即聚变功率的主要部分被喷流锂边缘等离子体辐射，同时堆芯等离子体保持低辐射且足够清洁，有效放电低于 1.7。根据概念分析结果，锂尘埃喷流技术可能对提高托卡马克聚变堆性能有很好的帮助。

近期在 T-10 上进行的实验中，重大的新成果是鉴别辅助加热的等离子体放电的最佳停止条件以及在电流崩塌最初阶段使用 2D CdTe 层析射线以鉴定非热 X 射线扰动。分析表明等离子体电流衰减率与爆发的重复率相关，这间接表明 T-10 等离子体的电流崩塌决定于等离子体芯部内部“关联事件”相关步骤。实验证明了爆发能量淬灭的消除(可能与重连接有关)和饱和 MHD 模式的形成能够减小电流衰减率，延迟最初逃逸电子束的形成。

托卡马克等离子体的自组织(self-organization)是湍流等离子体的基本现象，它会导致形成自稳(self-consistent)的压力曲线。在 T-10 上研究了等离子体压力曲线的自稳性，将结果和不同的装置如 RTP、TEXTOR、JET、AUG 和 MAST 等进行比较。结果显示，标准压力曲

线 $pN(r)$ 形状可能根据主要不稳定性类型不同而变化。所有实验确定 $pN(r)$ 对于扰动的适应时间比能量约束时间短得多。自稳的标准压力曲线与湍流托卡马克等离子体内的平衡有关。$pN(r)$ 曲线的形状取决于总电流，而非决定于电流密度曲线形状。外推到 ITER，由于压力曲线的自稳性，因此密度曲线必须是平稳的。在预测 ITER 参数曲线时应当考虑这个因素。只有在特定区域形成的输运垒可以帮助在 ITER 内组织更多的峰值压力曲线。

2006 年，库尔恰托夫所的 T-10 装置参与了 IAEA 关于"小型托卡马克联合研究"协作研究项目(CRP)框架下的联合实验，目的是托卡马克芯部和边缘等离子体湍流的诊断和特征描述，进而研究输运垒、改善约束、电场和静电湍流现象的相关性。实验证明小型托卡马克能够为广泛的国际合作提供联合研究计划的必要环境和人员。可以通过协作计划来加强小型托卡马克对主流聚变研究的贡献。第二批的联合实验于 2009 年 5 月在巴西的 TCABR 托卡马克上进行。

3) Globus-M

Globus-M 是俄罗斯第一个球形托卡马克装置(ST，图 1.2.3)，1999 年由约飞物理技术研究所建造，用于聚变装置高温等离子体研究。主要进行等离子体辅助加热方法的研发，加热物理现象、输运和等离子体 MHD 稳定性的研究。基本辅助加热方法是氘原子或氢原子 NBI。该装置在改变了环向磁场方向以后已经实现了可靠的高约束模式。其他主要研究方向：诊断系统和加料设备研发，针对材料研究的等离子体壁相互作用的研究，球形托卡马克内非感应 CD 基础的创立以及偏滤器物理研究。

图 1.2.3　Globus-M 球形托卡马克装置

近年来对该装置进行的改进和研究包括，提高了靶等离子体参数，改进了中性束注入加热系统，研究了 ST 条件下的加热物理净化、H 模、诊断系统研发、等离子体壁相互作用产物和氘滞留，并升级了托卡马克加料的等离子体喷气注入方法。

通过在 Globus-M 上进行实验和模拟，在低绝对辅助加热功率(0.8 MW)和高额定加热功率($2\sim3$ MW・m^{-3})的条件下达到了高等离子体参数。其重要的特征是具有低边缘安全因子范围 $2.7<q<5$，这对于球形托卡马克而言是比较少见的，以及小等离子体外壁空间

(3～5 cm)。达到了向 H 模状态的稳定转换。得到了不同类型(欧姆,NB 加热等)的 H 模。阈功率与国际数据一致。证明了中性束注入的高效率离子加热。输运 ASTRA 模拟证明了在中性束加热 H 模期间,离子加热扩散率保持新经典水平,输运垒中的离子扩散系数大大降低。

4) T-7

T-7 托卡马克是第一个具有环向场超导线圈的大型托卡马克,其基本研究方向是用低混杂波进行辅助等离子体加热和维持非感应电流,1978 年建成,当时的参数为:大半径 1.22 m,孔栏半径 0.31 m,环向场强 3.0 T,等离子体电流 0.39 MA,LHRH0.25 MW。1991 年转交给中国科学院等离子体物理研究所。中国科研人员在俄罗斯专家的配合下,用 3 年多的时间,对从俄罗斯库尔恰托夫科学中心核聚变研究所引进的 T-7 超导托卡马克装置(原价值约 1 500 万美元)及其低温系统进行了根本性改造,建成中国第一个超导托卡马克 HT-7。通过不断改造升级,2008 年该装置连续重复实现了 400 s 的等离子体放电,电子温度 1 200 万度,中心密度 $0.5\times10^{19}\ m^{-3}$。

5) 其他装置

在其他装置上的研究成果有:

① 在 TUMAN-3M 装置上进行了实验,研究环向磁场强度对等离子体加热尤其是对电子加热的影响。升级改造后,TUMAN-3M 提高了电源强度,因此在 NBI 阶段也将环向磁场强度从 0.68 T 提高到 1.0 T。实验结果表明提高环向磁场强度对等离子体 NBI 加热有显著积极的影响。低环向场强的托卡马克等离子加热受环向磁场的影响。这个结果应该在小环径比托卡马克的设计中加以考虑。

② 在 TUMAN-3M 托卡马克的反向中性束注入实验中观察到了低密度下的低模-高模(L-H)转换,靶平均密度为 $0.5\times10^{19}\ m^{-3}$,比欧姆和同向中性束注入加热等离子体的 L-H 转换密度范围还低 2.5 倍。开发了预测负反径向电场 E_r 生成的模型,有助于反向中性束注入的 L-H 转换。模型推测,在反向中性束注入状态下当出现大型离子轨道损伤时,会生成 E_r 和环向旋转 V_φ。

③ 模拟了 T-11M 托卡马克上的锂输运。用等离子体边缘代码 SOL-DINA 在 T-11M 上对 SOL 进行了数值研究。将模拟结果与该托卡马克上进行锂孔栏欧姆加热放电实验结果相比较。确定了锂离子不规则径向扩散系数和热导率的值。将 SOL 的温度、电子密度和锂分布与实验数据相比较。

④ 在 FT-2 托卡马克上积累了观察低混杂波和等离子体相互作用的大量经验,因此在其上进行了 LHCD 效率的长期系列实验研究。FT-2 具有圆形截面和孔栏位形,运行的基本参数:$I_{pl}=19\sim40$ kA, $B_T=2\sim3$ T, $R=0.55$ m, $a_L=0.08$ m, $q=4\sim6$ 和等离子体电流脉冲持续时间 $\Delta t_{pl}=60$ ms。η_{exp} 观察值和等离子体密度的标准驱动电流 $IN_{RF}=RI_{RF}/P_{RF}$。结果与 HT-7 和 FTU 托卡马克水平一致,而在后两者上已经实现了 LHCD 实验更优化的条件。

⑤ 对 FT-2 托卡马克上的微波散射诊断系统的离子次拉莫尔规模湍流进行了实验研究。将 FT-2 有关不规则电子输运期间小规模湍流作用的实验结果与 DIII-D 和 NSTX 上的结果比较。证明了 FT-2 中存在可测得的小规模湍流。超过理论的 ETG 模临界值会导致 FT-2 中小规模湍流的增加。证明了动力实验和不规则电子输运中的 ETG 模规模湍流

行为间的关联。

⑥ 在 FT-2 托卡马克上使用相关增强散射技术，测得了一个小规模微湍流的频率和波数。发现在活跃电流爬升放电期间，湍流具有宽波数范围，可以解释为 3 到 4 级的振幅范围内以湍流水平和标尺长度两个参数为特征的一般指数依赖性。

⑦ 提议用极向方向取代环向方向激发减弱的波，解决小环径比托卡马克（球形托卡马克）上的低杂波激发和电流驱动问题。对小环径比托卡马克 Globus-M 上的 LHCD 实验建模，采用了 4 种不同的代码：GRILL3D，射线追踪代码，2D 全波代码 WAVETOP2D，以及 Fokker-Plank 代码。反复核对模拟结果，发现结果很好地一致。这表明所提方案有可能在球形托卡马克上进行有效 LHCD。

1.2.5.2　国际领先技术——回旋管

俄罗斯的回旋管技术在国际上领先。回旋管在工业中作为一种加工玻璃、复合材料和陶瓷的加热工具。在磁聚变中，回旋管与欧姆加热和中性束加热一起可以将等离子体加热到聚变所需温度。俄罗斯的回旋管相关工作沿着 3 个方向进行：为 ECRH 客户进行的常规生产，为 ITER 进行的研发，以及高级回旋管的研发（多频数，多兆瓦）。同时还进行 CVD 金刚石薄膜窗口材料技术研发。

在 2005—2007 期间，俄罗斯为 TEXTOR 装置、ASDEX-UP 装置和中国核工业西南物理研究院提供了回旋管产品。截至 2007 年，俄罗斯生产的用于工业用途的回旋管利用率已经达到 50%～60%，并且已经成功研制了 CVD 金刚石薄膜窗口材料。

俄罗斯负责生产 ITER 的 8 个回旋管（170 GHz/1 MW），价值 9.98 kIUA。承担回旋管采购任务的是俄罗斯应用物理研究所和 GYCOM 公司，测试台位于库尔恰托夫所。

1.2.5.3　俄罗斯聚变堆研究概况

俄罗斯的聚变结构材料和技术研发工作涵盖了聚变堆概念（DEMO）的关键问题。在俄罗斯，DEMO 堆被视为本国聚变能发展计划中的第一个聚变堆电站（Plant of Fusion Reactor，PFR），用来验证 PFR 的相关技术、装置以及系统，并进一步证明是否有能力具备未来电站级的热电转换效率。其设计思想主要验证多种等离子体堆芯技术、多种包层和偏滤器先进概念以及进行多种材料的制造和活化分析研究等。其聚变发展的主要路线是从 ITER 到 DEMO 到 PFR。目前正在发展的 DEMO 堆概念设计主要有脉冲方式运行的 DEMO-P 和稳态方式运行的 DEMO-S，包层研究涉及有氦冷固态锂陶瓷球床包层和自冷液态锂-钒包层。

俄罗斯正在低活化材料（LAMAs）、活性被降低的含 12% 铬的铁素体-马氏体钢（RAFMS，固态增殖包层）和 V-4Ti-4Cr 合金（锂自冷却增殖包层）的基础上开发两个 DEMO 以及 DEMO 以外（类托卡马克））的第一壁/包层概念（库尔恰托夫所、叶菲莫夫所、Dollezhal 所，以及波兹瓦所）。俄罗斯为 ITER 的 TBM 研发的概念与俄罗斯的 DEMO 概念相同。国际聚变界也正在讨论俄罗斯 TBM 的概念和建造，这些都必须符合 ITER 的相关要求。DEMO 概念的最终选择将极有可能在 ITER DEMO 测试包层计划（2015—2020 年）的结果以及快增殖堆（FBRs，BN-600，BN-800 等）和国际聚变材料辐照设施（IFMIF）结构材料的高剂量结果上作出，结构材料的选择也会相应作出，或反之，结构材料的研发水平将决定聚变堆的概念。俄罗斯结构材料研发计划是俄罗斯受控聚变能计划(1990—2007年，2008—2015年)的材料计划和FBR计划的一部分。由于结构芯部材料的要求与其应用到聚变堆和FBRs的条件非常接近,因此俄罗斯的FBRs(BOR-60，BN-350，BN-600)的材料学方面的经验对于研发聚变用途的高级钢和合金非常重要。

俄罗斯聚变和快堆用途的结构材料计划目标是按照美国、欧洲和日本相应材料的高竞争力质量和工程性能获取工业结构材料、技术和相关文章;为俄罗斯的快增殖堆BN-600和BN-800(正在建造中,2015年)提供此类材料;保证俄罗斯在2015年前能够有力参与国内和国际的ITER TBMs示范项目(实物约每个模块300～500 kg);保证俄罗斯有力参与国内和国际的聚变堆项目(实物约每个堆1 000 t)。要求制造的最终结构材料须进行反复高剂量辐照,并且合金须反复改进。

国家核文库和编码的开发,以及加入IAEA相应国际工作组和IEA工作委员会都是俄罗斯研发的重要部分。

俄罗斯聚变堆概念以及当前和未来(2007—2015年)的工作重点是活性被降低的含12%铬的铁素体-马氏体钢RUSFER-EK-181 (Fe-12Cr-2W-Ta-V-B-C)和低活性V-(4-8)Ti-(4-5)Cr合金。俄罗斯的结构材料学、工业数据库以及技术已经就绪,能够生产RUSFER-EK-181和V-4Ti-4Cr合金(陶瓷和锂自冷却包层)的TBMs(总重量为每个模块300～500 kg)。

俄罗斯聚变材料2007—2012年(30～80 dpa)计划和2007—2014年(50-140-160 dpa)计划的重点是研究RUSFER-EK-181和V-4Ti-4Cr合金样本经过BN-600动力堆高剂量高温度辐照后的性能。材料研发计划的执行和辐照装置(BN-600，BN-800，IFMIF)的安装促进了IEA在聚变材料和核技术领域的密切合作。

1.2.5.4 其他途径的研究概况

1) 仿星器

俄罗斯和德国、日本几个国家对仿星器的研究很重视。作为托卡马克途径的可能代替或改进途径,仿星器的研究刚好比托卡马克慢一步。鉴于20世纪50年代和60年代仿星器实验结果不好,进展迟缓,曾一度不受重视,但苏联和美国、英国、日本等国家一样,仍然坚持了仿星器研究。20世纪70年代中期,苏联列别捷夫的L-2大型仿星器装置取得了较好的实验结果。其采用了欧姆加热的方式运行,还成功地进行了中性束注入加热和射频加热。80年代,仿星器在许多方面取得了实质性进展,因此在80年代末和90年代初有一批新的仿星器投入了运行,其中包括苏联的U-2M。

2) 磁镜

磁镜装置因其位形和工程的简单性,在早期研究中被普遍采用。现代磁镜的代表是多磁镜装置和气体动态捕集器。有人提议将气体动态捕集器(GDT)作为开端聚变堆的可能途径。

20世纪60年代末70年代初托卡马克取得了重大成果,而与此同时开端捕集器实验却未出现决定性进展,对开端捕集器的兴趣遂逐渐减退。然而到了1975—1977年间,美国利弗莫尔实验室的2XIIB获得了巨大成就,同时,在苏联以及稍后在美国也提出了一种所谓双极捕集器概念。对开端捕集器的研究又开始重视起来了。聚变界多数专家认为最有前途的开端系统是双极捕集器,苏联新西伯利亚的相关装置为AMBAJI-1。

现在磁镜基本已经不作为一种实现聚变的途径来研究，而是转向利用其装置进行等离子体性能研究。新西伯利亚的布德克(Budker)核物理研究所(BINP)的 GOL-3 多磁镜装置开展了实验，根据实验结果，研究人员更加实际地考虑把动态气体捕集器用于测试聚变材料的高通量 14 MeV 中子源，并且可能用作聚变-裂变混合堆的驱动器。这也表明具有小于理论值等离子体密度和 $\beta<1$ 的多磁镜装置上能够获得有效轴等离子体约束。这个结论对于多磁镜反应堆技术的实现很有帮助。最新的 GOL-3 实验方向是横向输运研究。

3）紧凑环

不同时期的紧凑环实验装置一般具有不同的研究重点。直到 20 世纪 70 年代中期以前，由于紧凑环等离子体中 $n=2$ 旋转不稳定性严重限制了等离子体的约束时间，因而导致人们对此种磁约束装置途径兴趣锐减。到 1975 年，库尔恰托夫所由于采用较低的放电电压，较低的压缩比，并且改进了紧凑环位形的成形技术，从而使等离子体延长到 50～100 μs。更令人鼓舞的是避免了整体不稳定性。可以说这是紧凑环研究历史上的一个转机。紧接着库尔恰托夫所的成功，美国和日本也开始紧凑环的研究。

1.2.6　俄罗斯惯性约束聚变及其他聚变研究

1.2.6.1　激光聚变

20 世纪 60 年代初，人们提出了利用激光把等离子体加热到热核反应温度的想法。列别捷夫物理研究所建造了一台单束钕玻璃激光装置，当时，该装置是世界最大功率(10^6～10^9 W·cm^{-2})的激光系统，首次实现了激光与物质的相互作用。

1963 年，苏联列别捷夫物理研究所提出将激光用于受控聚变。1968 年苏联在列别捷夫物理研究所建造了一台功率和反衬度较高、发散角小以及脉冲持续时间为 10^{-11} s 的激光器，记录到激光产生的等离子体中的热核中子。1971 年，在该所设计和建造的第一台 9 路激光装置 Kalmar(10^8 J 脉冲能量)上实现了球面压缩的设想。1973 年，苏联又报道了用 9 束激光在几毫秒内将几百焦耳的能量传送到直径 100 mm 的 CD_2 靶上，产生了 3×10^6 个中子的重大实验结果。在 20 世纪 70 年代，开发了一系列多路钕玻璃激光系统，其中包括 Sokol(24 路)，Progress(6 路)，以及 4 路波长为 1.3 μm 的碘激光器 Iskra 等。

20 世纪 70 年代的理论与实验研究工作论证了 1 万～10 万焦耳激光器的必要性和可行性。1980 年在列别捷夫物理所建造了一台 108 路钕玻璃激光装置 Delfin，这台激光器发射波长 1.06 mm、能量/脉宽 3 kJ/1 ns 的激光，可用于球面靶实验。

20 世纪 80 年代已在俄罗斯运行的激光装置有：1 000 J 的 Sokol，Progress，Iskra 和 Mishen，以及 108 路的激光器。ISKRA-4(1979 年完成)和 ISKRA-5(1989 年完成)都建于 RFNC-VNIIEF(俄罗斯联邦核中心—全俄实验物理研究所)，输出能量分别约为 2 kJ 和 30 kJ。两个装置主要用于研究惯性约束聚变，高能密度物理和核武器研究。2003 年，俄联邦核中心利用 ISKRA-5 激光装置模拟核聚变，获得相当于太阳内部温度 8 倍的高温。

1996 年，RFNC-VNIITF 提出建造大型固体激光装置 Iskra-6，脉冲能量为 300 kJ。计划在 2010 年启动该装置。参与 Iskra-6 创建计划的俄罗斯机构包括：全俄技术物理科学研究所(RFNC-VNIITF)、GOI、叶菲莫夫所、Troitsk 创新和热核研究所(TRINITI)、应用物理研究所以及私营企业 Ekoproekt。

俄罗斯已落实的计划是“IGNIS”(高增益测试装置)计划,这是一个碘激光器系统。长远目标位 144 路,MJ 级;近期目标为 70 kJ。其特点是:采用爆轰冲击波泵浦,利用阵列式 SBS 共轭镜实现波面校正和脉冲整形,12 束光共用一个倍频器、等离子体相位板等。俄罗斯的此项计划在经费上得到美国的支持。

RFNC-VNIIEF 自从 1970 年后一直积极致力于有关激光聚变的高温激光等离子体物理研究。基于已有的靶制造技术,RFNC-VNIIEF 计划为新一代装置 Iskra-6 创建一个“靶工厂”,为科研实验提供所需的靶。为此该所研发了一系列相关技术。

2005 年,俄罗斯在惯性聚变研究领域取得新进展。俄罗斯科学家使用激光成功地获得了温度高达 10 亿摄氏度的核火球,而且无需强磁体来限制核反应,已经成功地利用激光首次实现了无中子的质子-硼原子核聚变反应。

目前在运行的激光装置包括:Iskra-5(12 路碘激光器)、Luch(4 路 Nd 玻璃激光器)和 Femto(千兆瓦系统)。

1.2.6.2 聚爆箔

在 20 世纪 90 年代以前,苏联惯性约束聚变研究重点曾经由激光和电子束转向箔向心聚爆技术。聚爆箔是利用相对论电子束的能量去点燃聚变反应的另一种方法。它不是电子聚焦在靶上,而是使巨大的电流通过圆筒形箔片,所产生的磁压力是箔片发生快速聚爆。据库尔恰托夫研究所计算,其聚爆效率可高达 50%～70%。

美科学家认为,这种技术除供研究外,很少有人认为它有什么实用价值。

1.2.6.3 爆燃式聚变反应堆

爆燃式聚变反应堆是一个全新的课题,建造爆燃式聚变反应堆的首倡者是俄罗斯技术物理研究所。早在 20 世纪 50 年代,该所就有关于利用核爆炸能量的设想。20 世纪 70 年代,该所专家联名发表了《爆炸氘能》的专著,阐述了爆燃式聚变反应堆的设计思想。2000 年 10 月,俄罗斯原子能部以发消息的形式介绍了爆燃式聚变反应堆的技术原理。2001 年 2 月,《爆炸氘能》的作者之一,俄罗斯原子能部核弹药开发试验局局长、技术科学博士沃洛什在《武装、政策、军装民》杂志发表文章,从政治、技术、经济诸角度再次论证了建造爆燃式聚变反应堆的可行性。据悉,俄罗斯国家杜马成立了专门的小组,负责从政治和生态角度审议建造爆燃式聚变反应堆问题。

根据俄罗斯专家的设计思想,爆燃式聚变反应堆是建在地下的一座体积巨大的钢筋水泥防护的锅炉(反应堆),运行时每隔半小时或 1 小时向炉内投入一次用引爆器、裂变材料和氘-氘、氘-氚制成的能量装料,进行一次热核爆炸,取得氘聚变能。同时,炉内用大量的液态钠做载热体,将热能导出,液态钠同时还对炉体起到保护作用。

俄罗斯专家认为,这一装置的设计以在试验中经验证的方法和实验氘原子聚变反应的装置为基础,与等离子磁约束或激光挤压靶等试验方法实现的氘氚混合物聚变有本质的不同,并且,受小能量核爆炸而产生的热核中子影响,氘原子聚变能还能消除传统核反应堆固有的一些局限。

俄罗斯专家认为,若要建造爆燃式聚变反应堆,需解决下列问题。第一,是政治问题。俄罗斯已签署和批准了禁止核爆炸的全面禁止核试验的条约。但俄罗斯专家指出,该条约的有关章节规定,条约生效10年后,缔约国有权在相关的会议上通过了和平利用核爆炸的决定。所以,完全可以通过签订准许建造爆燃式聚变反应堆的国际协议来解决这个问题。第二是安全问题。俄专家认为,在以往的进行地下核试验中已有现成的答案。在降低腔室内机械负荷及减震方面,俄罗斯拥有计算精确的试验数据。爆燃式聚变反应堆工作时,反应堆中的机械能可迅速地转化为热能、爆炸装料能够被控制,再加上有足够厚度的防护层,反应堆的安全是有保证的。第三是爆燃式聚变反应堆所需的材料问题。俄罗斯技术物理所已制造出由引爆装置、裂变材料和氘组成的氘能装料。

关于爆燃式聚变反应堆的载热体材料,除液态钠外,还可使用液态铅铋合金,这项技术已在舰船反应堆上得到应用。

根据俄专家的设计,若建一座功率为25 000 MW的爆燃式聚变反应堆,其地下工程的高度约为180 m至250 m,宽约180 m、外壳厚度约为30 m。

关于建造经费和效益,据测算,一座功率为25 000 MW的爆燃式聚变反应堆产生的效益相当于每年4 000万吨煤或每年20吨铀-235的效益。建造一座每小时氘能装料爆炸当量为1万吨的试验性爆燃式聚变反应堆大约需要50亿美元。2003年俄罗斯国家杜马审议的方案是先建造一座热功率为2 000～9 000 MW,电功率为700～3 000 MW的试验样堆,需投资5亿美元。

参考文献

[1] ITER Domestic Agency [OL]. http://www.iterrf.ru/en/

[2] 80 years of fusion [OL]. http://www.iterrf.ru/

[3] L. A. Artsimovich. Research on controlled Thermonuclear reactions in the USSR[R]. Soviet Physics Uspekhi,1958,1,2.

[4] V. P. Simirnov. Tokamak foundation in USSR/Russia 1950-1990[J]. Nuclear Fusion. 2010, 50 (1):1-8.

[5] 王海丹[译]. 俄罗斯科学家要求政府在2007年末批准聚变研究计划[J]. 国外核新闻. 2007,(10):32.

[6] Ъ. Ю. 萨尔柯夫. 全球发展趋势下俄罗斯的特点[M]. 惯性约束核聚变现状与能源前景. 北京:原子能出版社, 2008.

[7] Kaname Ikeda. ITER on the road to fusion energy[J]. Nuclear Fusion. 2010, 50 (1), 1-10.

[8] I. A. Grishina. Research on plasma physics and controlled fusion in 2008 in Russia [J]. Plasma Physics Reports. 2009, 35 (10): 890-900.

[9] Y. Strebkov. Review of the activity in Russia in the area of fusion nuclear technology [J]. Fusion Engineering and Design,2006,81(1-7) : 45-58.

[10] V. M. IZGORODIN. Target technology development for the research of high energy density physics and inertial fusion at the RFNC-VNIIEF, Laser and Particle Beams[J]. 2009(27): 657-680.

[11] 伍浩松[译].俄罗斯在惯性聚变研究领域取得新进展[J].国外核新闻,2005(9):31.

[12] 毛列. 孕育中的俄罗斯爆燃式聚变反应堆[J].知识就是力量,2003(7):12-14.

[13] Findings of recent IEA work - 2003[R]. Paris (France) Agence Internationale de Energie Atomique-

IEA 2003 76 p.
[14] 万元熙．各国聚变能发展战略和现状[R]. ITER 专项"聚变实验堆设计研究"项目汇报研讨会,2011.
[15] Peaceful uses of atomic energy[J].IAEA50 回顾纪念光盘．
[16] 中华人民共和国科学技术部编.国际科学技术发展报告 2008[J].
[17] 俄罗斯联邦 2002-2005 年"国际热核反应堆 ITER"专项计划(内部资料),附件 4-6.
[18] E. Azizov. On Russian Strategy for Controlled Fusion, "International Workshop MFE Roadmapping in the ITER Era 论文集"(内部资料).
[19] Abstracts of 23rd IAEA Fusion Energy Conference, 2010.
[20] V. E. Kuftin. Development of 170 GHz 1 MW Russian gyrotron for ITER[J]. Fusion Engineering and Design, 2001 (53):377-385.
[21] A. Litnovsky. Diagnostic mirrors for ITER A material choice and the impact of erosion and deposition on their performance[J].Journal of Nuclear materials 2007 (363-365) :1395-1402.
[22] I. B. Kupriyanov. Investigation of ITER candidate beryllium grades irradiated at high temperature[J]. Journal of Nuclear materials, 1998 (258-263) :808-813.
[23] A. Zhitlukhin. Experimental assessment of the effects of ELMs and disruptions on ITER divertor armour materials[R]. 20th IAEA fusion energy conference 2004. Conference proceedings. 2005.
[24] M. Shimada. Overview and summary Progress in the ITER Physics Basis PIPB[J]. Nuclear Fusion 2007 (47) :S1-S17.
[25] Charles Seife. Fusion history beyond fiasco[J]. NATURE, 2009(457):265-266.
[26] M. Gryaznevich. Results of Joint Experiments and other IAEA activities on research using small tokamaks[J]. Nuclear Fusion 2009,49 (10):1-7.
[27] N. Baluc. Status of R&D activities on materials for fusion power reactors[J]. Nuclear Fusion 2007 (47): S696-S717.
[28] Manfred K. Thumm. Progress on Gyrotrons for ITER and Future Fusion Reactors [R]. AIP Conference Proceedings, 26 Nov 2009. v. 1187(1).
[29] K. Ioki. ITER vacuum vessel, in vessel components and plasma facing materials [R]. Forschungszentrum Karlsruhe GmbH Technik und Umwelt (Germany) 8th international symposium on fusion nuclear technology (ISFNT-8). Proceedings 2007 327 p. [2 p.] 2007.
[30] 巴索夫．苏联激光聚变研究[J].美国《聚变技术》,1988(9):50-58.
[31] C. Yamanaka. Inertial fusion research over the past 30 years[J]. Fusion Engineering and Design 1999 (44):1-12.
[32] A. K. Shikov. Overview of recent Russian materials and technologies R and D activities related to ITER and DEMO constructions[J]. Journal of Nuclear Materials,2007 (367-370): 1298-1304.
[33] B. V. Kuteev. Conceptual analysis of a tokamak reactor with lithium dust jet[J]. Nuclear Fusion, 2010, 50 (7):1-10.
[34] S Garanin. Investigations on inertial confinement fusion at the Russian Federal Nuclear Center-VNIIEF [J]. Plasma Physics and Controlled Fusion, 2003(3):A471-476.
[35] M. N. Chizhkov. Simulation of the hohlraum for a laser facility of Megajoule scale [R]. The sixth international conference on inertial fusion sciences and applications,2010.
[36] V. K. Gusev. Overview of results obtained at the Globus-M spherical tokamak[J]. Nuclear Fusion, 2009, 49, (10): 1-11.
[37] A. V. Burdakov. Modern magnetic mirrors and their fusion prospects [J]. Plasma Physics and Controlled Fusion, 2010, 52(12):1-11.

[38] 俄拟投入巨资发展热核能源[OL].http://www.in-en.com/capital/html/energy_200720070824118976.html
[39] 俄罗斯欲在月球开采核聚变发电燃料[OL].http://finance.sina.com.cn/chanjing/b/20060522/0842703497.shtml
[40] 俄罗斯批准热核发展策略[OL].http://www.chppch.com
[41] 石秉仁.磁约束聚变原理与实践[M].北京:原子能出版社,1999.
[42] 王淦昌,袁之尚.惯性约束核聚变[M].北京:原子能出版社,2005.
[43] 朱士尧.核聚变原理[M].合肥:中国科学技术大学出版社,1992.
[44] 丁厚昌,黄锦华,等.聚变能——21 世纪的新能源[M].北京:原子能出版社,1998.
[45] 夏义善.中国国际能源发展战略研究[M].北京:世界知识出版社,2009.
[46] 等离子体物理学科发展战略研究报告,核聚变与低温等离子体——面向 21 世纪的挑战和对策[M].北京:科学出版社,2001.

1.3 中　国

1.3.1 中国核聚变能源研究发展历程

中国磁约束聚变研究起步于 20 世纪 50 年代末,经过了多种途径的探索阶段,从 20 世纪 70—80 年代起,磁约束聚变的研究基本集中在托卡马克上。先后建设了 CT-6B(中国科学院物理研究所)、FY-1(核工业西南物理研究院)、HT-6B(中国科学院等离子体物理研究所)、HL-1(核工业西南物理研究院)、KT-5B(中国科学技术大学)等中小规模的托卡马克装置。20 世纪 90 年代,核工业西南物理研究院对 HL-1 进行了升级改造,成为 HL-1M;中国科学院等离子体物理研究所引进原俄罗斯 T-7 超导托卡马克装置,经重新设计、改造建成了 HT 7 超导托卡马克装置。21 世纪初,在国家自然科学基金资助下,清华大学建成了低环径比的球形托卡马克 SUNIST,华中科技大学引进了美国的 TEXT 装置,改造成为 JTEXT 托卡马克装置。尽管中国从事磁约束聚变研究起步不算晚,但由于当时国力的限制,尤其是辅助加热和诊断设施投入不足,装置总体能力与美、欧、日、俄一直有较大的差距。

随着聚变能源在未来能源中的重要地位,国家对聚变研究越来越关注,投入不断增加,使得装置建设、辅助加热、诊断、等离子体控制等技术得到了较快的发展,中国建造的中型托卡马克 HL-1M、HT-7 等装置均达到了当时世界同等规模装置的先进水平。

近几年来,中国国内装置建设和工程技术的发展取得了重要的进展,主要的装置运行水平得到了很大的提高。2002 年核工业西南物理研究院引进原 ASDEX 装置的磁体、真空室和支撑部件,建成中国第一个具有偏滤器位形的托卡马克装置——中国环流器 2 号 A(HL-2A)装置并投入运行。偏滤器位形是现代高性能托卡马克中的一个重要特征,偏滤器也是聚变堆的一个重要部件。它的部分研究成果能够支持国际热核聚变实验堆(ITER)所需要的数据库,增强了中国磁约束核聚变研究参与国际合作研究的能力,加快了与国际研究接轨的步伐,它标志着中国磁约束核聚变研究提高到一个新水平。在 HL-2A 装置等离子体实验上取得了重大进展,首先实现了先进的等离子体偏滤器位形放电,其次获得了等离子体电子温度达到 5 500 万度和离子温度接近 3 000 万度的结果,并且实现了具有边缘局域模的高约束(H 模)放电。目前,核工业西南物理研究院正在将 HL-2A 装置改造与升级成 HL-2M。HL-2M 装置将进一步发挥装置灵活、等离子体可近性好的特点,大幅度提高等离子体参数,等离子体电流设计值达 3 MA,可开展先进托卡马克等离子体运行。同时充分发展等离子体辅助加热系统,提升装置实验水平,为开展 ITER 相关的堆芯等离子体物理实验研究,以及面向聚变堆工程技术的实验研究创造更有利条件。

EAST 是由中国自行设计研制的世界首个全超导托卡马克装置,主要用于对建造稳态先进的托卡马克核聚变堆的前沿性物理问题开展探索性实验研究。2006 年 3 月完成建造,并于 2006 年 9 月获得初始等离子体。EAST 目标是产生 1 MA 的等离子体电流;持续放电时间达到 1 000 s,在高功率加热下等离子体温度超过 1 亿度,为最终实现核聚变点火做好准备。目前 EAST 已获得了稳定可重复的 1 MA 等离子体放电,实现了 EAST 的第一个科学目标,这也是目前国际超导装置上所达到的最高参数。EAST 装置将有利于探索等离子体稳态先进运行模式,其工程建设和物理研究可为 ITER 项目的建设提供直接经验,并为未来聚变实验堆提供重要的工程和物理实验基础。

1.3.2 中国主要核聚变研究装置

1.3.2.1 中国环流器一号(HL-1)及中国环流器新一号(HL-1M)

20 世纪 60 年代后期,国际上出现了“托卡马克”(环形电流器)研究热,中国也积极地开始了这方面的研究。核工业部西南物理研究所(注:核工业西南物理研究院前称)的科技人员在没有这方面的图纸和技术资料的条件下,经历 8 年的艰苦攻关,终于研制成功中国环流器一号(HL-1)。HL-1 装置主机于 1973 年完成技术设计,1978 年完成重要部件的工艺试验和预研工作,1981 年结束全部主机部件的制造,次年秋在制造工厂进行了主机的预总装。1984 年秋在现场安装完毕,年底完成工程联合调试。HL-1 装置于 1984 年 9 月 21 日启动,经过一年的工程联调和半年多时间的物理测试,取得了第一批验证装置基本性能的实验结果。1985 年 4 月进行了提高参数的调试工作,并提供物理实验。HL-1 装置性能符合设计要求,环流等离子体的持续时间长达 1.04 s。装置的基本尺寸、总功率、储能、磁场强度、等离子体电流以及等离子体能量约束时间等在国内领先。HL-1 装置的完成,为中国受控核聚变的研究和发展提供了可靠基础,是中国受控聚变研究发展的一个里程碑。1994 年,HL-1 改造成中国环流器新一号(HL-1M),在这个装置上拆去了原来用于反馈控制的大铜壳,从而,可以大大增加实验用的窗口,使之可更灵活地开展各种物理研究,同时改进了加热和诊断系统。

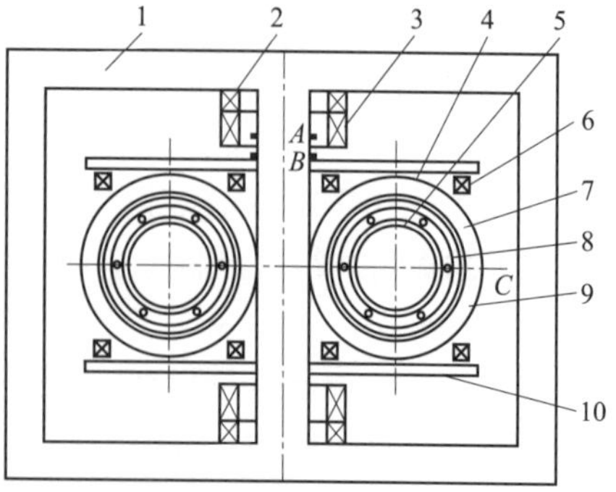

图 1.3.1　HL-1 装置主机总体布置示意图

1—变压器铁芯;2—偏磁线圈;3——次线圈;4—磁屏蔽极;5—内真空室;6—外垂直场线圈;7—环向场线圈;8—外真空室;9—内垂直场线圈;10—底板;A、B、C 分别为单匝圈。

HL-1 主机由环向场线圈、内外垂直场线圈、内外真空室、铁芯变压器和一个用于反馈控制的铜壳等主要部件组成。图 1.3.1 为 HL-1 装置主机总体布置示意图。铁芯变压器的作用是在真空室中产生等离子体并通过感应电流加热等离子体。环向场线圈在等离子体中心可以产生强磁场,用于平衡稳定等离子体。内外垂直场也是用来控制等离子体平衡的。HL-1 装置和 HL-1M 装置分别见图 1.3.2 和图 1.3.3。表 1.3.1 给出了 HL-1 和 HL-1M 装置的主要参数。

图 1.3.2　中国环流器一号(HL-1)装置

图 1.3.3　中国环流器新一号(HL-1M)装置

表 1.3.1　HL-1、HL-1M 主要参数对比

参　数	HL-1	HL-1M	参　数	HL-1	HL-1M
大半径/m	1.02	1.02	等离子体存在时间/s	1.6	4
小半径/m	0.2	0.26	低杂波电流驱动功率/MW	0.25	1
等离子体电流/kA	225	320	电子回旋加热功率/MW	0.25	0.5
中心磁场/T	3	2.8	离子回旋加热功率/MW		0.5
伏秒/Vs	1.75	1.75	中性束注入功率/MW		1

HL-1 和 HL-1M 装置的运行参数在当时是国内最高的，并且维持了近 20 年。在 HL-1M 上发展了总功率 3 MW 的辅助加热及驱动系统、离子温度和电子温度分别达到 0.87 keV 和 1.8 keV。发展了先进的弹丸注入系统和超声分子束注入加料技术，电子密度达到 $1.1\times10^{20}\ m^{-3}$。等离子体电流和等离子体平衡的计算机反馈控制技术，多种先进壁处理技术，杂质与再循环控制技术以及数据采集与处理等多项技术都取得了大的进展。物理实验取得了多项重要成果。开展了偏压孔栏实验，电子回旋加热实验，低杂波电流驱动实验和超声分子束加料实验。在等离子体约束、边缘物理和高能粒子物理方面取得了多项国内领先、国际先进的研究成果。在将近 8 年的实验研究中，HL-1 取得了 400 多项科研成果，并获国家科技进步奖一等奖。HL-1M 装置研制与实验成果分别于 1997 年、2001 年获国家科技进步奖二等奖和国防科学技术奖一等奖。

1.3.2.2　中国环流器二号 A(HL-2A)

中国环流器二号 A（HL-2A）由核工业西南物理研究院利用德国 ASDEX 装置主机 3 大部件配套改建而成。1999 年正式动工建设，2002 年 11 月中旬获得初始等离子体。HL-2A 装置的使命是研究具有偏滤器位形的托卡马克物理，包括高参数等离子体的不稳定性、输运和约束，探索等离子体加热、边缘能量和粒子流控制机理，发展各种大功率加热技术、加料技术和等离子体控制技术等，通过对核聚变前沿物理课题的深入研究和相关工程技术发展，全面提高我国核聚变科学技术水平，为中国下一步研究与发展打好坚实的基础。

HL-2A 装置(见图 1.3.4)主机由环向磁场线圈、极向磁场线圈、真空室及支撑系统组成。最大环向磁场可以达到 2.8 T，等离子体电流为 480 kA。HL-2A 装置磁场线圈中的强电流由 3 套飞轮脉冲发电机组和大功率交流电源系统提供，总容量达到 300 MVA，一次脉冲释能为 1 300 MJ。环形真空室由不锈钢制成，具有 200 多个大小不同的窗口，分别用于等离子体加热、加料和诊断等。环形真空室由 8 台涡轮分子泵抽到超高真空状态，极限真空度可达到 4.6×10^{-6} Pa。表 1.3.2 列出了 HL-2A 装置的主要参数。与 HL-1M 和当时的国内其他装置不同，该装置具有由相应的线圈和靶板组成的偏滤器，可以运行在双零或单零偏滤器位形。这对开展高约束模(H 模)物理和边缘物理研究及提高等离子体参数是非常关键的。

图 1.3.4　中国环流器二号 A(HL-2A)

表 1.3.2　HL-2A 装置主要参数

大半径 R/ m	1.65	安全因子 q_ψ	3.3～3.5
小半径 a/ m	0.4	等离子体电流平顶时间 t_f/s	5.0
等离子体电流 I_p/kA	480	低杂波电流驱动功率 P_{LHCD}/MW	2
中心磁场 B_T/T	2.8	电子回旋加热功率 P_{ECRH}/MW	3
等离子体密度 n/m^{-3}	8×10^{19}	中性束注入功率 P_{NBI}/MW	2～3

HL-2A 装置大功率加热系统包括电子回旋加热、低杂波和中性束注入系统。电子回旋共振系统用 6 个回旋管作为微波源，最大功率为 3 MW，频率为 68 GHz。系统采用过模波纹波导传输线，传输效率高于 90%，微波模式为能量分布集中的 HE11 模。在传输线中还首次使用了换向器、隔直器和滑动波导等器件。这些微波器件具有很高的带宽，可运用于 60～120 GHz 的毫米波系统，且对于其他频率的毫米波也可采用相似的设计，具有很好的通用性。毫米波天线系统采用椭球聚焦和可转动平面镜结构，能满足不同区域的定域加热和电流驱动的要求。中性粒子束系统的注入功率为 2～3 MW，中性粒子能量为 30～50 keV。在此系统中，大功率桶式离子源为该院独立设计和研制，并成功完成了调试和结构优化。与国外类似的桶式离子源相比，在圆桶周边增加了 1 倍的永久磁铁，使弧放电等离子体均匀性达到了±5%。

等离子体放电控制能力与水平的高低决定了托卡马克放电的品质。优化等离子体位形，并对等离子体电流与位置实现反馈控制，是实现等离子体放电精确控制的关键。采用程序控制加反馈控制，在 HL-2A 装置上实现了等离子体电流和位置的精确控制。主等离子体和偏滤器的主要参数可重复性很好，电流控制精度达到 1%。

超声分子束注入(SMBI)是中国的一项重要原创技术，自 1992 年在“中国环流器一号”(HL-1)装置上成功开发以来，曾先后应用于中国环流器新一号(HL-1M)、AUG、TORE-SUPRA、EAST 和 KSTAR 等装置。SMBI 技术在 HL-2A 装置得到了改进和发展，技术指标大为提高。经拉瓦尔(Laval)口喷出的准直的脉冲超声射流的粒子流量达到 5×10^{21}/s 以上，分子束阀门全开所需时间降低至 0.2～0.3 ms，分子束脉冲宽度可调范围提高至 0.3 ms 到数 10 ms，脉冲周期任意可调。氢脉冲超声分子束流的平均速度为 1.7 km·s^{-1}，注入深度可达磁分界面内 5 cm 以上，加料效率为 35%～55%。为了进一步提高透入深度和加料效率，在 HL-2A 装置的实验中发展了液氮温度下的超声分子束注入，大大地提高了注入深度和加料效率，提高了放电品质，改善了等离子体约束性能。这项加料技术目前还在继续发展中。

先进等离子体诊断系统是进行高水平聚变实验必不可少的硬件条件，在 HL-2A 装置上相继发展了 30 余种不同种类的先进等离子体诊断系统，分布在主等离子体区和偏滤器区，可以提供有高时空分辨的等离子体参数。

HL-2A 装置自运行以来，在聚变科学的各个领域取得可观的研究成果。除了在电子回旋加热实验中获得了 4.9 keV(约 5 500 万度)的电子温度，在中性束加热条件下得到了 2.5 keV 的离子温度等高参数外，在该装置上取得了一系列物理实验研究成果。(1) 2003 年，在首轮物理实验中成功实现中国第一次偏滤器位形托卡马克运行，为后来实现高约束运行模式奠定基础。(2) 2009 年 4 月，成功实现中国第一次高约束模(H 模)放电，能量约束时间达到 150 ms，等离子体总储能大于 78 kJ。H-模是先进托卡马克装置运行模式，也是国际热核聚变实验堆(ITER)的运行模式。要实现 H-模运行，除了加热功率必须超过一定的阈值之外，等离子体放电的质量也必须很高。比如，等离子体中的杂质含量必须很低，这不仅对真空系统和壁处理技术有很高的要求，同时，对等离子体控制也有很高的要求，相关研究人员必须有扎实的物理基础和丰富的运行经验。因此，高约束模的实现是一个装置综合水平的重要标志。这项重大科研进展，使中国在继欧盟、美国和日本之后，站上了核聚变研究的这一先进平台。这是中国磁约束聚变实验研究史上具有里程碑意义的重大进展，它标志着中国的磁约束聚变研究的综合实力达到了新的水平，中国的磁约束聚变科学和等离子体物理实验研究进入了一个崭新的阶段。(3) 利用自主独立设计的静电探针系统首次观测到测地声模和低频带状流的三维结构，填补了该方向的国际空白。(4) 利用原创的超声分子束调制技术发现了自发的粒子内部输运垒，为等离子体输运研究提出了新的课题。(5) 首次观测到由高能电子激发的比压阿尔芬本征模，推动了高能粒子物理研究的发展。(6) 在湍流、带状流和输运研究中，首次观测到在强加热 L-模放电中高频湍流能量向低频带状流传输，为理解功率阈值提供了物理基础。(7) 在 H-模物理研究中，首次观测到在 L-H 转换过程中存在两种不同的极限环振荡，分别称为原(Y)-型和进(J)-型，和完整的动态演化过程。这为 L-H 模转换的理论和实验研究提供了新的思路，指出了新的方向，带动了该领域的更为深入、系统的研究。该工作中新发现的 J-型极限环振荡已被美国的 DIII-D 和德国的 ASDEX Upgrade 的实验重复。这些新的发现为聚变等离子体科学的发展做出了贡献，为中国参与 ITER 计划提供了坚实的科学和技术基础。

1.3.2.3 中国环流器二号 M(HL-2M)

HL-2M(中国环流器二号 M)托卡马克是 HL-2A 的改造升级装置。HL-2M 装置的建造目的是瞄准和 ITER 物理相关的内容,研究近堆芯等离子体物理及发展聚变堆关键工程技术,为下一步建造聚变堆奠定科学技术基础。研究内容主要包括:

1) 利用装置等离子体参数高的优势,瞄准 ITER 物理研究内容,在高参数(高比压、高约束和高密度等)运行下开展等离子体约束与输运、高能量粒子物理、MHD 不稳定性及放电破裂控制、等离子体-壁相互作用等领域的研究;

2) 利用等离子体位形易变、物理与工程可近性灵活性好的特点,对目前国际上尚未解决的一系列问题进行研究,包括在实现常规偏滤器位形的基础上,实现多种先进偏滤器位形,如不同雪花偏滤器位形和腿部长度变化的 Tripod 偏滤器位形,为研究边缘等离子体和偏滤器物理提供一个良好的测试平台;

3) 发展电流驱动和等离子体加热手段,利用大功率加热和电流驱动,大幅度提高等离子体温度,研究近堆芯等离子体物理;

4) 发展聚变工程技术如先进加料、对先进的聚变堆诊断技术进行研究、第一壁材料和结构材料等,为未来聚变堆的建造打下坚实的基础。

HL-2M 装置结构如图 1.3.5 所示,表 1.3.3 所示为 HL-2M 主要运行参数。装置磁体由 20 个环向场线圈,中心螺线管线圈和 16 个极向场线圈(PFC)组成;环形真空室截面呈 D 形,配置上、下两个偏滤器;真空室内部安装有随机磁场线圈(RMP)、原位低温泵、第一壁等;周边设计有总功率达 29 MW 的各种等离子体加热和电流驱动设备,及约 40 余套诊断系统。HL-2M 有以下特点:对 PFC 电流的灵活配比,实现覆盖国际上主要托卡马克的等离子体平衡,用于优化放电位形的研究;较大的 PFC 电流设计裕度,提供了研究领先偏滤器位形必要的工程基础,可为未来的偏滤器设计提出更好的方案;较小的环径比设计,可使装置达到较高的等离子体电流和参数运行,为燃烧等离子体物理研究提供保障;常规导体使装置的可近性增加,较多的窗口使诊断系统的安排更为灵活。

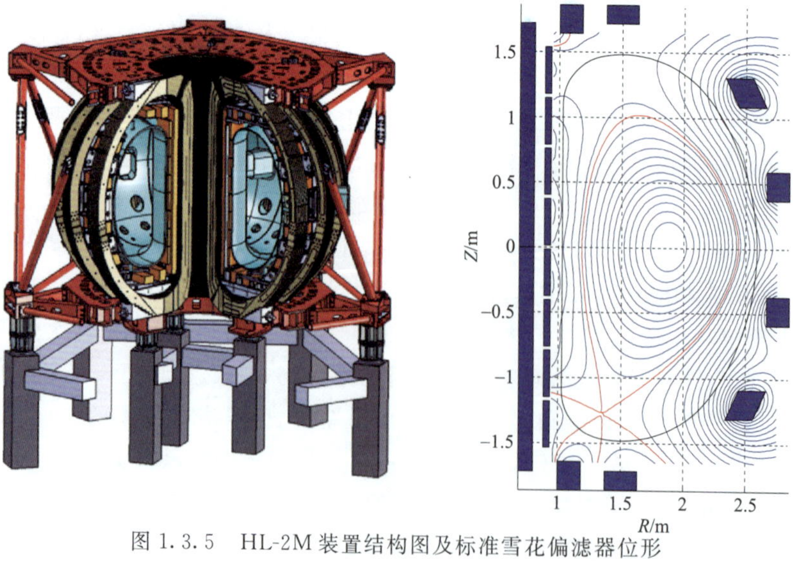

图 1.3.5 HL-2M 装置结构图及标准雪花偏滤器位形

表 1.3.3 HL-2M 装置主要参数

等离子体电流 I_P/MA	>2.5 (3)
等离子体大半径 R/m	1.78
等离子体小半径 a/m	0.65
环向磁场(R=1.78 m)B_T/T	2.2 (3)
环径比,R/a	2.8
拉长比,κ_LCFS	1.8~2.0
三角变形,δ_LCFS	>0.5
磁通变化量,$\Delta\Phi$/Vs	>14

HL-2M 装置具备更高的装置参数及更强的二级加热功率,尤其是中性束注入加热。结合 HL-2M 装置先进偏滤器位形,开展高参数运行下边缘及偏滤器等离子体物理研究。HL-2M 装置是中国开展与聚变能源密切相关的等离子体物理和聚变科学研究不可或缺的实验平台。充分发挥和利用装置平台灵活、可近性好的特点,结合 ITER 工程建造和即将开展的物理实验研究以及国际聚变能研究发展的最新最近成果,在该装置上开展与聚变能研究相关的物理实验。

1.3.2.4 合肥超环(HT-7)

HT-7 是中国科学院等离子体物理研究所在 20 世纪 90 年代初利用俄罗斯库尔恰托夫科学中心核聚变研究所赠送的 T-7 超导托卡马克装置改建而成,是中国第一个、世界第四个超导托卡马克。1994 年 12 月 28 日,HT-7 首次进行了工程调试并成功获得等离子体。1995 年,HT-7 正式投入运行,至 2012 年退役,总共运行 18 年。

图 1.3.6 HT-7 超导托卡马克装置

HT-7 装置将 T-7 原 48 个纵场线圈合并改造成 24 个,并重新设计制作了新的真空室,增加了 34 个新的窗口,大大改善了装置的可接近性。图 1.3.6 为 HT-7 超导托卡马克装置,表 1.3.4 列出了 HT-7 装置主要指标。为开展高功率辅助加热和长脉冲运行实验,设计安装了真空室内主动水冷内衬和新的垂直场系统。建成了中国最大的低温液氦系统和大功率电源系统等 9 个子系统。改建后的 HT-7 成为一个包括超导托卡马克装置本体、大型超高真空系统、大型计算机控制和数据采集处理系统、大型高功率脉冲电源及其回路系统、中国规模最大的低温氦制冷系统、兆瓦级低杂波电流驱动和射频波加热系统以及数十种复杂的诊断测量系统在内,能够开展多种实验的先进装置。

表 1.3.4　HT-7 装置主要指标

主要指标名称	指标参数
等离子体大半径 R/m	1.22
等离子体小半径 a/m	0.27
等离子体电流 I_p/MA	0.4～0.5
低杂波 LHCD/MW	1.2
离子回旋波 ICRF/MW	1.2
电子温度 T_e	5 000
环向磁场强度 B_t/T	2.5～3
电子密度 n_e/m^{-3}	$(1\sim5)\times10^{19}$

HT-7 装置获得了一系列国际先进或独具特色的成果：连续重复实现了长达 400 s 的等离子体放电，电子温度 1.2×10^{7} K，中心密度 0.5×10^{19} m^{-3}，这是当时国际同类装置中时间最长的高温等离子体放电；实验上实现了一种基于全波加热/电流驱动的准稳态高约束等离子体的运行模式；HT-7 装置边界物理实验首次发现了带状流存在的证据；发现托卡马克等离子体中模式转换离子伯恩斯坦波离子加热及流驱动的实验现象等。这些成果大大提高了中国核聚变领域的技术和物理研究水平。

1.3.2.5　东方超环(EAST)

在 HT-7 成功运行的基础上，"九五"国家重大科学工程-大型非圆截面全超导托卡马克核聚变实验装置 HT-7U 在 1998 年立项。1998 年 7 月国家计委下文同意由中科院主持，中科院等离子体物理所承担本项目的建设；2000 年 10 月国家计委批复同意本项目的工程开工建设。为易于发音、便于记忆同时又有确切的科学含义，2003 年 10 月 HT-7U 正式改名为 EAST(Experimental Advanced Superconducting Tokamak)。

EAST 是由中国自行设计研制的世界首个全超导托卡马克装置。EAST 装置主要用于对建造稳态先进的托卡马克核聚变堆的前沿性物理问题开展探索性实验研究。2006 年 3 月完成建造，并于 2006 年 9 月获得初始等离子体。目前，已经获得了稳定重复的 1 MA 等离子体放电，实现了 EAST 的第一个科学目标，这也是目前国际超导装置上所达到的最高参数；成功实现了 411 s、中心等离子体密度约 2×10^{19} m^{-3}、中心电子温度大于 2×10^{7} K 的高温等离子体；获得稳定重复超过 30 s 的高约束等离子体放电，是国际上最长时间的高约束等离子体放电。高约束等离子体放电是未来磁约束聚变堆首选的一种先进高效运行方式。离子回旋波壁处理技术已经发展成为 EAST 壁处理的最有效手段，对 EAST 超导装置准稳态高参数运行以及未来 ITER 高效、安全运行有着现实而深远的意义。等离子体自杂波与射频波协同效应，在低再循环条件下实现了稳定重复的超过 32 s 的高约束等离子体放电。所用方法独特、经济、有效，为未来 ITER 提供了一条高效实现高约束放电的新途径。成功开展离子回旋波壁处理技术，为未来超导托卡马克高效发旋转的实验研究获得重要进展，对国际上重要装置上的 H 模旋转速度和等离子体内能和电流之间的关系提出了比较一致的关系，对预测未来 ITER 上的旋转速度提供了重要参考。

EAST 装置的目标是：研究托卡马克长脉冲稳态运行的聚变堆物理和工程技术，构筑今后建造全超导托卡马克反应堆的工程技术基础。瞄准核聚变能研究前沿，开展稳态、安全、高效运行的先进托卡马克聚变反应堆基础物理和工程问题的国内外联合实验研究，为核聚变工程试验堆的设计建造提供科学依据，推动等离子体物理学科其他相关学科和技术的发展。

EAST 的科学研究分 3 个阶段实施：第一阶段（3～5 年）：长脉冲实验平台的建设；第二阶段（约 5 年）：实现其科学目标，为 ITER 先进运行模式奠定基础；第三阶段（约 5 年）：长脉冲近堆芯条件下的实验研究。

EAST 装置主机部分高 11 m、直径 8 m、重 400 t，由超高真空室、纵场线圈、极向场线圈、内外冷屏、外真空杜瓦、支撑系统等 6 大部件组成。EAST 装置真空室的形状为 D 形（非圆截面）。同国际上其他托卡马克装置相比，其独有的非圆截面、全超导及主动冷却内部结构 3 大特性使其更有利于实现稳态长脉冲高参数运行。EAST 位形与 ITER 相似且更加灵活。EAST 装置全貌如图 1.3.7 所示，表 1.3.5 为 EAST 装置主要设计指标。

图 1.3.7　EAST 全超导托卡马克核聚变实验装置

表 1.3.5　EAST 装置主要设计指标

指标名称	技术指标
等离子体大半径 R/m	1.90
等离子体小半径 a/m	0.45
等离子体电流 I_p/MA	1
脉冲长度 t/s	1 000
低杂波 LHCD/MW	3.5～4
离子回旋波 ICRF/MW	3～3.5
电子温度 T_e/万度	10 000
环向磁场强度 B_t/T	3.5
电子密度 n_e/m^{-3}	$1\sim5\times10^{19}$

在 EAST 近年来的实验中，取得了多项重要成果，主要包括：一是获得了稳定重复的 1 MA 等离子体放电，实现了 EAST 的第一个科学目标，这也是目前国际超导装置上所达到

的最高参数，为开展高参数、高约束的等离子体物理研究创造了条件，标志着 EAST 已进入了开展高参数等离子体物理实验的阶段。二是获得超过 400 s 的 2 000 万摄氏度高参数偏滤器等离子体。目前，国际上大部分托卡马克的偏滤器等离子体持续时间均在 20 s 以下，欧盟和日本科学家曾获得最长为 60 s 的高参数偏滤器等离子体。中国科学家针对未来 ITER 400 s 高参数运行的一些关键科学技术问题，如等离子体精确控制、全超导磁体安全运行、有效加热与驱动、等离子体与壁材料相互作用等，开展了全面的实验研究，通过集成创新，成功实现了 411 s、中心等离子体密度约 $2\times10^{19}\ m^{-3}$、中心电子温度大于 2 000 万摄氏度的高温等离子体。三是获得稳定重复超过 30 s 的高约束等离子体放电，是国际上最长时间的高约束等离子体放电，标志着中国在稳态高约束等离子体研究方面走在国际前列。高约束等离子体放电是未来磁约束聚变堆首选的一种先进高效运行方式。从 20 世纪 80 年代以来，世界上众多托卡马克都在探寻各种方式实现高约束放电、并不断尝试延长高约束放电时间。实现长时间高约束放电长期以来一直是国际聚变界追求的目标和挑战极大的前沿课题。目前正在运行的托克马克的高约束放电时间大都在 10 s 以下，最长的是日本 JT-60U 装置(已退役)曾在 2003 年利用强流中性束加热实现一次 28 s 的高约束等离子体放电。在 EAST 实验中，中国科学家另辟新法，利用低杂波与射频波协同效应，在低再循环条件下实现了稳定重复的超过 32 s 的高约束等离子体放电。中国科学家所用的方法独特、经济、有效，为未来 ITER 提供了一条高效实现高约束放电的新途径。等离子体自发旋转的实验研究获得重要进展，对国际上重要装置上的 H 模旋转速度和等离子体内能和电流之间的关系提出了比较一致的关系，对预测未来 ITER 上的旋转速度提供了重要参考，对进一步理解托卡马克等离子体自发环向动量研究上的边界条件有重要意义。四是成功开展离子回旋壁处理，为未来超导托卡马克高效运行奠定了基础。利用 EAST 超导装置在多种器壁条件下开展了离子回旋清洗，独立发展了一系列离子回旋壁处理的研究，取得了一系列令国际瞩目领先的前沿性、创新性研究成果。离子回旋壁处理技术已经发展成为 EAST 壁处理的最有效手段，对 EAST 超导装置准稳态高参数运行以及未来 ITER 高效、安全运行有着现实而深远的意义。五是等离子体自发旋转的实验研究获得重要进展，对国际上重要装置上的 H 模旋转速度和等离子体内能和电流之间的关系提出了比较一致的关系，对预测未来 ITER 上的旋转速度提供了重要参考，对进一步理解托卡马克等离子体自发环向动量研究上的边界条件有重要意义。

1.3.3 中国高校的聚变研究

2000 年以来，国家加大了对高校核聚变的研究支持力度。2005 年，以霍裕平院士领衔的“磁约束核聚变基础研究”获得国家重点基础研究发展计划(973 计划)的支持。其后，获得 973 计划支持的项目还有：中国科学技术大学的“磁约束核聚变若干基础科学问题的研究”；大连理工大学的“等离子体与壁材料相互作用及中性束加热几个重要问题研究”；北京科技大学的“中国低活化钢(CLAM)若干关键科学问题研究”；北京大学的“聚变等离子体中子能谱测量与诊断及相关磁流体模式研究”；清华大学的“球形(小环径比)托卡马克等离子体电流启动及基本特性的研究”；华中科技大学的“J-TEXT 托卡马克破裂放电的实验研究及全波解的数值模拟研究”；浙江大学的“托卡马克中的 MHD 不稳定性和高能粒子物理及微观湍流与输运的理论与数值模拟研究”；东华大学的“稳态运行条件下托卡马克电阻壁模的主动控制研究”；中国科学技术大学的“等离子体湍流相干结构特征及约束改善研究”。在ITER计划国内研究2010年项目立项中，华中科技大学的“托卡马克相关基础实验研究”、华中科技大学的“托卡马克装置若干基础技术研究”、北京科技大学的“聚变堆面向等离子体材料的基础研究”获得资助，大连理工大学在“ITPA基本物理问题的研究”项目下获得资助。

1.3.3.1 中国科学技术大学

20世纪80年代，中国科学技术大学近代物理系设置等离子体物理专业，建成一个小托卡马克装置KT-5B，进行了阿尔芬波加热和湍流现象等观测实验，该装置后来改建为KT-5C。在KT-5C装置上进行了大量工程、物理等实验。

2005年初完成了对KT-5C装置的改造，使之实现了托卡马克脉冲环流和稳态单纯环(SMT)或螺旋环(Helimak)放电的双功能兼容运行，成为独具一定新特点的KT-5D装置。KT-5D托卡马克和稳态环双功能磁约束环装置的建立，显著地提升装置的灵活适应性能，扩展了装置的研究课题范围。2005年以来，在单纯环(SMT)和螺旋环(Helimak)两种环位形下，进行了比较系统的ECR激发稳态等离子体基本特性的观测，得到了一些新的实验结果，如首次观测到清晰的ECR共振层，等离子体快速垂直漂移等，给出了平衡参数分布，涨落性质、涨落谱结构及不稳定性等观测结果，并发现一定的螺旋环位形有利于抑制不稳定性。

2005年成立了中国科学院中国科学技术大学基础等离子体物理重点实验室，目的是凝聚中国科学技术大学在等离子体物理方面的研究力量，瞄准国家在受控聚变能源和空间开发方面的目标，为国家战略需求服务。

2009年以来中国科技大学承担的ITER计划专项国内配套研究有“托卡马克等离子体基本理论与数值模拟研究”、“托卡马克等离子体诊断技术研究”、“反场箍缩磁约束聚变位形研究”、“聚变堆燃烧等离子体诊断关键技术研究”等。

目前，中国科学技术大学在国家磁约束聚变能源专项的支持下正在设计建造科大反场箍缩(KTX)装置，其主要的科学目标之一就是从实验上进一步检验这个磁约束等离子体演化的新理论。KTX设计目标为：半径比3.625($R/r=1.45$ m/0.4 m)，最大等离子体电流1 MA，在无反馈时放电时间10～30 ms，主动反馈控制时间100 ms。

1.3.3.2 华中科技大学

J-TEXT托卡马克是华中科技大学引进德克萨斯大学(奥斯丁)的聚变实验装置TEXT-U建造的。从2003年开始在国内的恢复重建工作，到2007年9月实现了第一次等离子体放电。该装置具有偏滤器位形和电子回旋共振加热系统，运行区间从欧姆加热模式、低约束模式和限制器下高约束模式扩展到了偏滤器运行模式、射频加热下的高约束模式等。该装置的主要参数为：大环半径105 cm，等离子体截面半径30 cm，环向场磁感应强度3.0 T，环向等离子体电流300 kA。J-TEXT托卡马克是目前国内高校中唯一的中型托卡马克聚变实验装置，专门用于培养核聚变技术人才和进行基础性前沿性的物理实验研究，成为为ITER人才培养培训和磁约束聚变基础研究的主要实验平台。

根据教育部和科技部指定的MCF研究基础平台的定位及结合J-TEXT托卡马克装置

本身特点，在J-TEXT托卡马克装置上分别开设“托卡马克等离子体磁流体活性研究”与“托卡马克等离子体湍流与输运研究”两个研究方向。

1.3.3.3 其他相关高校

1999年由中国科学院物理研究所牵头，中国科学院物理研究所、清华大学工程物理系、核工业西南物理研究院联合承担的基金委重点项目“低环径比托卡马克理论和实验研究”，确定了在清华大学工程物理系建设中国第一台球形托卡马克实验装置。清华大学聚变与等离子物理研究室现承担多个国家级校级重点基金项目，主要从事球形托卡马克装置实验及磁约束聚变；等离子物理理论和计算；低温等离子体物理及应用；等离子体诊断等方向的研究。

大连理工大学是中国参加ITER计划的高校群体中的骨干单位，近年来共主持和参加国家科技部ITER计划专项课题共5项。

2006年浙江大学组建了聚变理论与模拟中心。中心经过一年多的建设，在人才培养、科学研究和国际交流各方面取得了突出的成绩，在国内外产生良好影响。

北京大学是中国最早开展核聚变与等离子体物理研究的教育单位。从20世纪50年代开始为中国等离子体科学与聚变研究培养了骨干人才队伍。2006年加强学科建设以来，在聚变等离子体物理、空间与天体等离子体物理和计算等离子体物理方面逐渐形成了结合理论研究、数值模拟、实验诊断和人才培养为一体的研究队伍。

1.3.3.4 高校的聚变研究人才培养

在人才培养方面，各高校利用学科优势，依托大科学装置，借助项目和工程建设的机会，充分发挥人才培养基地的作用，借助人才项目、外部资源等推动人才培养。利用国家优先支持与等离子体物理和聚变工程、技术相关的学科建设的契机，在全国形成合理的布局。同时，围绕磁约束核聚变的研究与开发，加强与相关的物理学、电气工程、材料科学等学科的交叉与融合，建立中国磁约束核聚变的学科支撑体系。

依托J-TEXT实验装置，华中科技大学分别被教育部和科技部确定为中国“ITER与核聚变技术人才培养与培训基地”。

为了充分发挥高校在人才培养、基础研究和国际交流方面的优势和特色，以整体形式、有组织地积极参加中国ITER计划及聚变能的研发，发挥高校应有的作用，提升中国高校在国际聚变界的学科地位和国际影响力，教育部于2008年2月18日在华中科技大学成立了“磁约束核聚变教育部研究中心”，中心挂靠华中科技大学，上海交通大学、清华大学、北京大学、浙江大学、大连理工大学、四川大学、北京科技大学、中国科学技术大学等学校参与建设。中心的成立就是要组织、规划、协调好相关高校，整体参与中国ITER计划与聚变研究工作。中心的主要职责包括研究、制定并负责组织实施高校在中国ITER计划及聚变能研发中的发展战略和规划；作为教育部高校磁约束核聚变方面的指定代表，向国家科技部及有关部门、国家磁约束核聚变专家委员会等，报告高校系统磁约束核聚变相关的工作计划、安排及组织实施等情况，积极争取国家有关部门的支持等。

2011年3月，科技部会同教育部、中国科学院和中国核工业集团公司共同起草的《关于加强中国磁约束核聚变研究人才培养意见》发布。中国磁约束核聚变研究人才培养总体目标是：以派员参加 ITER 工程建设和全面消化吸收 ITER 技术为近期目标；以培养一批中青年学科带头人，选派一流科学家参加 ITER 物理实验、分享实验成果为中期目标；以掌握聚变能的核心技术、独立设计和建设聚变电站为中长远目标；建设一批人才培养基地，完善相应的硬件设施，有计划、有针对性、有梯次地开展人员培养与培训，以满足以 ITER 计划为主体的国际磁约束核聚变科学发展和国内核聚变能源开发的迫切需求。利用 10 年左右时间，培养 2 000 名从事聚变科学与工程研究以及技术研发的各类人才，为中国核聚变能源可持续发展提供强有力的人才保障。

1.3.4 中国聚变堆设计研究的现状

中国的聚变堆设计研究工作从 70 年代起步。20 世纪 70 年代初，核工业西南物理研究院委托兰州近代物理所开展聚变堆中子学的工作。1974 年成立了一个课题组，着手聚变堆的研究工作。从核数据收集、评价、群截面数据制作到研制中子输运程序等进行了系统的工作，并对包层参数作了计算。同时也开展了一些堆芯等离子体物理、热工、堆结构方面的工作。1978 年对外开放，通过“请进来、派出去”，显著地推动了聚变堆研究工作的发展。

1984 年初核工业西南物理研究院成立了聚变堆设计研究室，工作从以前分散的专题研究转入到堆整体的概念设计研究，其中部分工作目前已进入到工程性的设计研究阶段。到 1996 年，完成了多种聚变堆概念设计：在聚变燃料方面，有 D-T 和 D-^{3}He 聚变堆；在等离子体约束位形方面，有磁镜堆和托卡马克堆；在堆的用途方面，有纯聚变堆、聚变增殖堆和嬗变堆；在发展阶段方面，有实验堆和商用堆。

2011 年，中国科学院等离子体物理研究所成立了聚变堆总体研究室，它的主要研究方向为：一是聚变反应堆的总体研究。具体包括堆芯物理和技术、诊断、低温和超导磁体、总体结构和真空室、真空系统、遥操作系统、包层等方面；二是 EAST 面向聚变堆的先行研究。具体包括聚变堆物理诊断、ITER 物理研究、偏滤器研究、EAST 内部共振扰动磁场线圈设计、EAST 快控线圈设计等方面。

1.3.4.1 聚变商用堆 STR 概念设计研究

从 1993 年开始了聚变商用堆 STR 设计研究工作。设计选择了大环径比托卡马克位形，无需外加等离子体电流驱动就可以在长脉冲下运行，具有良好的可接近性以便于维修。进行了整体的概念设计工作，包括堆芯等离子体参数的系统研究、$1\frac{1}{2}$维等离子体输运模拟计算、偏滤器物理、包层/屏蔽、磁体系统以及堆结构设计等。

1.3.4.2 D-^{3}He 聚变堆的可行性研究

D-^{3}He 聚变堆属于下一代先进聚变燃料循环，和第一代的 D-T 循环相比较，反应中的中子产额减少到 1/10～1/50，从而使辐照损伤、材料激活放射性以及放射废物的处置困难大为减轻，无需周期性地更换第一壁，也无需增殖氚等。另一方面，在物理上的要求却大为提高：达到点火的约束参数 n 增大约 4 倍，等离子体温度高 4 倍，需要很强的等离子体电流等。D-^{3}He 聚变堆的研究是国际上人们很感兴趣的课题。已完成的研究工作内容包括：^{3}He 资源及在月球上开采的可能性；计算了开采月球 ^{3}He 资源的能量回报因子，可望达到 97（相应开采铀为 20，煤为 16）；研制了计算分析程序 DHE3T OK 并用于分析了 D-^{3}He 托卡马克堆运行参数的空间；

研究了等离子体回旋辐射电流驱动；设计了 D-^{3}He 聚变堆 Mooncity 的主要参数。计算给出了 Mooncity 堆的放射性、停堆余热、潜在生物危害因子等，它们都只有同等规模 D-T 堆的 1/10～1/60。根据分析提出了需要进一步研究和发展的关键工程技术问题。

1.3.4.3 聚变增殖堆设计研究

聚变增殖堆是作为纯聚变堆达到商用前的聚变中间应用堆而提出的。工作经历了三个阶段，每个阶段都取得了显著的进展，现正进入第四阶段的工作。

从 1984 年以来，中国聚变增殖堆设计研究取得了一系列的成就。第一个聚变堆磁镜聚变增殖堆概念设计(1984—1986 年)：设计研究涉及堆的各个方面，形成了一个较完整的概念设计，对以后的概念设计工作提供了良好的开端。托卡马克位形的 TETB 系列的设计研究(1987—1992 年)：演示混合堆的物理与工程技术可行性；演示年产百千克级钚的能力；能作为试验堆进行商用原型堆的工程部件和材料试验。FEB 详细概念设计(1993—1995 年)：通过研制和引进，设计用的软件水平显著提高，完成了较完整的总装和部件设计图，绘制了轴侧图和堆的模型图。FEB 工程概要设计(1996—2000 年)：为 FEB 全面工程设计勾画轮廓，设计需计及材料的工程性选择、设计部件的可制造性，设计的各个方面要留有一定裕量以确保设计可以实现。CFER-ST 紧凑型聚变实验堆工程概念设计(2001—2005)：完成了总体结构的框架设计及三维的结构示意图，开展了产氚包层的初步设计，进行了高功率密度包层的热结构力学分析与优化；开展了聚变堆超导磁体中子辐照效应研究、数值模拟的建模和数据库制作；在液帘壁研究方面，用 ANSYS 完成第一壁液帘包层的电磁力分析计算；开展了高功率密度包层的工程设计。

1.3.4.4 示范堆研究

1) 示范堆目标

实现核聚变能源的商用，还有很长的路要走，预计要到 2050 年，才能建成具有经济竞争力的商用聚变电站。在实现聚变能商用之前，还要经历示范堆阶段，以验证商用聚变电站的工程技术可行性、环境可行性及经济可行性。示范堆的聚变功率大致为 2～3 GW，示范堆与聚变电站技术主要包括：芯部等离子体技术，包层与能量获取技术，结构材料与功能材料技术，堆级超导磁体技术，屏蔽与安全技术，诊断与控制技术等。其中包层技术是聚变堆实现“氚自持循环”与获取能量的关键技术，包层类型的选择将决定聚变反应堆的基本特征。同时，中国还长期致力于核聚变能源的“非电力应用”研究，如聚变中子嬗变(裂变堆产生的)高放废物以及聚变产氢等研究，这些应用研究将有助于推动聚变电站技术的发展，中国的示范堆计划也要验证这些应用前景。

根据中国国情，中国示范堆战略研究的要点是：利用国内聚变实验装置(如 HL-2A 装置及其升级装置 HL-2M 和 EAST 等)开展前沿等离子体物理研究；加强聚变堆技术研究和基础技术平台与人才队伍建设；全面参与 ITER 计划，消化、吸收和掌握 ITER 的设计技术和加工制造技术；参与示范堆有关的国际合作；开展示范堆设计与关键技术预研工作；加入国际聚变材料辐照设施(International Fusion Materials Irradiation Facility，IFMIF)研究计划。

欧洲提出了开发聚变能源的“快车道”计划，即从 ITER 直接过渡到示范堆的技术路线。美国则希望在 ITER 和示范堆之间建造一个部件实验装置(Component Test Facility，

CTF)，以解决示范堆的关键工程技术问题。根据中国国情，工程验证平台(ETP)可以作为从ITER到示范堆的过渡阶段。

2) 示范堆HCSB-DEMO概念设计

“十一五”期间，核工业西南物理研究院开展了示范堆HCSB-DEMO的概念设计研究。HCSB-DEMO设计的大半径为7.2 m，小半径为2.1 m，聚变功率为2 550 MW，中子壁负载为2.3 MW/m^2。HCSB-DEMO的包层采用固态锂陶瓷氚增值剂Li_4SiO_4，采用铍做中子倍增材料，冷却剂和载氚介质采用氦气，压力分别为8 MPa和0.1 MPa。冷却剂的进出口温度分别为300 ℃和500 ℃。增值剂采用直径为0.5 mm和1 mm直径的小球构成球床结构。HCSB-DEMO的结构材料采用低活化的铁素体、马氏体钢RAFM，增殖包层采用模块化设计。燃烧等离子体稳态运行的约束和控制问题。HCSB-DEMO的设计目标是演示未来聚变电站的材料辐照寿命问题，氚自持问题，热-电功率循环问题，电站的安全与环境问题和经济性问题。

在此基础上，“十二五”将开展中国聚变工程实验堆的总体设计，为设计和建造示范堆打下坚实的基础。

1.3.5 中国聚变能研究开发专项

聚变能研究开发专项的目的是为中国能在ITER装置建成后掌握其主要技术，有效地参加在ITER装置上的实验研究，能够独立开展聚变示范堆的设计和研发。主要包括改造国内现有核聚变研究装置，为有效利用ITER进行科学技术实验做好关键准备；培养一批高水平的科学和工程技术人才，积极开展核聚变能相关基础研究；消化、吸收并创新发展ITER计划的各项关键技术，特别是与中国未承担制造任务相关的技术；发展ITER计划未涵盖的相关关键技术。

1.3.5.1 专项目标

1) 国内现有两大托卡马克装置EAST、HL-2A扩建，使之成为国际先进的大中型研究装置，为今后有效利用ITER进行科学实验做好准备。

2) 培养一批高水平科学与工程技术人才，并积极开展相关基础研究工作。利用10年左右时间，培养2 000名聚变科学与工程技术人才，为中国核聚变能源可持续发展提供强有力的人才保障。

3) 消化、吸收、全面掌握并创新发展ITER的全部关键技术，特别是与中国未承担的实物制造任务相关的技术。

4) 发展ITER计划未涵盖但今后聚变能示范所需的关键技术，如氚增值包层技术、聚变堆材料技术等。

1.3.5.2 专项主要任务

1) 完成聚变实验包层(TBM)的研制工作。

2) 完成国内现有聚变装置升级改造(EAST和HL-2A)，配合ITER开展前期实验研究。

3) 大力开展ITER和核聚变人才培养工作。

4）开展聚变能源示范堆设计研究工作(DEMO)。

5）开展新型混合堆概念设计研究。

2007年2月，国务院批准设立ITER计划专项，以切实履行中国承担ITER造就和稳定一批聚变研究科学和技术人才队伍。ITER计划专项国内配套研究工作于2008年启动，目前已经立项32项，研究内容涉及聚变堆的概念设计、波加热、聚变材料、TBM以及相关等离子体理论研究等众多学科。

2008年批准ITER采购包前期预研项目10项，涉及导体、包层、支撑、诊断、网络和标准等。2009年批准立项9项，研究领域涉及聚变堆设计、波加热、等离子体控制、理论与数值模拟、壁材料、诊断和TBM。2010年安排13项，包括两个装置实验、聚变材料、基础技术、混合堆和涉氚技术等。以项目(课题)形式带动人才培养，安排人才课题共计17个。

1.3.5.3 稳步推进双边核聚变合作

1）中日双边合作。2007年底签署双边合作协议，到现在已经召开3次中日联合工作组会议。

2）中欧双边合作。2008年4月，科技部万钢部长与欧盟科研委员共同签署了《中华人民共和国政府和欧洲原子能共同体和平利用核能研发合作协定》。自2011年以来，中欧双方制订了核裂变、核安保和核保障、核聚变、核安全4个分委会的议事规则，开展了项目合作，举办了分委会会议、研讨会、工作会议等活动。

3）中美双边合作。20世纪80年代即签署中美磁约束核聚变双边合作协议，出席中美磁约束双边合作联委会。

4）中加双边合作。赴加拿大出席中加双边核聚变合作。

5）ITER计划涉氚技术国际合作研讨会(2次)。

6）推进中韩双边合作。

1.3.6 中国的惯性约束聚变(ICF)现状

惯性约束聚变(ICF)是实现受控热核聚变很有希望的途径之一，它是通过内爆对热核燃料进行压缩，使其达到高温高密度，在内爆运动过程中惯性约束下实验热核点火和燃烧，从而获取聚变能的方法。ICF领域研究工作的开展无论对国民经济、军事应用，还是对于基础研究探索都有着重要而特殊的意义。

ICF的基本思想是：利用激光或离子束作驱动源，脉冲式地提供高强度能量，均匀地作用于装填氘氚(DT)燃料的微型球状靶丸外壳表面，形成高温高压等离子体，利用反冲压力，使靶外壳极快地向心运动，压缩氘氚主燃料层到每立方厘米的几百克质量的极高密度，并使局部氘氚区域形成高温高密度热斑，达到点火条件(离子温度 $T_i>5\ \mathrm{keV}$，燃料的面密度 $\rho_{Rhs}>0.3\ \mathrm{g/cm^2}$)，驱动脉冲宽度为纳秒级，在高温高密度热核燃料来不及飞散之前，进行充分热核燃烧，放出大量聚变能。采用激光产生的惯性约束聚变称为激光聚变。

中国的惯性约束聚变研究始于1964年，与美国和苏联差不多同时起步，比英、法、德、日等国都早。现在中国在此领域已从驱动器的研制发展到制靶、实验、诊断与理论等部分的配套研究阶段。

中国已建和在建的高功率大能量的神光系列激光装置，是指位于上海光机所的“神光-

Ⅰ”“神光-Ⅱ”“神光-Ⅱ”升级和位于中国工程物理研究院激光聚变研究中心的“神光-Ⅲ”原型、“神光-Ⅲ”主机(在建)。

1.3.6.1　“神光-Ⅰ”

1986年,中科院上海光机所建成的“神光Ⅰ”(激光12号)激光装置,输出两束高功率激光,每束激光输出口径为200 mm,工作波长为1.053 μm,脉宽为100 ps及1 ns可变,最大输出能量为1.6 kJ/ns,最高输出功率为2×10^{12} W,聚焦后靶面功率密度最高可达10^{16} W/cm^2。

“神光Ⅰ”激光装置不仅是一项研究性成果,同时也是一台实用性装备。装置建成并投入运行后进行了多轮重要的物理实验,在激光惯性约束聚变、863国家高技术相关项目实验研究中取得了一批重大成果。该装置于1999年退役。

1.3.6.2　“神光-Ⅱ”和“神光-Ⅱ”升级

“神光-Ⅱ”装置是由中国科学院、中国工程物理研究院、国家“863”计划支持的大科学工程项目。“神光-Ⅱ”装置于2001年12月底正式投入使用。该装置是一个集中了当时国内最先进的激光、光学、精密机械以及计算机控制等系统为一体的综合性、系统性高科技工程项目。“神光-Ⅱ”装置由激光器系统、靶场系统、能源系统、光路自动准直系统、激光参数测量系统以及环境、质量保障等系统组成,是数百台套的各类激光单元或组件的集成,并在空间排布成8路激光放大链,每路激光放大链终端输出激光净口径ϕ230 mm,具有两种脉宽:1 ns和100 ps,3种波长:1.053 μm、0.53 μm、0.35 μm的输出能力,该装置终端输出能量达到6 kJ/1 ns/1.053 μm。图1.3.8和图1.3.9分别是“神光-Ⅱ”放大器部分和真空靶室。

图1.3.8　“神光-Ⅱ”放大器

图1.3.9　“神光-Ⅱ”真空靶室

2002年底启动的为“神光-Ⅱ”装置配套的多功能高能激光系统(简称第九路),于2005年基本建成投入试运行。这一束激光的基频输出能力达到4.5 kJ/3 ns,倍频和3倍频转换效率大于50%,不仅为相关物理实验提供了重要的主动诊断手段和更大能量的驱动激光,而且为研制皮秒拍瓦激光系统创造了条件。图1.3.10为第九路光路。

2007年正式启动的“神光-Ⅱ”装置升级项目,将实现8路3倍频激光输出能力达到24 kJ/3 ns,第九路系统将增加1 kJ/(1～10)ps基频激光的输出功能,不仅能支持开展更高水平的激光聚变研究,而且可以支持开展“快点火”前期物理研究工作。该项目仍在建设中。

图 1.3.10 “神光-Ⅱ”第九路光路

1.3.6.3 “神光-Ⅲ”原型装置

“神光-Ⅲ”原型装置是一台可输出 8 束口径为 300 mm×300 mm 激光、3 倍频(351 nm)脉冲能量高达万焦耳、可“8 束对打”与“8 束并打”的高功率激光驱动器,主要由前端、预放、片状放大器、主放大、靶场、参数测量、计算机集中控制等 7 大系统组成。

“神光-Ⅲ”原型装置采用了以“方形光束、组合口径、多程放大”为主要标志的国际最先进的高功率激光驱动器技术。

“神光-Ⅲ”主机装置:“神光-Ⅲ”主机装置由前端、预放、主放大级、靶场、光束控制与参数测量、计算机集中控制等 6 大系统组成,其 48 束光分为 6 套 4×2 束组,每套 4×2 束组包括 8 束 360 mm×360 mm 口径的大能量高功率激光,3 倍频激光脉冲总能量达到 180 kJ/3 ns。建成后的“神光-Ⅲ”主机装置,总体规模与综合性能将大于美国 NOVA 和 OMEGA 装置,位居世界第三、亚洲第一。图 1.3.11 为“神光-Ⅲ”主机激光大厅,表 1.3.6 给出了“神光-Ⅲ”原型装置达到的指标。

图 1.3.11 “神光-Ⅲ”主机激光大厅

表1.3.6 “神光-Ⅲ”原型装置达到的指标

束数	8
光束口径/ mm	290×290（零强度束宽）
激光波长/ μm	0.35
输出能量/ kJ/ns/ μm/束	1.2/1/0.35；≥1.8/3/0.35
脉冲波形/ ns	1.0～3.0（矩形脉冲，并具有一定整形能力）
光束发散角/ μrad	70（包含95%脉冲能量）
打靶方式	8束对打、8束并打
打靶精度/ μm	30(RMS)
能量分散度/%	10(RMS)
束间同步精度/ ps	30(RMS)

参考文献

[1] 等离子体物理学科发展战略研究课题组．核聚变与低温等离子体——面向21世纪的挑战和对策[M]. 北京：科学出版社，2004.

[2] 潘垣．国际热核实验反应堆计划及其对中国核能发展战略的影响[J]. 物理，2010，39(6)：379-384.

[3] 彭先觉．核能与聚变裂变混合能源堆[J]. 物理，2010，39(6)：385-389.

[4] 丁玄同．HL-2A托卡马克实验进展和科学创新[J]. 物理，2010，39(6)：390-399.

[5] 姚良骅．中国环流器二号A（HL-2A）超声分子束注入最新结果[J]. 物理学报，2008，57(7)：4159-4165.

[6] 李强．HL-2A托卡马克装置的工程和实验概况[J]. 原子能科学技术，2009，43(Suppl.)：205-209.

[7] 武松涛．EAST超导托卡马克装置中的大型超导磁体技术[J]. 低温物理学报，2005，27(5)：1113-1120.

[8] 冯开明．可控核聚变与国际热核实验堆（ITER）计划[J]. 中国核电，2009，2(3)：212-219.

[9] 罗德隆．国际热核聚变实验堆计划——从倡议到实施[J]. 中国基础科学，2008(4)：3-8.

[10] 中国科学院等离子体物理研究所．全超导托卡马克核聚变实验装置[J]. 大科学装置，2008，23(5)：474-477.

[11] 潘传红．国际热核实验反应堆（ITER）计划与未来核聚变能源[J]. 物理，2010，39(6)：375-3378.

[12] 段旭如．中国环流器二号A装置工程与实验进展[J]. 中国核电，2010，2010，3(3)：234-238.

[13] 段旭如．中国环流器二号A装置工程与实验进展[J]. 中国核电，2010，2010，3(4)：294-300.

[14] X. R. Duan, J. Q. Dong, L. W. Yan, X. T. Ding, et al. Preliminary results of ELMy H-mode experiments on the HL-2A tokamak[J]. Nuclear Fusion, 2010, 50(9): 95011-95017.

[15] K. J. Zhao, T. Lan, J. Q. Dong, L. W. Yan, et al. Toroidal Symmetry of the Geodesic Acoustic Mode Zonal Flow in a Tokamak Plasma[J]. Phys. Rev. Lett, 2006, 96(25): 255004-1-255004-4

[16] A. D. Liu, T. Lan, C. X. Yu, H. L. Zhao, et al. Characterizations of Low-Frequency Zonal Flow in the Edge Plasma of the HL-2A Tokamak[J]. Physical Review Letters, 2009, 103(9): 095002-1-095002-4

[17] W. W. Xiao, X. L. Zou, X. T. Ding, L. H. Yao, et al. Observation of a Spontaneous Particle-Transport Barrier in the HL-2ATokamak[J]. Phys. Rev. Lett, 2010, 104(21): 215001-1-215001-4.

[18] W. Chen, X. T. Ding, Q. W. Yang, Yi. Liu, et al. β-induced Alfvén Eigenmodes Destabilized by Energetic Electrons in a Tokamak Plasma[J]. Phys. Rev. Lett, 2010, 105(25): 185004-1-1-185004-4.
[19] M. Xu, G. R. Tynan, P. H. Diamond, P. Manz, et al. Frequency-Resolved Nonlinear Turbulent Energy Transfer into Zonal Flows in Strongly Heated L-Mode Plasmas in the HL-2ATokamak[J]. Phys. Rev. Lett, 2012, 108(24): 245001-1-245001-5
[20] J. Cheng, J. Q. Dong, K. Itoh, L. W. Yan, et al. Dynamics of Low-Intermediate-High-Confinement Transitions in Toroidal Plasmas[J]. Phys. Rev. Lett, 2013, 110(26): 265002-1-265002-5.
[21] 黄锦华．核工业西南物理研究院的聚变堆设计研究工作[J]. 核聚变与等离子体,1997,17(1):6-13.
[22] 庄革,丁永华,张明,等．Reconstruction of the TEXT-U Tokamak in China [J]. Plasma Science and Technology,2009,11(4): 439-442.
[23] 杨州军,庄革,胡希伟．基于 QNX RTOS 的 J-TEXT 托卡马克中央控制系统[J]. 华中科技大学学报,2009,37(6): 25-28.
[24] 闻一之,万树德,荣福瑞．KT-5 托卡马克装置及其初步实验[J]. 核聚变与等离子体物理,1987,7(1): 29-32.
[25] 闻一之,万树德,翟侃．中国科技大学 KT-5C 托卡马克的实验运行[J]. 核聚变与等离子体物理,1995,15(4): 57-60.
[26] 闻一之,王树德,刘万东．KT-5C 装置工程和实验参数[J]. 中国科技大学学报,1990,20(3): 116-119.
[27] 曾立,何也熙,SUNIST 组,等．球形托卡马克装置 SUNIST 的建立[J]. 原子能科学技术,2004,38(6): 501-506.
[28] 何也熙,王龙,曾立,等．SUNIST 球形托卡马克的研究进展[J]. 核科学与工程,2003,23(4): 343-347.
[29] 江少恩,等．我国激光惯性约束聚变实验研究进展[J]. 中国科学 G 辑: 物理学 力学 天文学,2009,39(11): 1571-1583.
[30] 万宝年．我国磁约束聚变研究进展和展望[J]. 中国科学基金,2008(1): 3-9.
[31] 罗德隆．ITER 计划最新进展情况介绍[R]. 西安:西安交通大学曲江论坛,2011. 4. 8.
[32] 潘传红．ITER 计划与我国核聚变能源技术进展 [R]. 西安:西安交通大学曲江论坛,2011. 4. 8.
[33] 科技部基础研究司．国家磁约束核聚变能发展研究“十二五”专项规划介绍(征求意见稿)[R]. 西安:西安交通大学曲江论坛,2011. 4. 8.
[34] 彭先觉．Z 箍缩驱动聚变裂变混合堆——一条有竞争力的能源技术途径[J]. 西南科技大学学报,2010,25(4):1-8.
[35] 刘成安,师学明．聚变-裂变混合堆系统在能源战略中的地位及其设计中若干问题的分析[J]. 计算物理, 2010, 27(3): 433-438.
[36] 董家齐．托卡马克高约束运行模式和磁约束受控核聚变[J]. 物理,2010,39(6):400.
[37] K. M. Feng, G. S. Zhang, G. Y. Zheng, Z. Zhao, et al. Conceptual design study of fusion DEMO plant at SWIP[J]. Fusion Engineering and Design, 2009, 84(12): 2109-2113.

1.4 欧盟及主要成员国

欧洲联盟(European Union,EU),简称欧盟(以下称欧盟),总部设在比利时首都布鲁塞尔,是由欧洲共同体(European Community,又称欧洲共同市场)发展而来。主要经历了三个阶段:欧洲煤钢共同体、欧洲经济共同体(EEC)和欧盟,其中欧盟是于1993年成立的,这是一个集政治实体和经济实体于一身、在世界上具有重要影响的区域一体化组织。

欧盟的组织结构包括:欧洲理事会(European Council)即欧盟首脑会议,是欧盟的最高决策机构;欧盟理事会(Council of European Union)即欧盟各国部长理事会,是欧盟的决策机构,由欧盟首脑会议和部长理事会组成;欧盟委员会(Commission of European Union),是欧盟的执行机构,负责起草欧盟法规,实施欧盟条约、法规和理事会决定、向理事会提出立法动议并监督其执行情况。

欧盟现有27个成员国,人口约5亿,总面积432.2万平方千米,GDP约为18.39万亿美元(按2008年统计)。欧盟的宗旨是通过建立无内部边界的空间,加强经济、社会的协调发展和建立最终实行统一货币的经济货币联盟,促进成员国经济和社会的均衡发展,以及通过实行共同外交和安全政策,在国际舞台上弘扬联盟的个性。

欧盟是世界上第一大经济体,同时也是世界上第二大能源市场。由于其高度发展的生产力、密集的人口、高水平的能耗,所以极为重视核聚变能源的开发研究。自1957年欧洲原子能联营(EURATOM)成立之初,就着手制定欧盟核聚变研究发展大纲,并协调其成员国开展核聚变研究。欧盟在制定欧盟核聚变研究长远规划和协调与成员国之间聚变协议时起到了不可估量的作用。在长达50多年的核聚变研究中,欧盟委员会的历届领导层不折不扣地执行着欧盟所签署的各项聚变协议,带领欧盟成员国通过不懈努力,通过几代人的传承从刚开始简单的小型聚变装置到如今世界上最大的聚变实验装置——欧洲联合环(JET),开展了一系列核聚变理论、实验与工程,以及未来聚变堆的研究,欧盟在世界核聚变研究的舞台上成功地为世人展示了欧盟的核聚变研究成果,成为不可或缺的中坚力量。其所取得的成就尤其是JET装置的成果,为国际热核聚变实验堆(ITER)计划的实施提供了强有力的技术保障。

1.4.1　欧盟核聚变研究发展回顾

1957年是人类历史上最重要的时刻,国际原子能机构(IAEA, International Atomic Energy Agency)、欧洲原子能联营以及欧洲经济共同体同时成立,标志着世界各国和平利用原子能的开始,尤其是欧盟正式步入核聚变研究,为长达50多年的核聚变研究作出了应有的贡献。

1957年加入欧洲原子能联营的首批创始国有6个,他们分别是法国、德国、意大利、荷兰、比利时和卢森堡。在欧盟部长理事会的领导下,在欧洲原子能联营的直接参与和组织下,制定了《欧盟核聚变研究发展大纲》和《欧洲原子能联营条约》,并与首批创始国签订了核聚变研究协会协议,从此开始了欧洲核聚变研究工作。

在《欧洲原子能联营条约》(1957年)中,着重指出了欧洲核聚变研究的长期目标、聚变研究活动以及所有成员国自身开展的聚变研究活动等均得到了一一阐述。这些活动的目标是,为满足社会需要(包括聚变装置运行的安全性、环境的相容性、经济的持久性)共同建造聚变电站原型堆。此外条约还指出与聚变相关的教育和培训活动、社会经济学研究以及提高公众对聚变能的认识和理解。条约的内容足以表明欧盟在核聚变研究领域具有的才知、胆略及眼光。欧盟长达50多年的核聚变研究之路的历程是艰难辛苦的,但其成果是显著的。

自1958年英、美、苏联对核聚变研究解密之后,国际上对核聚变研究的交流增多。在欧洲原子能联营倡议之下，欧盟6个创始国于1959年采取了超双边情报交换之外的第一个正式步骤。这些国家对研究高温等离子体物理学的基本理论已做出贡献，但在聚变研究方面还没有制定好自身的国家研究规划。于是签署了欧洲原子能联营与成员国实验室之间的协会协议，规定共同来管理研究课题和共同使用资金。经费来源主要是由欧盟和欧洲原子能联营提供。由欧洲原子能联营负担的经费份额在每5年内是各不相同的(因研究计划是每5年为一个周期)，会根据研究课题的进展作出调整。

第一个协会协议是欧洲原子能联营和法国原子能委员会的实验室于1959年在法国的封德耐奥洛兹(Fontenay-aux-Roses)核研究中心以及法国格勒诺布尔(Grenoble)核研究中心签署的。随后与意大利国家原子能委员会的实验室于1960年在意大利弗拉斯卡蒂(Frascati)研究中心签署了协会协议。1961年与德国马克斯-普朗克等离子体物理研究所以及荷兰物质研究基金会等离子体物理研究所(阿姆斯特丹)签署了协会协议。1962年与德国于利希(Julich)研究中心签署了协会协议。这是当初欧洲原子能联营签署的第一批6个实验室的协会协议，为后来欧洲的聚变合作打下了良好的基础。

当时根据欧盟核聚变研究发展大纲和欧洲原子能联营条约，以及与成员国之间签署的协会协议，共同来探索更加有效、更有生命力的合作方法来推动各实验室之间的合作，通过一段时间摸索，对各实验室工作的分工也有了一些办法。根据每个实验室的特点、能力和条件，包括设备和人力，各国工业界的制造水平等，重新安排核聚变研究的课题，有主有次、有分有合，取其之长、补其之短这一系列具有创新的管理模式，来开展核聚变研究。比如，当时法国致力于所谓磁镜装置和射频方法的研究，着重点是探索仿星器和θ箍缩装置，意大利则研究高密度脉冲系统，荷兰研究环形箍缩装置。这些实验室大多数也都有供高温等离子体物理学基础研究用的重要资源，不过当时他们在探索一条适合欧盟成员国采用的科学的研究途径。

随着世界各国对聚变研究的不断重视和深入研究，根据欧洲原子能联营与成员国实验室的协会协议(每5年为一个周期)，按核聚变研究的进展，及时调整成员国实验室的工作重点，以适应世界各国核聚变研究的发展。在这一点上，欧洲原子能联营为世界核聚变研究的发展起到了重要的作用。也为今后欧盟核聚变研究的整体发展奠定了良好的基础。直至现在欧盟成员国已增加至27个，与欧洲原子能联营签署协会协议的国家实验室(也称为协会)已发展到29个。

核聚变研究中国际合作是必不可少的。在长达50多年的核聚变研究中正是由各国研究机构和研究人员的广泛合作才达到今天全面合作的新局面。在早期的国际合作中，欧盟率先迈开了国际合作之路。由于核聚变研究的复杂性，需要各国通力合作才能完成巨大的工作量。当时召开的日内瓦会议(1958年)就已确定了国际合作方向。

欧盟核聚变研究发展大纲和欧洲原子能联营条约是当时核聚变领域内首次对科学和技术进展作出重大贡献的超国家规划。这一事实足以证明国际合作的必要性。欧洲合作的另一个价值还在于它克服了20世纪60年代核聚变研究的不景气。在这种不利的氛围下，欧盟核聚变研究发展大纲的推进大大促进了核聚变研究的进展。对核聚变研究的重视程度不仅得到了欧盟高层的关注，也得到了成员国国家和科学家的一致认可。1968年新西伯利亚第三次聚变会议标志着核聚变研究得到世界各国进一步的重视，对发展托卡马克概念有了进一步的认识。同时作为一种基本手段，国际合作再一次受到各国的认可。

1970 年以来，几乎世界各地的聚变实验室都建造了新的小型托卡马克装置。在欧盟的实验室也开始建造一些小型托卡马克装置，以便得到所需要的物理参数，如法国的 TFR 装置，在此方面做出了重要贡献。

当时大量同类型装置的存在需要快速的情报交流。世界规模的会议和互访增多了，不久就积累了一些积极的成果，进展是迅速的。实质性的进展只能通过建造大型托卡马克取得，这一点很快得到各国聚变专家和成员国政府的认可。当时欧盟、日本、美国和苏联分别认识到同样的问题，并取得了即使不尽相同但却相似的结论，就是要建造大型托卡马克装置来验证一系列物理指标和培养一大批核聚变领域和等离子体专业的技术人员。于是欧洲原子能联营就开始设计建造 JET 装置，日本建造 JT-60 装置，美国是 TFTR 装置，而苏联是 T-15 装置。这 4 个装置(也称 4 项工程)都是独立建造的，但是有关装置建造的设计、工程进展、物理机制等情况，通过召开各种国际会议、人员交流、互访等形式对各方的进展都有了全面的了解。这种良好的气氛使之产生了许多双边或多边协定，如美苏之间，美日与欧盟之间等。这些协议促进了核聚变研究的发展，加强了人员交流，增加了共同探讨的机会，也为今天共同建造 ITER 装置提供了合作的基础和保证。

与此同时国际原子能机构和国际能源机构加强了他们对核聚变研究承担的义务。前者组织召开了许多国际会议、专题讨论会，并成立了若干个国际研究小组，将核聚变研究进展和前景通报相关政府部门；后者通过在欧洲原子能联营、美国和日本之间缔结协议，完成了聚变技术方面的几项共同工程。

欧盟部长理事会于 1978 年 5 月 30 日批准建造 JET 装置，JET 装置作为欧盟聚变规划的主要实验装置，同时成立了 JET 联合执行局(JET Joint Undertaking)。由该局执行 JET 装置的科学实验计划。

JET 联合执行局的任务是：JET 装置作为欧洲原子能联营聚变规划的一部分，要考虑成员国的利益，用科学的管理方法来建造、运行和开发 JET 装置。为了充分利用卡拉姆实验室的资源，如技术设备、图书情报和后勤保障系统等，决定把 JET 装置建造在卡拉姆实验室附近。卡拉姆实验室是英国原子能局(UKAEA)下属的核聚变研究实验室，于是英国原子能局被委任为 JET 装置的具体主管组织机构。这样，欧盟的核聚变研究既在协会协议指导下成员国的国家实验室中进行，又在 JET 联合执行局的 JET 装置上进行。

参与 JET 装置的各类人员主要来自比利时、丹麦、德国、希腊、西班牙、法国、爱尔兰、意大利、卢森堡、荷兰、葡萄牙、瑞士、瑞典和英国等 14 国。每年大约 200～300 名科学家、工程师和管理人员参与此项工作，另外还有一些来自欧盟成员国高校的博士生在 JET 装置进行短暂的工作或实习，此外还有一些来自世界各地的访问科学家参加 JET 装置的实验和研究。

JET 联合执行局的具体管理由 JET 理事会和作为首席行政长官与法人代表的局长负责实施。JET 联合执行局下设 4 个部门：等离子体加热和运行部、实验与理论部、装置与发展部、行政管理部。

国际原子能机构和欧洲原子能联营希望通过建造 JET 装置能提供聚变堆所需要的等离子体参数和有可能去研究其他的重大物理问题，如燃烧等离子体行为。JET 装置造价约为 5 亿英镑，在欧洲原子能联营和 JET 联合执行局的统一布置下，JET 装置正式开始设计、建造和进行物理实验。

在欧盟核聚变研究中，JET、ASDEX、ASDEX-U、Tore Supra等许多装置取得了一大批富有创新的实验结果和获得了一系列令人满意的核聚变数据。迄今，欧盟核聚变合作已证明是成功的。进一步加强这种富有成效的合作是很有必要的。

1.4.2 欧盟核聚变研究发展

在布鲁塞尔举行的欧盟能源选择方案会议上讨论的“绿色文件”中提出欧盟未来的能源选择。欧盟消耗着全球16.6%的能源，而人口只占全球人口的6%，因而对能源的供求变化十分敏感，对未来能源的选择必须执行欧盟能源战略原则：供应安全原则，就是稳定能源价格，确保能源供应安全。环境保护原则，就是把能源安全与促进环境保护有机结合起来，实现可持续发展。竞争性原则，就是通过鼓励能源企业之间的竞争，发挥市场在资源配置方面的决定作用，提高能源使用效率，确保消费者得到满意的服务。只有根据欧盟能源战略原则来制定具体的能源政策，选择的能源既要被环境接受又要在商业上富有生命力。

欧盟能源战略中的一项主要任务是把核聚变能源作为进行长期选择的能源进行研究。它是一种既安全又有利于环境的有潜力的能源。经过50多年的努力，所有欧盟成员国一直在全面一体化的欧盟核聚变研究发展大纲下进行着核聚变研究。

1.4.2.1 欧盟重视核聚变研究的战略地位

核聚变是欧盟能源战略重要的、长期的组成部分，因为它有许多潜在的优点。整个核聚变研究战略建立在坚固的科学技术基础之上，从这个基础能够获得未来能源保障、环境安全和持久的聚变能源。而与核聚变发展相关的技术复杂性要求给新的实验、设计机构和试验设施以巨大投资。这意味着核聚变研究与发展的拨款需要长期增长。

自1957年欧盟的前身成立，直至现在的欧盟，在50多年中，尽管欧盟的名称几经变更、欧盟的管理层几经换人，但是欧盟的各届领导层对核聚变能源的战略意义是十分清楚的，自始至终地把核聚变能源作为欧盟长期能源发展大纲中主要研究的方向。

核聚变能是最终解决人类能源和环境问题的主要途径之一，对欧盟长远的经济与社会可持续发展尤为重要。现在为聚变能研究和发展投资，在未来对降低环境威胁和稳定地供给巨额电能是有利的，这就是人类为自己的未来取得更多的自由选择而做的一种保险投入。现在开发聚变能是我们为全人类作保险投入。而为了对未来的保险和科学研究进行投资是现代社会的特征，因为全球环境问题已经变得太重要了。当然我们可以认为对聚变能开发的投资是为维持全球绿色环境而买的一种保险，也符合人类自身发展的需要。

正是基于以上综合考虑，欧盟领导层有了统一的认识，而成员国政府及核聚变研究单位及企业共同认识到核聚变研究的必要性，达成共识。集欧盟的资源、财力和人力，共同合作开展核聚变研究。于是欧盟就组织成员国内的各类专家、学者包括社会工作者、政治家，通过各种调研、研究欧盟的人口布局、资源分配、城市发展规模等各种因素，制定了欧盟能源发展的中长期规划，其中就把核聚变研究与发展作为长期的研究方向。尽管各个阶段有不同的侧重点，但是核聚变研究与发展作为欧盟的能源战略始终没有改变。

在欧盟能源发展的中长期规划中，为了对其中有关核聚变发展规划进行全面认真的评价，特别是对核聚变能的环境、安全及经济上的可行性进行评价；为了分析和评价欧盟核聚变规划的战略选择，并提出实现这一规划所需的战略和措施方面的建议，1990年1月欧盟成立了一个欧盟核聚变规划评价委员会。经过各方的努力，向部长理事会和欧洲议会提交一份完整的评估报告，并得到批准，评估报告的要点是：

1）应当把能源和保持环境和全球气候变暖的综合问题结合起来，表明核聚变是实际可能的途径之一时，它才能变为现实。欧盟应保持核聚变在研究开发战略中的优先权。

2）宣布欧盟核聚变规划的最终目的是建造安全、环境可靠、商业可用的工业堆，这是可实现的。实现原型堆设计阶段的战略，在 JET 装置之后应包括实验堆（下一代欧洲联合环）和示范堆。

3）联合仍然是重要的。但从核聚变规划发展的分布来讲，应根据核聚变规划协调其活动的平衡性，让更多成员国的大学、研究院所以及企业参与其中。

4）欧盟的核聚变研究现在处于领导地位主要应归功于 JET 装置的出色成就。因按欧盟的战略步骤集中力量把 JET 装置的发展和实验作的更好。让 JET 装置发挥更大的作用，要进行改造或扩大。并且将总投资维持在现有水平，必要时可追加投资费用，以确保 JET 装置的正常运作。

5）现在需要一个可达到点火并维持长时间燃烧的下一步装置就是 ITER。欧盟必须全力支持，并获得优先权。

6）欧盟同时也应适当注意惯性约束聚变的研究。

7）随着欧盟核聚变规划的规模及范围的发展，欧盟的企业参与研究的机会增多。因此欧盟核聚变规划的组织和管理者应向灵活、集中和有效的结构发展。

纵观欧盟核聚变研究发展历史，无论哪一届欧盟领导层，都对欧盟的能源消耗、人口密集、资源匮乏均十分了解，因此从长远利益考虑选择发展核聚变研究的方向是十分正确的，自始至终地把核聚变能源作为欧盟长期能源发展大纲中主要研究方向。正是有了这样一种统一认识，为欧盟的科学家们施展才华提供了平台，使欧盟的核聚变研究处于领先地位。

1.4.2.2　欧盟科学地制定核聚变研究的战略规划

欧盟核聚变研究主要集中于磁约束核聚变，是在欧洲原子能联营的框架协议下进行的。欧盟核聚变研究的目标是：论证核聚变作为可满足世界人口日益增长的未来能源的可行性。其研究课题庞大，涉及的学科很多，所有欧盟成员国要为之而共同努力，携手合作，为核聚变研究贡献欧盟的力量。

欧盟所有的核聚变研究被纳入统一的核聚变规划中，在成员国代表组成的聚变计划顾问委员会（CCFP）协助下，由欧洲原子能联营负责执行具体的核聚变 5 年规划（每 5 年作一次规划）。通过欧盟和活动在核聚变领域的各国机构之间的协会协议；通过 JET 联合执行局，后来是欧洲核聚变发展协议（EFDA）负责 JET 计划的实施。

欧盟核聚变计划已真正地建立了一个遍及欧盟各大小实验室的科学和技术共同体，并在不断扩大之中。例如当初瑞士和瑞典这两个非欧盟成员国，现已完全加入核聚变计划，享受欧盟成员国同样的权利与承担着同样的义务。欧盟核聚变计划的科学和技术成就已使欧盟处于世界核聚变研究的前列。JET 装置获得 1.7 MW 聚变功率的可控 D-T 反应实验向着核聚变科学可行性的验证迈进了重大的一步。这成功的一步包括成员国各合作实验室的重要贡献，例如，德国伽兴等离子体研究所在 ASDEX 装置上进行的等离子体放电发现了 H 模，英国卡拉姆实验室和法国原子能委员会（CEA）对等离子体加热系统的开发研究等。

欧盟核聚变研究的组织结构主要分3大部分，第一部分是欧洲原子能联营条约；第二部分是欧洲聚变发展协议；第三部分是协会协议。当然这3部分工作既有独立性，也有互补性，各有侧重点，构成欧盟核聚变研究发展的战略规划，科学的发展规划成就了欧盟核聚变研究的成果，得到各国核聚变界人士的认可。科学地制定欧盟核聚变研究的战略规划，其科学性体现在有前瞻性、有独立性、有互补性。

欧盟核聚变研究的发展是基于《欧盟聚变研究发展大纲》，根据大纲的要求，由欧洲原子能联营、欧洲聚变发展协议和各协会共同完成大纲的内容。欧盟委员会下设研究总司(DGRTD)，研究总司下设能源司负责整个欧盟的核聚变研究工作。在能源司中具体的事务由欧洲原子能联营负责。下设多个部门，主要负责的工作有：成员国协会的工作；欧洲聚变发展协议的工作，其中包括JET装置的各项工作；欧洲原子能联营条约实施的具体工作；ITER计划工作。当然欧盟核聚变研究的组织机构也不是一成不变的，是与时俱进的，是随各个阶段的发展而变化的。

在通常情况下，欧盟的核聚变发展规划由共同规划及成员国规划组成。欧盟的核聚变发展规划包括：欧洲原子能联营条约；欧洲聚变发展协议；成员国规划。在欧洲原子能联营条约中，主要是根据《欧盟聚变研究发展大纲》，与成员国和欧洲聚变发展协议制定各项具体的协议。在欧洲核聚变发展协议规划中，主要根据欧洲原子能联营规划，负责欧盟层面上的核聚变发展，执行欧盟的核聚变发展规划，比如，主要项目是JET装置。在成员国规划中，由欧洲原子能联营与成员国或成员国的研究单位签署协议，共同制定既适合成员国国情，又符合欧洲核聚变研究发展的成员国规划。

1）欧洲原子能联营条约

欧洲核聚变研究与发展自从《欧洲原子能联营条约》于1957年开始实施以来，就已经成为欧盟核聚变研究发展大纲的一部分。当初欧洲原子能联营条约的原始内容是：部分接近等离子体行为和发展所需技术的项目，即核聚变研究，尤其是被电离等离子体在电磁场作用下的行为研究。而经过50多年的发展，今天的目的则是集中论证实现聚变能的可能性，而为此开展全方位的深入细致的研究，以尽快实现核聚变电站的最终目标。

1957年自首批创始国法国、德国、意大利、荷兰、比利时和卢森堡加入欧洲原子能联营以来，在长达50多年中，欧盟成员国已达到27个，与欧洲原子能联营签署协议的协会有29个。

所有欧盟成员国加上瑞典(自1979年以来)与欧洲原子能联营有关的国家都加入了欧洲核聚变规划。并且与欧洲原子能联营缔结了一个条约，成立了“欧洲原子能联营协会”。该协会条约规定，协会必须承担欧洲原子能联营条约中的工作，促进主要设备的相互进出，并提供从欧洲原子能联营募集资金的机制。另外，通过与欧洲工业界签订条约，探索许多技术上的发展。

欧洲原子能联营的主要工作是管理和执行欧洲原子能联营缔结的每一个条约以及欧洲聚变发展协议。

2）欧洲聚变发展协议

随着欧盟核聚变发展的需要以及能更好地执行JET项目的增强计划，1999年签订了一项新协议，以适应聚变研究与发展变化的要求，该协议是欧洲聚变发展协议，它是欧洲原子能联营及其在聚变方面的所有成员国和合作伙伴之间的一个框架条约。其内容主要有以下

3项：由欧洲原子能联营协会和欧洲工业界来完成技术活动；共同使用欧洲联合环(JET)装置；欧洲聚变界要对ITER作出自己的独特贡献。

在欧洲聚变发展协议内进行的所有活动的计划与监督是由代表所有团体的欧洲聚变发展协议控制委员会负责。它根据欧洲原子能联营顾问委员会的提议，指派负责技术和分管JET装置的欧洲聚变发展协议领导人和协会负责人。欧洲聚变发展协议领导人和协会负责人得到密切支持团体(CSUs)的协助，该团体目前由德国伽兴马克斯-普朗克等离子体物理研究所(IPP)和英国原子能管理局卡拉姆实验室主办，前者负责技术活动，后者负责JET装置的利用与开发。设2个分委员会组织和监督JET装置在技术领域和科学探索方面的活动。

欧洲聚变发展协议可以在具体领域签署与核聚变活动相关的单独的实施协议。已经签订了一项JET装置实施协议，它是为欧洲原子能联营协会与成员国之间单一的框架协议服务的，也可以称为补充协议。协议是欧洲原子能联营协会与成员国之间就完成所有技术任务而制定的，以实验的方式组织开发利用JET装置。这些装置是在与欧洲原子能联营协会签订的JET运行合同下，由英国原子能管理局来运行。欧盟核聚变规划中执行的主要项目是JET装置。欧盟核聚变规划中下一阶段主要项目是NET(下一代欧洲联合环)，它又与ITER设计结合在一起。

在欧洲聚变发展协议组织管理下，在JET装置上进行运作，除了少数密切支持团体人员和英国原子能管理局提供的运行人员外，协会为每轮实验还提供了总数约为80名科学家参与JET装置上的实验。这些科学家参加为JET装置运行服务已形成了欧洲聚变发展协议运作的一种流动制度，也是欧洲聚变发展协议计划的一部分。参加运行活动的少数物理学家和工程技术人员在较长时期内协助英国原子能管理局的工作，这对各合作方都有益。

运行合同现有的经费一般由协会与成员国以25%的比率提供，经欧洲原子能联营特殊研究和培训规划顾问委员会(CCE-FU)磋商后，欧洲原子能联营也可能为具体的技术项目提供20%的额外经费，对于优先项目始终以45%的比例提供投资费用(这种项目称为优先支持项目)，特别是对于明确的活动(如开发利用JET装置)，以最大比例75%提供投资费用，与工业界签订的合同以最大比例100%提供投资费用。

3) 协会成员国的聚变研究规划

在成员国规划中，德国、法国、英国和意大利的国家规划即使单独看也是引人注目的。国家规划中，德国的偏滤器托卡马克研究及先进仿星器计划，法国的超导托卡马克，英国的MAST(MA级球形托卡马克)的实验，意大利的强磁场紧凑托卡马克，均是世人瞩目的重要聚变研究项目。

欧洲原子能联营协会成员国中，有些实验室拥有大规模的实验设备，有些小的实验室只拥有一些一般的有限的设备。根据优先扶持的原则鼓励较小实验室参与到较大型的实验中去，例如，采用开发、安装和利用辅助硬件的方式，以及经费支持等措施进一步促进协会成员国援助人员的交流，年轻人员的培训和流动进入相关的实验室开展活动。

根据核能领域(聚变)欧洲原子能联营特殊研究和培训规划顾问委员会具体的研究和培训大纲，欧洲原子能联营协会按不同的内容对履行主要聚变活动和协调协会之间的活动负责。该顾问委员会下设3个小组：聚变工艺小组；聚变物理小组；聚变工业小组，由各小组向欧洲原子能联营顾问委员会提供专家建议。小组成员都是从协会中选拔的专家和欧洲工业界和公用事业公司的成员，以及来自欧洲核聚变规划的成员组成。

欧洲原子能联营协会以及相关部门的这种组织机构已经展示了聚变研究在欧洲水平上的全面融合，是一种有机的科学的合作。这确保了不同成员国其国内聚变研究活动的协调性和互补性，同时也使得对任何一个单独的成员国来说要从事大型项目的研究成为可能，因为在一个单独的成员国背后，有一个欧洲原子能联营协会在支持着，再大的困难和难题均会得到有益的解决。

欧盟在科学地制定聚变研究规划时，着重考虑欧盟现有关键技术的前提下，制定了一系列富有创新精神的、切实可行的规划。所制定的规划必须实现科学目标、工艺目标及工艺验证目标这 3 个战略目标。

• 科学目标能预测有关磁约束位形的聚变等离子体的行为。有几种可发展为聚变堆的磁约束系统。每一种位形都有它的特点。因为预算的限制，不可能所有可能的想法都以同样的水平得到同时发展，所以应对聚变发展的最佳方向作出有根据的选择。因此，在科学上的预先了解是很重要的。

• 工艺目标要研制出能在聚变能相关条件下运行的一些聚变所特有的部件，实现聚变能动力将取决于许多工艺部件。其中有许多部件应属于工业界范围。但是，有一些部件是聚变系统所特有的工艺部件，这是因为这些部件的工艺超出了工业技术水平，或者是因为聚变系统的特殊条件对部件提出了新的要求。在磁体、等离子体加热、能量排除、燃料生产及材料方面都有这样的特殊部件。这些部件必须通过一个能预测聚变堆经济与环境特点的规划进行研制和试验。

• 工艺验证目标是为了给投资的企业和聚变开发商提供一个选择范围。建立聚变的科学和工艺基础需要企业界参加，一方面是为了让企业界提供生产通用部件的经验，另一方面是为了让企业界获得聚变与工艺方面的特殊经验。需要工业经验最好的企业参与聚变规划的技术开发。值得指出的一个目的是，通过这种方法，欧洲聚变规划将促进成员国工艺技术的快速提升以及制造业的发展，进一步培养企业界的科学家和工程师技术人员。

目前，为了能更好执行 ITER 计划，欧盟核聚变研究规划也随之做了调整，今后一段时间内聚变规划中的主要活动方面是：ITER 的实质性工作。包括场地的准备以及设备和安装的建设。准备 ITER 运行的研发。包括聚变装置的探索，JET 装置的运行、物理和工程规划等。准备验证聚变 DEMO 堆的技术活动。包括材料的研发、关键技术的研发、IFMIF（国际聚变材料辐照设施）的建造以及 DEMO 概念设计研究等。长期的研发活动。包括仿星器的建成、等离子体理论和模拟，以及惯性约束聚变研究等。人类资源、教育和培训、向公众宣传和各种支持活动。

欧盟核聚变研究的领先地位使欧盟成为一个吸引人的国际合作者。它与日本、美国和加拿大已签订了双边合作协定。在国际原子能机构的支持下有 8 个专门的合作协定，其中包括 JET、JT-60 和 TFTR 之间的合作。然而，国际合作中最有远大影响的发展是 ITER 计划的国际大合作。随着 ITER 场地的落实，ITER 计划的国际合作将开创一条新的合作途径。JET 装置当前的研究正在为 ITER 的建造打基础。聚变研究已在世界范围内建立了广泛的信息，科学家们的交流与合作和设备的共享足以证明国际合作的前景，人类的聚变研究正走向成功之路。

1.4.2.3　欧盟加强核聚变研究经费的支持力度

受控核聚变研究在经济和军事上有着巨大潜力，因此各核大国每年投入研究经费都达数亿美元。欧盟长期重视、支持受控核聚变研究，其中50%以上的经费由欧盟承担，约30%的经费由欧洲原子能联营承担，有一小部分经费来自成员国。欧盟核能研究的投资主要集中在聚变能的研究和开发上，有关欧盟聚变研究的所有决策都是由欧盟部长理事会决定的。

但是，20世纪70年代早期，欧盟的科研工作处于相对无序状态，尽管1974年的欧盟部长理事会达成了有关决议，但是欧盟尚未形成其整体的科学技术政策。这一时期，成员国对扩大欧盟的研发工作基本上持反对态度。所以，有关的研发工作只能由欧洲原子能联营的相关机构与成员国的研究机构联合开展，涉及领域除其重点的核聚变研究之外，还包括能源、环境、健康等，但是项目规模很小，且相互之间基本上没有太多联系。

为了更积极地发挥各方力量和更有效地协调成员国之间的研发活动，欧盟部长理事会达成了有关决议，希望此举能达到以下4项目的：

1）因研究工作的领域十分广阔，以至于单个成员国不能提供足够的财政资金和科研力量开展所有领域的研究工作。

2）成员国将明显从开展联合研究中获益，包括分享科研成果、提供资金、推动国际合作等。

3）考虑到成员国科研领域的互补性，欧盟作为整体将获取更显著的成果。

4）研究工作将有利于欧盟市场的建立，有利于科研联合，也有利于科技法律和标准的统一。

于是，1983年7月25日，欧盟理事会批准了欧盟历史上第一个研发框架计划(FP1，1984—1987年)，总预算为32.7亿欧元。框架计划的预算与以前的研发项目相比，作了较大的调整，以1982年和1985年为例，能源领域的研究开支从占欧盟总研究资金的65.5%下降到50%，提高工业竞争力的研究资金从17%提高到32%。虽然联合研究中心依然占有相当大的比重，然而欧盟一半以上的研究资金投入到间接的研究活动。第一个研发框架计划的出台是欧盟历史上强化科技研发的重要举措，具有里程碑式的意义。

欧盟第二个研发框架计划(FP2，1987—1991年)于1987年9月28日由欧盟理事会批准，预算为54亿欧元。这一预算远远低于欧盟委员会的期望，仅占欧盟总预算的3%，相当于成员国科研投入总额的1.8%。FP2计划的重点有8类，其中第五类是能源，包括核裂变、受控核聚变、非核能源及能源效率。在第八类中特别强调了提高欧洲科技合作水平，涉及人才资源开发、大型设施的利用、科研活动的预测评估以及科研成果的推广应用。与FP1相比，FP2的研究重点有了明显的变化，重点是以能源研究和工业创新为主。

欧盟第三个研发框架计划(FP3，1990—1994年)于1990年4月23日由欧盟理事会批准，总预算为57亿欧元，实施后的实际开支达到了66亿欧元。FP3研究领域分3大类。第二大类包括能源研究，能源研究与FP2相比有所下降，为8.14亿欧元，占总预算的14%。能源研究主要包括非核能源计划、核裂变安全计划和受控核聚变计划。

欧盟第四个研发框架计划(FP4，1994—1998年)的总预算为123亿欧元，共支持4个行动计划。第一行动计划包括能源，其预算为22.56亿欧元。FP4计划中用于聚变研究的经费为7.94亿欧元。

欧盟第五个研发框架计划(FP5，1998—2002年)总预算为149.60亿欧元。有7个具体计划，能源、环境和可持续发展研究属于第一类计划。FP5 计划中用于聚变研究的经费为 7.88 亿欧元。

欧盟第六个研发框架计划（FP6，2002—2006 年）总经费高达 175 亿欧元。该计划的各个研究领域与技术创新、创业密切结合，重点是强调研发与市场，科学与社会的新观念，通过该计划的实施逐步增强欧洲工业的国际竞争力，振兴经济，共分 3 大部分。FP6 计划中用于聚变研究的经费为 8.24 亿欧元（4 年）。另外欧洲原子能联营计划投入 12.23 亿欧元用于聚变研究，对欧洲聚变研究而言这是一份相当大的份额。从 FP6 优先考虑能源以及聚变研究对实施欧洲聚变大纲会产生重大影响。

欧盟第七个研发框架计划（FP7，2007—2013 年）经历两年的精心准备，于 2006 年年底获得批准，总经费为 505.21 亿欧元。目前，欧盟已顺利实施了 6 个研发框架计划，获得了丰硕的成果。为了重振里斯本战略，以科技进步实现里斯本战略目标服务是 FP7 最主要的战略指导思想。里斯本战略是欧洲政治家们为欧盟强盛与发展规划的宏伟蓝图。

欧盟第七个研发框架计划的总体内容包括：首先支持经过筛选的优先领域，致力于欧盟占领或保持世界某些领域的领先地位。这项合作计划由 4 个专项计划和 1 个核研究特殊计划组成，合作计划总经费为 324.13 亿欧元。FP7 计划中用于聚变研究的经费为 19.47 亿欧元（5 年）。用于欧洲原子能联营计划的总经费为 27.51 亿欧元，这两项计划都用于核聚变研究。其中有 9 亿欧元用于 ITER 建造等活动。还有各成员国提供的经费约 150 万欧元用于核聚变研究。

FP7 计划中的核研究特殊计划包括 2 个特殊计划：核聚变能研究计划、核裂变和辐射保护计划。在核聚变能研究计划中包括以安全、可持续、环保和经济可行的能源开发为目的核聚变能源研究、ITER 计划的实施、ITER 计划的运营和研究与开发等。

欧盟委员会连续公布 FP7 计划中对 2011 年度的投资再追加 64 亿欧元用于科研和创新领域，这是截止当时欧盟在科学和创新领域推出的最大年度投资计划。与此同时，欧盟委员会将追加投资 8.6 亿欧元至欧盟参加的 ITER 计划中，以填补该项目 14 亿欧元的资金短缺。ITER 计划也是 FP7 计划中的一部分。欧盟占该计划资金的 45%，预计欧盟承担的费用约 72 亿欧元（这是欧盟根据 ITER 计划的推迟，物价和人员费用等不断上升多种原因而作出的估算），其中 66 亿欧元为建造费用，6.5 亿欧元为运行费用。项目资金预计于 2012 年启动。

通常，欧盟聚变界投入聚变规划总的人员相当于 2 000～2 500 名专职人员，每年来自所有渠道的经费约为 5 亿～6 亿欧元，其中，约 2 亿欧元每年来自于欧洲聚变界的财政预算。但是随着 ITER 装置的全面开展，欧洲聚变界的科研经费在不断上升，参加聚变研究的专职人员也在不断增加，以适应国际合作和 ITER 计划的需要。

欧盟用于核聚变研究的经费主要来自欧盟研发框架计划和欧洲原子能联营计划，成员国也会提供一些经费，但不多。纵观欧盟用于核聚变研究经费的变化，可以看到欧盟对核聚变研究的高度重视，对 ITER 计划的全力支持，从经费的变化已经证明了这一点。核聚变研究在欧盟受到高度重视的前提下，大大推动了欧洲聚变研究的发展，并更大程度地支持了成员国对聚变研究的投入，极大地鼓舞了各协会和成员国中所从事核聚变研究的广大技术人员，同时会加快推动欧洲聚变研究的进程。

1.4.3　欧盟核聚变研究成果

基于欧盟管理层的卓越贡献和科学地制定发展聚变研究的各类计划，在欧盟科学家们的共同努力下使得欧盟的聚变研究一直处于世界的领先地位，获得了许多令人瞩目的成果，为 ITER 计划的实现奠定了坚实的基础。图 1.4.1 给出了欧盟聚变研究的主要过程。根据欧洲原子能联营条约，分为欧盟规划和成员国规划：欧盟规划主要是在 JET 装置上进行的核聚变研究，利用全欧盟的力量共同完成这项规划；成员国规划是由欧洲原子能联营协会的成员国各自完成的核聚变研究规划。以上 2 项规划研究的重点是磁约束聚变研究，是欧盟聚变研究的重点。

图 1.4.1　欧盟聚变研究主要过程

欧盟在惯性约束聚变发展方面没有投入很大的人力、财力和资源进行研究，始终保持一支队伍进行基础性的、跟踪性的研究。但是，最近几年由于美国的国家点火装置（NIF）已建成，正进入物理实验阶段；而法国的兆焦激光器（LMJ）已接近完工。这是目前世界最大的惯性约束聚变装置，也是具有里程碑意义的装置。由于其战略和军事意义重大，欧盟已着手制定欧盟的 HiPER 计划。欧盟重视惯性约束聚变装置的建设，其战略意义是不言自明的。

下面分别描述欧洲联合环（JET）装置的贡献和作用、欧洲原子能联营协会各研究机构的聚变研究以及欧盟惯性约束聚变的发展。

1.4.3.1　欧洲联合环（JET）的贡献和作用

欧洲联合环（JET）装置是整个欧洲聚变规划的一艘旗舰（见图 1.4.2），其概念和关键的特点大大不同于20世纪70年代和80年代初期设计的其他大托卡马克的概念和特点。D形环向场线圈和真空容器以及大体积强电流等离子体是JET装置独特的特点。JET装置的主要数据见表1.4.1。

图1.4.2 JET装置全貌

表1.4.1 JET装置的主要参数

等离子体大半径 R/m	2.96	等离子体小半径 a/m	1.25
等离子体小半径 b/m	2.10	环向磁场 B_T/T	3.45
等离子体环径比 R_0/a	2.37	等离子体拉长度 b/a	1.68
等离子体电流 I_P/MA	7	输入功率 P_{in}/MW	36
聚变因子 Q_{DT}	0.9	脉冲平顶时间 t/s	20～60
环向磁场/T	4	磁通变化 φ/Wb	42
真空室体积/m^3	150	总体高度(铁芯)/m	11.5
最高壁温度/℃	350	总直径(铁芯)/m	14.8
中性束功率/MW	24	离子回旋功率/MW	24
低混杂/MW	10		

在早期的欧盟聚变规划中就明确指出，欧盟的长期目标是要开发一个基于磁约束的聚变实验装置。欧盟聚变规划在25年前首次制定的目标最近已被再次确定，就是要用欧盟的力量建造一个具有用D-T燃料研究聚变物理和产生聚变功率以及通过遥控技术完成维护和修复工作所需能力的大型实验装置。于是欧洲联合环(JET)装置诞生了。

1978年5月30日，欧盟部长理事会议批准建造JET装置。JET装置成为欧盟聚变规划的主要实验装置，同时成立了JET联合执行局。由该局执行JET装置的科学实验计划。JET联合执行局的任务是：作为欧洲原子能联营聚变规划的一部分，要科学地组织、管理、协调这项大型工程的建造；要考虑参与这项工程的成员国的利益；努力完成JET装置的一系列科学实验计划。

为了能充分利用卡拉姆实验室的资源，如场地、图书情报和后勤支援系统等，决定把JET装置建造在卡拉姆实验室附近。卡拉姆实验室是英国原子能局下属的核聚变研究实验室，于是JET联合执行局委托英国原子能局为JET装置的具体主管组织机构。JET联合执行局的具体管理是采用JET理事会和作为首席行政长官与法人代表的局长负责制。JET联合执行局下设4个部门：等离子体加热和运行部、实验与理论部、装置与发展部、行政管理部。

在JET装置早期的十几年的运作中，一直是JET联合执行局负责这项工作。但是在20世纪90年代末，随着欧盟聚变发展的需要以及能更好地执行JET项目的增强计划，能在JET装置上取得更有利ITER装置的参数，于1999年签订了一项新协议，该协议是欧洲聚变发展协议，它是欧洲原子能联营及其成员国之间的一个框架条约。随后，EFDA开始负责JET装置的所有活动。并成立了两个分委员会，组织和监督JET装置在技术领域和科学探索方面的活动。

在JET装置长达20多年的运行中，研究人员来自比利时、丹麦、德国、希腊、西班牙、法国、爱尔兰、意大利、卢森堡、荷兰、葡萄牙、瑞士、瑞典和英国等14国，总共有650名科学家、工程师和管理人员参与这项工作。此外还有一些来自世界各地的访问科学家。JET装置造价约为5亿英镑。JET装置的经费由欧洲原子能联营承担80%，其余由参与国分担，其中英国作为东道国，另外承担附加的10%。

JET是欧洲原子能联营核聚变研究规划中最大的单项计划。它的基本目的是获得和研究接近聚变堆状态和尺寸的等离子体。这些研究是为了详细预估未来的一个托卡马克反应堆的参数、几何尺寸和物理工作区域。实现这个目标要涉及4个主要方面的工作：

1）研究接近聚变堆尺寸和参数的等离子体MHD和微观不稳定性过程及其定标关系规律；

2）接近反应堆状态下的等离子体与第一壁相互作用和边缘杂质输运的分析和控制；

3）验证使JET等离子体达到聚变反应温度的有效的辅助加热技术，特别是各种波段的组合射频加热和中性束注入加热；

4）对D-T反应产物——α粒子的产生、约束及随之而来的α粒子与等离子体相互作用产生的阿尔芬本征模以及α粒子加热效应等进行研究。

JET还要掌握运行聚变堆必需的2个关键技术：放射性氚的处理工艺技术和随之而来的放射性装置的远距离遥控处理维修技术。

JET装置的轮廓（见图1.4.3）尺寸为直径15 m、高12 m，大半径2.96 m，D形截面宽2.5 m和高4.2 m。环向场由32个D形铜线圈产生，等离子体中心产生的最大磁场为3.4 T，有效伏秒数为34 V·s。

为了实现以上目标，在JET装置设计的早期阶段就对D-T运行作了应有的考虑，包括远距离操作能力和与D-T相适应的外围系统。JET装置的实验结果已证实了这些设计所选择的正确性。这些选择又对其他托卡马克的发展和NET（下一代欧洲联合环）以及ITER计划的提出产生了影响。从JET装置和其他托卡马克实验中获得的数据已清楚地表明，杂质的控制是最终确定ITER设计的关键问题。

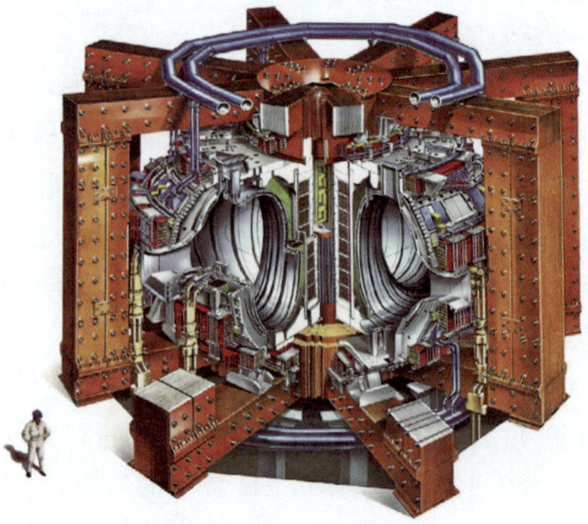

图 1.4.3　JET 装置轮廓图

无论从科学技术和科学管理上讲，JET 装置无疑是成功的。JET 装置的科学技术成果和管理经验都值得世人敬佩，这是一项集欧盟最顶级的科学家、工业技术人员和有创新意识的团队共同完成的大科学项目，对 ITER 装置的设计和建造有很大的帮助。下面分别描述 JET 装置在科学技术和科学管理上的成果。

主要科学技术成果：

• 全域约束。JET 装置能够验证从小型托卡马克获得 L 和 H 模等离子体定标($\tau_E \approx I_p \times P^{-1/2}$，在 H 和 L 模约束之间为 2 倍或更大)，也适用于等离子体电流为几兆安和加热功率为数 10 MW 的大型装置。另外，JET 装置的尺寸允许芯部约束与边缘约束分开，在 H、D、D-T 和 T 中一系列完全定义的 ELMy H 模实验已表明，芯部约束是与回旋博姆定标一致的。这是一个很重要的结果，因为它首次提出了用一个基于理论的特殊定标描述等离子体能量约束的期望。创纪录的聚变功率实验使用以低密度开始的热离子 H 模等离子体，其中离子和电子温度是去耦合的。正如图 1.4.4 所示，在这种放电下 4 MW 聚变功率维持了约 4 s(仅受到中子产生的限制)，聚变功率与输入功率之比在 3.5 s 内(大约为 8 倍能量约束时间)为 0.18。这个脉冲也产生了一个创纪录的聚变能量 21.7 MJ。

• MHD 稳定性。JET 装置的实验加深了人们对许多领域物理机制的理解，例如，锯齿的快粒子致稳(产生“巨大”锯齿)以及 α 粒子与阿尔芬波的相互作用。也有可能鉴别许多限制不稳定性性能的特征，即无 ELM H 模中的外部扭曲模、理想压强驱动扭曲模和反场剪切放电中的“蛇形”模以及 ELMy H 模中的新经典撕裂模。

• 在对边缘和偏滤器物理的理解方面也取得了很大进展。在 JET 装置上逐步使用更封闭的偏滤器的 3 个阶段的规划已证明所预计的偏滤器封闭的有益效应，特别是偏滤器的高中性气体压强能减少堆中的氦清除以及本体等离子体中的固有杂质。在 JET 装置上成功地试验了脱离(或者半脱离，仅在分界面碰撞点附近有脱离)辐射偏滤器概念，并且已证明下一代托卡马克，例如 ITER 的偏滤器靶板上的平均功率负荷减小到了一个可接受的水平。同样，有关氦灰排除，在 JET 装置上的实验证实了以往在小型托卡马克上获得的结果，并已证明，确定氦积累的氦粒子与能量约束时间之比对稳态聚变堆是足够低的(需要氦浓度低于≈10%)。然而，仍然存在两个重要问题。一个是在 Ⅰ 型 ELM 期间偏滤器靶上有极高的瞬态功率沉积(这是具有最佳约束特性的 H 模等离子体的一个本质特征)，并且是按大型装置定标的。另一个是选择适合下一步装置的靶板材料，如在 JET 装置 D-T 实验中使用的铍是最好的。

• 1997 年 JET 装置 D-T 聚变反应实验(DTE1)创造了聚变性能新的世界纪录：在 $Q_{in}=Q_{fus}/Q_{in}=0.62$ 时瞬态聚变功率为 16 MW，在 $Q_{in}=0.18$ 时稳态聚变反应功率为 16 MW，长达约 4 s(仅受到对中子产生限制的影响)，见图 1.4.5。同时，成功地试验了可应用于 ITER 和聚变堆的各种 ICRF 加热方法的物理机制和性能。大多数 ICRF 加热结果与编码计算结果相当一致，对未来托卡马克装置预计的 ICRF 加热所使用的这些模型表示了信任。最重要的是，D-T 实验清楚地论证了 α 粒子加热与业已发现的经典预计是一致的，并且具有类似于 H 少数类粒子 ICRF 加热的加热效应(具有类似本体等离子体加热特性)。这些结果让人们相信在燃烧等离子体装置，例如 ITER 中 α 粒子不会产生意想不到的效应。

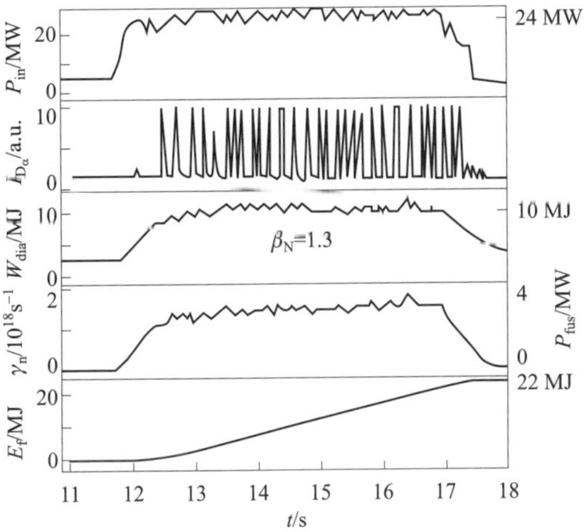

图 1.4.4　在 ELMy H 模放电中维持了 4 MW 聚变功率长达约 4 s，聚变能达到一个创纪录的值 22 MJ。

图中为第 42 982 次放电，在 3.8 MA/3.8 T 的情况下获得的。

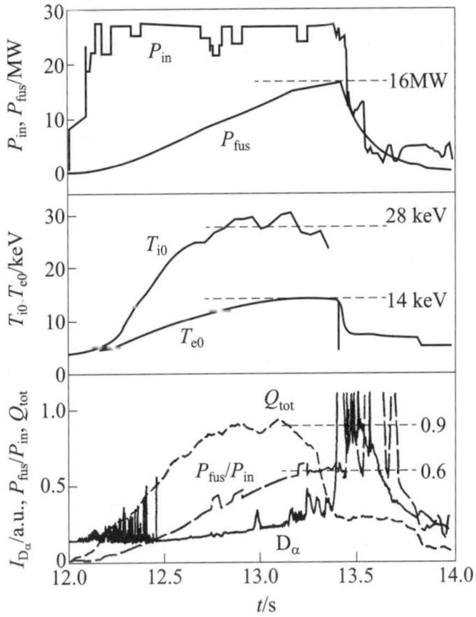

图 1.4.5　达到创纪录聚变功率 16 MW 的 D-T 等离子体放电的时间轨迹

图中为第 42 976 次放电，在 4.2 MA/3.6 T 的情况下获得的。

- JET 装置 D-T 实验是 ITER 装置和聚变堆所需要的某些最重要工艺的首次真正的试验，特别是氚的安全处理以及远距离处理与维修工艺。工业规模的放射性气体处理系统(AGHS)作为大型聚变装置的一个组成部分运行是 JET 装置 D-T 实验的一项重大成就。实验证明 AGHS 在 DTE1 期间和随后的远距离偏滤器交换阶段期间能够提供必需的除氚，这表明对未来维护运行的氚控制表示信任。

JET 装置在 20 多年的运行和合作期间，让聚变研究在几乎所有的物理和工艺方面都向前迈了一大步，并且提供了一个独一无二的成功的国际合作的例子。和其他托卡马克上的结果一起，JET 装置上的成就为 ITER 奠定了一个坚实的基础。

主要科学管理成果：

- 具有创新意识、明确目标、科学管理的团队。JET 装置的首批领导者建立了一种管理风格和步调，他们清楚地规定了 JET 工作人员应达到的方向、目标和时间极限。管理团队的充沛精力、无与伦比的工作热情及渊博的知识感染了其他工作人员，激发他们的激情和奉献精神。结果形成一种感人的气氛，即努力工作并对获得的成果感到自豪。这种风格已被他们的接班人保持下来。
- 预算经费和参与人员受 JET 项目的直接控制。

• 严格遵守一套已建立的规则和标准，保持对成本的控制。主要包括所有投标合同的竞争、技术和经济评估，密切控制工业合同等。现场严格执行工业标准，尽量避免设计的更改。

• 控制成本的一个重要方面是严格控制各种相互关系。主要涉及部件的机械尺寸/尺寸界面，应考虑制造公差、安装公差和运行期间所预期的各种偏差；安装与维护相关的关系等。

• 有一个精密的计算机控制系统，这个系统能处理几乎出现在过程中的所有问题，从技术控制、协作会议、设计评估、交流控制会议等到科研经费的使用、额外开支、延时的重大问题到及时处理这些事件，并使问题减至最少等，有力地保证了整个工程的正常运行。

• 各部门都有详细计划和实施步骤，这些详细计划有效地优化了时间及人员的利用，而同时将成本减至最小。

然而，在 JET 装置中仍然存在很多有待研究的问题，这将对聚变研究提供进一步有价值的贡献。这些包括确定其运行边界附近等离子体的特征，在高性能和更长持续时间下建立最新发展的有希望的等离子体位形。

JET 装置作为世界上为数不多的能够处理铍和氚的聚变装置，为 ITER 的设计和建造提供了有用的价值。

JET 装置是成功的工程，它按时并在预算范围内建成，达到而实际上超过了其目标。有许多因素可被确定为 JET 装置成功的关键要素。JET 获得了显著的科学成就，特别要强调已开辟物理/工艺方面新的领域，这些结果使人们对新装置的尺寸有了进一步的了解和认识。

自 2000 年之后，JET 装置实施了多项增强计划，以适应 ITER 计划的需要。有关增强计划的内容见第 2 章 2.5.4.1。

1.4.3.2　欧洲原子能联营协会各研究机构的聚变研究

欧洲原子能联营于 1957 年成立以来，着手研究欧洲核聚变的发展，与相关国家和科研单位联系，制定统一发展大纲，扬长避短，为欧洲的核聚变研究开创了良好的合作空间。与此同时，成立了欧洲原子能联营协会，与欧盟成员国或成员国的主要研究院所签署协会协议，联合开展聚变研究工作。经过 50 多年的不懈努力，从首批 6 个实验室加入欧洲原子能联营协会，发展到已拥有 27 个国家，29 个实验室加入欧洲原子能联营协会从事聚变研究。

所有加入欧洲原子能联营协会的实验室基本上都参与了欧盟的共同装置 JET 的一系列工作，除了较后加入欧洲原子能联营协会的实验室外。在本章节不对各实验室在 JET 装置上的工作进行描述，因为前面已经介绍 JET 装置是整个欧盟的共同规划。

下面介绍欧洲原子能联营协会主要成员国聚变研究的重点和发展方向（法国、英国和德国的聚变研究将在 1.4.3.3 单独介绍）。

1) 欧洲原子能联营-比利时协会（EURATOM-Belgian State Association）ERM/KMS 等离子体物理实验室

比利时布鲁塞尔皇家军事学校（ERM）-科宁克里杰克军事学院（KMS）等离子体物理实验室（LPP）主要从事热核聚变研究。

自 1981 年以来比利时 ERM/KMS 等离子体物理实验室与德国于利希研究中心（FZJ）

在双边共同运行合同的框架下，在 TEXTOR 装置上进行实验工作。自 1983 年以来作为 LPP-ERM/KMS 研究工作的一部分，在 TEXTOR 装置上开展了离子回旋加热系统的运行，包括中性束加热的物理机制以及约束研究、边缘物理的研究和反应率的测量等。

TEXTOR 装置和加热系统于 1994 年扩建，长脉冲运行达到 10 s。在 1996 年欧洲聚变规划的统一协调下，建立了一种新的国际共同运行机制，比利时 LPP-ERM/KMS 与德国伽兴马克斯-普朗克等离子体物理研究所(IPP)、德国卡尔斯鲁厄研究中心(FZK)、德国于利希研究中心(FZJ)以及荷兰物质研究基金会(FOM)莱茵赫伊曾等离子体物理研究所各方共同合作，利用现有人力资源，在各方共同努力下建造了 TEXTOR-94 装置。通过参与装置的设计与建造，使比利时的聚变研究和人员培养有了进一步的提高。

目前比利时等离子体物理实验室的主要研究工作如下：

- 在磁约束方面，主要研究 TEXTOR-94 和 JET 装置上改进的辐射模。在 DIII-D 上继续开展合作，以研究相关的辐射模。要进一步理解径向电场对等离子体输运、约束以及边缘区域等离子体流产生的各种影响。
- 在射频物理和技术方面，主要在 JET 装置上进行 ICRH 天线的研发，尽量使 ICRH 系统达到最佳。要研究低环压启动之后 ICRH 的预电离以及快粒子探测和 α 粒子的扩张。
- 理论活动主要包括：开发耦合全波 Fokker-Planck 编码、输运和平衡编码；继续开发更复杂的耦合编码；从理论上研究无屏蔽天线的作用；继续研究 TEXTOR-94 装置上新的各态历经偏滤器的运行及电场和电流的作用。

2) 欧洲原子能联营-西班牙能源、环境和技术中心协会(EURATOM-CIEMAT Association)

西班牙能源、环境和技术中心(CIEMAT)主要负责位于马德里磁约束聚变国家实验室的工作。磁约束聚变国家实验室的主要研究活动是围绕 TJ-Ⅱ装置进行的。TJ-Ⅱ装置于 1997 年开始运行，是一个中等尺寸的灵活的螺旋仿星器。在 ECRH 达 0.6 MW，NBI 为 0.5 MW 时开展了等离子体实验，辅助 NBI 功率高达 2 MW。

TJ-Ⅱ的目标是探索许多共振之间的平衡，以研究低阶和高阶共振的影响、感应电子回旋波的电子动态效应以及输运过程。下一步安装辅助加热之后，要尽快研究自举电流效应以及不稳定性对磁壁强度的关系。

CIEMAT 目前研究的课题是：等离子体湍流，包括辐射不稳定性对湍流的影响、中性粒子对湍流以及约束的作用、非线性耦合机制、杂质离子空间线宽度和电磁起伏；约束方面，包括快粒子致稳、用反馈技术控制等离子体不稳定性、电场和等离子体转动；同位素效应及其与湍流和边缘物理的关系，以及逃逸输运的研究；在托卡马克-仿星器方面的研究主要是理论模型的临界试验及用于第一壁锻炼的低 Z 涂层的性能。

3) 欧洲原子能联营-瑞士协会(EURATOM-Confederation Suisse Association)洛桑工科学校等离子体物理研究中心瑞士洛桑工科技术学校等离子体物理研究中心(CRPP)于 1991 年建成 TCV(可变位形托卡马克)装置。TCV 装置的研究目的是，在装置优化设计的基础上开拓托卡马克运行的新领域，达到等离子体的强约束位形和长脉冲状态。而 MHD 稳定性和等离子体约束强烈依赖于等离子体的位形。限制器拉长度 2.8，三角区域范围 $-0.7 \sim +1$，偏滤器为单零和双零模式。

在 TCV 装置上发展诊断技术，研究等离子体控制系统和用于波等离子体相互作用及输运的解释性编码。利用强大的EC电流驱动和加热方案以及装置的灵活性，研究电子物理、输运和MHD不稳定性。

在TCV装置上取得的成就开辟了托卡马克聚变研究的新概念。为固定边界安全因子而进行的长脉冲电流爬升实验已经取得了重要成果，期望大的等离子体电流能够提高β极限和改善能量约束。已经取得长脉冲的约束改善，预计等离子体形状对能量约束有影响。ECCD已成为在TCV装置上的电流驱动手段，以及电流和压力剖面的调节、控制。证明ECCD可以作为先进托卡马克运行手段。完全用EC驱动电流，自举电流在2002年实验中第一次形成了反剪切位形。

在TCV装置上进行的物理研究主要包括能量和粒子输运、等离子体形状对芯部和边缘等离子体的影响以及先进托卡马克状态；开发高的单位功率、高频率及高效率的回旋管和聚变应用的电子回旋波系统；研究等离子体与壁的相互作用、聚变的基本等离子体物理机制；同时开发诊断技术。

在理论、计算和模型方面主要研究环形等离子体的平衡和稳定性（包括托卡马克和仿星器）、射频加热和电流驱动以及动力和回旋动力理论和模拟（微不稳定性、湍流、输运和回旋）。

在聚变工艺方面主要开发超导磁体和耐辐射材料。

4）欧洲原子能联营-意大利新技术、能源和环境机构协会（EURATOM-ENEA Association）意大利新技术、能源和环境机构（ENEA）主要负责位于罗马的法拉斯卡蒂研究中心聚变技术与科学部的工作。

建于法拉斯卡蒂研究中心的FTU装置的主要目的是，在接近ITER要求的等离子体密度和磁场下研究等离子体传输、稳定性和等离子体与波相互作用等问题。FTU是一个紧凑高磁场的托卡马克装置。目的是为了提高高密度等离子体温度到5 000万至1亿摄氏度之间。它是一个具有以下特征的非常紧凑的环形装置，高磁场值（10 T），高电流和使用高功率射频波的辅助加热系统。

LHW系统设计中已经考虑到要避免与任何一种等离子体密度下离子群发生直接相互作用，用于验证与ITER相关密度下的高电流驱动效率。在高密度（10^{20} m^{-3}量级）下已得到接近ITER要求的电流驱动效率值。耦合好的重复注入功率高达2.2 MW。

ECRH系统为140 GHz，1.6 MW，是世界上唯一在此频率以寻常模注入电子回旋波的系统，跟ITER所预计的很接近。因为在这些条件下，截止密度高达2.2×10^{20} m^{-3}，由碰撞引起的离子加热效应也能观察到。电子回旋被广泛用来研究内部输运垒的形成，在此处接近ITER相关密度下已获得高的中心电子温度约10 keV。

主要研究活动是：研究强场托卡马克FTU装置约束稳定性和等离子体加热，参加JET装置实验和ITER计划，利用法拉斯卡蒂中子发生器研究中子学，以及利用ABC激光器研究惯性约束聚变的理论和实验。参加强场托卡马克IGNITOR的工作。

位于米兰的等离子体聚变研究所（IFP）参与了FTU装置上的实验，并负责辅助加热等离子体系统的研发与运行。1994年在FTU装置上进行了ECRH实验，实验结果不断取得进展。到2003年，ECRH系统把4束微波注入FTU装置上，总功率达1.6 MW，频率

140 GHz，磁场为 5 T 时引起共振。该系统由 4 个微波源（回旋）构成，每个源可提供 500 kW，长达 0.5 s。目前的研发工作仍在进行之中。

5）欧洲原子能联营-（荷兰）物质基础研究基金会协会（EURATOM-FOM Association）

荷兰物质基础研究基金会（FOM）主要负责莱茵赫伊曾（Rijinhuizen）等离子体物理研究所（IPP）的工作。等离子体物理研究所占 60%的科研力量集中在聚变研究上，其余 40%用于分子和激光物理的研究。在 3 方联合研究小组（TEC）框架下，等离子体物理研究所与德国于利希研究中心（FZJ）和比利时布鲁塞尔皇家军事学校（ERM）-科宁克里杰克军事学院（KMS）紧密合作，共同开发聚变研究。

FOM-IPP 聚变研究在等离子体物理方面主要有 2 个课题。研究芯部热等离子体中的热输运和粒子输运、排出热和粒子，特别是与 ITER 相关的通量密度下等离子体表面相互作用。这 2 项计划都是在 3 方联合研究小组框架下，与 FZJ 和 ERM/KMS 共同进行的。

高温等离子体物理实验计划主要在德国于利希研究中心的 TEXTOR 上进行，利用这些先进诊断工具获得了一些有益的结果。另一方面对等离子体动力学理论也进行了研究。计算 MHD 的这些经验有利于研究托卡马克等离子体和天体物理的现象。

利用 FOM-IPP 在建造 ECRH 上的经验，正在努力开发 ITER 上使用的上窗口 ECRH 发射器。等离子体表面相互作用的研究规划是利用现有实验条件来研究与 ITER 相关的等离子体表面相互作用。为了达到这一目的，目前正在开发大的线性等离子体发生器，研究等离子体表面相互作用。这个装置有 3 T 的稳态磁场，束有效截面 100 cm^2，粒子和能量通量密度适合于 ITER 偏滤器。对等离子体表面扩大诊断以更好地进行数值模拟。

6）欧洲原子能联营-捷克等离子体物理研究所协会（EURATOM-IPP-CR Association）

捷克科学院等离子体物理研究所（IPP-CR，Institute of plasma physics，Czech Republic）主要的聚变研究活动涉及以下内容：研究等离子体起伏现象，等离子体中波传播和吸收的一般理论，用于波-等离子体耦合的新的天线系统，低 Z 杂质，边缘等离子体物理，湍流模型及托卡马克实验等。

在英国原子能管理局（UKAEA）统一协调下，于 2008 年 4 月将 Compass 托卡马克装置赠送给捷克科学院 IPP，目前装置已运行。同时 IPP-CR 得到 UKAEA 的大力支持，派送一批年轻的聚变人员支持 IPP-CR 的工作，IPP-CR 将成为中欧聚变研究的中心。

7）欧洲原子能联营-（葡萄牙）高级技术学院协会（EURATOM-IST Association）

葡萄牙高级技术学院（IST，Instituto Superior Tecnico）核聚变中心（CFN）的聚变研究工作主要涉及诊断、实时控制、数据采集及等离子体物理理论和模型研究。CFN 的主要研究工作是围绕 ISTTOK 托卡马克装置进行的。

8）欧洲原子能联营-（芬兰）赫尔辛基工业大学协会（EURATOM-TEKES Association）

芬兰赫尔辛基工业大学（TEKES，Helsinki University of Technology）工程物理和材料系先进能源系统的聚变研究设计，利用理论和计算方法研究托卡马克聚变堆中射频加热、电流驱动、输运现象以及各种诊断方法等。目前主要集中在边缘等离子体现象。开展高功率回旋管和 ICRH 部件的研发和改进概念电站的设计。

同时还进行托卡马克中粒子输运和波-粒子相互作用的蒙特卡洛模拟研究，有关等离子体湍流回旋动态模拟研究，以及超强激光等离子体的相互作用的理论研究。

9）欧洲原子能联营-瑞典科学研究委员会协会（EURATOM-VR Association）

瑞典科学研究委员会（VR，Swedish Science Research Council）主要负责位于斯德哥尔摩（Stockholm）的皇家工程技术研究所（KTH）阿尔芬实验室聚变等离子体物理部的聚变研究工作。

瑞典聚变研究单位的主要实验活动集中在KTH阿尔芬实验室聚变等离子体物理部的EXTRAP-T2装置上。EXTRAP-T2装置建于1994年，其目标是研究反场箍缩磁约束位形，包括磁流体不稳定性的控制、起伏湍流及其对输运现象的影响，同时在研发提高等离子体参数的光谱诊断技术。其他实验主要集中在反应堆条件下面向等离子体表面的腐蚀和沉积，以及等离子体与壁的相互作用。

理论活动着重于托卡马克方面的研究，包括加热等离子体中离子回旋波和驱动电流行为的物理模型和等离子体边缘区域模型的开发，以便模拟在这个区域位形约束特性的物理现象。

欧洲原子能联营协会各成员国的聚变研究发展展示了欧盟聚变研究的普及性，成员国各具特色的研究形成了欧盟聚变研究的特点。同时成员国的聚变研究成果彰显出欧盟的科学管理和创新精神，为今天ITER装置落户法国卡达拉奇做出了卓越的贡献。

1.4.3.3 欧盟主要成员国的核聚变研究概述

在欧盟主要成员国中，法国、英国和德国的聚变研究在整个欧盟聚变规划起着举足轻重的作用。尤其是新世纪的第一个10年中，结合ITER计划开展了一系列切合实际的研究活动，包括：装置的部分升级改造、增加诊断方法、调整辅助加热的设备等。目前其主要研究工作是：

在法国的Tore Supra装置安装了完整的红外（IR）安全系统，以便在强加热功率注入下实现安全运行。目前IR安全系统允许在9.8 MW的加热功率下安全运行，持续28 s。结合ITER计划第一阶段要基于碳PFC环境下燃料滞留研究，在Tore Supra装置也开展了这方面的研究工作，并获得明显进展。

在英国的JET装置上，最近研究发现，利用铍孔栏和铍保护瓦后，等离子体的密度受到氯离子辐射损失的限制（90%的辐射功率是氯离子贡献的）。这种出乎意料的结果启示人们注意保护真空室壁，因一旦沾污氯就不易去掉。还发现H模放电中杂质在中心积累的过程。这种过程是与H模约束改善同时产生的一种不利因素，它使中心主离子浓度淡化，并破坏H模自身。

在德国的ASDEX-U装置上，经过一年的升级改造后，首轮物理实验（2010年）取得成功。安装在ASDEX-U装置中等离子体室壁上的8个磁控制线圈，现已成功地将等离子体的扰动不稳定性，即ELMs，降低到所要求的水准。如果等离子体边缘的这些脉冲太剧烈，会给ITER级装置的等离子体室造成巨大的损害。目前取得的实验结果对解决ITER中的这个重大问题将大有帮助。

在成员国的核聚变研究规划中，法国、英国和德国都是首批加入欧洲原子能联营的首创国，无论在早期的核聚变研究中，还是在ITER计划的具体实施中，他们所取得的核聚变研究成果都是显著的，所承担的责任是义不容辞的。正是有了这些中坚力量，欧盟才能承担如此重要的任务。下面将分别对这3个国家的核聚变研究成果进行简单描述。

1）法国

法国是加入欧洲原子能联营的首创国之一，也是 ITER 装置落户卡达拉奇的东道国。法国核聚变研究的成果是值得世人称道的。法国作为欧盟核聚变研究重要的成员国之一，不仅要参与欧盟核聚变研究规划的任务，而且要实施本国的国家核聚变规划。正是基于这种双重规划之下，在长达 50 多年的核聚变发展史上写下了法国聚变人的卓越成就，也为 ITER 装置为何落户卡达拉奇作出的最好诠释。

长期以来，法国政府一贯重视发展高科技的战略地位，从历史上讲法国的科学技术始终处于世界领先地位，特别是法国的核工业发展是全方位的，法国的核电所占发电量的份额大于 78%，更令人惊叹的是，法国消耗的能源不足世界能源的 4%。但生产的核能却占世界核能的 1/6。而从核聚变研究的发展过程来看，法国的核聚变研究在各个阶段都有自己技术特色，如 TFR-600、Tore Supra、LMJ 装置等。由于法国政府重视核聚变的研发，在过去的几十年法国打下了比较坚实的核能技术基础，因此 ITER 计划落户法国也是顺理成章的。

特别是目前气候突变与全球气候变暖带来的威胁使法国政府及科学家们更清楚地认识到这一问题的严重性，如果现在还不采取有效措施将对全球能源危机的出现更为不利。所以大力开发核聚变能源是一种明智的选择。在欧盟内部，法国不容置疑起着推动的作用，在法国的带动下，20 世纪 70 年代在封特内奥罗斯建造的 TFR 托卡马克装置，然后是在卡达拉奇建造的 Tore Supra 装置，还有一些其他各类装置，均为法国的核聚变研究打下了坚实的基础，才使法国核聚变研究处于领先地位。在聚变研究途径的选择上，法国不仅重视磁约束聚变的研究，更重视惯性约束聚变的研究，在这两种途径上都有骄人的成果。

① 法国磁约束聚变能（磁约束核聚变研究）研究成果

在 1979 年底前，欧洲原子能联营（EURATOM）和法国原子能委员会（CEA）研究决定，在法国建造一个中等规模的超导托卡马克装置，即 Tore Supra 托卡马克装置，建在法国南部卡达拉奇（Cadarache）的一个新的核研究中心，该装置的主要目的在于：为下一代装置积累超导磁体及其低温系统建造方面的经验；研究长脉冲（30 s）等离子体的约束情况；实验快中性粒子和射频注入等辅助加热的效能。

图 1.4.6　Tore Supra 装置全貌

Tore Supra（超环托卡马克）装置（图 1.4.6）是世界上主要几个大型托卡马克装置之一，也是长脉冲运行的超导托卡马克装置。经过 20 多年的运行已经获得了许多实验成果，特别在几乎稳态的条件下实现了长达 6 min 的长脉冲运行。Tore Supra 装置结构图见图 1.4.7。表 1.4.2 给出 Tore Supra 装置的主要参数。

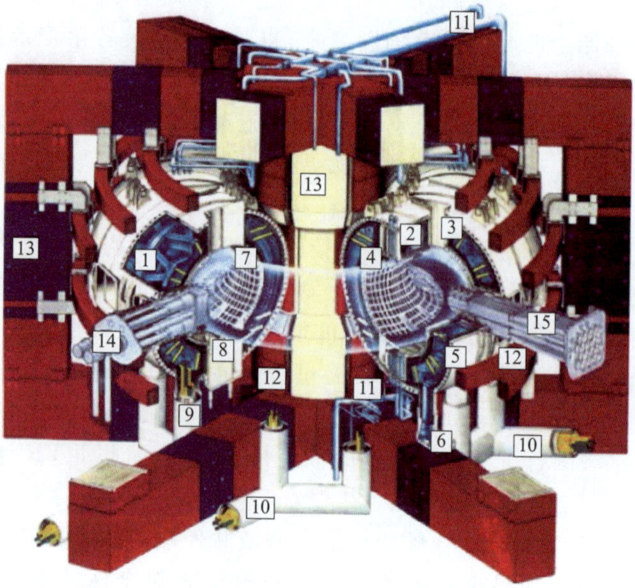

图 1.4.7 Tore Supra 装置结构示意图

1—线圈机械结构为 4 K；2—超导线圈为 1.8 K；3—80 K 热屏；4—在 220 ℃下的恒低温器；5—在 20 ℃下的恒低温器；6—用于恒低温器的支撑架；7—第一壁主动冷却到 220 ℃；8—环形抽运限制器；9—低温供应为 1.8 K，4 K 和 80 K；10—迫近交换的加压水在 220 ℃时为 40 bar；11、12—极向场线圈；13—磁路；14—离子回旋频率的加热天线；15—低混杂频率的加热天线。

表 1.4.2 Tore Supra 装置的主要参数

大半径 R/m	2.4	总磁能/MJ	600
小半径 a/m	0.80	重复率/min/次	4
等离子体电流 I_P/MA	1.7	等离子体中心垂直场/T	0.45
放电时间/s	30	等离子体中心极向场磁通/Wb	21
装置的总直径/m	11.5	电流坪顶时极向场磁通/Wb	8
真空屏内直径/m	1.80	极向场总安匝/MA 匝	10
屏总重量/t	50	感应线圈重量/t	56
环向场/T	4.5	磁路回路总重/t	830
导体上最大场强/T	9.0	总功率/MVA	240
环向场线圈平均直径/m	2.60	输入功率/MW	23
铌钛(NbTi)导线尺寸/mm^2	2.8×5.6	80 K 时制冷功率/kW	40
导体总重要/t	45	4.5 K 时制冷功率/kW	650
磁体总重/t	160	1.75 K 时制冷功率/W	300

Tore Supra 装置 1988 年 4 月首次获得等离子体。等离子体电流在 4 T 环向场下达到 1.8 MA，脉冲持续时间从数 s 延长到 1 min、2 min，最好时达到 4 min。电子密度在 $(1\sim5)\times10^{19}\ m^{-3}$范围内，辅助加热为 4 MW 的 ICRH(离子回旋共振加热)，2 s 和 5 MW 的 LHH(低混杂加热)。脉冲持续时间从欧姆放电中的 10 s 坪顶到 1.5 MW 的 LHH 电流驱动等离子体的 20 s 平顶，所有面对等离子体的部件对于稳态运行都是主动冷却的，并且已设计了能移出高达 25 MW 的附加功率(50% 对流)，这是用一个加压的水冷却回路

(3.5 MPa)来实现的，温度在150～230 ℃之间。在运行期间所有不同的部件成功地用3台红外线相机进行监测，并用冷却回路中的量热计进行测量和连续监测。

在Tore Supra装置上，在实现高功率完全非感应放电方面已取得进展。除用3 MW LH功率持续75 s的放电外，已证明波导定相的变化可能影响等离子体的内部电感 l_i，从而为有效反馈控制电流密度分布和由此而产生的等离子体性能开辟了有希望的广阔前景。

Tore Supra装置对某些壁部件使用稳态冷却，即在放电期间传导能量传送给冷却水，因此高通量部件的表面在几秒后便与等离子体达到热平衡。进而表面温度保持不变，这为下一步聚变装置提供了稳态冷却的经验。

Tore Supra装置建立了2种长脉冲运行方案，第一种包括在限制器位形中，在低密度和较低加热功率(约2.2 MW)下的低混杂电流驱动(LHCD)，允许脉冲长度达120 s。在这些条件下，注入约80 MJ(t >70 s)的能量之后经常观察到不受控制的密度增加。第二种利用较高密度和高加热功率(2 MW的LHCD和4.2 MW的ICHD)下的限制器运行。这些放电在注入约60 MJ(t>180 s)的能量之后显示出密度增加。在各态历经的偏虑器位形中，等离子体在较高密度和LHCD功率(3.5 MW)下持续20 s。在2002—2003年的实验中，Tore Supra在3 MW LH功率下获得的长脉冲长达6 min。

现在托卡马克实验的一项主要难题是在稳态条件下实现增强的约束状态。至少必须经过3个步骤：完全非感应电流驱动、在极长脉冲持续时间条件下等离子体位置和等离子体-壁相互作用的控制以及改善能量约束时间的电流密度分布控制。这些目标已经在Tore Supra装置上积极地研究了许多年。

而在超导研究方面，Tore Supra装置采用超导磁体，同时使用加压超流氦(1.8 K)和超临界氦(4.2 K)来冷却，前者用来冷却NbTi环向场绕组，后者用来冷却不锈钢容器(杜瓦)，以减小对加压超流氦的热辐射。这就使得装置具有一定先进性。采用超导磁体的电能消耗仅为常规磁体的1/100。因此，要得到聚变堆的能量增益需要超导磁体，也就是说，要得到纯功率，一般认为要采用超导磁体系统来建立约束等离子体所需要的磁场。另外，超流氦技术首先是在法国发展起来的，在超导磁体工艺和低温技术方面，法国处于领先地位。由此可见，对Tore Supra装置的研究是十分有用的。

Tore Supra装置实现了其科学目标，为获取聚变装置的可靠性提供了帮助。虽然Tore Supra装置没有欧洲联合环(JET)装置那么大，但是却可以较长时间地放电。Tore Supra装置取得了许多创新技术，如：超导磁体、兆瓦级的RF功率、主动冷却用于长脉冲运行的所有面向等离子体的部件等。Tore Supra装置是帮助科学家们解决基础问题的一种工业设备。它为整个聚变以及在卡达拉奇建造ITER提供了诸多可靠性。

法国于2006年成立了ITER国内机构(AIF)，它是法国原子能委员会(CEA)下属的一个特殊机构。其使命是：筹备在卡达拉奇的ITER建设工地，收集并统计ITER所有参与国及法国地方政府提供的财政支持，协调ITER计划建设各方之间的工作，同时充当ITER计划与法国CEA之间的桥梁以及与东道国之间的有效联络等。

② 法国惯性约束聚变(ICF)研究成果

惯性约束核聚变研究的目的是不言自明的，正因为其有特殊意义，世界上主要的核大国都开展了不同程度的研究，所取得的成就是不容忽视的。长期以来法国一直在开展惯性约束聚变的基础研究，如早期的LULI Laser激光装置、Phebus激光装置、Octal激光装置都在不同的年代获得了不俗的研究结果。经过半个世纪的努力，激光聚变研究获得了迅速的发展。特别是以美国国家点火装置(NIF)和法国兆焦耳激光装置(Laser Megajoule，LMJ)为主的大型激光驱动惯性约束聚变装置的研制成功，对惯性约束核聚变研究具有里程碑意义。美国的NIF装置于2009年投入运行，在2013年9月底，NIF装置利用192束高能激光聚焦到氢燃料球上，创造高温高压以点燃核聚变反应。在试验中，反应释放出的能量超过了氢燃料球吸收的能量。法国的LMJ激光装置建于波尔多市的阿基坦科技研究中心(CEST)实验室，它是法国原子能委员会(CEA)制定的“模拟计划”的基石，相当于美国核武器存贮与管理计划(美国对该计划投入60亿美元)，法国对“模拟计划”投入约51亿欧元，其中LMJ激光装置投入约21亿欧元。

实现惯性约束聚变能(IFE)电站的主要特点是：脉冲运行；变量的输出功率；小而高的能量密度燃烧等离子体；紧凑的反应室。

法国的模拟计划始于1999年，由3部分组成：为核武器作业的每一个阶段开发预先物理模型；使用综合性软件整合这些物理模型，进行计算机模拟；以过去核试验和新实验的结果为基础，对计算进行确认。而作为模拟计划最核心的部分是LMJ激光装置，它可以验证数字模拟中使用的模型和软件，也可以证实核武器运转和安全实验，以得到可靠的一系列数据。为了更好地开展和实施法国的模拟计划，法国已建成或正在建设3个大型设施：

• Tera-10超级计算机。该计算机由惠普/康柏公司研制，于2001年12月建成，每秒可进行5万亿次浮点计算，是法国核武器模拟计划的核心，也是欧洲功能最强大的计算机。其使命是通过计算再现核武器的性能，将核试验数据，尤其是1995—1996年最后6次核试验获得的数据返回到开发的物理和数学模型上，描述核武器爆炸时的物理阶段，包括能量计算、材料变形、湍流程序、感应辐射等。

• Airix X射线装置。该装置于1999年建成，于2000年中旬开始运行，用于测试核武器爆炸初始阶段(如非核阶段)的各种模型，以论证爆炸压缩时核武器材料的状态。Airix可按实际比例显示爆炸装置点火引发内爆期间物理现象的特征，如材料压实、密度分布等。

• 兆焦耳激光装置(LMJ)。该装置包括240路激光束，能够激发重量不足1 mg的氘-氚混合物的聚变反应，类似于美国的国家点火装置(NIF)。LMJ激光装置可瞬间在一个含氘和氚的微型球体上聚焦240路1.8 J的激光束，在实验室研究核武器爆炸最后阶段的物理反应过程。它的建成将使核武器爆炸阶段的研究成为可能。LMJ激光装置的原型装置——激光综合列(LIL)已经于2002年开始运行，可以用于验证LMJ激光装置的技术参数。

1996年6月法国和美国为了节省经费，加快两国发展核武器的步伐，签署了一项加强两国核合作的秘密协议，共享两国通过计算机模拟核爆炸所获得的各种模拟数据。LMJ激光装置与美国NIF装置的束参数和靶设计都很相似。

LMJ激光装置全部由法国原子能委员会军事应用局(DAMI)设计和投资的，该装置不仅用于天体物理学研究，其主要使命是，在核聚变实验室将进行核武器的可靠性和安全性试验。

法国激光聚变堆的相关科学与工艺正在研究之中，主要研究方面是：室壁设计；弹丸注入;高品质弹丸质量生产;高效率、长寿命和稳态激光器的开发;激光器注入。当然激光聚变不仅可以用于军事,也可以用于聚变能源的开发。假如 LMJ 激光装置能顺利运行,将是激光聚变发展史中具有里程碑的意义。

除了激光器以外,目前科学家们还在对各种驱动源进行研究。比如德国 GSI 装置,就是采用重离子束来探索聚变的可能性,与强激光相比,虽然其成熟度略低一些,但驱动效率更高。更重要的是,一旦惯性约束核聚变在科学上获得验证,鉴于其巨大的商业前景,企业和私营部门也会加入投资行列,这很可能会带来新技术应用的雪崩,并使得潜在的成本门槛被迅速拉低。

2）英国

在欧盟成员国中英国的身份有点特殊,它既要执行欧洲原子能联营条约中有关欧盟核聚变研究规划中阐述的欧洲联合环(JET)装置的任务,又要实施本国核聚变大纲的任务。在这种特殊情况下,英国通过这两种途径:努力履行对欧洲原子能联营的聚变旗舰装置——JET 的职责;坚决实施本国核聚变大纲中的各项任务,为聚变研究做出应有的贡献。

在 EFAD 的统一领导下,EURATOM-UKAEA(英国原子能管理局)聚变协会按照已签署的 JET 装置运行合同,负责 JET 装置的安全、维护和运行。EURATOM 的各聚变协会也安排科研人员参加 JET 装置实验活动。EURATOM-UKAEA 聚变协会主要涉及核聚变的研发工作,特别是通过 JET 装置的实验来开展工作。

因 JET 装置在英国,与卡拉姆实验室在同一地点,通过任务协议参加 JET 计划自然是英国聚变研究的重要部分,包括有关杂质物理、磁流体稳定性、能量和粒子输运、波加热及电流驱动及中子诊断,重点是杂质方面的工作,占总工作量一半以上。其主要工作包括以下内容:

- 在利用铍孔栏和铍保护瓦后,JET 装置等离子体的密度却受到氯离子辐射损失的限制(90%的辐射功率是氯离子贡献的)。这种出乎意料的结果启示人们注意保护真空室壁,因一旦沾污氯就不易去掉。
- 英国的研究人员发现 H 模放电中杂质在中心积累的过程。这种过程是与 H 模约束改善同时产生的一种不利因素,它使中心主离子浓度淡化,并破坏 H 模自身。
- 英国科学家还对壁材料在不同的温度和溅射机制以及氘-氚反应产生的氚被壁捕留又重新释出的过程进行了研究,测量抽出气体中的氚含量,这些对今后氘-氚实验中氚投料量有参考意义。
- 英国学者在磁流体稳定性机制分析上有权威性影响。他们对 JET 装置等离子体中心区安全因子 q 径向分布以及磁流体不稳定性的发展对锯齿驰豫现象的关系做了详细的数值模拟。在 JET 装置的一些放电中,中心区比压已很高,接近特罗荣极限,他们研发了一个编码来描述相应条件下发展的不稳定性,与实验观察一致。
- 在等离子体诊断方面,开展了有关氘-氘放电产生的 2.45 MeV 中子和氘-氚反应产生的 14 MeV 中子的探测与防护工作,在硬件和软件上都有改进,从而保证了氘-氚实验的顺利进行。

上述的研究工作是英国聚变人员在执行欧盟核聚变规划中的一些主要工作。国家核聚变计划中的主要工作是在 Compass 装置和 MAST 装置进行的研究工作。

Compass 是一个小型的非圆截面的托卡马克装置。主要用于研究下一代托卡马克装置的一些关键问题。特别是限制不稳定性性能的控制、对误差场的影响、破裂的影响以及晕电流的产生和H模等离子体特性，包括电场加热时ELMs模的特性。

在Compass装置上观察到外加螺旋场对稳定性的影响，也观察把射频场加热引起的不稳定性。采用X点在内侧偏滤器位形处进行0.75 MW电子回旋共振加热。长脉冲电子回旋加热实验的工程准备实验很成功，已把微波脉冲延长至4.5 s。英国在电子回旋加热方面是有经验的，以前在DITE上有几百千瓦的工作经验，现在在Compass装置上扩展到近兆瓦级，以便在Compass-D装置上进行长脉冲加热和电流驱动实验。Compass装置已于2008年赠送给捷克科学院等离子体物理研究所。

MAST是一个中等尺寸、紧凑的球形托卡马克装置。主要研究可变的球形托卡马克概念，作为一种有潜力的聚变电站，通过实验来了解球形托卡马克行为，探索在极端等离子体几何位形下球形托卡马克的基本数据。MAST装置与美国普林斯顿的NSTX装置同为世界同类装置中领先的球形托卡马克装置。在MAST装置上获得的主要成果是：

• 等离子体可以在指定磁场下约束高压等离子体。可在超过1 000 000A的等离子体电流下运行。尤其以等离子体诊断的质量和复杂性（测量仪器）而著称，在许多方面都占据世界前列。

• MAST装置上的等离子体诊断设备在不断发展和改进。比如，NdYAG激光散射系统，是世界领先的系统，目前还在进一步升级以便在更精细的空间和时间尺度上提供等离子体电子温度和密度测量。还有一种更复杂的光束能分光诊断法，可提供等离子体旋转速率、离子温度、电流分布等数据。新型的长波长红外照相机可以提供较好的面向等离子体材料的功率负载测量。

• 在MAST装置上近期安装的偏滤器科学仪器可开展面向等离子体部件的受控热核试验，如检验腐蚀、沉积和杂质产生等。

• 在高性能试验运行中，等离子体不稳定性如边缘局域模（ELMs）可在很短的时间内从等离子体排出能量和粒子，导致面向等离子体部件功率负荷过大。利用等离子体边缘的磁扰动研究上述不稳定性的控制。

• 通过注入高能中性粒子束来加热等离子体。2009年底中性粒子束加热系统进行了升级，新安装了两个高功率、长脉冲注入器。

英国作为欧盟核聚变研究中主要成员国之一，在ITER计划的实施中也在施展自己的才能。最近，UKAEA签署了一项支持卡拉姆为ITER提供专业工程服务的多个供应商的框架协议，协议期限为4年，协议还包括对其他设计项目的支持，包括英国核聚变大纲中MAST装置实验的升级改造。英国承担为ITER计划建造聚变工程系统的设计研究。除了装置方面的研究外，实验规划还包括等离子体理论和模拟工作、聚变电站的研究等。

在惯性约束聚变中，英国和欧盟正在计划兴建HiPER激光聚变装置，该装置准备建在英国，英国的聚变研究人员将为此付出更多努力。一旦建成，这将是核聚变研究发展史中一个划时代的时刻。

最近，英国能源委员会声明，政府必须仔细地将今后60年继续进行聚变研究所需的巨额费用与可能从商用聚变堆取得的好处作比较。政府对聚变研究的评估是与能源委员会的意见一致的。尽管政府承认聚变仍是一个很有希望的清洁能源，但风险仍然很大。英国政府仍然强力地支持欧盟的核聚变规划和JET规划，同时继续承担着ITER计划中欧盟采购包中的部分任务。

3）德国

德国和法国、英国一样，也是首批加入欧洲原子能联营的创始国之一。无论在欧盟核聚变研究规划还是在德国的国家核聚变研究规划中，德国的核聚变研究成果同样是令人称道的，地位是不可动摇的。德国的核聚变研究途径较宽，在常规托卡马克、仿星器、激光聚变研究等方面都有建树。

在研究常规托卡马克方面，德国在 ASDEX 装置和 ASDEX-U 装置上获得了许多有意义的成果。ASDEX 装置是轴对称偏滤器托卡马克装置，于 1974—1979 年在伽兴马克斯-普朗克等离子体物理研究所（IPP）设计并建造。在 ASDEX 装置上首次发现了粒子和能量约束改善的 H 模，这是在 1982 年年初，当投入中性束加热系统运行时发现的。这一结果是喜人的，在当时对聚变研究的发展有了进一步的了解。密度极限和 H 模方面的结果也是 ITER 数据库的重要组成部分。ASDEX 装置运行 10 年之后于 1990 年 8 月正式关闭，并将 ASDEX 装置主机赠送给中国核工业西南物理研究院。

图 1.4.8　ASDEX-U 装置全貌

随后，ASDEX-U 装置建成，并于 1991 年 3 月正式投入运行（见图 1.4.8）。表 1.4.3 给出 ASDEX-U 装置的主要数据。对 ASDEX-U 装置进行了一些常规性调整，如极向场系统、杂散场补偿等。ASDEX-U 装置主要致力于堆级等离子体条件下利用开放型偏滤器控制能流、粒子流和杂质流的实验研究。这种放在真空室主室中的偏滤器位形已为 ITER 采用，但其实际效果和参数最佳化都需要在 ASDEX-U 装置以及其他实验装置上进行试验，以验证这种方法的可行性。德国的 ASDEX-U 装置、法国的 Tore Supra 装置和意大利 FT-U 装置都是欧洲聚变研究规划中的几个骨干装置。法国正在准备将 Tore Supra 装置改造成为 WEST 装置；意大利正在 FAST 装置设计以及同俄罗斯开展合作设计建造 IGNITOR。

表 1.4.3　ASDEX-U 装置的主要参数

等离子体大半径 R/m	1.65	等离子体小半径 a/m	0.5
等离子体小半径 b/m	0.8	等离子体电流 I_P/MA	0.6～1.4
环向磁场 B_T/T	2～3	脉冲长度/s	<10
电子平均密度 $\bar{n}_e$/m^{-3}	$(0.25\sim1.2)\times10^{19}$	电子温度 T_e/keV	3
离子温度 T_e/keV	3	β_t	4 %
磁通变化/V·s	9.5	第一壁材料	不锈钢
能量约束时间 τ_E/s	≤0.2	q_{95}	2.1～5.3
等离子体表面面积 S/m^2	≈42	等离子体拉长比 b/a	1.6

ASDEX-U 是世界上唯一采用钨全涂层真空室的聚变实验装置。实验证明，钨涂层真空室也可应用于将来 ITER 试验聚变堆所要求的高功率等离子体。这个试验结果对 ITER

是个非常有利的消息，因为 ASDEX-U 的许多重要参数比世界上其他任何聚变装置都更接近 ITER。

目前面临的最大挑战之一是如何有效协调真空室和真空室内高温等离子体之间的相互作用。由于钨是所有金属中熔点最高的材料，所以 IPP 用钨制器壁。

ASDEX-U 目前实验第一步必须证明在新的钨壁下可以得到洁净的等离子体。这一步很必要，因为高能等离子体粒子可以从壁上剥离原子，剥离的原子会穿透并污染等离子体。尽管聚变温度很高，但重原子不像轻原子，它们从壁上剥离下来后不能完全电离。更多的电子吸附在原子核周围，这些电子就会从等离子体上吸取越多的能量，然后以紫外线或者 X 射线的形式再向外放射，导致等离子体温度降低，密度减小，聚变产量减少。

ASDEX-U 已证明在适当调节放电后，器壁剥离的钨原子几乎不能穿透到等离子体。相反，在新的器壁条件下将导致高加热功率下器壁个别截面过量负载洁净等离子体。尤其是，这种过量负载可能会加重偏滤器负担，包括专门安装在容器底部的集电板。

为了阻止能量以快等离子体粒子形式撞击偏滤器，专门对等离子体边缘注入了杂质。杂质与高温等离子体接触后变为荧光，这种荧光以紫外光或 X 射线的形式在器壁上传播，从而轻缓地去除等离子体能量。不像在高温等离子体芯部，必须避免冷却效应，在等离子体边缘的冷却效应十分有用；快等离子体粒子在到达偏滤器板之前已经把能量传给了杂质原子。与迄今获得的实验经验相反，实验证明氮是非常合适的杂质材料。

出乎所有预料，氮气有助于等离子体达到良好的状态；尽管需要高达 20MW 的加热功率，但氮气冷却可把偏滤器板的负载降低到可容许值。在芯部等离子体提供了一个高的纯度，良好的热绝缘性。此次实验达到的等离子体能量是装置曾经达到过的最高值之一，这完全满足 ITER 的所有要求。

甚至危害巨大的 ELM 不稳定性也在氮气冷却的等离子体中减弱了很多。ELM 不稳定性对偏滤器有很不利的影响，因为它会把成串的等离子体粒子和能量投入到片滤器板上。对大型的 ITER 装置来说这是个巨大的挑战。另外，ELMs 也会使得杂质从等离子体被驱出。因此，需要的是威力较小、时常发生的 ELM 冲击等离子体。这在氮气冷却的等离子体中是可获得的。

由于并不确定此方法是否可外推应用到 ITER 这样的更大型装置或者未来的聚变电站上，所以在 ASDEX-U 上也研究了其他的 ELM 控制方法：目前是把辅助磁力控制线圈安装到等离子体容器中。截至 2012 年，共将安装 24 个控制线圈。安装完成后的装置将与设计预想的 ITER 非常相似。

欧洲原子能联营葡萄牙聚变协会(IST)在 ASDEX-U 托卡马克装置上首次证实了一种新的方法。多年来 IST 和 IPP 在微波反射诊断方面开展了富有成效的合作。等离子体微波反射通常用做确定等离子体密度径向分布的诊断方法。采用扫描微波频率的方法，并通过阿贝尔反演程序可以获得不同等离子体密度层的位置，然后将其转换成密度分布。

在新方法中，IST 专家采用典型边缘密度分布形状的专用算法和已掌握的知识实时跟踪等离子体的边界位置。结合局部与线性集成密度测量(后者从干涉测量和 O 模干涉测量获得)获得了边界密度的估算，不需要磁平衡的信息。

此前 IST 在 ASDEX-U 装置上做过可行性研究，这次 IST 专家研制的诊断系统可提供所需要的输入，即等离子体分界线的位置，实时速率为 1 ms，精确度比原来更好，超过 1 cm。

该诊断系统硬件的组装和设计由IST负责，包括干涉测量系统、实时数据采集与数据处理系统。通过与IPP合作，IST将诊断系统与ASDEX-U的放电控制系统实时连接，位置控制时关闭了放电环。

德国的聚变研究贡献不仅体现在托卡马克装置的研究中，同时还体现在对仿星器一贯的研究立场。自始至终的努力，开展了以Wendelstein装置的系列研究，获得了一批可喜的实验成果，得到聚变界的认可，为仿星器的研究提供了一条新的途径。

由于20世纪60年代仿星器的研究成果使人失望，同时托卡马克概念得到支持和推广，在较长一段时间内，世界各国对仿星器的研究处于半停顿状态。但是德国伽兴马克斯-普朗克等离子体物理研究所的研究人员，通过在Wendelstein装置上的系列研究，已经证明了基本的仿星器位形的平衡和约束能力。他们在Wendelstein装置上成功地约束了等离子体，当中断欧姆加热电流而采用中性束加热和仿星器所特有的螺旋线圈产生极向磁场时，仿星器不仅维持了等离子体约束，而且能量约束时间提高了几倍，看来仿星器必将恢复它应有的地位。

德国国家核聚变计划对先进仿星器十分重视。德国把先进仿星器看作是托卡马克途径的“改进”，而不将其视为人们常说的“替代”途径。先进仿星器不仅具有可以稳态运行的优点，而且可以利用其特有位形改进边缘区约束。Wendelstein-7S装置已获得很好的实验参数。

下一代先进仿星器Wendelstein-7X装置正在建造。这个装置虽不准备进行氘-氚试验，但将进行堆级等离子体完整的概念性试验。在边缘区研究上，Wendelstein-7X将利用仿星器特有位形来建造2种有特点的边界层，第一种将利用边界层附近磁力线的随机性质来控制能流、粒子流和杂质；另一种将利用很大的磁岛来增强能量和粒子的排除能力。对正在进行研制的Wendelstein-7X仿星器冷却水系统进行了一项功能性试验，试验进行得很顺利。该装置是目前在建的世界上最大的仿星器装置。

德国的核聚变研究除了在常规托卡马克和先进仿星器上进行研究之外，还开展了一些其他方面的工作，如：

• 德国马克斯-普朗克等离子体物理研究所为ITER研制一种新型高频离子源，每条束注入等离子体加热功率为16.5 MW。这种离子源具有坚固耐用，几乎不需要维护。能被ITER选用充分说明此技术可以满足ITER的要求。

• 德国马克斯-普朗克量子光学研究所(MPQ)的激光等离子体小组是欧洲原子能联营负责惯性约束聚变(ICF)研究的主要单位之一。在欧洲核聚变研发规划中，MPQ主要基于1 TW ASTERIX激光器的实验工作，包括ICF物理方面的理论工作以及ICF靶模拟和相应编码的开发。MPQ作出了对ICF有许多重大的独创性贡献。

• 德国的布鲁克能源与超导技术有限公司(BEST)要为ITER装置供应超导铌股线。大规模的超导磁体是用高性能的金属超导体铌锡股线做成的，用于约束等离子体。而BEST公司被认为是全球最好的生产超导体的公司之一，该公司生产的超导材料也被ITER装置作为全球基准的标准材料。

• 德国于利希研究中心(FZJ)在TEXTOR装置上也获得一些好的实验结果。如边缘辐射带试验，还用ICRH和NBI进行联合驱动得到好的实验结果，同时还改进变压器系统使等离子体脉冲平顶延长。开展等离子体-壁相互作用的基础研究已经20多年，该领域的研究还包括在实际操作条件下面向等离子体部件(PFC)的研发和试验。

所有这些活动都是为了极大地满足ITER的需要。尚在研究之中的主要候选材料有多种碳纤维复合材料(CFC)和不同等级的铍与钨(整体材料和涂层),它们被用做主动冷却的内室部件的铠装板。

在欧盟成员国中,德国的核聚变研究领域是广泛的,无论在磁约束聚变研究中,还是在惯性约束聚变研究中,研究成果是全方位的。各项实验结果得到聚变同仁的一致认可,特别是在ASDEX-U装置上获得的结果更是让人敬佩。目前在ITER计划具体实施阶段,作为欧盟成员国中主要的聚变力量之一,德国的作用是不可忽视的。在实施ITER计划欧盟采购包中,德国一定会承担聚变大国的责任。

1.4.3.4 欧盟惯性约束核聚变的发展

从20世纪60年代起,激光聚变就成为一个特殊的研究课题。惯性约束聚变(ICF)是大科学的范例,由于它与军用有关而且资料保密,使之它在发展中变得更为复杂。从一开始,由于考虑到双重用途,即:近期用于军事,远期用于能源。军用包括在实验室内模拟核爆炸的可能性,特别是研究核爆炸产生的高中子通量和X射线对军用设备和空间设备的影响,以及高压高温下材料平衡态的研究;研究聚爆过程中流体动力学和热核物理学的各种机制。

与磁约束聚变(磁约束核聚变研究)相比,ICF规划是核武器规划的一部分,因为ICF靶丸的加热、爆聚及燃烧的基本物理过程与核武器中是一样的。在实验室的ICF实验中比在地下核试验中更容易进行研究,这既是因为在实验中可以做许多在地下核试验中无法做的实验,也是因为可以使用某些在地下核试验中不能使用的诊断设备。

因为保密严重地限制了ICF的发展,主要是参与ICF研究工作的团体和公司受到限制,限制了国际合作及工业界的广泛参与,同时也容易使公众对ICF研究产生曲解和干扰。

ICF规划有意义的里程碑是实验点火,它是通向惯性约束聚变应用(能源应用)必需的一步。ICF计划一直得到欧盟的支持,ICF规划属于防御计划范畴。在欧盟聚变研究发展大纲中也对惯性约束聚变有重要的描述,要求欧盟对惯性约束聚变研究的跟踪,在适当的时候设计和建造属于欧盟的惯性约束聚变装置。

在50多年的欧盟聚变研究发展史中,始终有一支研究队伍在跟踪世界惯性约束聚变发展,如成员国法国和英国在激光聚变研究方面有卓越的成果。德国的有关研究机构一直在做一些基础性研究。一旦时间成熟,欧盟是有能力进行这项研究的。

欧盟在激光技术方面的发展很快,依托众多大型项目在自由电子激光技术和用于先进光源的激光技术方面取得了领先优势。在最近几年,由于美国的NIF装置和法国的LMJ激光聚变装置研究有了重大突破,欧盟决定研制属于欧盟的激光聚变装置。

欧盟的HiPER计划就是一个很好的例子,它是集欧盟成员国的力量进行的一项研究,而且可以充分利用成员国法国的先进技术力量为HiPER计划所用。HiPER是一个基于激光器的实验性惯性约束聚变装置,目前正在初步设计阶段,以保证欧盟可以在2010年左右开始建造。HiPER是一个特定研究"快点火"方法而设计的实验装置,该方法采用比传统设计小得多的激光器,但是却可以产生出同等数量级的聚变能量输出值。这提供了一个完整的"聚变收益",也就是说比美国国家点火装置要获得更多的收益,同时在整体费用上下降一个数量级,它的建成涵盖了一大批新的科学领域,如:极端物理材料、实验室中的天体物理、小型化的粒子加速器和大范围的基础物理研究。

HiPER 会成为一个大规模的激光器系统，用于论证来自惯性约束聚变的数量惊人的能量产物，同时可以支撑一系列以高功率激光器为基础的相关科学的研究。这必将使激光驱动的聚变方法——快点火发生可行的革命性进步。HiPER 将通过独一无二的结构来利用现有的激光技术，即将一个 200 kJ 的长脉冲激光器与一个 70 kJ 短脉冲激光器相结合。这些系统的评估体系要求将聚变燃料集合到一个合适密度并点燃这些燃料，从而得到扩散性的火焰波以释放大量能量。

到目前为止，惯性约束聚变的开发被限制在防护装置内，由引发该过程的激光设备的规模和 X 光线分类的特性驱使内部破裂。快点火的这种方法是通过使用 HiPER 将彻底改变现有前景，消除了对防护设备的依赖。快点火的靶丸需要很小的激光系统和光学辐射即可。这样就不需要直接应用防护设备。同时为惯性约束聚变商业化应用打开了大门。

2008 年 HiPER 项目由欧盟的 8 个国家（英国、西班牙、法国、德国、波兰、意大利、葡萄牙、捷克）和加拿大的 22 个研究机构组成，其主要科学家和政府官员在英国正式签署了为期 3 年 HiPER 激光聚变项目的相关协议。约 4 050 位科学家协作完成，经过 18 个月 5 次独立的圆桌会议产生了该项目的设计和细致的项目计划。利用现有的绝大部分技术可以建设这样一个激光器。一些中间尺度的激光器设备将为具体设计提供选择，包括日本的快点火实验装置 FIREX，美国的 OMEGA-EP，法国阿尔卡雄的千万亿瓦特激光设备（PETAL）和跨越欧洲的一大批高功率激光系统。建成后，HiPER 将成为世界上唯一代表继上面所提到的激光器之后可以直接实施快速点火的反应堆。

依据概念设计书，这些设备的科学性和技术性基础已经足够清晰，具体的设计阶段为 3 年。从正式建造到 2015—2017 年交付用户使用约为 10 年。时间进度表：2005— 2006 年为可行性研究阶段，2007—2009 年为详细的装置设计阶段（根据欧盟第七研发框架计划，FP7 计划），2010—2013 年为建造阶段，其中包括美国的 NIF、法国的 LMJ、日本的 FIREX 都将在这一阶段验证惯性约束聚变点火。

从建设阶段到试运行阶段，HiPER 的路线图是：现有设备→法国的 PETAL→ HiPER。现有设备包括英国中心激光设备 Vulcan 激光器、来自法国强激光实验室的 LULI 和 PALS。在这项技术上法国拥有先进技术，也体现出欧盟一体化的合作优势。

依据概念设计和法国研制激光设备的经验，建设该设备的费用约为 8 亿欧元，前期准备阶段费用约 5 500 万欧元（包括千万亿瓦特激光设备的完成），同时每年的运行费用约 8 000 万欧元。HiPER 现阶段的启动资金为 1 300 万欧元现金，货物援助将近 5 000 万欧元，各成员国负责提供硬件和专业知识。装置将建在英国，它是欧盟聚变研究发展大纲中的一项大工程。

HiPER 是为了验证作为未来能源的激光聚变的可行性，其目的是在未来若干年的时间内，当证明激光聚变的原理成立之后，为从原理的科学验证阶段过渡到商业堆建造阶段提供关键的下一步。其技术目标是在实验室内产生小型核爆炸，这些爆炸可涉及的军事应用包括模拟核武器对运行于核环境下设备的效应、研究对核武器重要的基础原子物理学和流体动力学、发展研究全尺寸试验用的仪表和技术及探索先进的武器概念等。这些技术对欧盟的安全和能源同样重要。

HiPER 的建造基于美国的 NIF 装置和法国的 LMJ 装置，这是目前世界上两个最大规模的激光聚变装置。HiPER的设计涉及广泛的新科学领域，包括特殊材料研究、试验室天体物理学、微型粒子加速器以及广泛的基础物理研究。惯性约束聚变研究对欧盟是非常重要的，需要尝试各种方法取得成功。气候变化和保障能源供应以及欧盟的安全同样非常重要，两者都不可以放弃。HiPER是与发展常规磁约束聚变同时进行的激光聚变研究。对于快速点火聚变来说，关键问题是从激光器能量到目标物的有效耦合，这也是HiPER激光器设计所依赖的主要问题之一。

欧盟在聚变研究中，以前主要的精力是致力于磁约束聚变，对惯性约束聚变研究只有很少一部分研究人员在跟踪研究，但是随着美国、法国、日本对惯性约束聚变研究重视程度的不断增加，欧盟也意识到要加紧对惯性约束聚变研究，于是加快了研究的步伐。好在HiPER的建造足以证明欧盟有能力研制这种高水平的激光聚变装置，也符合欧盟聚变研究发展大纲中对惯性约束聚变研究的阐述。

1.4.4 下一代聚变堆(DEMO)研究

欧盟核聚变研究规划中反应堆的发展方向蕴含着较为广泛的有待研究的核聚变的安全性、环境、社会经济方面的诸多问题，电站的安全性也是主要的研究课题。在欧盟核聚变研究规划中已经考虑了这些课题，并且对每一项课题都有具体的、明确的实施计划和步骤，以便能够充分证明核聚变作为未来能源的可靠性和安全性。

基于下一步实验的原因和从长远观点来看，已进行了与聚变安全性相关的广泛的研究工作。重点主要放在欧盟核聚变安全性分析计算机编码的发展、证实和应用上，以便获得允许的质量标准。其中包括小规模验证实验的标准检查程序、定义和性能，相关事故结果的故障率数据库和计算等。

1.4.4.1 欧盟致力于聚变堆的基础研究

在很长的时间内，根据欧盟核聚变研究规划，开展了聚变电站安全性和环境问题(SEAFP)的研究，已经验证了较长期的安全性和环境问题，该研究证实了聚变电站有吸引力的安全性和环境特性。随后，在SEAFP的基础上进行了一系列研究，称为长期的安全性和环境问题(SEAL)，SEAFP-2，SEAFP-99，它们延伸和完善了诸多分析。在SEAFP-99的规划框架中，论述了长期安全性部分的重点应放在行业安全性问题的评价、电站可用性(利用率)的影响以及在先进的包层概念下安全性和环境问题的评价。最近完成的研究表明，聚变的安全性和对环境的影响(SEIF)已经综合了以前所有的研究工作并有很大的拓展。对于未来聚变电站研究的结论是：等离子体的任何功率偏差都是通过固有的进程自限制到低能级，在任何时候等离子体室内的燃料投入量仅够运行大约1分钟，功率密度在正常运行时为中等，而在燃烧结束后则非常小，聚变电站运行产生的活性废物将不会成为下一代人的负担。

自1997年启动了聚变社会经济学研究(SERF)规划，目的是回答与核聚变产生电力预期的直接成本相关的问题，与其他能源供应技术的外部成本(主要是环境)相比较的相关外部成本，未来电力市场中聚变电力的潜在份额是多少，聚变实验和电厂被社会可接受性的程度如何等等。这些社会经济研究在SERF-1(1997—1998年)和SERF-2(1999—2000年)中已经阐述得十分明确，并且有一批数据证实，同时得到具体实施。

SERF-2较深入地研究了SERF-1中首次提出的重大课题。它进一步证实了这样一个结论，即：如果稳定大气中 CO_2 含量的需求得到适当认可的话，那么聚变产生的动力可成为一种经济有效的方法，以满足 21 世纪欧洲的电力需求。财政方面的支持极大地依赖于经济发展和 CO_2 稳定性目标为前提。聚变动力的外部成本可与最好的可重新利用的能源的外部成本相比拟。这些成本估算是基于物理学前提和目前工艺现状下被证实的技术和保守外堆的技术，以及出于非聚变目的早先开发的用于外部成本和能源方案的方法和数学模型。这些关于聚变的社会经济研究比以前任何研究的范围都宽，对于这种需求将在 SERF-3 规划中得到进一步的执行，SERF-3 规划将是启动的实施阶段。

2000 年 1 月启动了电站概念性研究(PPCS)，分为 4 种模型：PPCS-A，PPCS-B，PPCS-C，PPCS-D，其目标是协助评价聚变能的现状并建立欧盟核聚变研究规划的凝聚力和优先性。PPCS 分为 3 个阶段，第一阶段借用早先的研究结果以及非欧盟组织的评论结果以改进聚变电站设计的草案目标。第二阶段延续此项工作并集中在以下 3 个方面的活动：明确阐述物理学的要求和评价它们对聚变电力设计的影响；远程维护概念的外推，目的在于反应堆的高度可用性；研究达到安全性和实现经济目标的敏感性，以满足其他技术要求。在第二阶段对规划所做的战略推进是适宜的。第三阶段的工作将由几个商业性聚变电站模型的概念设计和它们的安全性评价、环境评价和经济评价构成。有关 PPCS 模型的具体数据见表 1.4.4。

表 1.4.4　PPCS 模型的主要数据

参　数	Model A	Model B	Model C	Model D
单元尺寸/GWe	1.55	1.33	1.45	1.53
包层增益	1.18	1.39	1.17	1.17
聚变功率/GW	5.00	3.60	3.41	2.53
电站效率[1)]	0.31/0.33	0.36	0.42	0.60
环径比	3.0	3.0	3.0	3.0
拉长度(95%通量)	1.7	1.7	1.9	1.9
三角变形度(95%通量)	0.25	0.25	0.47	0.47
大半径/m	9.55	8.6	7.5	6.1
同轴环向场/T	7.0	6.9	6.0	5.6
TF 线圈导体内侧的环向场/T	13.1	13.2	13.6	13.4
等离子体电流/MA	30.5	28.0	20.1	14.1
β_N(热，总的)	2.8，3.5	2.7，3.4	3.4，4.0	3.7，4.5
平均温度/keV	22	20	16	12
温度峰值因子	1.5	1.5	1.5	1.5
平均密度/$10^{20}m^{-3}$	1.1	1.2	1.2	1.4
密度峰值因子	0.3	0.3	0.5	0.5
H_H(IPB98y2)	1.2	1.2	1.3	1.2
自举份额	0.45	0.43	0.63	0.76
P_{add}/MW	246	270	112	71
n/n_G	1.2	1.2	1.5	1.5
Q	20	13.5	30	35
平均中子壁负载	2.2	2.0	2.2	2.4
偏滤器峰值负载	15	10	10	5
Z_{eff}	2.5	2.7	2.2	1.6

1) 电站效率定义为净电功率输出与聚变功率之比。

PPCS-A 和 PPCS-B 属于近期模型，已用 PROCESS 编码进行了计算，主要涉及等离子体物理工况以及基于 ITER 的设计计算第一稳定区和强电流驱动功率等。PPCS-C 和 PPCS-D 模型是在等离子体物理发展过程中逐步改进而设计的。

在欧盟核聚变研究规划中，欧盟现有的聚变装置有助于 DEMO 堆物理基础的建立。DEMO 堆的实验目的是演示聚变电力的可行性。在欧盟现有这些装置中，JET 装置起到了独一无二的作用，因为它所产生的等离子体最接近"下一步"中所期望的定标及参数。另外对聚变堆研究主要基于欧盟成员国现有的装置，在现有的装置上进行外推。主要的研究方向是：

• 概念的完善。目的是改进聚变装置基本概念的物理活动，包括"下一步"准备的前景和 DEMO 的概念性定义两方面。欧洲核聚变研究规划中的小型和中型托卡马克（ASDEX-U、CASTOR、Compass-D、FTU、ISTTOK、MAST、TCV、TEXTOR-94 和 Tore Supra）拥有大范围的位形、尺寸、形状、环径比和加热系统以及能够利用的各种运行方案。它们为检验可能的概念完善提供了广泛的基础。

• 稳态运行。具有自身潜力的仿星器在概念的完善研究中占有举足轻重的地位。尤其是在 Wendelstein 7-AS 和 TJ-Ⅱ 装置上这方面的工作仍在继续。先进的大型仿星器 Wendelstein 7-X 建造工作正取得显著的进展。它们同样具有未来反应堆概念，也能用来完善对环向约束系统的理解。

• RFP（反场箍缩）装置。有助于更好地理解环向系统内的约束物理学。反场箍缩类似于托卡马克，但它既能在较高密度下运行也能在低磁场下运行。利用 RFX 和 EXTRAP-T2 装置研究这一概念的物理学，同时探寻改进的性能及模的控制。

• 球形托卡马克。托卡马克的另一种变化，它具有比常规托卡马克高出许多的等离子体 β 下运行的潜在优势。在 MAST 装置上正在进行这方面的研究工作。

欧盟聚变规划中大部分装置着力于聚变技术的实验，还有一些装置着重点是欧盟聚变规划要求的以其他技术研究项目为目的，这类装置包括：中子束试验平台、MANTIS 和热疲劳试验装置、FE200（CEA，法国原子能委员会）以及超导及联合样品试验装置 SULTAN（CRPP，洛桑联邦理工学院基础科学学院等离子体物理研究中心）、偏滤器试验和重新装备平台（ENEA，意大利新技术、能源和环境机构）、大型超导线圈试验装置 TDSKA（FZK，德国卡尔斯鲁厄研究中心）、氚实验室（FZK，德国卡尔斯鲁厄研究中心）以及在 JET 装置上的活性气体处理系统。这些装置都为欧盟核聚变研究提供了良好的基础。

欧洲原子能联营聚变协会有一些主要的专用设备，他们大部分的研发工作致力于支持下一步聚变堆物理学和关键技术的研究，各种装置不同的位形和能力允许大范围开展各类课题的研究，包括：运行方案的进一步完善、约束与输运、边缘物理学与功率排出，还包括非感应电流驱动长脉冲的问题、位形研究以及诊断的发展。还投入大量人力和物力努力开发等离子体加热技术。在高功率、高效率回旋管和相关部件的完善方面已取得重大进展。仍在继续进行研究离子源和加速到 1 MeV 的基于负离子的中性束注入工作，在欧洲原子能联营聚变协会内还继续开展了一项充满活力的理论和模型规划的研究活动，这项研究活动主要是支持以上列出的全部实验课题，以科学、严谨、合理和广泛性的方式对上面提及的所有研究课题进行科学论证，通过一系列措施确保各项工作圆满地执行。

为了建立下一步的工程基础，即能够产生和约束具有堆相关能量倍增因子的静态燃烧等离子体，有必要发展诸多先进技术，如超导性、高热通量部件、远程控制、燃料处理、废物处理等，这些技术同样适用于未来示范电站DEMO。

欧洲原子能联营聚变研究现在主要研究ITER的关键工程问题。这涉及环向场模型线圈和中心螺管、氚再生区、偏滤器、远程控制、燃料循环和安全性。欧洲原子能联营聚变协会与各成员国其国内研究小组已经在实施以下3个项目，并被赋予了全部责任，它们是：磁体、偏滤器和远程控制，为中心螺管模型线圈项目提供大部分超导电缆以及整套偏滤器部件。

完善设计概念的目的在于改进现有聚变装置基本概念的物理活动，为下一步的聚变装置和DEMO作好准备。在欧洲聚变规划中有一批托卡马克装置，如：ASDEX-U，Castor，Compass-D，FTU，ISTTOK，MAST，TCV，TEXTOR-94，Tore Supra等，这些装置拥有大范围的位形、尺寸、形状、环径比和加热系统，以及能够利用的各种运行方案，它们为检验可能的基本概念的完善提供了广泛的基础。

在新世纪的第一个10年中，根据欧盟核聚变研究规划的发展战略，欧盟开展了有关DEMO堆的一系列基础研究，为今后DEMO堆的设计和建造提供了技术保障。

1.4.4.2 欧盟DEMO堆的研究重点

根据欧盟核聚变研究规划的发展战略，除了进行上述基础研究之外，还要研究能分阶段地通向原型商用反应堆的一系列研究工作。JET装置之后要建造和运行下一个欧洲联合环(NET，下一代欧洲联合环)和一个示范动力堆(DEMO)。

欧盟核聚变研究规划长期的技术发展主要涉及那些与DEMO和原型反应堆相关的具有很长超前时间的研究与发展问题。研究的主要领域是增殖堆再生区、材料开发和聚变材料辐照试验设备的概念性设计。尚在研究之中的可能的再生区设计是氦冷铍床(Helium Cooling Pebble Bed，HCPB)和水冷锂铅(Water Cooling Lithium Lead，WCLL)。与此同时，欧盟核聚变规划制定了一个发展和评定具有强耐辐照性和低活性结构材料大纲。该大纲包含3个方面：低活化钢、复合物和先进的钛或钒基合金以及它们的核数据库。

材料和部件的放射性测试是技术发展中必不可少的一部分，为此还需要有一个高强度、高能中子辐照装置。今后将通过IFMIF国际合作组织，在国际原子能机构的指导下，探索这种装置的设计。该项目研究的目的是建造一个能在足够强度下产生高能中子的强中子源，并且在适当大的辐照试验空间内有一个适当的在14 MeV时峰化的能量谱。国际聚变材料辐照装置应当考虑评定DEMO堆和未来聚变堆所需的材料。此外，它还应当提供从裂变堆中得到的数据标准和确认它们的有效性范围，并准备模拟工作的标准。主要部分的研究阶段已经开始，其重点放在IFMIF装置概念设计中采用先进技术的发展和有效性上。它正在检验加速器技术、锂靶技术、设备测试技术和设计等综合问题。这项研究工作正与日本合作，共同开展研发。

而作为欧盟的NET计划，其主要目标是达到长脉冲运行下的热核点火。点火定义为氘-氚聚变产生的α粒子所释放的功率即占总热核功率的20%，足以抵消所有的能量损失，维持热核反应等离子体温度的自加热功率状态。这意味着NET计划要验证主要聚变堆工艺的托卡马克的安全运行，并为建造电功率接近将来商用电功率的示范堆(DEMO)提供基本数据。

当JET装置运行过程中，已经考虑了欧洲下一代托卡马克装置的设计。NET计划的设计工作早于ITER设计。当时欧盟组织成立了NET工作组，参与了NET和ITER设计。在ITER设计的过程中，得到世界各国的重视，国际合作越来越明朗化，当ITER计划的各方提出共同建造ITER，ITER计划正式走上国际合作之路时，欧盟就决定以平等的一方参加ITER计划。而NET工作组就直接参与了ITER计划的工作。但NET计划仍保留，并通过NET计划合同在成员国继续开展与NET有关的工艺设计和研究，如低活性材料的开发、长期环境安全分析。1990年ITER的概念设计结束之后，NET小组继续进行改善ITER等离子体性能的研究并开展包层试验计划，利用成员国现有磁场系统进行ITER的磁体可靠性和参量分析研究等。但是，在2000年之后，ITER计划的设计目标已与NET计划接近。因此，欧盟就决定放弃NET计划，通过ITER计划合作方的共同努力实现ITER计划，为下一步DEMO堆的建造提供有益的参考。

关于下一步DEMO堆的讨论，聚变界比较一致的意见是要看ITER装置运行后能否实现所预期的目标，能否为聚变研究带来质的变化。基于这一前提，欧盟在这方面只开展一些基础性研究，但是，对商用聚变能发电的前景是充满信心的。

商用聚变堆产生的电能具有连续脉冲，每次持续时间为几小时到10小时，假如在ITER上能实现长时间燃烧的话，那么利用ITER工艺在技术上是可行的。对DEMO堆所需要的工艺，即稳态运行工艺和高温包层工艺，如能在ITER上研制，并能得到好的结果，稳态运行的DEMO堆的建造将成为可能。DEMO堆的建造和运行将论证聚变能的技术可行性。DEMO堆是商业聚变堆的原型，将完成聚变堆工艺的研制和开发阶段。

聚变必须在经济上与其他进入能源市场的能源竞争。减小反应堆尺寸、减少维修成本以及结构材料的检查和替换频率，同时达到反应堆的稳态运行，进而改善等离子体性能对提高商业聚变反应堆的经济竞争力是极为重要的。

低活化材料的研制和高强场磁体以及改善等离子体约束性能将有效地减小反应堆尺寸。已经选择了以上所提出的候选低活化材料，用14 MeV中子源对这些材料进行辐照试验是必需的。业已发现高强场磁体的制造比ITER更有希望。正在设想这样一个高强场磁体的工程演示。

由于高能中子引起的辐照损伤，需要在聚变堆使用期限内定期地更换结构材料。降低电成本的有效途径是通过延长材料寿命来延长部件之间更换的周期，以及缩短所需要的更换时间。前者将通过高性能材料的研制来实现，后者将通过改进维修过程来完成。

通过实现高性能等离子体约束将有效地达到降低用磁约束系统发电的成本。即使在实现聚变发电之后仍要继续研究聚变等离子体性能的改善，研究高性能等离子体约束。所获得的研究结果将为增进经济吸引力而作出贡献。

从技术观点出发，假如把目前正在进行的工艺改进方面的研制和ITER的成就都引入DEMO堆中，DEMO堆发电有可能在2040年左右实现。预计在DEMO堆良好地运行后，聚变能源要成为被公认为具有经济竞争力的商业上可用的选择方案，仍将需要10年以上。要准确地预计是很难的，因为这取决于改进工艺的进展、其他能源的经济特点以及当时的社会条件。

从聚变能源技术可行性方面考虑，只要在ITER上通过论证燃烧聚变等离子体的控制、证实技术可行性以及达到安全性和可靠性，就能证实聚变能源的技术可行性。进而利用建立的稳态运行来实现高性能的聚变堆。DEMO堆及其以后的反应堆所需要的大多数主要工艺都可以作为 ITER 的扩展来研究。因而，DEMO 堆和今后反应堆的聚变开发前景将在 ITER 规划中变得更加重要。另外，由于材料的研制、工艺改进以及等离子体物理学的进展，DEMO 堆的建造成本可能会低于 ITER。类似的可能性会应用于 DEMO 堆之后的商业聚变电站。ITER 是人类和平利用聚变堆的进程中最重要的里程碑，ITER 装置的成功将直接指导聚变示范堆(DEMO)的建造，最终实现聚变能商用化。

欧盟在努力实施欧盟的聚变研究规划，在未来聚变电站和 DEMO 堆的研究上，按目前的规划是：继续开展聚变电站和 DEMO 堆的基础研究，重点是开展国际聚变材料辐照设施(IFMIF)的研究，这是为了研究聚变电站和 DEMO 堆使用何种材料而开展的一项有意义的工作。

根据欧盟提出的 IFMIF 进程表(图 1.4.9)，IFMIF 不仅要承担自己的使命，同时要满足强聚变中子源的需要，同时能够满足 DEMO 堆建造、认可和安全运行所需要的基本材料。

主要时间点：

2013 年 6 月提供基本的 IFMIF 工程设计报告。

2013 年 12 月完成不包括氘离子加速器样机在内的所有 IFMIF EVEDA 活动。

2015 年 6 月启动完整的氘离子加速器样机实验。

2017 年 6 月完成更宽领域合作协议框架结构的研究。

预计将由国际专家组对 IFMIF 工程设计报告(EDR)进行基本的评估，将根据专家组的评估结果再进行修改。

IFMIF 将在 2014—2020 年筹集资金。

IFMIF 建造的成功与否是对 DEMO 的关键一步，为此欧盟将要付出更多努力，为 IFMIF 的建造，提供技术、人员、资金等各方面作出贡献。正如前面所述，ITER 装置的工程和物理实验的结果对下一步研究聚变电站和 DEMO 堆的发展是举足轻重的，也正是欧盟、乃至所有参与 ITER 装置建造的合作方为之而努力的。目前聚变能的开发正进入一个新的阶段。通过国际合作 ITER 装置的建造和运行是 21 世纪实现聚变能源的重要步骤。

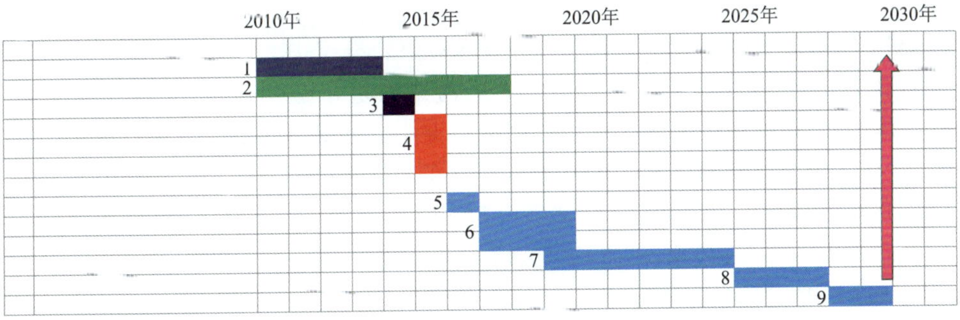

图 1.4.9　欧盟提出的 IFMIF 进程表(参考方案)

在工程评估与工程设计活动(EVEDA)阶段：1—工程活动；2—评估活动；3、4—决定 IFMIF 的建造。在 IFMIF 建造、运行与退役活动(CODA)阶段；5—启动国际工作组；6—详细的工程准备包括(场地准备、评估活动的结果等)；7—IFMIF 的建造；8—试运行和正式启动；9—获得首批实验结果。IFMIF 的建造与成果关系到 DEMO 的日程，而 IFMIF 的首批结果同样对 ITER D-T 结果十分重要。目前欧盟要在 2020 年前提供预算，并开展与此相关的一系列活动。

1.4.5 欧盟工业界参与核聚变研究的活动

当前是聚变能源研发的关键阶段，也是ITER计划具体实施的关键阶段，工业界主要涉及聚变装置ITER的建造与研制。从这点看，建设所需的主要经济资源将走向工业，为参与ITER建设的欧洲工业界，乃至成员国的工业界带来了一批批订单，将大大提升欧盟工业界的研发能力、技术创新能力、制造能力以及企业就业空间和资源积累。

在ITER建造期间和今后DEMO期间，工业界在聚变工程学的角色变得很重要，为了有效地向商业生产方向发展，利用工业界内的私营公司和国家企业的技术很重要，包括工程公司、元件工厂、电力生产商均可参与ITER建造项目的投标，进一步拓宽工业界在聚变能源建设中的作用，以确保聚变发展适应工业技术的要求。

欧盟要建立为ITER服务的EFDA/F4E供应商数据库。这个欧盟工业数据库主要包括参与ITER项目竞标的公司及其产品。充分发挥欧盟内部具有先进及强竞争力的企业和各类公司参与到ITER活动中，共享产品的技术数据库，互相了解来推动欧盟工业创新和发展。目前已有750多个来自欧洲的公司在EFDA的工业数据库中注册，他们将优先参与ITER的各项工业竞标活动。当然参与竞标活动之前，先要进行企业资格评审活动。

目前参与ITER计划的欧盟企业越来越多，主要参与ITER建设的具体项目的企业有：

• 英国公司(如：英国AMEC核有限公司、英国Assystem有限公司、Frazer-Nash咨询服务公司和Strachan & Hendshaw公司)签署了4年专业工程服务框架协议。专业工程服务包括初始的设备设计、利用先进热机械分析、磁力发电机结构分析以证明功能和结构的整体性等。

• 欧洲ENGAGE集团承担了ITER建筑工程，负责39座大楼中的29座，还有工地基础设施以及供电设备等。该集团由法国的Assystem公司、英国的Atkins公司，西班牙的Empre-sados Agrupados公司以及法国的Iosis公司组成。

• 奥地利的BÖHLR公司(特殊钢板材公司)承担了ITER装置中硼不锈钢中子屏蔽板的制作。

• 德国BEST公司(布鲁克能源与超导技术有限公司)下属的EAS Gmbh子公司(欧洲先进超导体公司)承担了ITER装置中使用的高性能超导铌-锡导线，并且完成了第三个3.5 m导体试件，该试件在瑞士等离子体物理研究中心的Sultan试验装置上进行了试验。意大利ENEA聚变研究所负责对EAS公司生产的导体进行了测试。

• 英国牛津仪器公司也将为ITER提供58 t超导线。

• 英国的Cosworth公司、牛津科学磁学公司、科学与技术设施理事会(STFC)、海德集团都将参与ITER磁体生产项目。

• 法国Capgemini公司下属的Sogeti高科技公司将参与ITER机械设计、总体安装和电力等项目的产品制作。

• 芬兰VTT技术研究中心和芬兰坦佩雷理工大学共同合作生产了ITER远程操作系统试验平台(DTP2)。

• 英国牛津技术有限公司和法国ONET公司的下属公司COMEX nucleaire共同完成了ITER热室基线概念远程操作系统的评审。

• 奥地利的Plansee公司为ITER生产了2台偏滤器样机。

- 意大利的 Ansaldo Ricerche 公司为 ITER 生产了 1 台偏滤器样机。
- 英国的 Jacobs 工程集团公司承包了 ITER 前期土建与工程服务项目。
- 欧洲的 GTM 集团公司承担 ITER 托卡马克大厅的建筑项目。
- 意大利的 CESI 公司负责 ITER 建设期间的电气、电力转换和电力电子器件等安装。
- 英国 NIS 有限公司承担了仿 ITER 壁项目。
- 隶属于意大利 ENEA 和法国 CEA 的 IRFM 公司承担 ITER 极向场线圈导体的 2 个原型机样机产品的生产。
- 欧洲 AMW 联营公司承担了欧盟生产的 7 个真空室扇形段的项目。
- 西班牙的 SAU 能源公司、ASG 超导体公司和 Elytt 能源公司联合承担了 ITER 环向场线圈的生产。

从目前承担 ITER 任务的数量而言，处于前 3 名的欧盟成员国是法国、意大利、英国。

参与 ITER 项目的欧盟公司和企业还有：AKB 公司、RST(Rostock System Technik)公司、Tesla 企业、Thales 公司、DSM-DAPNIA 公司、Snecma Propulsion Solide 公司、ENSA 公司、Jema Grupo 公司、Romabau 公司、Kompaflex AG 公司、Linde 企业、Alu Menziken Industrie AG 公司、Ansaldo Superconduttori 企业、Outo kumpu 公司、Plansee 公司、ABB 公司、Siempelkamp Nukleartechnik 公司、Siemens 企业、MAN DWE 公司、Babcock Noell Nuclear GmbH 企业、PEM Automationstechnik schwarzenberg GmbH 公司、CON 公司、Österby gjuteriab 公司等。

作为东道主，欧盟有理由相信，通过欧盟工业界积极投入 ITER 的建设和制造，必定会推动欧盟在 ITER 计划中所承担的项目的实施，同样会提升欧盟工业界在技术开发、产品研制、技术创新、科学管理等各项能力。参与企业也会从中获得丰富的利润，同时会培养一大批优秀的技术人才和管理人员。

1.4.6 核聚变研究人才的培养和公众宣传

欧洲核聚变研究的发展离不开向公众宣传聚变能源的益处。欧洲原子能联营协会把教育、培训年轻研究人员作为一项重要的工作进行。在欧洲原子能联营协会和各成员国的实验室中有许多专业人士在高等院校的研究所及一些大学中承担着教学任务，并有相当数量的博士生(近 300 人)在欧洲原子能联营协会各实验室从事他们的研究工作。欧洲原子能联营协会也为大学生和年轻的研究人员共同举办聚变和等离子体物理暑期讲习班。

作为对检验公众接受程度的社会经济研究的一项补充，促进公众了解聚变研究活动的发展正日益受到关注。欧洲原子能联营协会与各成员国在它们国内都组织了各种各样的活动，大力宣传聚变知识和聚变文化，以通俗的聚变文化促进公众对聚变知识的了解。在 EFDA 框架下，还有一项组织活动，就是举办有关聚变研究发展的展览会，建立精心制作的网站以及多媒体语言的 CD-ROM，进行广泛的赠送。通过一系列强化活动的宣传，大大推进了公众对聚变的认识和理解。

在欧盟核聚变研究规划中，也涉及人类资源、教育和培训、向公众宣传和各种支持活动。欧盟在重视核聚变人才培养和加强向公众宣传力度方面有自己的一套方法。

欧盟成员国的高校担负着培养聚变人才的责任，这也是为欧盟能更好地占有聚变先进技术储备人才，使之后继有人。根据欧盟核聚变研究发展大纲的要求，培养各类人才也是各成员国必须做的一件有意义的事情。

在教育方面着重开展的工作有：与聚变计划目标（包括欧洲聚变博士研究生教育计划）一致，通过组织和管理共同开展活动，支持和协调在聚变物理与工程方面的培训和教育；为相关人员和学生提供便利，使他们有机会使用设备和参加研究活动，如博士研究生可参加本国国内大学以外的机构组织的课程学习，或参加那些对计划目标和结合有重要意义的精选培训课程或学术活动；为他们提供在现有聚变装置上进行短期工作的机会；为大学硕士研究生所提交的聚变学术论文组织各种指导性的学术活动。

在人才培养方面所开展的主要活动是：

• 欧盟成员国荷兰 EUROTOM-FOM 协会开发了一套聚变研究的教学模块引入中学课堂。该教学模块的目的是要求学生在中学学习的几年中了解聚变能源的简单理论，并根据自己掌握的知识设计出可产生足够能量的聚变反应堆，并根据物理论据加以论述。同时可以参观 FOM 的聚变装置等活动，增加学生们的兴趣。

• 由欧盟里斯本大学、慕尼黑大学以及帕多瓦大学共同建立欧洲聚变科学与工程博士网，该网站由欧盟的几个实验室（葡萄牙的 IST 实验室、德国 IPP 研究所，意大利的 RFX 研究所）资助，目的是在比较宽的层面上培养聚变科学与工程博士生，让他们能够胜任今后聚变领域的工作，同时也尝试填补传统的等离子体物理学大学课程与从事聚变研究所需要的知识之间的空白。该网站已向其他高校和聚变实验室扩大，并将在欧盟核聚变研究发展大纲框架内运行。

• 欧盟建立欧洲聚变培训计划（EFTS），以确保 ITER 所需工程技术人员的技术培训。在 EFTS 框架中，欧盟成员国（德国、荷兰、英国、法国、丹麦、捷克）的一些聚变研究机构已创建了“ITER 光学诊断工程学的培训计划，让更多的年轻工程师通过专业培训，以掌握相关的聚变知识用于 ITER 建造之中。

• 在欧盟的大力资助下，开设了核聚变科学与工程物理欧洲硕士课程的 Erasmus Mundus 奖学金，这是欧洲高等教育领域的全球性合作奖学金项目。旨在全球开设优秀人才的培养，这也是欧盟的首创。参与具体的大学为欧盟成员国的大学，如西班牙、法国、德国等的一些知名大学。这项奖学金特别向参与 ITER 计划的其他成员国，如美国、中国、俄罗斯等公开招聘学生，将提供特别优惠的政策，以支持有志之士加入这项奖学金，为今后的聚变发展储备人才。

• 从 2008 年开始建立了聚变教育网（FUSENDF），这是在 EFDA 的协调下，按照欧盟核聚变研究规划建立的一个网站，其目的是推动欧盟成员国之间聚变研究的发展，提供统一的教材和实验场地，为科研人员开展各种服务，有各种装置可以提供科研人员实践。

欧盟不仅加强人才的培养，而且大力推动向公众宣传聚变的力度。由 EFDA 和欧盟出资不定期地在欧盟成员国内举行各种规模的欧洲聚变展览会。展览以简明扼要的方式解释聚变的基本原理，描述欧洲聚变研究前景和装置情况，介绍 ITER 项目，着眼于未来运行的聚变电站的建设。聚变以一种环保、安全和可持续性的能源技术向人们展示。展览会在不断改进并变得更现代化，更接近人们的视角，更容易被大众所接收。自 2008 年开始，展览会已在法国、西班牙、英国、斯洛文尼亚等国家展出。

与此同时，欧盟的成员国也独立举办类似的展览会。如西班牙的普及聚变知识的教育展，意大利举办聚变技术展览会，以不同目的扩大宣传、邀请各类人士作简单的报告，以达到展览会的目的。向公众讲解当代人们的希望和对能源危机的担心，以及将太阳能带到地球是一种挑战等。

同时ITER网站除开通ITER国际组织的官方语言英语外，还开通东道国法语网站。因为全世界范围内的法语国家有70个，2亿人口，向法语国家宣传ITER，也是非常有价值的。

由此可见，欧盟在全方位落实欧盟核聚变研究发展大纲中的每一项任务，在大纲中指出要开展人类资源、教育和培训、向公众宣传和各种支持活动。如此认真落实、执行大纲中的每一项任务足以说明欧盟是以负责任的态度进行所有聚变研究活动，这也是所有从事聚变研究所需要的一种科学严谨的态度。

1.4.7 结束语

经过50多年的发展，欧盟已站在聚变研究和发展的最前沿。无论1958年成立欧洲原子能联营(EURATOM)，还是1977年欧盟部长级会议做出了一个里程碑性的决定，就是建造JET装置，欧盟始终处于开发聚变能源的最前沿。JET装置于1983年运行以来，至今仍是欧盟聚变研究的旗帜，使欧盟得以维持世界领先位置。1997年在JET装置上创造了3个世界纪录，产生了22 MJ的聚变能量；获得了16 MW的最大聚变功率；产生了0.65的聚变因子。这是世界上最大的具有最好品质的聚变装置，是世界上为数不多的具有氘-氚混合燃料运行能力的聚变装置。JET装置已经为ITER的设计提供了基本概念，对ITER的尺寸设计、加热方案、运行条件提供了关键的数据库。对ITER的建造展示了重要的技术因素。同时锻炼和培养了许多物理学家、工程技术人员，他们现在已成为ITER建造的核心力量。

欧盟的聚变研究除在JET装置上所取得的卓越成果之外，在成员国的许多聚变装置上同样获得一大批富有创新的成果，这些装置在不同的年代、以不同的装置类型都获得了各具特色的成果，如：Tore Supra装置在几乎稳态的条件下实现了长达6 min的长脉冲运行；MAST可在超过100万安培的等离子体电流下运行；1982年初在ASDEX装置上首次发现粒子和能量约束改善的H模等。这足以说明在成员国众多的聚变装置上所获得的成就构成了欧盟聚变研究的基石，为ITER计划的实施提供了技术保障。

欧盟的聚变研究成果得益于欧盟历届管理层的智慧、防患未然的意识以及科学管理能力；得益于所制定的各类欧盟核聚变研究发展规划；得益于欧盟聚变科学家、工程技术人员及企业界的精英们的创新意识和不懈努力。

ITER计划的具体实施才刚刚开始，任重道远，在前进的道路上必定会遇到各种困难。欧盟作为东道主，其承担着46%的ITER建造任务，要圆满完成此任务，仍需欧盟各方努力。最近，由于ITER计划全面展开，各项费用直线上升，远超过当初的预期值。欧盟所承担的费用也随之增加，欧盟需要克服各种困难，迎刃而解。人们有理由相信，以欧盟的智慧一定能解决前进路上出现的各种困难，使ITER计划能全面、按时、高质量地实施。

欧盟对能源的迫切需求，以及对能源进口的依赖已影响到欧盟的战略地位及欧盟的科学发展，为了实现能源供应安全的目标获得最大范围内的自足，减小对外界的依赖性或减小与这种依赖性相关的危险性，希望实现各种能源的多样化及其之间的平衡。欧盟充分认识到核聚变能是一种重要的可解决长期能源供应的途径，成为欧盟致力于发展核聚变作为未来可用能源的原因。核聚变能发电的前景给欧盟带来了无限的希望，欧盟自始至终不遗余力地投入巨资进行研究，以期尽快实现。ITER 计划的具体实施是为欧盟、乃至世界实现核聚变能源开发的最好注释。BA 计划是欧盟与日本在稳态燃烧高品质等离子体物理方面以及面向聚变堆的工程技术研究方面的研究活动，也是欧盟聚变能源发展的重要组成部分。

参考文献

[1] Palumbo D. Origin and role of international cooperation in fusion research [R]. Proc. 8th Int. Conf. IAEA-CN-38/A-0, 1982.

[2] Antidormi R, Bartlett D, et al. Fusion R&D in the European union's framework programmes [J]. Transactions of Fusion Science and Technology, 2002, 41(3):450.

[3] Minh Q. The European fusion programme [R]. EFDA.

[4] Maisonnier Ch. Status and prospects of the European fusion programme [J]. Fusion Engineering and design, 1991, 14:1-6.

[5] Zurita Z. Integrating approach of the Euratom fusion programme [R]. Joint meeting IFRC and FPCC, 2009.

[6] Yoshikawa H. Special lecture [J]. ITER EDA Newsletter, 1998, 7(11):2.

[7] Bartlett D V. The European fusion programme [J]. Transactions of Fusion science and Techmology, 2010,57(2):27.

[8] Maurizio G, et al. Design and technical status of the EU contribution to ITER [J]. Fusion Engineering and Design, 2009,84:143-149.

[9] Didier G. Fusion for energy:A new European organization for the development of fusion energy [J]. Fusion Engineering and Design,2009,84:138-142.

[10] Nevninin A U. Comments [J]. Transactions of Fusion Science and Technology,2008,53(5):iii.

[11] Francesco R. Preface [J]. Transactions of Fusion Science and Technology,2008,53(5):v.

[12] Palumbo D. The birth of JET [J]. Transactions of Fusion Science and Technolgoy, 2008, 53 (5):861.

[13] JET Team,Development of key fusion technologies at JET [J]. Nuclear Fusion,2000,40(3Y):611.

[14] Keilhacker M, et al. The scientific success of JET [J]. Nuclear Fusion,2001,41(12R):1925.

[15] Francesco R. The future of JET [J]. Transactions of Fusion Science and Technology, 2008, 53 (5):1217.

[16] Weynants R R. Fusion machines [J]. Transactions of Fusion Science and Technology, 2008, 53 (2):37.

[17] Rutherford P. The tokamak 1955-1980 [J]. Nuclear Fusion,1980,20(9):1086.

[18] Motojima O. Summary of sessions EX/D,EX/S and EY/W [J]. Nuclear Fusion,2009,49(10):1-19.

[19] Toshihide T. Broader approach to fusion energy [J]. Fusion Engineering and Design, 2009, 84:122-124.

[20] Dale M. 50 years of fusion research [J]. Nuclear Fusion, 2010,50(1):1-14.

[21] Kaname I. ITER on the road to fusion energy [J]. Nuclear Fusion,2010,50(1):1-10.

[22] Jacquinot J. Fifty years in fusion and the way forward [J]. Nuclear Fusion,2010,50(1):1-11.

[23] Kunioki M. Inertial fusion power development: the path to global warming suppression [J]. Nuclear Fusion,2010,50(1):1-6.

[24] Meyer-ter-Vehn J. Prospects of inertial confinement fusion [J]. Plasma Physics and Controlled Fusion,

1997,39:B39-B45.

[25] Yamanaka C. Inertial fusion research over the past 30 years [J]. Fusion Engineering and Design,1999,44:1-12.

[26] Holtkamp N. The status of the ITER design [J]. Fusion Engineering and Design,2009,84:98-105.

[27] Aymar R, et al. The ITER design [J]. Plasma Physics and Controlled Fusion,2002,44:519-565.

[28] Saoutic B. Development of key ITER relevant technologies on the Tore Supra tokamak [J]. Fusion Engineering and Design,2009,84:161-169.

[29] Association Euratom-CEA pour la fusion Annual Report 2008[R].

[30] UK atomic energy authority Annual Report and Accounts 2009-2010[R].

[31] Grubert O. ASDEX Upgrade enhancements in view of ITER application [J]. Fusion Engineering and Design,2009,84:170-177.

[32] Zohm H. Recent results from ASDEX Upgrade [R]. Max-Planck-Institut fur plasmaphysik, 2005.

[33] Wegener L. Status of Wendelstein-7-X Contruction [J]. Fusion Engineering and Design, 2009,84:106-112.

[34] 朱毓坤. 核真空科学技术[M]. 北京:原子能出版社,2010.

[35] Wagner F. The Wendelstein 7-X project and its relation to ITER[R].

[36] Lorenzo S C. The European joint undertaking for ITER and development of fusion energy[R]. Joint IFRC-FPCC meeting,24-25 February 2009,Vienna.

[37] David M. DEMO and fusion power plant conceptual studies in Europe[J]. Fusion Engineering and Design,2006,81:1123-1130.

1.5 日 本

1.5.1 日本聚变研究背景

在日本,以石油为主的一次能源的80%都依赖进口,而石油大多来自中东产油国,日本认为这种供应机制十分脆弱,因此必须在进一步努力促进能源有效利用的同时,加快石油替代能源的开发和引进,确保能源的稳定供应。同时,作为发达国家的一员,日本认为国际上都期待着日本参与开发世界未来能源,从而对人类的稳定能源供应做出贡献。核聚变能源作为未来的实用能源,对于处于国际核聚变能源研究领先地位的日本来说,通过积极研究开发核聚变研究开发,不仅对国际社会的基础研究领域做出积极的贡献,而且对于提高日本的国际地位也将发挥重要的作用。同时聚变能在安全、环保、原料丰富性方面有潜在优越特性,是未来革新能源的首选,与国家经济和国家安全息息相关。日本认为,像核聚变这样的大型科学研究,必须以国家为主体来推动研究开发工作。同时,他们希望通过在核聚变领域取得的进展,包括在等离子体物理、等离子体应用、高能量密度、非线性现象、计算机模拟科学,空间和天体等离子体物理、超导工程、材料科学等方面取得的各种科学成果,以此来提升国家的科技和学术水平,同时对其他技术领域也会做出相当大的贡献。

有关聚变堆发电的经济性能,日本原子能研究所(现日本原子能研究开发机构)以取得的核聚变研究开发成果为基础,以设定的技术可行性较高的实用型一号堆为计算对象,对聚变堆的经济性能进行了计算;美国人也以假定的实用堆ARIES为对象对聚变堆的经济性能进行了计算。上述计算结果表明聚变堆的经济性能可以达到与其他电力能源相当的水平。

同时，由于事业费、燃料费等变动费用在聚变堆发电成本中所占比例很低，因此作为设备利用率高的基础荷载电力源，聚变堆的经济性能应该最为有利。

日本的核聚变研究始于1955年，比欧美较晚。最初的一段时间，是由某些大学做一些小规模的实验研究。1957年，京都大学设立了以核聚变为中心课题的核物理学教研室，建成了装置Heliotron，并着手建造日本第一个环形约束装置Heliotron A。1958年，核聚变被列入文部省科学研究预算的综合研究项目，当时担任日本原子能委员会委员的汤川秀树博士又倡导和组织了全国性的研究人员自由团体—日本核聚变恳谈会(1983年3月，核聚变恳谈会更名为日本等离子体·核聚变学会)。该会在以后成为推动日本核聚变研究的重要力量。1959年5月，日本文部学术会议设立了核聚变特别委员会。在该委员会的提议下，1961年建立了全国性的共同利用机构——名古屋大学等离子体物理研究所。该所曾在基础等离子体理论及实验领域开展了一系列有特色的工作，取得了众多的成果。

日本的核聚变研究开发主要依据日本政府的原子能委员会颁布的《核聚变研究开发基本计划》进行。该计划首先由日本原子能委员会下设的专门机构——核聚变会议在充分酝酿的基础上提出方案并接受原子能委员会的答辩，最后由日本原子能委员会审议批准后颁布。经日本原子能委员会批准公布的计划即作为国家的方针计划实施。以此基本计划为基础的具体详细设计计划由依据基本计划和具体设计计划编制预算，上报批准后实施。

1969年，日本原子能委员会正式将核聚变研究确定为原子能特别综合研究项目，明确了聚变反应堆的必要条件，并且开始投入各种较大型装置的研究。与此同时，制定了聚变研究的第一个五年计划即第一阶段计划(1969—1974年)。按照这个计划，由日本原子能研究所(JAERI)负责，日本电子技术综合研究所(TPE-1，环形箍缩装置)、日本理化学研究所在相关技术上合作。开始实施以环形装置的研究为主，高β等离子体研究为辅的研究计划，1969年JAERI建成了JFT-1托卡马克，1972年又建成了JFT-2，以期验证温度为数百万摄氏度、β值为1%的等离子体稳态约束。1974年在JFT-2上成功地实现了温度为700万℃的等离子体稳态约束，这对以后日本率先在国际上验证射频等离子体电流驱动发挥了很大的作用。与此同时，JAERI又建成了带偏滤器的非圆截面托卡马克装置JFT-2A。通过以后在JFT-2A上的实验，证明了偏滤器效应对于排出等离子体的杂质极为有效，这对后来国际上托卡马克的研究产生了重大影响。JFT-2启动之后，名古屋大学等离子体物理研究所建成了JIPPT-Ⅱ托卡马克，其他各大学也陆续开展了如磁镜、激光聚变、仿星器等多途径的研究工作。日本由此迈进了世界核聚变研究的行列。

1975年，日本“核聚变会议”组织成立，正式确定以日本原子能所的托卡马克途径为主要研究方向，并制定了“第二阶段核聚变研究开发基本计划(1975—1991年)”。从此日本核聚变研究的主流致力于大型托卡马克装置计划，在这方面的研究几乎占了其核聚变研究经费的80%。至此核聚变研究正式被列为日本国家计划。这个计划包括：建造大型托卡马克JT-60，以验证核聚变的科学可行性；加强相关技术和堆工艺的开发；建造中型托卡马克非圆截面装置JT-4，以实现高β等离子体上的稳态约束(JT-4中途被日美合作项目Doublet Ⅲ计划取代)。国际三大托卡马克之一的JT-60装置于1984年底建造完毕，1985年4月正式投入运行。至此，标志着日本的核聚变研究跨入了世界核聚变研究的先进行列，同美、苏、欧洲共同体一起，成为核聚变研究的四大集团之一。

截至1992年，作为第二阶段主要实验装置的JT-60完全达到了日本原子能委员会制定的各项目标，也基本达到了第二阶段计划的主要目标，奠定了转入第三阶段核聚变研究开发计划(1992—2030年)，重点开展JT-60、LHD(Large Helical Device，大型螺旋器装置)、ITER等实验和研制，实现自点火和长时间燃烧，开发堆工艺技术坚实的科学、技术基础。

1991年9月，日本原子能委员会核聚变会议设立了核聚变研究开发基本问题研讨分科会，开始从长远的观点探讨未来研究开发的基本方向及实施办法。2003年，文部科学省科学技术学术审议会为专门探讨未来10—20年日本核聚变研究对策下设的核聚变研究工作组，从学术评价的观点提交了未来日本核聚变研究的地位和发展方向的报告书。

2007年，在日本政府公布的第3期科学技术基本计划中，核聚变被定位为重点科学技术课题，政府表示将全力投入。

1.5.2 日本聚变研究体制

日本的核聚变开发在日本原子能委员会的统一领导下，由日本文部科学省负责有关核聚变研究开发基本方针的调查审议。文部科学省按照日本原子能委员会制定的基本方针，承担核聚变研究开发政策和方案的计划和实施，同时通过下设的科技·学术审议会等对聚变研究开发项目实施审议和报告。日本磁约束核聚变研究的主要力量是日本原子能研究所(JAERI)，现名独立行政法人日本原子能研究开发机构(JAEA)。2001年前它隶属日本科学技术厅(STA)管辖，2001年起由于科技厅和文部省合并为日本文部科学省，划归日本文科省管辖。日本原子能研究开发机构是日本开展托卡马克途径研究的主要研究机构，同时也被日本政府指定为ITER国际组织日本国内机构(JA-DA)。主要协助推进ITER计划的实施，与相关大学和工业界合作开展国内托卡马克途径堆芯等离子体、堆工艺、理论模拟、原型堆的概念设计及关键技术开发等。日本另一支骨干研究力量是日本国立聚变科学研究所(NIFS)，现名自然科学研究机构核聚变科学研究所，原隶属文部省(MOE)管辖，2001年起也统一划归日本文部科学省领导。图1.5.1是日本核聚变研究开发现阶段管理体制。

日本的核聚变研究开发走的是官(政府)、学(大学等学术界)、产(工业界)路线。文科省目前负责日本官(政府科研部门)、学(大专院校和所属科研部门)的核聚变研究开发领导。原通商产业省，现经济产业省负责产业界的核聚变研究开发领导。

除上述政府部门外，参与核聚变研究开发政策制定、咨询和学术活动的还有两个大的民间团体。一是半官方性质的社团法人日本原子力产业会议。日本原子力产业会议成立于1956年，主要协助政府推进原子能开发研究计划的政策制定，提供建议、要求和协助；探讨原子力开发利用计划；开展与其他国家原子能领域的国际合作；对国内外原子能研究开发进行综合调研，收集和提供相关调研资料以及普及原子能科学知识。其主要出版物为日本《原子力产业新闻》。2006年日本原子力产业会议改组为日本原子力产业协会，属原子能综合团体公益法人。

日本等离子体·核聚变学会是在1958年汤川秀树博士任会长的研究组织"核聚变恳谈会"的基础上于1983年成立的民间学术团体。1988年成为社团法人。主要工作是开展核聚变和等离子体物理领域的学术研究、核聚变相关技术开发研究以及等离子体应用研究。出版发行的学术刊物为《等离子体核聚变学会志》。

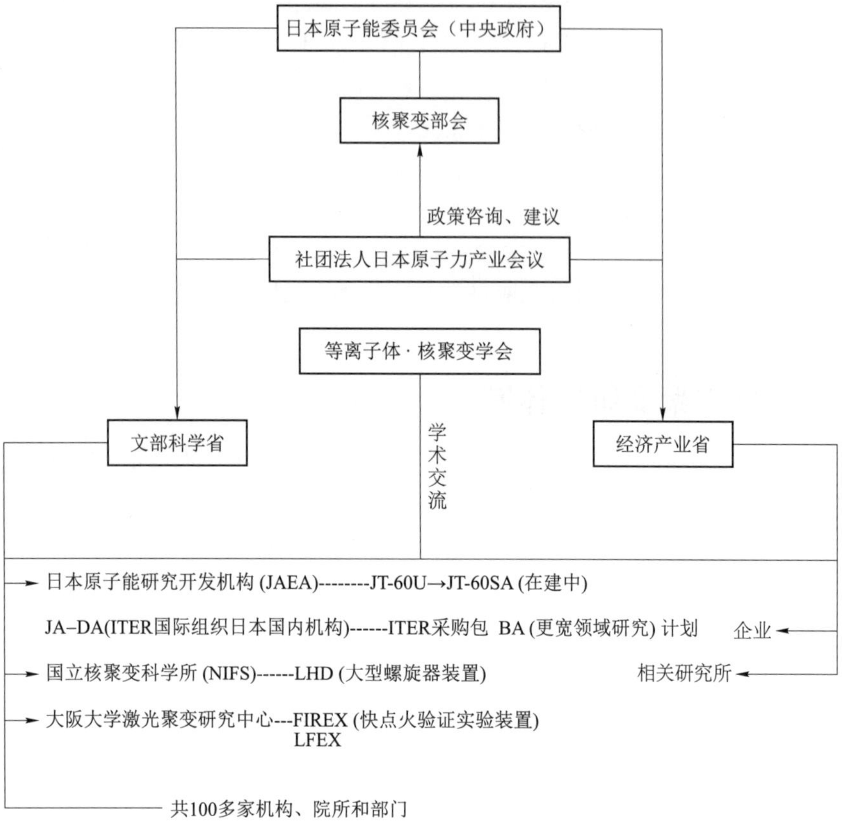

图 1.5.1　日本核聚变研究开发现阶段管理体制

1.5.3　日本聚变研究经费

日本各部门和研究机构根据日本原子能委员会批准公布的基本计划和核聚变部会审议通过的具体详细设计计划编制预算，经审核后当年公布下一年度的预算申请，上报批准后次年实施。

表 1.5.1 给出了日本 2000—2009 年度文部科学省和经济产业省两家的核能总预算(包括申请预算和实际执行预算)以及主要研究部门 JAEA 和 NIFS 的当年核聚变预算经费。由于除这两个部门以外的文部科学省所辖的从事核聚变学科研究的单位和校系专业多达 152 处，所分散的聚变预算没有资料，以及经济产业省的聚变预算没有在其核能预算中单列，故上述单位的预算空缺。但从表中可以反映日本聚变预算在文部科学省和经济产业省核能预算中的大致位置。

表 1.5.1　2000—2009 年日本两大聚变机构的预算　　亿日元

年　度	国内核能总预算	核聚变预算		
		JAEA	NIFS	备　注
2000		153.32		
2001	2 848	116.40		

续表

年度	国内核能总预算	核聚变预算		
		JAEA	NIFS	备注
2002		55.0		
2003		41.4	76.0	
2004				
2005		3.83	60.16	
2006		27.71	60.11	
2007	4 391.00	122.0	61.09	其中与ITER相关的经费总计54
2008	2 614.00(仅指文科省)	132.00	61.00	其中与ITER相关的经费总计103
2009	2 525.00(仅指文科省)	125.00	61.00	其中与ITER相关的经费总计111

注:1. 2003年以前文部科学省的核聚变预算未单列,故无数据。

2. 2005—2006年JAEA经费主要为ITER相关经费;2007年JAEA经费为聚变总申请经费;2008年以后为实际批准经费,含装置改造经费,另外ITER经费投入也有大的增加。

3. 备注栏中的与ITER相关经费总计为实际批准经费。

日本国内的核聚变预算除上述两政府部门所辖单位所占的主要预算外,还包括其他相关部门的预算以及政府、地方专项拨款。资料表明:2001年包括文部科学省、经济产业省以及其他政府部门的日本国内核能总预算为2 848亿日元,其中核聚变预算230亿日元,国内聚变预算约占国内核能预算的12.3%。2008年,文部科学省核能总预算为2 614亿日元,其中2家主要研究机构(JAEA、NIFS)的核聚变预算为193亿日元,聚变预算约占国内核能预算的7.38%;2009年,文部科学省核能总预算为2 525亿日元,其中2家主要研究机构(JAEA、NIFS)的核聚变预算为186亿日元,聚变预算约占国内核能预算的7.36%。政府的聚变投入保持稳定的趋势。

1.5.4 日本聚变研究计划

1.5.4.1 第一阶段(1965—1974年)计划

第一阶段核聚变计划1965年启动,至1974年。分为主计划和副计划两部分。主计划制定时,正是苏联托卡马克装置T-3对当时世界核聚变研究产生重大影响,国际上主要从事聚变研究的研究机构纷纷建造托卡马克装置的时候。因此,日本也决定在当时的日本原子能研究所建造托卡马克装置,开展中间β值环形等离子体的研究。主计划以核聚变能源开发为立脚点,同时注重学术研究和人才培养。

作为第一阶段主计划,在日本原子能研究所建造了JFT-1、JFT-2、JFT-2A托卡马克装置,并取得了既定的成果,为下一步计划奠定了基础。作为副计划,在日本电子技术综合研究所开展了反场箍缩装置高β等离子体的研究。除此,日本理化学研究所开展了核聚变相关研究。在相关大学开展了托卡马克、螺旋器、反场箍缩、Z箍缩、θ箍缩、等离子体聚焦、箍缩环、磁镜、激光等多种激光约束途径及等离子体加热、等离子体诊断的研究。

1.5.4.2 第二阶段(1975—1991年)计划

日本科学技术厅1975年在对第一阶段研究开发计划进行评估的基础上，制定了核聚变研究第二阶段研究开发计划。文部省学术审议会也提交了“关于核聚变研究推进”的报告。当年，日本原子能委员会成立了由政府、工业界和大学及研究部门相关人员组成的核聚变会议组织。由于开展核聚变研究的研究所分布在科学技术厅、通商产业省、文部省，因此核聚变会议组织的作用是在上述政府各省(部)厅之间起协调作用。日本原子能委员会的权限是有限的，这种在多个政府部门管理下开展多元的核聚变研究，在预算申请方面会出现相互的竞争。因此，设立的核聚变会议组织起着对上述大学、研究所的核聚变开发经费分配进行统一管理的作用。

第二阶段计划制定的目标是达到临界等离子体条件。作为第二阶段计划的重点装置，在日本原子能研究所建造了大型托卡马克装置JT-60。JT-60于1985年投入运行。在此前的1982年，美国的TETR、1983年，EU的JET已经分别投入运行。JT-60投入运行后，上述三个装置被称为世界三大托卡马克。JT-60的建造时间为7年，在此期间，该所的JFT-2装置改造升级为JFT-2M，继续开展了核聚变研究。

第二阶段计划开始后，1978年，日本原子能委员会成立了聚变堆开发长期战略分科会，并于1981年提交了报告书。1978年，日美发表核聚变合作联合声明。1979年，日美签署包括核聚变合作的能源合作协议，通过双方合作，对日本核聚变开发水平的提高和年轻研究人员的培养做出了积极的贡献。1980年，日本原子能产业会议成立核聚变技术恳谈会，日本产业界介入核聚变开发被提上日程。1985年，日本原子能研究所成立那珂聚变研究所。1989年，日欧(EU)签署核聚变合作协议。同年，成立了文部省直属的核聚变科学研究所，决定建造大型螺旋器装置LHD，该装置是以京都大学的螺旋器装置为基础设计建造，建设周期10年。

在日本原子能委员会制定的第二阶段(1975—1991年)核聚变研究开发计划实施的将近20年期间，世界核聚变研究开发取得了很大的进展。被称为世界三大托卡马克装置的TFTR(美国)、JET(欧洲)及日本原子能研究所的JT-60的等离子体温度、密度和约束时间均接近临界等离子体条件，同时在高温高密度等离子体的生成和控制技术上也取得了很大的进展。尤其是JT-60等装置开展的非感应电流驱动的研究开发的进展，提高了以实现未来稳态堆芯等离子体为目的的研究开发的信心。除此之外，螺旋器途径、反场箍缩、磁镜等非托卡马克途径的磁约束方式在等离子体生成控制技术的研究开发上也取得了进展，等离子体性能(温度、密度、约束时间等)均有提高。以上述成果为基础，日本开始建造大型螺旋器装置。惯性约束方面，由于聚爆研究取得的进展，使惯性约束实现点火和高收益等离子体的研究开发增强了希望。等离子体各种现象的理论和计算机模拟取得的成果也非常显著。

在此时期，聚变堆工程研究方面，在超导线圈、加热、电流驱动装置等的研究开发也取得了明显进展，积累了丰富的等离子体面向设备和包层开发相关经验以及结构材料中子辐照损伤相关系列数据，启动了聚变堆安全性及经济性相关研究。

日本原子能委员会制定的第二阶段(1975—1991)核聚变研究开发计划中有关堆芯等离子体技术的主要研究开发目标是：温度达到数千万摄氏度至1亿摄氏度左右，实现等离子体密度和约束时间的积达到$(2\sim6)\times10^{19}\ m^{-3}\cdot s$的等离子体。

作为第二阶段计划的重点装置建设的JT-60装置(大型托卡马克途径装置,1975年投入设计,1978年开始建造,1985年投入运行,经过10年,耗资2 300亿日元——约153亿人民币)。在此阶段实现了中心离子温度5×10^{7} K(5 000万升),中心密度1.7×10^{20} m^{-3},氢等离子体密度和约束时间的积2.3×10^{19} $m^{-3}\cdot s$的氢等离子体,完全达到了原子能委员会制定的第二阶段目标,成果显著。除此,JFT-2M等其他托卡马克装置及日本电子技术综合研究所的反场箍缩装置等其他实验装置也开展了丰富多彩的研究开发,堆芯等离子体技术、堆工艺技术以及超导线圈等广范围的研究开发也取得了进展。

JT-60装置至少有两点不同于TFTR和JET。首先,三者中唯独JT-60具有偏滤器,即把等离子体中的杂质偏滤到一个单独的室内,在此带电粒子轰击挡板,变为中性粒子被抽走。由于杂质导致等离子体温度下降,以较高的效率排除杂质被认为是聚变反应堆达到能量得失相当的关键。其次是该装置可使等离子体维持极高温度的时间较长。JT-60的加热系统可连续工作10 s,比约束等离子体的时间(通常低于1 s)长得多,使等离子体有更好的机会达到平衡。此外,与美国和西欧相比,日本的工业部门在大型试验计划中所起的作用更大。通常是研究部门提出概念设计和基本技术规范,然后由工业部门进行详细设计、制造和安装。双方在整个建设过程中密切合作。工业部门必须确保生产的设备正常运转,并对各种系统的故障负责。为保证JT-60首次运转成功,在工厂移交给日本原子能所之前进行了5个月的检验,在此期间处理了约500项问题。JT-60经6个星期运转后达到了1 500 A的等离子体电流。

三大托卡马克装置为达到能量得失相当而相互竞争,同时也重视相互合作。日本从1979年起就开始与美国密切合作,包括在4年期间分担设置在圣迭戈的DⅢ-D托卡马克的运行费用用以换取该机50%的使用时间。这项合作使日本的研究人员获得了研究D形等离子体的机会并显然学到了一些东西。日本独自进行的FER聚变概念设计就考虑采取D形截面方式。1984年两国为这项合作再延长四年又签订了新协议。此外,1987年1月,日、美、西欧签订协议,共同分享三者的三个大型托卡马克的研究成果。

1) 托卡马克途径

① 等离子体约束

由三大托卡马克为主和以JFT-2M、DⅢ-D(日美合作)、ASDEX(EC)等中小型装置为辅开展的堆芯等离子体技术研究获得了很大的进展,尤其是ASDEX首次发现了H模等高性能约束模,并在实验及理论探索其发生机制上取得了进展。由该三大托卡马克装置获得的等离子体温度、密度和约束时间表明均达到了接近临界等离子体条件的区域,同时还在对长时间维持H模等离子体的等离子体控制技术方面,获取了一定的经验。利用世界各国托卡马克装置积累的数据,建立了托卡马克装置新的等离子体约束定标律。

② 偏滤器杂质控制

偏滤器是由日本原子能所的JFT-2A首先引进的,并验证对杂质量的控制非常有效。此后,该偏滤器被引入到JT-60等大型托卡马克装置,对实现H模,提高等离子体性能发挥了极大的作用。另外,日、美在世界上率先合作在DⅢ-D上验证的开放式偏滤器的功能亦被引进到JET,成为获得高性能等离子体的动力源。偏滤器控制杂质方式还被ITER的概念设计所采用。

在JT-60的L模等离子体中,通过高加热输入功率下偏滤器板附近的辐射损失(远程辐射冷却）及分界面扫描，可降低对偏滤器板的热负荷；同时发现利用偏滤器可有效从等离子体内部排出氦，而防止聚变堆燃料氘和氚的密度下降。

因此，实现偏滤器板热负荷及氘、氚密度控制是今后核心装置实现等离子体性能最为有力手段的 H 模等离子体的重点课题。

③ 电流驱动

电流驱动技术是托卡马克装置向稳态核聚变堆发展不可缺少的技术。电流驱动技术的研究开发也是日本最先着手进行并在世界上居于领先地位的项目。电流驱动首先是由 JFT-2（原子能所）、WT-2（京都大学）等装置进行并取得进展，此后，JT-60 用低混杂波实现了 2 MA 的等离子体电流驱动。同时利用该方法还提高了电流驱动效率，达到 ITER 设计下限值的 70%。

为验证托卡马克型装置的长时间运行，九州大学建造的超导托卡马克装置 TRIAM-1M 采用低混杂波电流驱动实现了长达 1 h 的等离子体维持。

有效利用等离子体中的自举电流，可实现对等离子体电流的有效驱动。由 TFTR 确认到的自举电流后来分别在 JET、JT-60 中也确认到，JT-60 还实现了自举电流占 80%的等离子体。这一系列成果都将有助于托卡马克装置的高效率化。

④ 运行区域及破裂控制

JT-60 拓宽了由村上系数和安全系数（q 值）表示的运行区域，并达到了 ITER 概念设计设想的标准运行区域。JT-60 在等离子体电流 3.2 MA，安全系数 2.2 以上条件下进行的实验中，探明了破裂发生的原因和进入偏滤器板的热量。降低或避免破裂发生频率是确保托卡马克装置可靠性的重要保障。JFT-2M、TORIUT（东京大学）及日本核聚变科学研究所（NIFS）的 JIPP-TⅡU 的实验研究均证明利用真空室外设置的线圈（WT-2 验证利用射频）可以控制破裂。

2）非托卡马克途径

① 螺旋器装置

京都大学的 Heliotron-E 在等离子体约束研究上取得了进展并在无感应等离子体电流流动的状态下生成并维持了等离子体，获得了无大规模破裂发生的成果。日本核聚变科学研究所的 CHS 开辟了实现螺旋途径小型化的道路，研究了等离子体中的电场对等离子体性能的影响，其研究成果也将对托卡马克装置的等离子体约束研究进展做出贡献。与此同时，为提高等离子体性能和验证其稳态运行，NIFS 开始建造大型螺旋器装置 LHD。

② 反场箍缩装置

电子综合研究所的 TPE-1RM15 装置获得了 10^7 K 的电子温度，β 值达到 10%。另外，东京大学的 REPUTE-1 开展了等离子体表面安全系数低于 1 的运行研究，加深了对等离子体约束的理解。

③ 磁镜装置

筑波大学的串级磁镜装置 GAMMA10 通过形成热势垒，有效提高了约束电位，并成功改善了等离子体性能。该装置最大形成了 1.7 kV 的约束电流，在提高约束电位的同时，提高了约束时间，中心磁镜区的电子密度、电子温度和磁场与垂直方向的离子温度分别达到 $1.1\times10^{19}\ m^{-3}$、2.9×10^6 K、6.5×10^7 K。

④ 紧凑环

包括 TS-3(东京大学)、SPACE(原名古屋大学等离子体研究所)等球马克型装置开展的等离子体迁移等实验和 PIACE-3(大阪大学)及 NUCTE-3(日本大学)等反场位形装置开展的等离子体稳定性实验均获得进展,紧凑环生成的环状等离子体还被建议作为托卡马克装置的等离子体燃料进行高速注入,并开展了小规模的实验。

⑤ 惯性约束装置

GEKKO-Ⅻ(大阪大学)的聚爆实验,使激光均匀照射到靶上的技术和制作均质靶丸的技术得到发展。利用将氘、氚与分子中的氢置换后的聚乙烯靶丸实现了 600 倍(600 g/cm^3)于初期固体密度的等离子体。此实验中的密度与约束时间的积达到 10^{21} m^{-3} · s。通过上述实验,将聚爆过程的理论与实验进行了对比,确立了利用高温、高密度聚爆实现点火等离子体的方法。

3) 托卡马克途径聚变实验堆设计研究

通过 ITER 的概念设计、日本独自进行的 FER 概念设计以及 EC 开展的规模与 ITER 相同的实验堆 NET 的概念设计构建了下一代核心装置的概念,也完善了与等离子体物理和堆工艺相关的数据库,提高了对下一代核心装置的等离子体性能的预测精度。

聚变动力堆的设计研究,实施了以 JT-60 为中心的堆芯等离子体技术的研究开发,以 ITER 概念设计成果为基础,在日本国内外开展了稳态聚变动力堆的概念设计,明确了以开发聚变动力堆为目标必须实施的堆芯等离子体技术和堆工艺技术研发的方向。

4) 对第二阶段计划后的基本判断

虽然第二阶段计划取得了鼓舞人心的巨大进展,但要实现核聚变能源的实用化,今后需要解决堆芯等离子体技术及堆工艺技术等众多课题。而要解决包括达到自点火条件,实现稳态堆芯等离子体及未来预想的许多重要课题,必须依靠大型聚变装置才有可能解决。

按以下步骤推进核聚变研究:

① 实验堆阶段:达到自点火条件、实现长时间燃烧、形成开发原型堆必需的堆工艺技术基础。

最容易达到实验堆阶段目标的约束方式仍然是托卡马克途径。要达到此目标,必须改善等离子体性能,提高高能 α 粒子等离子体加热输入功率在等离子体总加热功率中的比例;在验证高效率电流驱动的同时,开发降低偏滤器板热负荷和氦排出的方法,达到能展望未来原型堆开发时实现稳态堆芯等离子体目标的长脉冲运行。

② 原型堆阶段:实现稳态堆芯等离子体,验证达到电厂规模的发电技术。

为形成原型堆开发必需的堆工艺基础,需要推动装置主要结构设备的大型化,高性能化。对可耐高中子负荷、高热负荷相关设备的功能及可靠性进行综合实验。为此需要在实验堆上安设包层试验体,开展氚生成和回收试验,增殖材料、增倍材料及结构材料的试验。

原型堆阶段将以电厂规模从技术上验证实现高能量增倍率的稳态堆芯等离子体,从中引出产能并转换为电能的可行性。要验证高效率的发电,必须稳态维持能量增倍率达到 30 以上的氘氚燃烧等离子体,降低循环电能。而要维持稳态堆芯等离子体,需要确立降低从等离子体进入到面向等离子体设备的热量的技术和提高面向等离子体设备去热能力的技术。另外,要提高设备整体的能量效率,需要以提高设备内的循环电力为目的,进一步提高等离子体性能。堆工艺技术的主要课题是原型堆设想的可耐中子辐照的材料开发和有足够氚增殖性能的发电用包层的验证。

③ 验证堆阶段：验证发电厂的经济性。

该阶段的目标是，提高堆的利用率和设备利用率，有效利用聚变反应能量，提高设备的整体综合能量效率，以验证聚变堆作为能量产生装置具有足够的经济性能。

1.5.4.3 第三阶段(1992—2030年)计划

1992年，核聚变会议组织改组，同年，原子能委员会公布经核聚变会议组织核聚变开发基本问题研讨分科会审议后的第三阶段研究开发基本计划。该阶段的目标是，达到自点火条件，实现长时间燃烧，以及开发原型聚变堆所必需的堆工艺技术。作为实现该目标的重点装置，决定在第二阶段成果的基础上建造托卡马克型实验堆。

1988年，ITER计划在日、美、EC和苏联的合作下启动，进行了3年的概念设计活动，1992年开始进行了6年的工艺设计活动和工程的研发(R&D)，1998年完成了最终设计报告。但美国以ITER建设费用高达100亿美元以上，各方很难在ITER建造上达成一致意见为理由，退出了ITER计划。在此情况下，日本提交了降低核聚变输出功率，缩短放电时间，将建设成本压缩一半的方案，除美国之外的其他三方立即以此方案为基础，将工艺设计活动时间延长三年进行了研讨，并于2001年提交了变更后的最终设计报告。2003年，美国再次返回ITER计划，2003年1月和6月，中国和韩国相继加入ITER计划，2005年12月，印度加入ITER计划。2005年6月28日，正式确定ITER建设场地为法国的卡达拉奇。

日本在第三阶段计划中，将ITER作为核心装置(实验堆)，并积极争取将ITER建在日本。为此，日本原子能产业会议ITER推进联络委员会向当时的STA(日本科学技术厅)提交了一份建议报告。《报告书》认为，将ITER建在日本，可使日本以主导地位促进国际合作，同时使“日本作为责无旁贷的有国际领导责任和为国际社会做出贡献的国家，成为未来科学技术开发活动的良好典范”。《报告书》指出，ITER建在日本，还有以下优点：提高国民对核聚变开发的认识；经济效益；国际合作项目经验的实质性积累；实验堆成套设备的建造、运行、维护、管理经验的积累；对其他领域的影响。在第三阶段，计划继续利用JT-60U，JFT-2M等现有装置开展实验，以解决实验堆必需的一些课题，并解决未来着手原型堆设计时尚存的所有课题。堆工艺的研究开发方面，继续实施ITER工艺的研究和开发，同时进行以原型堆为对象的包层技术、低活化材料等的开发；尤其是聚变堆材料研究开发必不可少的14 MeV强中子辐照装置(IFMIF)的概念设计，拟在IEA(国际能源机构)的领导下投入实施，JAERI作为主力积极推进设计制作。同时还要开发工艺安全系统的设计、评估；完善原型堆申报批准所需的聚变堆的合理的规程、标准等。

1998年，日本核聚变会议组织建议将ITER作为第三阶段核聚变研究开发计划的主力装置并得到原子能委员会的批准。2001年，核聚变会议组织ITER计划恳谈会向原子能委员会提交“ITER计划恳谈会报告书——国际热核聚变实验堆(ITER)计划的推进策略”，报告书指出，日本“不仅仅是作为主体参与ITER计划，而担任ITER主办国的意义更大。”2002年，原子能委员会向日本首相提交了“关于国际热核聚变实验堆(ITER)计划”的报告，报告指出，“ITER计划是国家的重要研究开发项目，日本政府应予以全力推进。”

在日欧激烈竞争ITER建造场地的态势下，日本后来主动退出竞争，但作为ITER非主办国，却享受了部分主办国的待遇，包括与欧洲签署的“ITER 更宽领域研究计划(Broader Approach，简称 BA 计划)”(后述)，出任 ITER 国际组织总干事等。

1）第三阶段基本目标

日本原子能委员会制订的第三阶段核聚变研究与发展基本计划目标是，利用托卡马克型实验堆达到自点火的条件，实现长时间的燃烧，以及开发原型聚变堆所必需的反应堆基本技术。托卡马克型实验堆仍视为担任上述研究开发任务的骨干装置。

1989 年，JT-60 临界等离子体实验装置所获得的参数已接近于临界等离子体的得失相当条件，达到了该计划第二阶段规定的等离子体参数的目标。在此基础上，该计划的第三阶段计划正式启动。第三阶段计划的目标是完成实验聚变堆的研究和发展工作，以及建立开发原型聚变堆所必需的技术基础，第三阶段研究与发展工作的具体目标是：

① 为托卡马克装置实现自点火和长期燃烧而进行的研究和发展工作。

• 努力提高高性能等离子体的约束时间，以及利用高能 α 粒子加热等离子体；提高加热功率比，以便实现自持条件能量倍增因子约为 20。

• 实现长脉冲运行(大于 1 000 s)，这一目标看来对达到稳态等离子体约束是必不可少的。这项研究与发展工作涉及高效电流驱动方法，偏滤器平板热负载降低方法，氦灰排除办法，以及等离子体破裂控制方法等。

② 堆工艺技术及其他研究工作

在堆芯等离子体工艺技术方面，依靠辅助研究开发探明仅靠托卡马克实验堆研究开发不能完全究明的堆芯等离子体技术领域的课题。继续研究与发展非托卡马克系统。非托卡马克装置的研究与发展有可能为托卡马克装置更好的约束提供依据。非托卡马克系统的研究与发展也有助于托卡马克的运行。继续努力提高螺旋装置约束定标律的可靠性，继续开展反向场箍缩、小型环、惯性约束以及磁镜装置等途径的研究。为发展实验聚变堆和示范聚变堆，尽早开始具有较大尺寸和较高磁场超导线圈遥控维护技术和选用这种技术的聚变堆结构的研究，发展具有高排热性能的能耐高热通量等离子体面壁部件的研究；大功率输出、长时间运行加热和电流驱动装置的研究；氚生产、增殖和处理技术及氚再生区技术的研究。开发再生区材料、低活化材料、仪表和控制仪表以及耐大中子通量照射的结构材料等。收集和积累受中子照射影响的材料特性方面的数据。为提高聚变堆的安全性，必须对聚变堆内外的行为、部件与设备的安全以及评价聚变堆安全性的方法进行研究。日本原子能研究所负责研究、试验和发展实验聚变堆。除了实验聚变堆之外，各大学和国家研究所合作开展对其他项目的研究。在这些活动中，工业界的介入和帮助是必不可少的。第三阶段的研究与发展计划于 1992 年财政年度开始启动，并随着实验聚变堆研究与发展工作的完成和原型聚变堆研究与发展工作的开始而结束，随即启动该计划的第四阶段的核聚变研究与发展。

2）第三阶段前期(1992—2005 年)取得的成果

通过国际合作方式，主导并参与了建设 ITER 实验堆需要的堆芯等离子体及堆工艺的研发(R&D)(ITER 物理 R&D、ITER 工学 R&D)活动。在堆芯等离子体研究方面，成功控制和维持了可满足堆芯条件的离子温度数亿摄氏度的高温等离子体，同时在堆工艺领域，完成了必要的试制开发，完善了启动 ITER 建设的必要的数据库。以这些成果为基础，确定了 ITER 的工艺设计。

启动了以实验堆为目标的托卡马克等离子体的改善研究及以原型堆为目标的堆工艺研究等研究开发。在托卡马克等离子体的稳态运行研究方面取得了很大的进展，进入了以预测堆经济性能为目标的托卡马克的改进研究。增殖发电包层的开发及第一壁结构材料的开发、堆工艺基础的建立取得进展，迈入了以原型堆为目标的正式研究开发阶段。

螺旋器和激光惯性约束等非托卡马克途径方面，LHD 等装置进入以实现更高温等离子体约束为目标的研究。

① 实验堆建设和运行必需的研究开发

确立了 ITER 工艺设计基础。通过国际托卡马克物理活动完善了 ITER 的实验运行数据，在此方面，日本的托卡马克装置研究做出了以下重要贡献：

• 能量约束　根据日本原子能所的 JT-60、JFT-2M 等世界托卡马克装置的约束数据库，建立了 ITER 的标准运行模——H 模的能量约束时间定标律，并以此为基础开始了 ITER 设计。

• 等离子体稳定性　以 JT-60 为主推进缓和和抑制破裂的研究及阻碍实现高等离子体压力的不稳定性研究，并以此为基础进行 ITER 设计。

• 非感应电流驱动　在未来稳态运行不可缺的利用电磁感应以外的方法进行电流驱动的实验方面，WT-3（京都大学）和 JIPPT-IIU（NIFS）先行开展了射频电流驱动研究。JT-60 在追加低混杂波电流驱动的基础上，利用负离子源中性粒子注入装置和电子回旋波注入装置验证了等离子体温度超过 1 亿℃的非感应电流驱动法。

• 热/粒子控制　JT-60 开展了是否能排除 ITER 燃烧灰的氦排气模拟实验，取得了验证可有效排除氦的成果，并反馈到 ITER 的设计中，同时还开展了金属壁、碳壁等离子体壁相互作用的研究。迄今，日本还没有实际开展使用氚燃料的托卡马克实验，但欧洲的 JET、美国的 TFTR 均已利用氘-氚聚变反应生成的 α 粒子对等离子体进行了有效加热，并分别得到了 16 MW、10 MW 的 DT 聚变输出功率。

② 托卡马克途径的改进研究

为提高 JT-60、TRIAM-1M（九州大学）、JFT-2M、JIPPT-IIU 等托卡马克装置的性能，开展了约束性能、长时间放电、高效稳态运行技术、与第一壁结构材料的适应性等的相关研究。在此方面，日本已经取得世界第一流的研究成果。除此之外的重要研究课题还有等离子体压力的提高等。

• 能量倍增率和等离子体温度　利用提议的托卡马克新的运行手段的负磁剪切运行，获得了 1.25 的 DT 等价能量倍增率。另外，通过优化电流分布和加热分布改善了等离子体中心部分的约束性能，并达到了可足以覆盖 ITER、发电堆运行区域的 5.2 亿℃的世界最高离子温度。

• 长时间放电和高效稳态运行技术　TRIAM-1M 装置通过由外部注入射频（低混杂波）的非感应电流驱动，长时间（超过 5 h）成功维持了等离子体，进而采用降低该非感应电流驱动所需功率负担的方法，在 JT-60 负磁剪切运行条件下，将不需要外部功率的自举电流比例提高到 70%～80%，成功地生成了利用粒子束由外部驱动产生的非感应电流驱动等离子体。通过对这种高效率稳态运行方式的原理验证，看到了在未来实验堆中利用稳态运行方法（仅靠非感应电流驱动的电流维持方法）实现长时间运行的希望。

• 高 β 化研究　β 值是判断磁场如何有效约束高温、高密度等离子体的指标。对经济性能优异的聚变堆来说，高β值是必须实现的条件。在美国的DⅢ-D托卡马克装置中，实现了超过10%的β值。

• 第一壁结构材料适应性　作为第一壁结构材料的首选候补材料——低活化铁素体钢，由于其具有强磁性，很担心对等离子体产生影响。HT-2（日立制作所）和JFT-2M在真空室内壁上装设全面活化的铁素体钢进行实验，确认对等离子体的启动和控制无影响。在JFT-2M上还实现了较高β值的（归一化β值，3以上）的等离子体。

③ 螺旋·激光途径装置

在非托卡马克途径研究方面，开始了大型螺旋装置LHD（大型螺旋器装置，世界上最大的超导仿星器核聚变实验装置，1997年底完成装置主体的建造，1998年3月31日成功产生ECH初始等离子体。截止到2013年12月，该装置共开展了17轮等离子体实验，取得了众多举世瞩目的成果）的实验，并在托卡马克之后验证到良好的约束性能。激光途径方面，利用高速点火方式的新概念，成功地实现了达到1 000万℃的等离子体加热，并启动了以实现点火为目的的FIREX-I计划（大阪大学）。其他约束装置也在等离子体约束控制方面取得了优异的学术成果。

• 螺旋途径装置　日本是率先在世界上建设螺旋途径装置的国家，并于1997年建成了世界上最大的大型螺旋器LHD装置。该装置在其后的实验研究上取得了如下研究成果：

实验验证小型、中型装置（CHS/核聚变科学研究所、Heliotron-E/京都大学）在较低温度等离子体下获得的能量约束时间定标律在接近LHD堆芯条件的高电子温度（1亿℃）的等离子体中也一样成立，大幅度提高了能量约束时间定标律的可靠性。同时验证了可维持其约束性能的长时间运行。另外，通过形成等离子体高电位和形成与层流剪切湍流抑制相关的输运势垒，在LHD中实现了高电子温度等离子体。曾有人指出，要同时抑制螺旋装置特有的磁场波纹引起的高能量粒子的轨道损失和实现MHD稳定性可能很难。LHD开展了磁场位形控制研究，获得了高能粒子良好的约束，同时在线性不稳定区域也获得了良好约束，得到的等离子体β值高达4%。在LHD及螺旋器-J（京都大学）中继续开展了磁场位形优化、进一步的约束改善及环形等离子体等的研究。

• 激光装置　惯性约束核聚变的能量驱动方式包括激光、重离子束、Z箍缩等方法。在惯性约束方面，日本是以激光核聚变为重点开展研究的。1989年，GEKKO-Ⅻ号（大阪大学）在聚爆实验中实现了600倍于固体密度（密度600 g/cm^3、太阳中心密度为150 g/cm^3）的压缩，起到了引领国际激光核聚变研究的作用。国际激光核聚变由此转向验证点火和燃烧的阶段。要采用传统的加热燃料中心区的"中心点火"方式实现聚变堆必需的点火、燃烧，需要兆焦耳级的激光输入能量。欧美为此开展了建造具有此级别激光能量的NIF（美国）和LMJ（法国），目标是在2013年左右验证核聚变点火和燃烧。与之相比，日本提倡和推进的是能大幅度降低实现点火和燃烧所需激光注入能量的"快点火方式"，这种方式是利用别的超短脉冲激光对聚爆生成的超高密度等离子体进行辅助加热实现点火。作为其原理验证的一步，在使用拍瓦激光的实验中，成功地将聚爆等离子体加热到1 000万℃。此后建议和推进中的FIREX计划的目标也是快点火方式实现点火燃烧，其第一期目标是5 000万～1亿℃。

• 其他约束装置　在反场箍缩等离子体研究方面，TPE-RX装置（日本产业技术综合研究所，以下简称产综研）利用极向电流驱动电流分布控制，获得了数倍的能量约束改善，能量约束时间达到 10 ms。另外，REPUTE 装置（东京大学）在实验中发现了超低 q(ULQ)区域的准稳态位形，加深了对弛豫现象的理解。

磁镜约束等离子体研究方面，GAMMA-10 装置（筑波大学）在电位形成的物理机制及电位对等离子体约束的效应等实验研究方面取得了进展。箍缩环研究上，FIX 装置（大阪大学）在高 β 等离子体维持的研究、对探明伴随约束磁场结构形成产生的磁再耦合现象的物理机制等上获得进展。

球形环研究方面，TST-2（东京大学）、LATE（京都大学）开展了无欧姆线圈的射频电流启动研究，TS-3/4 装置（东京大学）开展了等离子体结合球形托卡马克形成和加热研究。日本九州大学应用力学研究所高温等离子体研究中心 2008 年 6 月 26 日建成球形托卡马克装置 QUEST，并成功产生等离子体。QUEST 是该所历时 3 年建成的以开展核聚变发电研究为目标的新型等离子体实验装置，其特点是可以长时间维持等离子体。QUEST 是一个高约 7 m、宽约 6 m 的球形装置。将氢气注入位于装置中心区的金属真空室中并照射电磁波，将温度提高到约 1 000 万℃产生等离子体。该装置建设费用约 10 亿日元（约合 6 600 万元人民币）。九州大学由此成为日本第 6 家拥有球形托卡马克装置的研究单位。核聚变发电要求长时间维持等离子体。国际同类型的其他装置维持时间都低于 1 s，QUEST 可以达到数小时。在首日的运行中，维持时间仅为 0.5 s 左右，但今后将进一步提高维持时间，并研究长时间运行下等离子体与器壁的相互影响。

东京大学建造了以新的弛豫理论为基础的内部导体装置 Proto-RT/Mini-RT，开展了以维持高 β 等离子体为目标的研究。另外，CSTN-IV・HYBTOK-Ⅱ（名古屋大学）开展了高性能偏滤器的基础研究；NAGDIS-Ⅱ* 88（名古屋大学）开展了等离子体壁相互作用（非接触现象）研究。

④ 堆工艺研究

◆ 实验堆（ITER）研究开发　以 ITER 为目标的堆工开发研究，在确立 ITER 各主要设备的制作技术的同时，验证了 ITER 要求的性能或远远超过上述要求的单个设备的性能，大大完善了 ITER 建设的技术基础。

• 堆芯设备

超导磁体：开发并实现了 ITER 大型、强磁场超导磁体所要求的大电流、强磁场（分别为约 40 kA、13 T）的超导线材和采用上述超导线材的线圈。并验证了超过 ITER 设计要求的强磁场变化速度（1.2 T/s）条件下脉冲工作的可靠性。

堆结构、远程维护：制作了有内壁和外壁双重结构的真空室扇段，验证了高精度的制作技术，同时研制了用于远距离维护重约 4 t 的包层的堆内自推式维护系统。并对包层高精度安装（设置精度±2 mm 以下）、拆卸、检查技术进行了验证。

面向等离子体设备：开发了高性能表面保护材料、接合技术、冷却结构，并研制成功可抗高热负荷（最大 20 MW・m^{-2}）的偏滤器板。

• 周边设备

加热/电流驱动设备：获得了包括用于加热等离子体、在等离子体中驱动电流的采用负离子束的中性粒子注入装置的高能化（1 MeV）、电子回旋波注入装置等的高频化、高功率化（各 170 GHz、1 MW）等成果。

氚处理技术:通过在氚工艺研究大楼(原子能研究所)的试验及日美合作的燃料循环模拟系统(氚系统试验设施TSTA,ITER的1/6规模)研制和一个月的连续试验,奠定了氚处理的基础技术。

诊断/控制设备:在ITER基本诊断系统方面基本把握了针对ITER辐射环境和长时间运行的对应性能。

系统集成技术:通过JT-60、LHD、TRIAM-1M等装置的建设、改造和运行,储备了磁约束核聚变装置系统集合技术相关的重要经验和知识。另外,通过核聚变中子源设施FNS开展的屏蔽实验,对ITER运行及维护时的辐射环境进行了评价,验证了屏蔽设计的稳妥性。

• 原型堆开发必需的堆工艺技术的形成　主要开展了以能量转换和氚生产为基本功能的增殖发电包层及第一壁结构材料的研究开发。

增殖发电包层:通过锂化合物的固体微小球充填型固体增殖包层关键技术开发,完善了增殖发电包层概念设计的基础技术和完成了工艺水平研究开发的准备工作。

结构材料:在可耐大辐照损伤量(100～150 dpa),活化少的结构材料的研制方面,以主要候补材料的低活化铁素体钢为重点,在反应堆上进行了辐照试验(20～40 dpa),并显示出优异的耐久性。

材料辐照试验装置:在国际能源机构(IEA)的国际合作下,探讨了国际聚变材料辐照设施(IFMIF),通过此前开展的概念设计和关键技术的研发(R&D),完善了可进入工程设计阶段的技术基础。继续开展的课题还包括:强磁场超导线圈的研制,进一步提高加热电流驱动装置技术等。前者主要开发与ITER使用的铌锡线材比较,采用畸变引起的超导性能劣化小,强磁场特性优异的铌铝线材的强磁场用大型超导线圈的开发。

◆ 其他堆工艺研究

• 激光途径的技术开发

激光核聚变装置开发的重要课题是激光能量转换效率及循环动作频率高的高功率激光的开发。堆用激光是利用将多个小型模块组合而实现。因此开发目标是其单个模块(输出功率100 J～1 kJ、循环率5～10 Hz)及其合成技术。在此方面,开展了二极管泵浦固体激光器(DPSSL)的研究开发,成功研制到输出功率10 J、循环率10 Hz的HALNA激光(大阪大学),输出功率20 J、循环率1 Hz的准分子激光器Super-ASHURA(产综研),在聚变堆用激光技术开发及学术研究上取得了扎实的进展。

• 堆工艺基础研究

充实了包括中子效应在内的聚变堆材料(结构材料、增殖材料、功能性材料)数据库,构建了新材料开发、材料辐照损伤模块并进行了理论、实验方面的探讨;确立了电磁热结构分析方法;在中子输运计算方法和数据库扩充、等离子体壁相互作用相关的理论实验研究、安全处理及包括环境中的状态和生物影响在内,氚的理工艺等方面取得了很大的进展。尤其是作为实现液体包层、高温气体冷却包层等先进包层的基础研究,开展了高端钒合金制造、SiC系复合材料的技术开发、熔融盐、液体金属等液体增殖材料基础科学、对采用加速器的结构材料的粒子辐照射模拟实验及对绝缘材料辐照效应的研究等。上述项目的一部分是通过日美合作研究项目(FFTF-MOTA、JUPITER)实施的。

⑤ 聚变堆系统设计

聚变堆系统的研究主要是以托卡马克型聚变堆的设计研讨为主,在改善聚变堆系统经济性和环境适应性的研究上取得进展。在对1990年设计的聚变堆SSTR进行改进设计和环境安全性能评价的同时，日本电力中央研究所设计了高经济性堆CREST。在此基础上，核聚变会议开发战略研讨分科会对托卡马克型聚变堆与其他各种能源进行了比较。在各种相关数据库和的扩充和奠定聚变堆设计手段等方面取得了较大的进展，已经达到进行原型堆概念设计的水平。

⑥ 等离子体约束学术研究成果

等离子体约束方面的学术研究，对以等离子体物理学为中心的基础科学的发展做出了贡献。加深了对等离子体输运现象、等离子体湍流活动、结构形成及迁移等共通的各种磁约束等离子体研究问题的认识，夯实了与其他相关领域的学术研究基础。比如层流空间梯度(剪切)引起湍流的现象，在流体中虽然常见，但层流剪切抑制湍流的现象在等离子体中却是首次观测到。作为抑制湍流原因的层流，被湍流的波长变换所驱动，引起输运中强烈的非线性及形成等离子体的自律空间结构。约束等离子体中的湍流和输运研究带来了对流体力学中非线性和自我结构形成的新的认识。另外，在托卡马克、螺旋器、磁镜等装置中开展了有关等离子体状态迁移现象的研究，并观测到极限循环(迁移、反迁移的反复)。极限循环是以生命体为首的开放系非平衡状态物质中见到的自稳定状态。对具有强非线性等离子体中的自稳定状态的研究，为开放系非平衡物理领域的进展做出了贡献。在托卡马克、螺旋器、箍缩等离子体等磁场核聚变等离子体探讨的磁重连与太阳黑点等观测到的现象密切相关。对宇宙等离子体及作为共通基础科学的等离子体物理学的发展做出了贡献。

激光核聚变研究中的聚爆实验可以形成过去只能在星球内部存在的极限状态，从而诞生了以实验室天体物理、激光核物理为代表的称之为高能密度科学的新的学术领域。同时，利用中小规模装置进行了诊断技术的开发，以强化核聚变科学学术基础为目标的新的热控制和粒子控制手段的开发，以及包括原子分子过程在内的等离子体基础过程的研究。

⑦ 核聚变等离子体理论、模拟研究

核聚变等离子体理论领域依靠计算科学手段的进步，在以第一原理为基础的理论模拟研究、非线性等离子体理论领域取得了进展。加深了对托卡马克领域大规模模拟输运、电磁流体稳定性、电流驱动、偏滤器领域的理解，尤其是发展了对1亿个左右粒子轨道和静电摆动进行自洽解的回旋运动论线性/非线性湍流输运代码群。明确了以往经典理论模不能解释的伴随特异结构磁重连过程等，以及限制高性能等离子体性能提高的各种等离子体MHD非线性动力学问题，进一步认识了具有内部输运势垒结构的高性能等离子体的控制和维持。

通过建立物理模型，开发计算代码，与实验的系统比较，推进定量解释实验的模型的开发，同时完善了以核燃烧等离子体模拟为目的，核燃烧等离子体综合代码所必需的理论模块、解析代码和实验数据库。

激光核聚变领域，在超高压超高密度等离子体方面，推动了包括状态方程式、X射线能量输运理论在内的高能密度等离子体理论的体系化，实现了聚爆等离子体及天体内部等超高密度等离子体行为的模拟和理论预测。

⑧ 对工业界的波及效应

聚变堆工艺技术的进展对生命科学、纳米材料、信息通讯、环境领域等众多工业领域带来了波及效应。为聚变等离子体加热开发的正离子束技术被用于硬盘、大型液晶显示器的制造，并对上述制造技术的飞速提高做出了贡献。另外，负离子束技术也被考虑用于下一代半导体基体制造技术等。

伴随核聚变发展所培育起来的真空技术，充分发挥超高真空、大容量排气技术的特点，应用到作为纳米技术、半导体制造基础的超高真空环境的制作，同时表面加工技术也广泛应用到机械加工用的超硬工具制造。

在环境领域，核聚变的选择排气技术被应用于半导体制造过程中所使用的成为地球温室效应气体全氟化物(PFC)气体的分离/回收技术。正一步一步走向实用化。

超导技术领域，在核聚变技术中发展起来的线材高性能化、制造技术的完善起着重要的牵引作用，对磁共振成像(MRI)医疗诊断以及使用MRI的蛋白质结构分析等领域的超导应用的发展做出了贡献。

为等离子体加热技术开发的射频技术推动了陶瓷烧结技术的应用；利用激光核聚变研究中开发的原子过程模拟代码、诊断技术、弹丸技术，推动了下一代半导体远红外光源的开发，同时开展了为实现该目标的激光技术开发。

⑨ 国际合作

在国际能源组织(IEA)框架下的OECD/IEA合作，开展了大型托卡马克合作计划、仿星器研究合作计划、反场箍缩研究开发计划、聚变堆工艺核聚变材料研究开发计划(包括IFMIF计划)、作为世界最高水平试验设施的聚变堆物理用中子源(FNS、原子能所)、高热负荷试验装置(JEBIS、原子能所)、包层试验装置(原子能所)等国际合作试验以及核聚变的环境、安全性、经济性研究计划等广泛的研究合作。

国际原子能机构(IAEA)框架下的合作包括作为多国间合作的聚变能源会议、专家会议和国际热核聚变堆实验堆ITER计划。尤其是ITER计划，作为从1992年开始，实施了9年的工程的研发(R&D)中最重要的课题——中心螺旋管线圈模型线圈试验计划，日本原子能研究所作为骨干方，提供了试验设备，并和相关各方的研究人员合作完成了试验计划，对奠定ITER建设的技术基础做出了很大贡献。

两国间的合作，开展了与美国、欧洲、加拿大、澳大利亚、俄罗斯、中国、韩国等国家的合作。尤其是日美之间，在日美有关能源研究开发的合作协议下，成立了核聚变协调委员会，以交流计划、共同计划、共同项目、数据链接合作计划及核聚变理论合作研究等5种形态广范围开展合作交流。

与此同时，参与了美国托卡马克装置DⅢ-D先进等离子体约束研究，通过国际合作，实施了在FFTF、HFIR反应堆上的材料辐照共同实验，使用氚系统试验设施TSTA的燃料循环系统及氚安全工艺共同试验、数据链接合作等。同时与IEA之间实施开展核聚变环境、安全性、经济性研究合作，作为日加合作的一个部分，在加拿大实施开展了氚环境释放实验、参与TFTR、JET的DT实验等，通过上述国际合作，获得了众多的成果。参与上述国际合作的单位有日本原子能研究所、日本产业综合研究院等研究开发机构、NIFS以及各大学、产业界的研究人员和技术人员。

与此同时，在IEA大型托卡马克合作框架下，来自国外的众多研究人员也参加了日本国内的研究，包括在JT-60上开展的稳态化研究、负离子NBI装置等世界前沿课题的研究。美国、欧洲、俄罗斯的研究人员参加以日本为主体进行的ITER工程R&D中有关中心螺旋管线圈试验。另外，通过IEA合作协议及日美合作项目，世界各国的众多研究人员参加了世界最大的超导大型螺旋器装置 LHD、超导托卡马克装置 TRIAM、高性能 GEKKO 激光/高速点火用帕瓦激光实验。通过 LHD 国际共同研究计划(LIME),以 LHD 装置为中心,日本与欧洲、美国、澳大利亚、俄罗斯、乌克兰等国家和组织的螺旋器研究小组合作,在等离子体约束及堆工程领域开展了积极的研究。

1.5.5 日本主要研究装置及其成果

1.5.5.1 JT-60

JAEA(独立行政法人日本原子能研究开发机构)的前身日本原子能研究所成立于 1956 年,作为原子能综合研究机构,从事核能的研究开发和利用。1985 年与日本原子力船研究开发事业团合并,开始原子能船的研究开发。2005 年 10 月,根据政府的方针,与核燃料循环开发机构合并更名为独立行政法人日本原子能研究开发机构。

图 1.5.2 JT-60 装置

JT-60(见图 1.5.2)是以实现临界等离子体条件(能量倍增系数超过 1.0)为目的的大型托卡马克点火装置,是世界三大托卡马克(TFTR、JET、JT-60)之一。该装置 1975 年投入设计,1978 年在日本茨城县那珂投入建造,1982 年开始安装,1984 年底主机建成并进入综合调试,1985 年 4 月 8 日运行并产生初始等离子体。建造 JT-60 共耗资 2 300 亿日元(约合 153 亿元人民币),装置部分占 1 700 亿日元,装置大厅、建筑及土地费占 600 亿日元。装置部分的 1 700 亿日元中,装置主机用去约 1 000 亿日元,加热设备用去 500 亿日元,剩余 200 亿日元用于诊断设备的建造。JT-60 的基本目标是:达到临界等离子体条件;确认在此条件下的约束定标律、二级加热及杂质控制。JT-60 装置参数见表 1.5.2。

表 1.5.2 JT-60 的主要参数

环向场 B_t/T	4
等离子体电流 I_p/MA	3
等离子体大半径 R_p/m	3.4
等离子体小半径 a_p/m	1
等离子体体积 V_p/m^3	90
放电时间 t/s	65
加热功率(中性粒子束)P_{NBI}/MW	40
加热功率(射频)P_{RF}/MW	15

JT-60 装置以实现核聚变堆堆芯等离子体为目的,开展的研究开发课题包括超高温等离子体的产生和稳态维持、国际热核聚变实验堆(ITER)建造运行所需的堆芯等离子体技术、原型堆技术以及超高温等离子体理论研究等国际核聚变研究开发的前沿课题。

1) JT-60 装置概况

JT-60 装置主要由环形真空室、环向场线圈、真空室和线圈的非磁性支架、10^{-9} Tor 超高真空和 13 000 L/s 大容量真空抽气装置、气体注入装置、预电离装置、1 200 MVA 电源系统、反馈控制系统、诊断系统等组成。真空室和孔栏用钼制成。除了固定孔栏和可动孔栏外,还设置了磁孔栏,这是 JT-60 的一大特点。孔栏和内真空室吸收了国际上的最新技术,采用了 TiC 等低 Z 材料作预涂层。真空室内装有作电磁诊断的仪器,设置了许多供等离子体诊断用的观测孔,还有真空室冷却系统(一次冷却系统)。JT-60 采用中性粒子注入加热和射频加热两种加热手段。中性粒子注入加热装置共有 14 台,它们的束能设计值为 75 keV、单束功率 1.4 MW、脉宽 10 s,注入总功率 20 MW,射频加热总功率 10 MW。1982 年对 NBI 样机试验表明达到设计要求。JT-60 中性粒子注入加热装置的主要特点是:可注入最长达 10 s 的长脉冲束;可以在一个脉冲之间变换束能,因而可根据托卡马克等离子体密度变化情况用最佳能量进行束注入;质子比高(90%以上),注入杂质少。JT-60 采用的诊断系统包括:等离子体密度诊断系统(亚毫米波干涉仪子系统、2 mm 波干涉仪子系统、校正器);电子温度定温系统(傅里叶变换分光器诊断子系统、多脉冲激光散射诊断子系统、系统校正器);离子温度诊断系统(空间分辨的中性粒子能量分析子系统、校正器);杂质状态诊断系统(空间分辨的轻元素杂质诊断子系统、轻元素多普勒加宽诊断子系统、重金属多普勒加宽诊断子系统、磁孔栏区杂质诊断子系统、可见光区绝对测光基准子系统、斜注入区绝对测光基准子系统、校正器);辐射损失诊断系统(X 射线计数诊断子系统);边界等离子体监视系统(表面监视装置子系统、电磁诊断探测器信号处理子系统、边界等离子体空间分辨诊断子系统);数据处理设备(数据处理设备应用系统);共通设备。

2) JT-60 装置的特点

JT-60 装置的特点:长脉冲放电:JT-60 等离子体的约束时间为 1 s,为此放电脉冲宽度的设计值为 5～10 s,是四大托卡马克中最长的。在此脉冲宽度下,JT-60 可以模拟连续运行的聚变堆等离子体。圆截面等离子体的高 β 化:JT-60 采用了圆形截面,β 值设计值为 4%,多少超过了目前理论上认为可行的 β 极限值,因而可以对接近临界 β 值的等离子体平衡、稳定性能、定标律等进行试验。磁孔栏的设备:JT-60 的另一大特点是设置了磁孔栏,它可以防止第一壁材料混入等离子体中,由此还可获得有关杂质气体(尤其是氦)排气方面的实际经验。为了预防磁孔栏不能运行的意外情况,配置了高速可动孔栏及半固定孔栏。组合式二级加热:JT-60 同时采用中性粒子注入加热和射频加热方式。射频加热除低混杂波加热外,还在探讨离子回旋共振加热等其他射频加热手段。第一壁材料:JT-60 第一壁(孔栏、磁孔栏、内真空室等)材料在当时的认识下采用了钼和因科镍。随着材料发展的进步,从杂质控制的角度出发,为实现第一壁表面低 Z 化,又采用了第一壁碳化钛(TiC)涂层。

3) JT-60U

JT-60 在 1989—1991 年改造成 JT-60U(JT-60U 装置的主要参数见表 1.5.3),之后围绕约束性能的改善和稳态化开展了实验。其目的是通过改善等离子体约束性能和研究托卡马克装置的稳态化,对 ITER 主要物理研究课题做出贡献,同时推进和实施对未来动力堆设计不可缺少的前期研究。在约束性能改善的研究中,JT-60U 获得了 L、H 和高极向 β 三种模式。并实现了在一次放电中同时产生 H 模式和高极向 β 模式的一种新的模式即高极向

β+H 模式。以上结果使聚变乘积达到了 1.1×10^{21} m^{-3} · s · keV。此时的各项参数为:中心离子密度 4.3×10^{19} m^{-3};能量约束时间 0.68 s;中心离子温度 37 keV。能量约束的改善程度获得了高达 L 模式 3.6 倍的极高值。所达到的聚变乘积值,其性能已相当于作为实验堆(ITER 等)目标的自点火所必需值的 1/5～1/4,且该值是在等离子体体积只有 ITER(CDA)的 1/20 左右情况下获得的。通过高极向 β+H 模式的实现,氘等离子体聚变反应产生的中子数量最大达到 5.6×10^{16} s^{-1}。JT-60U 在控制等离子体中的电流分布和压力分布的同时,尽力优化 H 模式的稳定性,成功地大幅度拓宽了稳态运行区域,并实行了可同时达到核聚变堆预定的高规范化 β 值 β_N 和极向 β 值 β_P 的运行。两个 β 值均达到了最高值即 $\beta_N=1$,$\beta_P=4.3$。在这种高极向 β 放电中,用非感应方式实现了中性粒子注入在等离子体中心区域驱动电流和自举电流各占 50%的完全电流驱动。1993 年,JT-60U 刷新了过去 2 MA 的电流驱动值,达到 3.6 MA。这主要依靠了引入新开发的多结型天线,实现最大达 8.3 MW 射频功率稳态注入,并由此达到约 30 MW · m^{-2} 射频功率密度而获得的。另外,改变注入电磁波的相位,证明等离子体中的电流分布可自由控制;通过将自举电流与中性粒子注入电流驱动相结合,进一步提高了这种分丰控制的可能性。在偏滤器研究方面,JT-60U 为在约束性能良好的等离子体中获得辐射冷却偏波器,优化了氖和氘气的送气组合,从而大幅度地降低了对偏滤器的热负荷。用杂质解析了碳的化学溅射与偏滤器部之间的关系,明确了偏滤器改造时隐蔽区域拱顶的重要性。测量了刮削层的电子密度、电子温度分布,究明了主等离子体与偏滤器等离子体之间的关系。验证了 ELMy H 模、L 模等离子体氦输运时,用 STB Wall Pumping 进行氦抽气,即使在氦束注入过程中,也可使主等离子体中的氦浓度保持稳定。上述结果将大大有助于 ITER 的偏滤器设计。

表 1.5.3 JT-60U 装置的主要参数

参 数	偏滤器	孔 栏
等离子体电流/ MA	6	6.5
大半径/ m	3.2～3.4	3.2～3.4
小半径(水平)/ m	0.8～1.1	0.8～1.1
小半径(垂直)/ m	1.5	1.5
拉长比	1.4～1.8	1.4～1.8
等离子体体积/ m^3	<100	<110
环向场/ T	4.2	
放电持续时间/ s	15	
放电间隔时间/ s	10～15	
伏秒数/ V · s	61	
中性束		
环输入功率/ MW	40	
束能/ kV	120	
ICRF		
环输入功率/ MW	<5	
频率/ MHz	110～130	
LHCD		
环输入功率/ MW	<10	
频率/ GHz	1.7～3	
弹丸注入/ km/s , mm	<2.8,ϕ4	

JT-60U从1997年2—5月实施偏滤器的改造，将目前的开端偏滤器改造为W型带抽气偏滤器。用二维偏滤器代码(如UEDA码)预测计算何种形式的偏滤器对形成低温高密度偏滤器等离子体有利，结果表明在现有JT-60U有限的空间利用W型的偏滤器最佳。改造后的偏滤器结构是，将偏滤器板倾斜，在隐蔽区域(撞击点之间)设置穹顶，在防止偏滤器板发生的中性粒子流入主等离子体的情况下，通过使偏滤器板附近产生电离而容易地实现高反复循环。利用这种结构，可使偏滤器等离子体密度上升，促进辐射冷却，提高偏滤器区的中性粒子压力。由于JT-60U的偏滤器粒子束呈内侧大的非对称性，所以压力上升时的中性粒子由设置在内侧偏滤器板和穹顶之间的缝隙(抽气口)抽气。偏滤器抽气装置转用了NBI加热装置用的3台低温泵，获得了40～100 m^3/s的有效抽气速度，可对90 keV、20 MW稳态NB加热补给的粒子束进行抽气。为改善约束，设置了隔板，以防止中性粒子往主等离子体的反流。1997年6月起优化W型抽气偏滤器位形，以生成低温高密度偏滤器等离子体和提高主等离子体约束性能为目标开展实验。实现约束改善度2以上的高性能ELMy H模，并同时实现负磁剪切等离子体和辐射冷却偏滤器。

4) JT-60的技术开发成果

JT-60在将近7年的研制过程中，在大型核聚变装置的设计、制作技术以及主加热装置、真空表面、诊断、电源等技术开发上取得了众多的成果。这一系列技术成果为下阶段装置的建造以及核聚变技术的工业运应用奠定了良好的基础，开拓了广阔的前景。这些技术包括：

• 高屈服强度线圈　线圈导体里添加了微量的银，经过严格的冷加工，有力地提高了机械性能和热性能。导体绕组采用新创造的预弯方式(Prebending)，从而使尺寸保持了相当优异的精度，杂散场得到大幅度减少。这一成果也使美国TFTR环向场线圈由过去的小型截面空芯接头式改为同JT-60一样的大型截面平板导体。

• 非圆截面U型成形波纹管的制作和应力分析手段的研究　JT-60的波纹管采用非圆截面和因科镍-625。在厂家的协助下，先将波纹管进行椭圆形，再扩压为非圆截面，从而使波纹管尺寸容许误差减少到最低程度。同时，成功地开发了新的应力分析手段。利用它除能够节约计算时间外，还可作详细的应力分析、动态分析及疲劳评价等。

• 钼等碳化钛涂复技术的开发　用TiC涂复后的第一壁耐热性比TFTR提高1.5～2倍，而且，原子序数为22的钛与原子序数为42的钼比较，前者对等离子体的影响程度只有后者的七分之一。JT-60第一壁上涂复了上万张长15 cm、宽30 cm、厚0.5～2 cm的TiC瓦片。这项技术是与日立制作所、住友电气工业公司合作研制成功的。采用TiC涂复后的第一壁，即使受到强烈的热冲击，在基材片溶化之前，贴片都不会脱落。其最大容许热负荷值为$3\tau^{-2}$ kW/cm^2(τ为照射时间)。

该离子源在电弧室内进行直流电弧放电，产生氢等离子体，再用加上高电压后的电极对其中的离子进行静电加速，从而产生高速氢离子束。

• JT-60大功率速调管　JT-60大功率速调管的设计值为1 MW·10 s，这种大功率长脉冲速调管在世界上也是绝无仅有的。1980年JT-60与日本电气株式会社、东芝公司开始合作试制这种速调管，1983年7月成功达到设计值。它的成功主要依靠了以下几项工作：大口径耐高压电子枪的研制；电磁铁的最佳设计；大功率放大空腔的研制；水蒸气冷却收集的研制；大功率输出功率窗的研制等。该速调管的特点是，除具备1 MW·10 s的大功率长脉冲外，频率可变范围很大（在 1.7～2.3 kHz 之间），反射性强。

5）JT-60 及 JT-60U 的主要实验成果

JT-60 投入运行及改造升级成 JT- 60U 以来，在核聚变能量倍增率、等离子体温度以及核聚变乘积等方面均获得了国际最高数值。图 1.5.3 是 JT-60 装置从 1985—2008 年期间的主要改进和取得的主要进展。图 1.5.4 是包括 JT-60 在内的世界各主要托卡马克装置在等离子体约束研究上的进展情况。

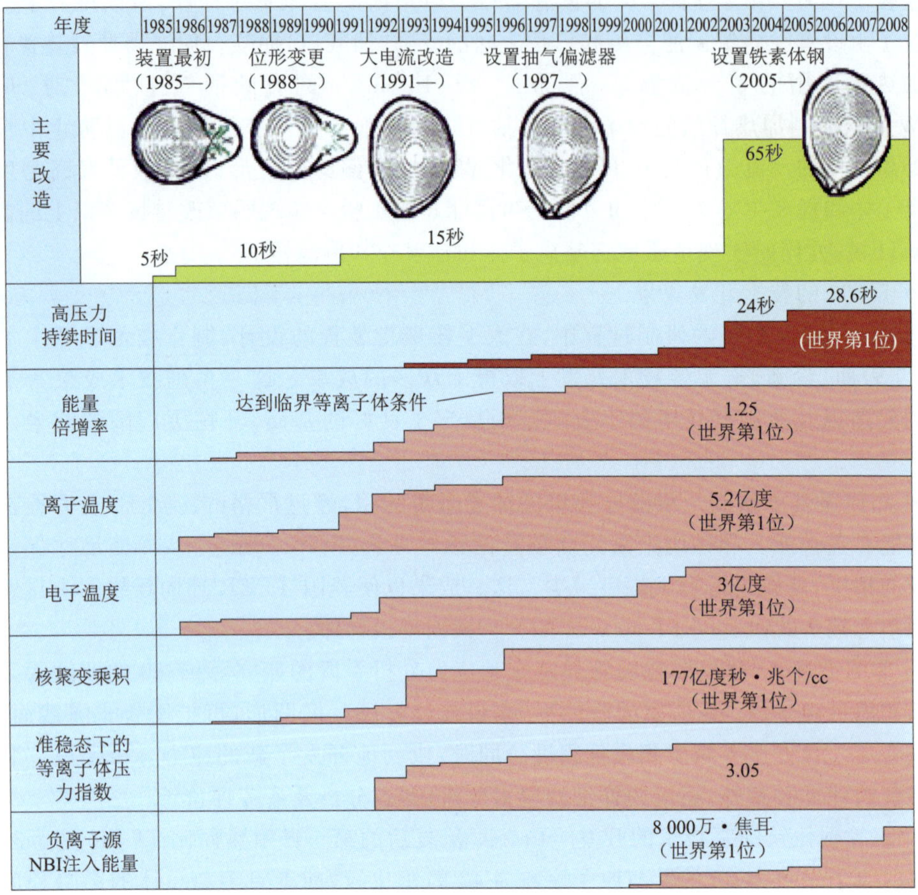

图 1.5.3　JT-60 装置 1985—2008 年间的主要改进和主要进展

• JT-60 空芯变流器线圈电源用直流断路装置　JT-60 采用已研制成的纵场型大容量真空阀（VCB）；已确认的真空阀串并联连接技术；成功开发了 25 kV/92 kV 的大容量直流断路装置。该装置对直流输电电力系统的开发将发挥很大作用，因而是一项具有极其重要意义的成果。

• 中性粒子注入装置用离子源。1983 年研制成功的离子源能满足 JT-60 中性粒子注入加热的离子源性能（每台能量 50～100 keV，电流 35 A，10 s 内引出发散角小于 1°的氢束）。

JT-60 及 JT-60U 取得的其他主要成果还包括：

• 模拟 ITER 运行。将与 ITER 相当的高性能等离子体维持了 28 s，本次实验成果进

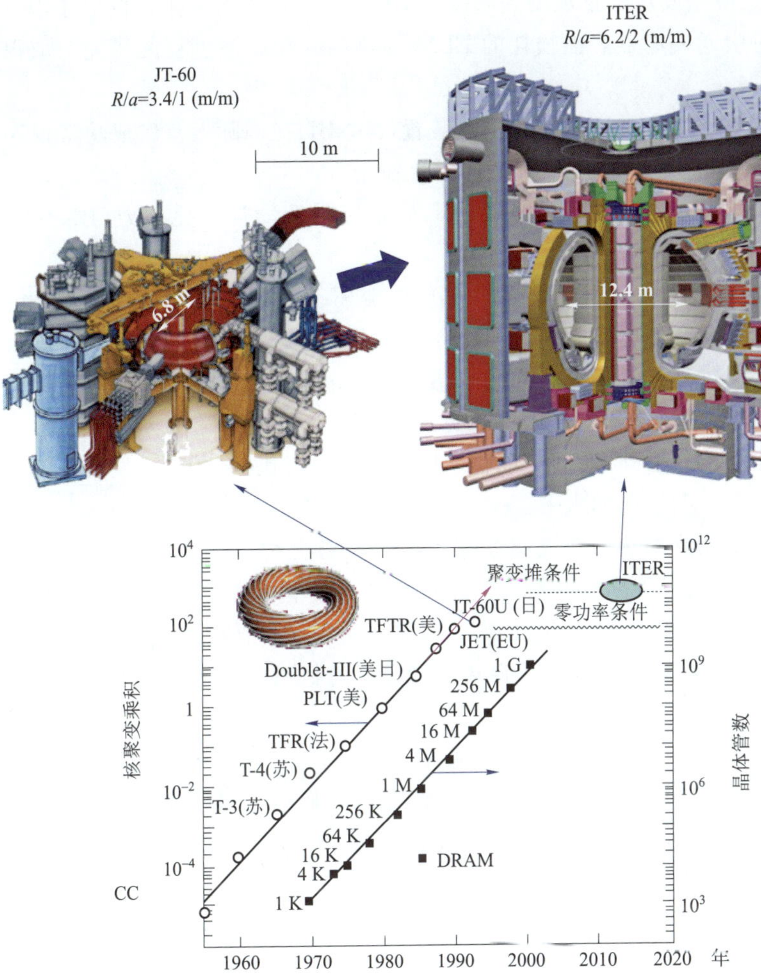

图 1.5.4 世界各主要托卡马克装置在等离子体约束研究上的进展

一步验证了达到 ITER 技术目标的可行性。

• 将自举电流占等离子体电流 75%的等离子体维持时间延长到世界最长时间 8 s，并在国际上首次探明自举电流分布是基本稳定的，在世界上首次演示用自举电流维持大部分等离子体电流的高效率运行技术的可行性。

• 通过互联网将 JT-60 与京都大学的计算机系统连接，实现了完全可保证高度信息数据安全，与在现场几乎相同环境下的实验，在世界上首次成功进行了对核聚变实验装置进行远程控制，为实现 ITER 的远程实验迈进了一大步。之后，2007 年 12 月 13 日接收远隔 1 万多千米的德国马克斯·普朗克等离子体物理研究所的指令，首次成功地实现了临界等离子体试验装置 JT-60 的远程实验。这一实验结果可望应用于未来位于日本六所村的国际核聚变能源研究中心与远在法国卡达卡奇的国际热核聚变实验堆（ITER）之间的远程实验中。

• 率先在国际上成功评价了作为当前国际聚变界研究紧迫课题的确定旋转速度分布动量扰动扩散系数的空间分布，并探明约束改善模中动量扩散系数与离子热扩散系数具有正的相互关系。这一重要成果对于预测 ITER 等离子体旋转具有积极的意义。

• 在国际上率先成功定量观测到起因于 ELM 的偏滤器等离子体的电子温度和密度的变化。可望在对引起偏滤器表面损耗的 ELM 的热释放和碰撞过程的研究上取得进一步大的进展。

• JT-60 负离子源中性粒子注入加热装置(N-NBI)在国际上首次成功实现连续 30 s 在 JT-60 堆芯等离子体中注入超过 2 MW 的中性粒子束。

• 成功维持了 5 s 左右的超过自由边界稳定极限的高规一化压力(BN～3.0)的等离子体。

• 实现了托卡马克稳态化必需的非感应电流驱动(不采用变压器原理的电流发生)的高性能化。通过低混杂波电流驱动(LHCD)及世界上 JT-60 唯一拥有的高能量(400 kV)负离子源中性粒子束(NNB),验证了包括非感应驱动电流量(3.6 MA LHCD、1 MA NNB),电流驱动效率(3.5×10^{19} A/W/cm^2 LHCD、1.6×10^{19} A/W/cm^2 NNB)等参数。确认了对聚变堆区域的外推性。另外,通过实现和维持高自举电流比例(80%),发现稳态托卡马克堆的循环电力可以设定到很低的水平。

• JT-60 电子回旋加热装置成功进行 5 kHz 调制注入。JT-60U 装置在稳态化研究的技术开发中,通过提高电子回旋共振加热装置的输出功率和延长时间,同时实现用于有效控制新经典撕裂不稳定性(NTM)输出功率调制的高频化,成功地实现了在 ITER 必需的 5 kHz 的高频下,将 MW 级的电子回旋共振波功率调制注入。这种采用阳极调制的方式在国际上尚属首次。

• 根据实现自点火的高能量约束改善率、实现高输出功率密度的高 β 值、实现高效率稳态运行的完全非感应电流驱动及高自举电流比例的目标,在高等离子体压力 H 模和负磁剪切 H 模下获得了针对以上目标,综合验证稳态托卡马克堆概念的成果。同时,验证了完全非感应状态下的核聚变三乘积。

• 在尤为重要的课题——破裂研究方面,首先探明了数种发生原因。并根据这些原因,开发出避免破裂发生的方法或假定发生也能加以缓和的方法。由此表明在 ITER 标准运行程度的区域,完全可以避免破裂。在以高压力为目标的运行中,有时会出现稳定区域缩小还发生破裂的情况。另外,即使属于稳定区域内的运行,也有必要防止不测的事故。开发出了即使出现这种情况,也能防止最为担心的过度晕电流及逃逸电子流等发生的方法(中立平衡点控制、干扰磁场许可等)。进而作为紧急堆芯停堆的方法,还研制了抑制弹丸注入法。通过上述研究工作,JT-60 对 ITER 物理 R&D 及之后的国际托卡马克物理活动(7 个专业组)国际数据库的搭建和解析、研究方针的设定及课题的解决做出了重要贡献。另外,作为日本国内研究基地,推进了与国内 30 家机构、国外 30 家机构的合作研究。尤其是近年来大幅度增加了与高校共同开展在 JT-60 上的共同实验,并与国外研究机构合作开展数据传输远程实验。

• 要实现高效率核聚变发电,需要提高作为燃料的等离子体的压力。为此,世界各国均在潜心研究在边缘等离子体中形成绝热层来提高压力的方式。而确定绝热层的关键因素,虽然认为有以下两种:离子在等离子体内绕成磁力线运动时的旋转半径及等离子体压力指数。但哪边占决定因素,要想予以分辨很困难,为此一直没有实现以很高的精确度来预测未来聚变堆中等离子体的可达压力。

日本原子能研究开发机构核聚变研究开发部门的研究小组,将重点放在燃料核种质量比所致的旋转半径差异上，并在临界等离子体试验装置 JT-60 上实施了 2 种核素（轻氢和重氢）的实验。结果表明，绝热层的范围并非由旋转半径确定，而是由压力指数决定的。

这一研究成果也适用于适用氘的装置，不仅有利于提高建设中的国际热核聚变实验堆等离子体的可达压力的预测精度，还可以确定未来核聚变实验堆的设计指针。

该成果在国际上引起高度关注，并获得 IAEA 授予的 2011 年核聚变奖。据悉，这是亚洲国家首次获得的殊荣，也是日本对 ITER 计划做出重要贡献的巨大成果。

图 1.5.5 是在第 15—22 届 IAEA 聚变能源大会上，JT-60 发表的论文数量与 JET、DⅢ-D 发表的论文数的对比。

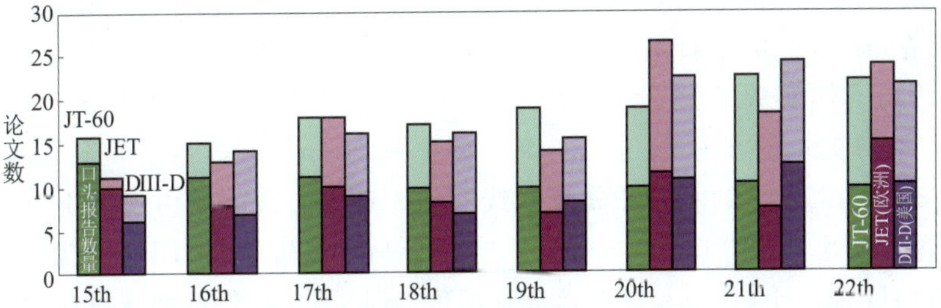

图 1.5.5　第 15—22 届 IAEA 聚变能源大会 JT-60 发表的论文数量对比

1.5.5.2　LHD

1）LHD 装置概要

日本自然科学研究机构国立核聚变科学研究所（National Institute for Fusion Science，NIFS）1989 年由原名古屋大学等离子体物理研究所、广岛大学聚变理论研究所、京都大学的部分等离子体物理试验室联合组建而成，原隶属文部省（MOE）管辖，2001 年起划归日本文部科学省。

1997 年，NIFS 建成大型螺旋器磁约束聚变研究装置（Large Helical Device，LHD），耗资约 507 亿日元（约合 33.8 亿元人民币）。作为日本国内大学间的共同利用研究机构，NIFS 通过设立的“双向型共同研究”、“LHD 计划合作研究”、“一般课题合作研究”等 3 个项目实施与各高校的合作研究。“双向型共同研究”项目开始于 2004 年，是先于其他领域启动的新型网络型合作研究。在此方式下，NIFS 建立了更为灵活、积极的合作研究推进体制，广泛推进与日本国内外大学、研究机构的合作研究，开展日本独自研制的大型螺旋器装置（LHD）磁约束聚变研究，包括高温高密度等离子体的生成和约束研究；利用大型计算机开展 LHD 的实验分析、大范围的理论模拟科学研究及聚变发电堆建造阶段的聚变工程研究等。

LHD 装置虽然分类为螺旋途径，但与托卡马克装置一样，均称作环形磁场约束装置，在这一点上，两者约束等离子体的基本原理相同，等离子体的活动也受共同的理论支持。因此，该装置的实验将对 ITER 今后的研究发挥积极的作用。LHD 作为大型核聚变实验装置，是目前世界最大的超导核聚变实验装置，采用世界领先的螺旋方式，通过产生新领域的无电流等离子体等手段探讨堆芯等离子体领域重要的物理、工程研究课题。它们包括：

• 产生高温、高密度、长时间等离子体，广泛开展可外推至堆芯等离子体的等离子体输运的研究。

• 实现堆芯等离子体必需的平均 β 值 5%以上的高 β 值等离子体，进行相关的物理研究。

• 设置偏滤器，开展无电流等离子体的长脉冲实验，获取稳态运行所需的基础数据。

• 研究高能粒子在螺旋磁场中的活动，开展以堆芯等离子体中的 α 粒子为对象的模拟实验。

• 开展托卡马克辅助研究，加深对环形等离子体的综合理解。

早在核聚变科学研究所建立以前，由日本国内研究人员组成的设计小组已经开展了LHD 的设计研究，对 LHD 计划的物理和技术进行了研讨。核聚变科学研究所建立以后，1997 年底完成装置主体的建造，1998 年 3 月 31 日成功产生了 ECRH 初始等离子体。

LHD 装置(图 1.5.6)是日本独有的采用约束磁场位形的国际上最大的装有超导线圈的螺旋途径等离子体实验装置，是致力于零纵向等离子体电流的聚变堆。装置外部直径 13.5 m，大半径 3.9 m，小半径 0.6 m，等离子体体积 30 m^3，磁场强度 3 T、总重量 1 500 t，参数见表 1.5.4。在该装置中，双重螺旋状线圈和 3 对极向线圈均为超导线圈，可在等离子体中心区域稳定产生最大 3T 的环向磁场。与托卡马克装置一样，LHD 也属于环形磁场约束装置，两者的区别在于，托卡马克在形成磁场位形时，不仅是外部线圈，也需要等离子体电流，而螺旋途径则不需要。由于螺旋途径不需要生成和维持均很难的等离子体电流，所以可从本质上满足作为实用堆必需条件的稳态运行。

图 1.5.6　大型螺旋器实验装置 LHD

表 1.5.4　LHD 装置主要参数

高度(含孔部)/ m	9.1
直径/ m	13.5
重量/ t	约 500
冷却部重量/ t	约 850
等离子体大半径/ m	3.9
等离子体平均小半径/ m	0.6
等离子体体积/ m^3	30
磁场强度/ T	3～4
磁场储能/ GJ	1～2

2) LHD装置取得的主要成果

日本核聚变科学研究所的大型螺旋器LHD装置实验自从1998年开始以来，发展了一系列工程技术，如加热装置、诊断和等离子体控制系统以及大型超导机械运作。同时，实现了高聚变三乘积（密度×离子温度×能量约束时间）；实现了稳定的长脉冲放电；澄清了在高离子温度下径向电场的作用；实现了高达5%的β，并探索了相关的物理问题；用偏滤器控制边缘等离子体，实现了约束改善和稳定的长脉冲放电；在螺旋场中研究了高能粒子；实现了氘放电并研究了同位素效应。由于该装置的超导电磁体重约850 t，要使其达到超导状态，需要用4周的时间将其冷却到-270 ℃，因此，实验的运行周期大约为半年时间，除1998年进行了2次实验外，此后均每年进行一轮实验。

截至2013年12月，LHD装置已经进行了17轮等离子体物理实验。在第2轮(1998年9月—12月)实验中，LHD在国际上首次取得了单靠NBI生成和加热等离子体的划时代成果。该成果充分体现螺旋器系统的优点即在无内部电流的情况下，仅靠外部线圈就能形成约束磁场。这一成果大大扩展了实验条件的范围。

截至第12轮等离子体物理实验，LHD已经在无破裂等离子体状态下实现了超过1亿℃的电子温度和8 000万℃的离子温度。同时，储能达到1.63 MJ、约束时间达到0.36 s、在0.425 T下等离子体平均β值达到5%。生成了目标之一的稳态等离子体，利用ECRH成功使等离子体的放电维持时间延长到65 min。在以离子回旋频率区域电磁波为主的54 min 28 s放电中输入能量达到世界最高值1.6 MJ，成功开辟了新的实验区域。模拟科学研究部在2007年构建的新体制下，与国内外高校和研究机构合作开展了LHD·磁约束模拟、激光聚变模拟和复杂性等离子体模拟等项目研究，上述LHD和理论模拟项目的研究成果以及双向型共同研究均获得了外部高度评价，这些评价将对第一期中期计划评价起到重要作用。2009年起，以第2期中期计划为目标，正式启动了垂直注入中性粒子束注入装置的完善，闭合结构偏滤器化等。

第12轮实验(2008年9月30日—2008年12月25日)继续在提高等离子体参数，开展改善约束上开展实验。并在实验中成功产生了高达6 000万℃以上的截至当时的最高温度的高密度等离子体。温度虽然与上轮实验的规模相当，但等离子体实现了稳定生成，且杂质少，密度高。

在2008年度的第12轮实验中曾发现在温度高的等离子体中心区存在这样的现象，即：即使有意识地将作为杂质的碳的小粒注入到等离子体中，碳也会随着离子温度的上升自动得到排除。在2009年度的实验中，通过注入碳以外的元素(氦、氖)来详细了解了该现象。结果发现，原子序数越大，这种排除效应就越强。由氦(原子序数2)、碳(原子序数6)、氖(原子序数10)在等离子体中的比例分布发现。针对于主要燃料氢，在中心区氦为2%，碳为0.3%，氖为0.03%左右。从斜向所看到的环状等离子体图像看到，X射线由杂质辐射引起，但温度上升后，发现杂质也被排除到外面。未来聚变发电堆中的核聚变反应使用的燃料是氢的同位素——氘和氚，然后转变为氦。这种氦就是所谓的氦灰。除此，等离子体中还会混入来自壁的氢以外的元素(碳、氧、金属等)。这些杂质及氦灰会引起氢燃料纯度的降低，同时，达到高温后，原子序数越大，原子发出更强的光，出现的辐射损失会降低等离子体的温度。因此，排除氦灰及杂质，对核聚变发电堆是极为重要的课题。这在大型螺旋器装置的实验中，也是提高等离子体温度需要克服的课题。该成果的取得，给大型螺旋器装置进一步提高温度带来了信心。这对未来的核聚变实验堆来说，发现了一个极好的性能。

第13轮实验从2009年10月1日开始至12月24日结束，LHD装置共进行了6 200次等离子体放电，与国内外开展了众多的合作研究项目，在核聚变科学研究中取得了大量成果。在本轮实验中，成功产生了电子温度高达1亿7 000万℃的高温等离子体，与此同时，发现了在有关温度上升的同时，作为燃料的氢原子以外的杂质被排除到等离子体外的现象，确认原子序数越大，吐出效果越明显。所获得的上述两项成果，对于未来的核聚变发电堆都将是最重要的关键要素。由于该两项成果的取得，核聚变科学研究所的居田克巳教授等研究人员获得了2010年度科学技术领域文部科学大臣表彰科学技术奖。

核聚变科学研究所与筑波大学共同合作开展电子回旋共振加热装置的开发研究，2009年在LHD上安装了电子回旋共振装置，实验可用加热功率超过3 000 kW，而在2008年之前为1 200 kW。在第13轮实验中，大幅度刷新了此前获得的中心电子温度1亿2 000万℃的最高纪录，达到1亿7 000万℃。由此确认此前考虑的约束磁场的优化对实现更高温度是有效的。

LHD大型螺旋器装置在2010年10月14日—2011年1月27日进行的第14轮等离子体物理实验中，生成等离子体次数超过7 000次，获得了众多成果，并实现了2亿3 000万℃的电子温度。同时成功地实现了离子温度高达7 500万℃的高温等离子体（见图1.5.7）。而此前，该装置获得过的最高离子温度为6 500万℃。该成果的取得使实现聚变能源要求达到的1亿℃以上高温的目标又迈近了一步。在本轮实验中取得的成果还包括：利用超大规模计算机数值模拟分析，成功地再现了LHD等离子体实验时产生的“等离子体摆动”，由此可实现对等离子体中的热传播方式开展理论评价，可对预测未来聚变堆的性能发挥作用。另外，通过在聚变堆等离子体容器用的钢铁材料中混合纳米尺寸的微粒子，发现将高温受力时的变形降低到约20万分之一，这一结果将大大有利于聚变堆高温长时间运行。

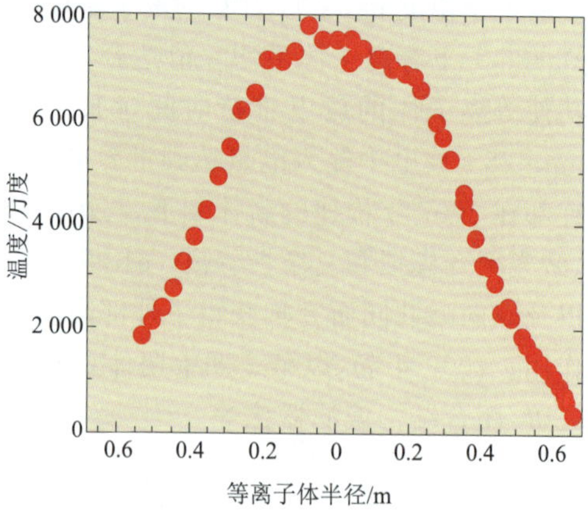

图1.5.7　LHD创最高离子温度的等离子体离子温度分布

在国际上首次观测到可望作为未来诊断聚变反应等离子体手段的等离子体电磁波。据悉，该成果已被2010年10月1日出版的世界权威性物理学杂志《Physical Review Letters》收录刊登。该所東井和夫教授等人通过改变LHD的螺旋状磁力线的螺旋状态，开展了以等离子体产生的电磁波为重点的实验，结果在国际上首次观测到伴随特有频率变化的电磁波。显示这种频率变化的等离子体波预计未来将由于核聚变反应产生的高速氦粒子而大量出现。因此探明其特性是核聚变研究的最重要课题之一，因为核聚变燃烧等离子体是通过这种高速氦粒子能量来使等离子体温度得到保持的。要维持核聚变反应，必须对反应生成的高速氦粒子进行约束。这次的观测成果将奠定深入理解未来核聚变反应等离子体和反应生成的氦粒子之间的相互作用的学术基础。

聚变堆在设置用于诊断等离子体内部结构的诊断设备方面有很多制约，因此必须开发可在聚变堆附近很严酷条件下使用，简便且可靠性高的诊断手段。通过简单手段监测本次观测到的显示特征频率变化的电磁波，可望实现对约束磁场螺旋状磁力线的螺旋状态进行高精度的诊断，从而有可能帮助开发到适合聚变堆的新的等离子体诊断手段。

第 14 轮等离子体实验从 2010 年 10 月 14 日开始到 12 月 24 日结束。LHD 装置 2010 年度暨第 14 轮等离子体实验的主要目标是：通过增加加热功率，实现等离子体粒子的高温化；增设维持高性能等离子体最关键的粒子控制装置并确认其基本性能。

在本轮实验中，LHD 通过使用 3 根 1 800 kW 的微波振荡管及将功率提高到 3 400 kW，成功地将此前取得的 1 亿 7 000 万℃的氢等离子体的电子温度提高到了 2 亿 3 000 万℃，再次刷新了该装置创造的纪录（见表 1.5.5）。据该所负责实验的总主干竹入康彦称："实验中使用的大功率振荡管成功地实现了世界最高功率，所获得的等离子体电子温度已经超过了电子温度的目标期待值。"

表 1.5.5　LHD 已获得的等离子体性能

等离子体性能	LHD 达到的参数	LHD 最终目标值	核聚变条件目标值
离子温度	7 500 万℃ （密度 16 兆个/cm^3）	1 亿 2 000 万℃ （密度 20 兆个/cm^3）	1 亿 2 000 万℃ 100 兆个/cm^3
电子温度	2 亿 3 000 万℃ （密度 2 兆个/cm^3）	1 亿 2 000 万℃ （密度 20 兆个/cm^3）	
密度	1 200 兆个/cm^3 （温度 300 万℃）	400 兆个/cm^3 （1 500 万℃）	
β 值 （等离子体压力、磁场压力）	5.1% （磁场 0.425 T）	5% （磁场 1～2 T）	5% （磁场 5 T）
稳态运行	54 分 28 秒（500 kW） 13 分 20 秒（1 000 kW）	1 小时（3 000 kW）	稳态（1 年）

第 15 轮等离子体物理实验从 2011 年 7 月 26 日启动，持续两个多月，13 周左右。LHD 装置从 1998 年开始第一轮实验以来，共进行了大约 7 200 次等离子体放电实验，等离子体放电次数超过 11 万次，等离子体性能得到了快速提升，积累了大量学术研究经验和成果。

在第 15 轮等离子体实验中，离子温度超过了 2010 年度第 14 轮实验获得的 7 500 万℃，等离子体性能得到进一步提高。开展了以了解上述高离子温度下等离子体复杂现象的各种物理实验，获得了设计未来聚变发电堆所需要的重要数据。

在该轮实验中，LHD 成功生成离子温度高达 8 000 万℃的高温等离子体。该所研究人员通过降低等离子体边缘区域的密度，将此前获得的 7 500 万℃的离子温度提高了 500 万℃，再次创造了作为稳定保持高温状态方式的世界最高纪录，进一步接近了核聚变发电所需要 1 亿℃的温度。在本轮实验中，NIFS 的研究人员通过利用电磁波生成的等离子体除去清洗 LHD 时附着在壁上的氢气，有效降低了等离子体边缘的密度，由此提高了等离子体中心区域的离子温度。

3）今后的展望

LHD装置作为目前唯一可进行稳态放电研究的大型装置，将充分发挥可无电流放电的螺旋器装置的特征，积极探索粒子平衡、杂质输运问题，尤其是探明具有长时间常数现象。同时，通过强化加热装置和对面向等离子体材料的研究，获取可直接反馈到ITER实验的结果。今后随着LHD运行区域的扩大，将进一步加深对环形等离子体共通物理特性的认识，包括目前尚未充分通过实验验证的局部磁岛偏滤器（Local Island Divertor，LID）实验时的高密度模，为高等离子体压力下环等离子体稳定性的研究及输运势垒理论提供新的知识。

1.5.6 BA计划及其进展

BA计划（更宽领域研究计划）是日欧双边政府2007年2月5日正式签署的日欧双方有关核聚变能源研究领域的合作协议，并于当年6月1日正式生效。根据协议内容，由日欧双方在日本共同实施3个项目的研究，协议实施期限为10年。有关920亿日元的设施建设费用由日欧各自承担50%。3个项目具体是：

1）国际聚变材料辐照设施的工艺验证和工艺设计活动（IFMIF/EVEDA）要实现未来核聚变能源，要求堆材料必须经受聚变堆内部的严酷高温和在辐照条件下具有耐久性能且低活化，IFMIF将试验未来聚变堆环境条件下的先进材料和探究材料的适应性。

2）国际核聚变能源研发中心（IFERC） 国际核聚变能源研发中心（IFERC）包括DEMO设计和研发协调中心、计算模拟中心和ITER远程实验中心。IFERC的使命是为ITER项目做贡献，以实现动力原型堆为目标，通过协调设计与研发活动，促进DEMO示范堆早日实现，为聚变等离子体和反应堆技术系统提供计算模拟，完成所设计的远程实验活动，以便于科学家们广泛地参与ITER实验。

3）卫星托卡马克计划 JT-60U托卡马克将作为该协议框架下的ITER卫星装置，升级改造为先进超导托卡马克JT-60SA。卫星托卡马克计划的目的是开展ITER实验时有效的运行启动以及动力原型堆（DEMO）研究，其重点将是运行方案和重要物理学课题的研究。

2007年6月21日在东京召开的第一届BA运营委员会任命了三位BA项目负责人。他们分别是：IFMIF-EVEDA项目负责人帕斯卡尔·加朗（音）博士，国际核聚变能源研究中心项目负责人荒木政则博士，卫星托卡马克项目负责人石田真一博士。

2007年7月3日在六所村举行BA计划原型堆设计开发第一次工作会。国际核聚变能源研究中心项目负责人荒木政则主持了会议。原型堆设计和研究开发项目将开展约10年时间。目前确定的是每年举行2次工作会议。2010年国际核聚变能源研究中心在六所村建成后日欧研究人员将在该中心开展共同研究。

BA计划相关设施工程2008年5月21日在六所村正式开工。BA计划3个项目中有2个项目建设在该村。在约13公顷的占地面积内将建设内容包括管理研究大楼、计算机远程实验中心大楼、以及开展原型堆研究的“原型堆R&D大楼”等4个设施。总建设费用预计约为41亿日元（约合2.73亿元人民币）。加上实验堆等总事业费为920亿日元（约合61.3亿元人民币）。

2008年12月10日，日本和欧洲原子能联营德国卡尔斯鲁厄的代表们通过了JT-60SA装置的综合设计报告，包括厂房整合文件。

IFMIF加速器样机通过验证，在能量9 MeV的连续波下可产生125 mA的氘核束。通过在法国、西班牙、意大利和日本所开展的工作，对该加速器的高能部分进行了重新设计，整合最新的超导半波共振器。自2012年开始在六所村对该加速器进行测试。日本与意大利共同合作的锂试验回路的详细设计工作也已经开始。锂试验回路将建在日本太平洋海岸的Oarai，计划2011年开始实验。由于近期比利时参与到更广泛的项目中来，计划装有材料样品的试验模块和胶囊将在比利时反应堆上进行辐照。准备工作正在德国和日本进行。

国际核聚变能源研发中心（IFERC）的工作也取得了进展。欧洲和日本的专家召开了若干次关于设计/研发活动的研讨会，DEMO示范堆研发实验设备安装的大量设计工作已在六所村展开。召开了数次与计算模拟相关的任务分摊会议，讨论了实施成员国与项目团队之间的种种问题。ITER国际组织与项目团队之间开始进行关于远程实验的信息交流。

BA计划管理研究大楼完工，落成典礼2009年4月10日在六所村举行。管理研究大楼是六所村建设的国际热核聚变实验堆（ITER）相关设施4栋建筑中最先完成的部分。其他3栋分别是计算机・远程实验中心大楼、原型堆R&D大楼和国际核聚变材料辐照设施开发试验大楼。

日本政府和欧洲原子能共同体2009年5月12日在六所村的国际核聚变能源研究中心召开聚变相关项目第5届运营委员会，批准将预计2011年左右阶段性开始的BA计划聚变加速器试验的结束时间从原2013年延长到2014年底。

日欧双方2010年4月28日在青森县六所村签署了一项协议。协议内容为在2011年年底前将日本国内目前速度最快的超大型计算机引进到建设在该村的国际热核聚变能源研究中心。据日本原子能研究开发机构透露，该超大型计算机由欧洲方面采购引进到国际热核聚变能源研究中心。该超大型计算机为核聚变研究专用计算机，其计算速度可以达到每秒1 000兆次，应该为其时日本国内最快的超大型计算机，采购费用大约84亿日元（约合5.6亿元人民币）。建设在六所村的国际热核聚变能源研究中心将承担ITER的远程实验、下一代原型堆的材料开发。安置超大型计算机的“计算机・远程实验楼”、“原型堆研究开发大楼”等建筑2010年3月已经建成，2010年秋季开始部分研究工作。

承担ITER卫星装置作用的日本先进超导托卡马克装置JT-60SA因其低环径比设计，较高的成形灵活性，可承担支持ITER和为DEMO做准备的先进方法的研究。该装置的辅助加热系统可达到40 MW以上，等离子体电流可达到5.5 MA。与JAEA、日本国内大纲组织以及欧洲自愿参与该项目的研究机构——CEA（萨克莱，格勒诺布尔和卡达拉奇），ENEA、CNR、CIEMAT、SCK以及KIT签署合同的供应商，在JT-60U的建筑物、电源和中性束基础设施的基础上，正在为该项目增添全新的载荷装配。由日方承担的JT-60U装置的拆卸工作进展顺利，极向场导体正在加工制作，线圈绕制已经启动，真空室第一扇区正在生产加工。欧洲准备签署低温恒温器基座合同，签署生产极向场线圈与结构、电流引线的相关协议，开始生产制作新的磁体电源和淬火保护系统。

日本原子能研究开发机构与BA计划欧洲实施机构——欧洲共同体2010年7月12日就BA计划的重要一环——卫星托卡马克装置JT-60SA超导线圈制作的技术规格和采购时间表达成一致并签署了采购协议书。JT-60SA的真空室、超导线圈、电源及加热装置等所需设备均是在BA活动的框架下由日、欧共同分担制作。本次签署采购的设备将是JT-

60SA 重要的设备之一，且制作上要求高度技术的超导线圈组成部分的 18 个环向场线圈，全部由欧洲方面用 5 年时间制作后运到该机构那珂聚变研究所。

1.5.6.1 JT-60SA

那珂聚变研究所建设之中的 JT-60SA 是在 2009 年完成实验运行的临界等离子体试验装置 JT-60 的基础上改造升级后的先进全超导托卡马克装置。建成后的 JT-60SA 将用于辅助目前建造中的国际热核聚变实验堆(ITER)，同时日欧双方也将利用该装置开展实验堆下阶段装置——原型堆的研究。改造升级建成后的 JT-60SA 将成为日本唯一一座大型托卡马克实验装置，不仅期待在核聚变科学研究成果上做出进一步贡献，还可望为培养研究人才做出更大的贡献。图 1.5.8 为 JT-60 和 JT-60SA 的参数对比。

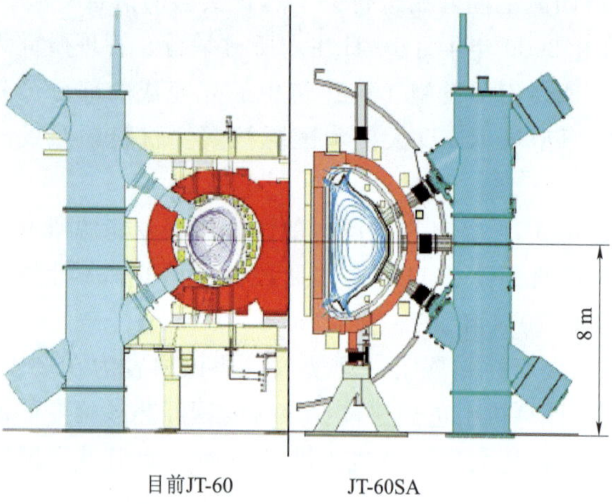

等离子体电流/MA	5.5/3.5
大半径/m	3.01/3.16
小半径/m	1.14/1.02
椭圆度κ_{95}	1.83/1.7
三角度δ_{95}	0.57/0.33
环向场/T	2.72/2.59
表面安全系数q_{95}	3.77/3.0
平顶时间	100 s(8 h)
PFC热负荷	10 MW/m^2

图 1.5.8 JT-60 和 JT-60SA 的参数对比

1) JT-60 改造计划背景和目标

日本文部科学省下设的核聚变工作组提交的有关国内聚变研究重点化和推进合作研究的报告书(2003 年 1 月)明确提出日本托卡马克国内重点装置计划是由日本独立开展托卡马克途径的改进(即通过实现高 β 稳态运行来提高经济性能等)。其具体目标是将 JT-60 装置改造成具有临界等离子体级等离子体性能的超导装置，以最大限度确保等离子体・环径比、截面形状控制性、反馈控制性等的机动性和自由度，将原型堆必需的高 β($\beta_N=3.5\sim5.5$)非感应电流驱动等离子体维持约 100 s 以上。装置的升级改造由日本原子能研究开发机构组织实施。

JT-60SA 是将 JT-60 升级改造成可比电流扩散时间更足够长地维持临界等离子体条件级等离子体的超导托卡马克装置，以期在此基础上开展高性能稳态运行和低活化材料与等离子体适应性的先进研究开发。将可达目标区域设定为原型堆的参数区域(归一化 β=3.5～5、自举电流比例 50%～90%、辐射冷却比例约为 95%)。为总体达到这一目标区域，将实施高 β 等离子体的稳态运行、高性能・高自举电流等离子体控制、偏滤器热・粒子控制、破裂抑制控制及低活化材料与等离子体的适应性试验等课题研究。升级改造后的 JT-60 装置(JT-60SA)将用于作为国际热核聚变实验堆(ITER)计划之一的日欧更宽领域研究项目以及原型堆的研究开发，是日欧更宽领域研究计划支柱之一。JT-60装置从2008年8月29日起停止运行，正式投入大规模改造，并预计在2018年变身为国际热核聚变实验堆(ITER)的卫星托卡马克装置而再次投入实验。

JT-60经过2次改造。第一次改造成为JT-60U直到关闭。从2003年开始，JAEA考虑JT-60U的改造和立项的过程中，拟建造的装置先后叫HT-60SC（SC：Supper Conduction，超导）、NCTF（Nationally Centralized Tokamak Facility，国家中心托卡马克装置），目前，JT-60SA被作为日欧更宽领域研究项目[2007年2月2日由欧盟和日本签署的联合开展ITER相关设施研究即更宽领域研究计划(BA计划)的合作协议]，由日本和欧洲联合建造。根据协议，在为期10年的日欧合作期内，日欧各自承担50%费用。在日本共同实施以下3个项目：国际聚变材料辐照设施的工艺验证和工艺设计活动(IFMIF/EVEDA)；建设国际核聚变能源研发中心(IFERC)；实施JT-60SA卫星托卡马克计划。除日本外，中国、韩国和印度也在运行和建设新型超导托卡马克装置，分别是EAST、KSTAR、SST-1。JT-60SA装置将作为其中最大规模的开展ITER辅助研究的超导托卡马克装置，发挥引领ITER参与各方的作用，同时培养可在未来ITER运行中发挥主力作用的优秀研究人才。

2) JT-60SA的研究内容

• ELMyH模运行　ELMyH模是ITER的标准运行模。JT-60SA可在与ITER形状一致的位形下(ITER相似位形)，以等离子体电流3.5 MA、环向场2.42 T条件，实现41 MW加热的100 s运行，提供有关ITER运行方案的物理评价依据及数据库。同时，通过10 MW负NBI(采用负离子源的NBI)及7 MW的ECRF注入，可进行与ITER同样的在电子加热占主导的区域开展研究。

• 完全非感应电流驱动运行　以电磁感应以外的方法驱动等离子体电流的运行方法称为完全非感应电流驱动运行。该运行方案不仅仅是ITER的非感应运行方案，也与要求稳态运行的原型堆相关。JT-60SA可在等离子体电流3 MA、环向场2.44 T的条件下，通过41 MW的加热输入，实现格林沃尔德密度指数$f_{G\omega}=0.55$，自举电流比例$f_{bs}=0.56$，针对ELMy H模的约束改善度$HH_{98y2}=1.3$，$q_{95}=5.3$的运行，如果进行适当的稳态控制，可望达到无导体壁，超过理想MHD稳定极限的归一化β值$\beta_N=3.6$。更高β值的运行，预计同样可以在稳态控制下达到$\beta_N=4.4$(2.4 MA/1.79 T，加热输入功率41 MW，$f_{bs}=0.88$，$HH_{98y2}=1.32$，$q_{95}=5.5$)。上述方案电流扩散时间τ_R低于20 s，所以估计在100 s运行时，电流分布基本是稳定的。

• 高β等离子体稳态化控制　开展以ITER和原型堆为目标的高β等离子体研究是JT-60SA装置的重要使命之一。为此将为该装置配备用于抑制形成磁岛不稳定性的新经典撕裂模(NTM)及抑制等离子体表面变形不稳定性的电阻性壁模(RWM)的各种控制手段并研究控制手段的优化。

NTM的特点是可利用电子回旋波电流驱动使对等离子体高β化产生较大影响的$m/n=3/2,2/1$(m、n分别是极向、环向模数)的2种NTM稳定化，可通过双频率的选择开展更宽范围实验条件的研究。

关于RWM，为维持超过无导体壁的理想MHD稳定极限的高β等离子体，在靠近等离子体配置的稳定化板的基础上，利用容器内设置的线圈系统(扇形线圈)形成的磁场使RWM实现稳定化。为系统实施有关等离子体旋转和MHD稳定极限的物理研究，对切线方向注入的 NBI,使其顺向和反向注入的平衡可变。

计划开展的其他 MHD 控制还包括利用设置在真空室外的线圈补正误差磁场,控制 ELM,减缓伴随高压气体注入引发的破裂现象,回避破裂本身,这些都是原型堆不可缺少的研究课题。

• 热/粒子控制

面向等离子体的机器采用的是碳纤维强化复合材料(CFC)强制冷却偏滤器,同时稳态化板上的部分材料采用了强磁体。最大容许热负荷在稳定状态下外侧靶为 15 MW/m^2,内侧靶为 10 MW/m^2。目前原型堆设计面向等离子体的壁材料考虑的是金属(钨),但研究后期视线转向对金属壁的改造。ASDEX-U 正在开展金属壁的研究,JET 也在计划该项研究。JT-60SA 将参考上述研究成果来判断对金属壁的改造。

粒子控制是利用设置在偏滤器部的低温壁板独立对内外偏滤器进行抽气,为达到从接触偏滤器到脱栏偏滤器的广范围内控制偏滤器等离子体,最大抽气速度的目标值是 100 m^3/s 以上。

3) JT-60SA 装置主要结构

超导环向磁场线圈有 18 个,为宽 4.6 m,高 7.6 m 的 NbTi 线圈。超导极向磁场线圈主要由开展等离子体驱动的 4 个中心螺旋管(CS)和控制等离子体截面位形的 7 个平衡控制线圈(EF 线圈)构成。真空室为具备高约 6 m、宽约 3 m 的极向截面,外径约 10 m、内径约 4 m 的环形形状。为减轻超导线圈的核发热,真空室壁采用了在厚 24 mm 的 SUS316L 做的内外壁之间再填充厚 140 mm 屏蔽用硼酸水(使用 95%浓缩 ^{10}B)的双重壁结构。为减轻真空室辐射,结构材料使用了低钴(0.05 wt%)不锈钢。为使超导线圈保持在超低温状态,装置整体被收容在低温恒温器(绝热真空室)内。为最大限度地确保已有垂直注入 NBI 装置罐内侧低温恒温器的作业空间,基本形状为内径 13.4 m 的球形。为减少主机室内设备和空气中氩的辐射,球壳部分真空边缘厚 34 mm 内壁(低 Co 不锈钢)和厚 6 mm 的外壁之间填充油添加有硼的低活化混凝土(厚 160 mm 以上)。真空室内设置有面向等离子体设备(偏滤器、第一壁),偏滤器抽气用低温板,容器内线圈,稳定化板及各种敏感元件类。强制冷却偏滤器采用与 ITER 相同的单块方式(在铜合金冷却管中直接接 CFC 保护板,容许热通量 15～20 MW/m^2)的同时,容器内剂量率预计为 1 mSv/h 左右,因此偏滤器及第一壁的结构与 ITER 一样,都能通过远程操作进行维护和交换。外孔侧设置有高速位形控制和抑制电阻性壁模的容器内线圈并能在保护它们的同时能获得壁稳态效果的稳定化板。稳定化板为 Co 不锈钢制双层壁结构,计划在其间通过换室温冷却水流入 300 ℃的氮气的结构来实现高壁温运行。PF 线圈电源由以下三大部分构成:在整个放电期间对线圈电流进行控制的基底电压电源;仅在等离子体点火时及初期高速上升时使用的高压发生线路及增压电源;断开等情况时使线圈电流急速衰减的线圈保护线路。为在 41 MW 的最大等离子体加热输入功率下实现 100 s 所必需的交流电能在电压 18 kV 时约 130 MW,能量约 13 GJ。因此可以分别从商用电网供应约 90 MW 的电能及由现有的环向场线圈电动发动机(T-MG)供应剩余的约 40 MW 的电能。JT-60SA 的主要参数见表 1.5.6。

表 1.5.6 JT-60SA 的主要参数

等离子体电流 I_p/MA	5.5
环向场 B_t/T	2.25
大半径 R_p/m	2.97
小半径 a_p/m	1.18
拉长度 κ_{95}	1.93
三角度变 δ_{95}	0.5
表面安全因子 q_{95}	3
等离子体体积 V_p/m^3	1.33
平顶时间/s	100
加热·电流驱动功率/MW×s	41×100
垂直注入 NBI/MW	16
切线注入 NBI/MW	8
负离子源 NBI/MW	10
电子回旋波/MW	7
面向等离子体设备负荷/MW·m^{-2}	15
年中子产额	1.5×10^{21}

4) JT-60SA 装置日欧间的分工

根据日欧政府签署的协议，作为 BA 计划重要项目的卫星托卡马克 JT-60SA 装置，将由日欧双方政府直接负责其运营，具体由 BA 运营委员会负责。日欧双方的分工如下：

日方实施机构负责装置概念设计，但需两边政府批准。

- 双方的实施机构负责对上述概念设计涉及的实物设备进行详细设计。
- 日方实施机构负责装置的总装和运行。
- 欧方(EURATOM)享有以平等身份参与 JT-60SA 研究的权利。

日本文部科学省核能领域研究开发委员会核聚变研究作业部会 2010 年 9 月 14 日就今后核聚变原型堆开发的技术课题和推进体制路线图进行了整理。整理结果认为，目前日本的核聚变研究开发正通过第三阶段的成果和进展逐渐转向原型堆技术验证和经济性能验证的第四阶段。按照日本原子能委员会 2005 年提交的报告书，核聚变研究最早应在 2020 年初达到主要基本性能转入原型堆阶段。如顺利投入建造，2030 年将开始连续发电，有可能在 21 世纪中叶实现聚变能的实用化。审议结果认为：最可判断是否能转入原型堆阶段的技术课题，显然是正在推进的 ITER 试验堆的开发及对现有各项目及其发展方向的定位。目前正在升级改造中的 JT-60SA 项目，其目标是为走向实用化打通道路并获取一定经济性判断，实现 ITER 中很难进行的"原型堆必需的有可能达到高输出功率密度的高压等离子体的长时间维持"，因此核聚变研究作业部会的整理结果认为，JT-60SA 将成为这一过渡阶段的极其重要的装置。

1.5.6.2 IFMIF 的工艺设计和验证

IFMIF(国际聚变材料辐照设施)是评价聚变堆材料稳妥性必需的模拟高能中子环境的装置。聚变堆材料辐照试验用强力中子源国际活动分两个阶段：(1)概念设计和元件技术论证，(2)转入工艺验证和工艺设计活动(EVEDA)。IFMIF 在国际能源机构(IEA)的框架下进行，EVEDA在BA计划的框架下实施。EVEDA实施的课题包括：加速器、锂靶、试验盒及设计总协调。其中加速器课题在总预算中占的比例最大。上述课题由日本和欧洲分担，在日本青森县六所村建造实施。

材料开发及其承受能力的保障与ITER计划一样，对于进入聚变发电验证堆建设的进程是至关重要的课题。在ITER计划选址确定后，立即启动了聚变开发的"更宽领域研究计划"即BA计划，IFMIF(国际聚变材料辐照设施)的EVEDA(工艺设计和验证)正是该计划的重要组成部分。IFMIF由日欧双边合作开展，但根据BA协议。也原则上接受ITER参与各方的参与。

1）加速器　IFMIF加速器能量并不高，为40 MeV。但要求通过CW产生125 mA大电流及利用率可以达到88%是其最大的特征。因此要求所有元件必须达到长寿命和稳定性的要求。尤其对离子源来说，这是很苛刻的规格。为满足上述要求，采用电子回旋共振(ECR)，在CEA研究所，通过数次长达1 000 h，利用率达到95%以上的运行，其稳定性和长寿命由此得到验证。一直认为1 MW RF电源的开发是IFMIF项目中难度最大的课题。在KEP活动中进行的200 MHz TH 628 Diacrode管的耐久试验，长达1 047 h以上，在1 010～1 030 kW的满功率下获得了98.7%的利用率。由此验证可在IFMIF必需的条件下运行的能力。

2）靶锂喷管的自由表面流的稳定性是IFMIF稳定运行的关键。IFMIF的靶喷管尺寸为宽260 mm、厚25 mm、流速15 m/s。该喷头加速器一侧是真空自由表面，氘核束碰撞到该处的高50 mm、宽200 mm的矩形区域，进入的热量达到10 MW，必须避免沸腾和稳定喷入射流。如考虑射流的不稳定性等将喷管厚度做薄，氘核束会直接冲击背面壁，容易瞬时出现开孔，因此射流的稳定性是很重要的课题。目前取得的重要成果有，验证了小型锂喷管在氩常压下，以16 m/s的流速均能保持稳定，同时还开发了可测量液态金属自由表面三维形状的系统。

3）试验盒　试验组件的功能是辐照中固定各种形状的样品，即使在过渡状态下也能将其温度和氛围维持在所需状态。

为验证IFMIF的主要设备之一的液体锂回路稳定、长时间运行为目的，日本原子能研究开发机构在拥有优异液体金属(钠)处理技术和经验的大洗研究开发中心按1/3规模制作和运行该锂试验回路装置。该装置建成后，保持在300 ℃的液体锂可望在15～20 m/s的高速下，以低于波高1 mm的极平滑的状态回路中流动。锂试验回路从2009年11月开始现场施工以来，工程建设一直比较顺利，用于试验回路安装的装置架台也按计划在2010年3月底完成，之后开始了还在工厂制作的电磁泵等主要机器的搬入、安装及架设配管的作业，6月底基本结束了如图所示的所有主要机器的安装。8月下旬在结束消防耐压检查后开始绝热材料的涂覆作业。

锂试验回路中的锂气泡探测仪、杂质测量仪、低放射性铁素体钢材料的背面壁等作为国际分工项目在意大利ENEA研究所制作。其中，在BA框架下首批进口的锂气泡探测仪的传递棒已经安装到试验回路上。为防止液体锂中连续发生气泡时，气泡消失时的振动对设备造成损伤，锂气泡探测仪的目的就是在初期阶段探测这种振动，采取必要的措施，安装的传递棒的作用就是将振动由回路传达到探测仪。

2013年2月22日，日本原子能研究开发机构宣布，该机构利用拥有世界最大级别锂流量的锂回路试验装置成功地以 20 m/s 的高速稳定生成了沿凹面状背面壁流出的宽 100 mm、厚 25 mm 的自由表面(不接触容器壁和配管的液面)锂。

1.5.6.3　工艺设计和验证的主要课题

工艺设计和验证(EVEDA)的目的是对重要系统部件进行工程验证,以完成建设这些部件所需的工程设计。其主要任务包括:构建未来聚变堆建造、运行、使用及拆卸所必需的工程设计详细、完整和综合的数据;验证各子系统的连续、稳定的运行;将上述设计及工程数据反映到最终设计报告中。

其中,加速器部分的主要研发项目有:射频四级加速器(RFQ)的建造和试验(额定 RF 功率试验,在利用率减少情况下额定束能 125 mA 运行);漂移管直线加速器(DTL)初段罐体的建造和试验(额定 RF 功率试验,在利用率减少情况下额定束电流试验);IFMIF 使用的 40 MeV 脉冲运行用束流收集器建造;3 台 RF 模块(1 MW CW)及 2 台 60 kW RF 电源设备的建造和试验加速器总体设计。靶系统的主要研发项目是:锂试验回路建设和试验;回路材料的损耗、腐蚀;诊断系统、纯化系统、远程操作系统、安全管理及靶组件、主回路、纯化回路、诊断、安全、真空、控制等的系统整体设计等。试验盒系统的主要研发项目有:HFTM(高中子束区域用试验模块)的工艺设计和全尺寸制作及试验,氦冷却回路的改造及反应堆辐照试验;MFTM(中间中子束区域用试验模块)的工艺设计和系统评价(辐照下蠕变疲劳试验用,辐照下氚释放试验用,绝缘涂覆辐照下测量用);垂直型试验组件(VIT)的工艺设计和系统评价;D-Li 反应评价,20 MeV 以上核数据的完善。

1.5.7　日本激光核聚变研究

日本的激光核聚变研究主要以日本大阪大学激光能源学研究中心为代表,该中心一直在从事激光核聚变的研究。大阪大学激光能源学研究中心的前身是 1976 年 5 月建立的大阪大学激光核聚变研究中心及此后的大阪大学激光工程研究所,主要从事激光核聚变途径的探索和研究。其任务是,为验证惯性约束核聚变的科学可行性,开发大功率能量驱动器;设计和制造聚变燃料靶丸;研究高温高密度等离子体诊断技术;确立核聚变聚爆实验堆芯物理;从事惯性核聚变堆的概念设计。该中心 1980 年起开始制定并实施“金刚计划”,目的是通过激光约束达到临界条件。1982 年建成玻璃激光器“激光Ⅻ号”;1993 年完成激光核聚变堆“光阳”的概念设计;1994 年实施对“激光Ⅻ号”——GEKKO-Ⅻ的高精度改造,并开始聚爆实验;1997 年开始快点火实验;2001 年建成 1 kJ 级的 PW 激光快点火实验装置,并成功实现对聚爆等离子体的有效加热;2002 年验证点火燃烧所需的峰值功率(千太瓦)条件下的加热。

自从成功利用激光聚爆产生超高密度等离子体以来,激光核聚变的研究进入了崭新的阶段,如何形成温度达到 1 亿℃的高温高密度点火火花,最终实现核聚变点火成为下一个里程碑事件。传统的点火方式是实现球对称性良好的聚爆,利用球心冲击波在聚爆等离子体中心形成强火花,称之为中心点火。该方式最大的课题是如何控制燃料靶丸聚爆时的流体力学不稳定性。由于在聚爆初期和临界点时发生瑞利-泰勒不稳定性,因此选择可抑制生长率的聚爆方案,将干扰的生长控制在最低程度。即在确保靶丸结构、表面极高的均匀性和球对称性的同时,尽可能使激光照射保持均匀。随着超高强度激光技术的发展,从外部瞬间加热部分高密度等离子体形成强火花的“快点火核聚变”(Fast Ignition)作为一种新的惯性约束聚变方式,在 1994 年被美国劳伦斯利弗莫尔国家实验室的科学家首先提出来(另一说是山中龙彦等人在 20 世纪八九十年代提出)。由于它被认为可以降低对聚变靶丸预压缩的驱动器能量要求,同时提高聚变能量增益,所以该方案提出后,即引起激光聚变界的极大兴趣。随着 2002 年日本和英国学者合作的集成实验初步观测到强激光脉冲对预压缩靶丸的加热效应,快点火聚变方案迅速成为一个研究热点。快点火方式不需要控制聚爆形成强火花,聚爆的均匀性、球对称性的条件可得到缓和。但是,利用超高强度激光瞬间加热聚爆等离子体仍是新的研究课题。

由于快点火等离子体中心不存在强火花,半径只有中心点火等离子体尺寸的一半,即快点火等离子体的体积缩小了 1/8,只需要 1/8 的激光能量就可以实现与中心点火相同的核聚变燃烧率。因此,用快点火方式进行点火验证实验及实现的核聚变堆可比中心点火方式经济性更好。

快点火验证实验(Fast Ignition Realization Experiment,FIREX)计划是和日本核聚变科学研究所(NIFS)联合运作的,2003 年开始实施。其目标是推进新方式的快点火激光核聚变研究,用欧美装置十分之一的规模,开发小型、经济的核聚变堆。该计划的第一期目标即 FIREX-Ⅰ,使用世界上最强激光器(10 kJ/10 ps)将等离子体加热到 5～10 keV 的点火温度(5 000 万到 1 亿℃),以进行原创性快点火激光聚变概念的原理证明实验。这个项目不仅能扩大聚变堆的多种可能性。此外,通过判断它所取得的成果,就能为旨在实现点火和燃烧的第二期目标做出重要决策。第二期目标即 FIREX-Ⅱ,使用波长 0.35 μm、能量 50 kJ/3 ns 的聚爆激光实现 0.7 g/cm^3 的高密度压缩,再用 50 kJ/10 ps 的千太瓦激光进行加热,聚变能量增益(聚变能量/激光能量)目标值为 10。虽然 FIREX-Ⅱ 项目预期的能量增益的最大值为 10,但是可以通过压缩靶核,即增加约束时间,来增加能量增益。通过二维代码仿真预测到,从 FIREX 到反应堆能量增益单调上升,由于燃料消耗,它在高增益区饱和。除了体积有差别,FIREX-Ⅱ 等离子体和反应堆等离子体本质上是没有任何区别的。这就是 FIREX 点火和燃烧的重要意义所在。原理性论证实验已实现了有效加热到 1 keV (1 000 万℃)的温度。基于这一成果和以往取得的高密度压缩能力,FIREX-Ⅰ 已经实现点火温度。作为惯性约束聚变能反应堆的关键技术,二极管抽运固体激光器已实现了惯性约束聚变能反应堆要求的 10 Hz 重复率和 7%的效率。冷却陶瓷晶体 Yb:YAG 已经被改进成良好的激光材料,具有大尺寸、高导热性和合适的发射截面。正在深入研究第一壁和最后的光学元件的保护技术。快点火已经大大扩大了惯性约束聚变能反应堆实现的可能性。

2009 年 3 月 13 日大阪大学宣布,该大学完成能在瞬间产生世界最高值 10 千太瓦激光,用于日本独自的低成本核聚变以及探明黑洞等研究的激光装置 LFEX 的建造。

LFEX 装置加上测量系统全长 85 m,共有 4 排不锈钢光路,将产生的激光来回进行增辐。将增辐后的激光聚焦到一点上打入样品中,可以达到相当于照射到中国全境上的太阳光聚焦到半块榻榻米左右面积上的强度。但是,由于高输出功率只是一瞬间,所以其能量仅相当于电炉点着 10 s 左右的 10 kJ 左右。

通过将这种强激光打到压缩后的氢上,利用“快点火”可引发核聚变反应。该装置接下来的计划是实现温度 1 000 万℃,10 年后达到 5 000 万℃的核聚变实验。除快点火方法外,大阪大学还在开展利用磁场的方法及仅靠激光对燃料进行压缩来引发核聚变的研究。

1.5.8 日本核聚变人才培养

日本政府认为，核聚变研究是一项需要耗费长时间的科学研究项目，同时也是一项集中了广泛基础学科技术的综合学科，因此要取得研究成功，必须以对核聚变研究的长期战略眼光，重视并确保担任聚变研究开发的优秀人才的培养。

1.5.8.1 人才培养的思路

1）保持人才培养的流动性

在培养核聚变研究人才的时候，不是单独地分别培养核聚变、原子能、加速器等个别领域的人才，而应重视其共通性和流动性，重视培养在广阔范围内适用的通才。比如，在能源科学范畴，则应培养能理解科学技术的普遍性，不局限于核聚变而是对各种能源和环境技术的发展都可胜任的人才。对于这些在广泛意义上培养的研究人员和技术人员，积累各种各样的实际工作经验后，可以期待他们在未来核聚变能源实际应用方面发挥积极作用。

对于大项目，为了确保培养出能够临机应变的优秀人才，必须提高各个项目之间人才的互通流动性，确保有各种各样工作经验的人才参与到计划中。目前的现状是，人才有封闭在各自的学术或者“技术制作”个别领域里的倾向。对活跃在核聚变领域中的人才培养，必须加强与学术或者技术方面有深刻关联的原子能、高能加速器、天文宇宙、装置开发、材料开发等领域的合作，将这些学科统括起来，构建培养有广泛通用性可流动人才的机制。

另外，为了增加其他学科的研究生作为关键点研究人员参与到核聚变领域中的机会，需要开辟兼具开放性和流动性的职业道路。设立让接受过专业高等教育的年轻研究人员得以稳定发挥作用的机制，是人才培养最重要的课题。

设计和完善好由大学到研究生院，以及其毕业后的连续性职业规划。另外，要有从大学或者研究生院到企业的职业路线，企业与大学联合开发的职业路线，产业界与核聚变科学研究所、原子能机构等研究机构的合作路线、与其他学科的合作路线等，要确保各种职业可能性，这对培养多样化人才是必要的。

2）构建合作教育体系

在各个大学研究生院教育体制多元化、高度化的同时，强化合作与协助，将各大学积蓄起来的知识储备、大学间共同利用机构、大学的附属研究院等所有的大型研究设施，作为教育的现场来有效利用。比如，更加推进核聚变工程学，探讨和与之关联的研究机构间的合作以及设置共同利用、共同研究基地等事宜。甚至于，原子能机构等研究机构要与产业界加强合作，为从大学本科生到研究生、专业研究员等年轻研究人员或技术人员，提供与之各自水平适宜的沟通交流平台，创造出从基础到实际应用化为止的学习流程。产业界和教育界人士，对于人才的供给和在职教育(On the Job Training，OJT)方面应该更加紧密合作。

3）产业界人才的培养和确保

产业界应搞活项目及大学等学术界之间的人才交流，加入“核聚变网络体系”，加强与学术界之间的合作。强调从新技术中诞生新产业的可能性，明确提出产业界所需人才的整体计划。

在长期的研究开发过程中，为了使产业界中高度的专业技术开发得以继承，提供开发、设计、制作的工作现场。仅仅局限于核聚变领域内很难确保大计划的连续性，包含核聚变能源开发在内各种大型技术开发应该由官产学共同计划立案。

4）培养具有国际视野的人才

核聚变能源的开发研究是全世界性质的课题，在人才培养方面也需要与国际合作。有必要成立亚洲地区合作性质的国际性研究生院。

在推进 ITER 计划、BA 活动中，作为中长期课题，扩充直接或者间接参与 ITER 计划、BA 活动的研究人员和技术人员，特别是产业界中，要有核聚变能源实际应用技术的传承机制。

5）研究人员和技术人员的扩充

重视维持研究人员在 ITER 计划涉及的 ITER 的建设期(10 年)以及 JT-60 升级改造等 BA 活动的计划期(10 年)的活动，并事先计划好此后的人才培养。学术界和产业界应该加强合作，促进社会的理解和支持以及促使年轻研究人员的加入，以唤起年轻研究人员对 ITER 计划、BA 活动的广泛兴趣。

ITER 计划、BA 活动是诸多以固有的各种目标为研究项目，同时也是人才培养和确保的项目，也是为实现核聚变研究而准备的“实践性教育现场(学校)”。为此，不仅是作为国内的核心机构原子能机构，大学、核聚变科学研究所也要充分活用 ITER 计划、BA 活动，让各种人才参与到 ITER 计划、BA 活动中，使其得以积累各种经验。

6）技术的继承

为了培养和确保产业界所需人才，针对日本制定的核聚变能源的实际应用的技术战略时间表，必须确保的技术已经渐渐明确，应构建产业界技术的继承体制。核聚变能源的实际应用，需要从大企业到金融风险投资等产业界各个层次的力量参与，必须在此前提下构建技术的继承体系。

另外，与氚密切相关的安全设计技术、许可认可等一系列作业、将来的原型反应堆的基础核心技术、不仅是 ITER 机构，国内也需要蓄积。要充分考虑到如何取得 ITER 建设中日本负责担当制作的机器设计、制作的关键技术。技术以人才为基本，对于此类经验的储蓄作为人才培养和确保的课题不能被忽视。

在得到社会对 ITER 计划、BA 活动的理解和支持的同时，需要吸引学生加入到核聚变研究领域中。特别是现在，当下课题是如何通过在 ITER 机构中工作的日本研究人员的介绍来提高对核聚变科学研究的认知度。

7）增加到 ITER 机构的派遣人员人数

从日本对 ITER 建设的机器采购投入金额来看，日本视其为准主力国家，因此认为有必要增加往 ITER 机构的派遣人员数量。为此需要确保优秀人才的选拔并构建使之得以实现的机制。

1.5.8.2 人才培养必要的实施策略

1）为推进核聚变研究的实施策略

为使核聚变研究作为日本得以持续发展的基础主干技术问题进行有效推进，进而作为奠定各种学科和技术的尖端科学得以广泛开展，必须构建开放性、流通性的高级人才培养体系。为此，需要提高核聚变在日本能源战略中的位置。作为核聚变能源开发的长期性视野的综合整体计划，需要制定原型堆开发计划所需要的研究人员规模、人才培养具体量化目标的技术开发路线图。特别是要策划制定目的在于使原型反应堆具体化的技术开发时间表。

2）强化跨领域、跨区域的合作

强化与其他领域的交流合作。创建跨等离子体物理工程和核聚变，并以之为基础的工程研究组织。培养计算机人才，以便将核聚变领域中蓄积的计算机科学技术推广贡献到其他科学研究范围中。

进一步推进原子能研究开发机构、大学共同利用机构、全国共同利用型附属研究所等机构内以及机构间的合作。

强化核聚变科学研究所和大学之间教育层面的合作。在核聚变科学研究所的双向型共同研究中，构建导入了合作研究生院、特别研究员的教育和研究制度。

设立各大学之间、大学和产业界之间的核聚变教育项目的合作。为了确立核聚变的基础核心技术，在基础研究和实际应用上的结合，产业界与大学协同合作、推进研究非常重要。企业应积极将研究人员送往大学进修研究生课程。

3）培养具有国际视野的人才

在海外来日留学生中培养人才。不光专注于日本国内人才的培养，还应帮助他国的人才培养。特别是以亚洲国家为对象，发挥 APFA（亚洲等离子体与聚变会议）、亚洲环太平洋物理学会联合会的作用，积极推进相关联学会协会的合作与协作。探讨建立国际性研究生院的构想。

根据日本的"30 万留学生计划"，官产学联合引进扩充吸收海外高级人才进入国内研究生院，为了推进国际性的核聚变研究，力求明确人才供给状况、在大学间实现信息共享。以 ITER 计划、BA 活动为契机，在保障 ITER 计划、BA 活动推进所需人才的同时，通过此项目的推进，培养第二代核聚变研究人才。

1.5.9 日本产业界在聚变研究中的作用

日本的核聚变开发研究是由大学及国立研究机构来共同开展的，产业界在核聚变开发研究中承担的是接受来自上述大学和研究机构的核聚变实验装置设备制作的订货。随着核聚变装置的大型化，在大学及相关研究机构的指导下，日本产业界积累了大量核聚变实验装置的制作经验，培养了一批优秀技术人才。包括下述 JT-60、LHD 等大型核聚变实验装置的建造和之后这些装置所取得的世界水平的研究成果，均有日本产业界的贡献。

- 1973 年　JT-60 开始概念设计；
- 1978 年　JT-60 开始建造，1985 年建成；
- 1990 年　LHD 开始建造，1998 年建成；
- ITER 的前期计划 INTOR（International Tokamak Reactor）的概念设计（1978—1985 年）；
- 1985—1989 年　JT-60 的下一代装置 FER（Fusion Experimental Reactor）的概念设计；
- 1988—1990 年　CDA：ITER 概念设计（Conceptual Design Activities）；
- 1992—2001 年　EDA：ITER 工程设计（Engineering Design Activities）；

- 2001—2002 年　CTA：ITER 技术协调活动（Coordinated Technical Activities）；
- 2003—2006 年　ITA：ITER 技术转移（ITER Transitional Arrangements）。

核聚变实验装置（从中小规模装置到大型装置）一般是由大学及研究机构在订货时提交装置的规格性能。承担制造任务的企业尽管不保证其最终的等离子体性能，但必须保证达到订货方要求的装置各设备的机械性能。因此，承担制造的企业需要深入到装置的总体设计工作中。大型装置由于工厂空间、制造周期的限制，往往由多家企业承担。

INTOR 的概念设计中，日本的设计小组由日本原子能研究所和企业的技术人员组成，3 个月的国内设计，采取日本原子能所与企业签订设计合同的方式进行。在 INTOR 概念设计活动结束后，国际上的合作各方以此为基础，开始了各自独立的实验堆建设的设计。

FER 是 JT-60 的下一代装置，设计小组由日本原子能所和企业技术人员组成。企业技术人员以该所业务合作者的身份派驻该所，设计组负责人由企业技术人员担任。在 ITER 定位为日本国内实验堆后，FER 设计小组在 ITER 计划启动的同时解散。

ITER 概念设计活动 CDA 是由参与各方的技术人员常驻在马克斯-普朗克等离子体物理研究所（IPP）进行的。日方的设计主体由日本原子能所和企业技术人员组成，企业技术人员的参与形态仍然是以原子能所的业务合作者的身份派遣。在 CDA 及后述的工艺活动 EDA 中，企业技术人员担任了部分设备小组的负责人。

EDA 的设计是以设计结束后进入建设为前提开始的，而工艺设计和建设需要解决许多未知的技术。为此，组织了大规模的 ITER 中央设计组，集中了合作各方的优秀研究人员和技术人员。日方企业的派驻技术人员多数进入中央设计组，并担任了上至部长，下至相关业务组组长的主要职位。参与各方为支援中央设计组，在各方还组建了国内设计组，日方在日本原子能所内组建了设计组，企业技术人员以业务合作者的身份长期派驻。

1.5.9.1　企业对 JT-60 及 JT-60U 的贡献

JT-60 的建造包括真空室、环向场线圈、极向场线圈、材料（非磁性材料、高强度导体、线圈绝缘材料、高温耐热材料等）、附属设备（真空抽气设备等）、部件类（真空阀、波纹管、诊断用敏感元件等）的开发和研制均是在集中到日本原子能所的众多参与企业的协助下完成的。

在 JT-60 的建造过程中，开发了大功率电子束焊接法、大截面铜导体接合法、真空检查法等新的技术。以其中一例，JT-60 为获得 TFTR、JET 所没有的偏滤器位形，在真空室中设置了磁孔栏线圈，在工厂制造的最后阶段的线圈真空试验中发现了细微的真空泄漏。研究人员和企业的技术人员苦心奋战，也很难确定泄漏的地方。在解决该问题的过程中技术人员提出的方案使检测灵敏度得到了飞跃性的提高，终于确定了泄漏场所。该方法在此后大幅度地改进了大型真空装置的真空试验技术。同时，还开拓了大功率中性束加速器、大功功率射频源等新的技术领域。

为进一步提高 JT-60 的性能，JT-60 装置 1987 年投入大电流升级改造设计，1991 年 3 月改造成 JT-60U 投入运行。该装置在改造过程中最大限度地利用了现有设备，对真空室和极向场线圈进行了全面改造，装置改造成大电流、D 形截面和可实现下侧偏滤器位形的结构。改造后等离子体体积增加到约为 100 m^3（原为约为 60 m^3）、等离子体电流达到约为 6 MA（原为 2.7 MA）。

真空室的设计、制作及安装由数家企业联合、一家公司担任，真空室内部部件的第一壁及偏滤器则由承担设计制作的公司和另外两家公司共同分担。从开始设计到旧装置拆卸、安装结束仅用了短短的四年。

JT-60U真空室采用了新型双层薄板真空室结构，以抗强电磁力负荷。为实现这种新型结构，在短时间内研制开发了多种新的制造技术，如增加CAD-CAE-CAM驱动数据一体化结构评价分析的设计和制造技术；因科镍-625热弯曲、采用热校正工艺的高精度弯曲加工技术；采用电子束焊接的低畸变焊接技术和采用喷砂工艺的高速低畸变机械加工技术。

1.5.9.2　企业对LHD的贡献

LHD装置是世界最大的螺旋型核聚变装置。为实现长时间等离子体持续燃烧的目标，需要解决高精度螺旋状技术、超导技术等众多装置建造的课题。LHD的螺旋线圈为2条线圈构成的浸渍冷却超导线圈，外径达到8 m，总卷数达到900匝。由于形状复杂存在制造上的难度和根据实验要求靠近等离子体位置的支撑结构的约束等课题。针对上述高精度、高可靠性课题的要求，经过试制开发、制造生产技术的开发和制造时的试制验证，使上述课题得到了全部解决。从1989年起，用3年时间研制各种形式的导体、小规模超导螺旋线圈及大尺寸导体线圈成型技术和小规模绕组机的试制和验证。在此基础上，为实现可耐螺旋成型且稳定性好的超导导体，开发成功利用稳态材料上涂覆Cu-Ni后的铝，经过电子束焊接与铜鞘一体化而成的复合超导体及专用生产设备，1991年起再用3年时间研制了13轴NC(Numerical Control)绕组机，确立了线圈绕组成形技术。此后，在全尺寸线圈制造阶段相继开发和实现了附加绕组后张力的绕组技术、用于绝缘隔片形状加工的提高绕组精度的技术、通过开发高强度/低热收缩各种绝缘材料实现螺旋线圈的高精度化合提高硬度的技术以及利用超导线之间的直接钎焊接合方式，还研制成功比传统钎焊搭接接续电阻低一个位数的低电阻接续技术(接续长度400 mm：0.6 nΩ、9 T、4.2 K)。

为了降低对等离子体约束造成不良影响的不规则磁场，需要提高螺旋线圈的制作精度并将电磁力引起的变形控制到3.4 mm以下(4 T时)，因此采用了将圆筒状厚板(约10 mm)结构物焊接到线圈容器上，从外侧稳固支撑线圈的方式。在实现这种超低温支撑结构物的一体化时，研制了严格抑制焊接变形的技术，实现了综合精度±2 mm(对应于$\pm5\times10^{-4}$ T的磁场精度)的尺寸精度。

世界三大托卡马克装置JT-60、TFTR、JET均采用的是铜线圈。随着其技术的进展，Tore Supra、KSTAR等已将无电阻损失的超导线圈应用于核聚变装置。LHD与日本九州大学的TRIAM托卡马克装置是日本首先应用超导线圈的核聚变装置，LHD的螺旋线圈和极向线圈全部采用了超导线圈。承担超导线圈的日本企业在当时没有制造这种大规模超导线圈的经验的情况下，与核聚变科学研究所密切合作，解决了大量课题，成功完成了线圈的设计制造。LHD的强制冷却导体的结构是将众多的超导捻线插入导管中，在超导线和导管之间流入超临界液氦。因此，导管除可以发挥机械强度部件的作用外，其电绝缘性能、可靠性和制作性能等还适用于大型线圈。对临界电流、稳定性等导体最重要的性能均利用研究开发用线圈、试验导体等进行了种种验证后确定其规格。

要提高等离子体约束性能需要高精度磁场，为降低线圈的不规则磁场，必须考虑到冷却励磁时的变形，将制作误差控制在2 mm以下。为实现这种严格的尺寸精度，先行进行了实机规模的模拟线圈的试制，确定了各线圈的制作条件，进行了严格的尺寸管理和绝缘施工管理。尤其是 OV 线圈外径大于 12 m，不能利用核聚变科学所的一般道路进行运输，为此只有在 LHD 装置的主机室内现场制作，仍然实现了低于 2 mm 的尺寸精度（2×10^{-4} 精度）导体接续部采用 NbTi 灯丝之间固相接合方式，实现了导线接合根数、加热温度、加热压力的优化。

完成的下侧 IV 线圈，实施了 LHD 组装前的冷却通电试验，确认了单个线圈的性能和可靠性。除极向线圈外，螺旋线圈、电磁力支撑结构物等 LHD 的总冷却质量达到约 850 T，但 LHD 装置整体的综合冷却运行得到顺利进行，提前一个月完成。在其后的激磁试验、等离子体运行中，线圈均实现了稳定运行。

1.5.9.3 企业对 ITER-EDA 的贡献

日本企业对 ITER-EDA 的贡献大致分为两个部分：一是向 ITER 中央设计组派遣了大量技术人员，直接参与 ITER 的设计；二是对包括为判断 ITER 建设可行性而设立的七大 R&D 研发技术在内的众多 R&D 的参与和贡献。EDA 期间日本研究人员和技术人员的派遣人数见表 1.5.7。

表 1.5.7　EDA 期间日本研究人员和技术人员的派遣人数

	EDA （7 年）	EX－EDA （3 年）	总计
原研研究人员	114	39	153
企业技术人员	114	56	170
总计	228	95	323

日本在七大 R&D 课题中承担了除 TF 模型线圈在内的六大研发技术的研究，该六大研发技术的设备制造全部由日本企业担任，包括 CS 模型线圈、真空室扇区、包层远程维护装置等。CS 模型线圈首先是由日本线材厂家提供超导线材，在 EU 企业制作导体后，由日本企业承担线圈的制造和最终阶段的现场安装。

1.5.9.4 日本主要参与核聚变研制和建设的企业

如图 1.5.9 所示，参与 JT-60、JT-60U、LHD 等大型装置研制及 ITER 相关设计、部件生产的日本企业主要是日本电机工业协会所属 6 家企业，它们分别是住友重机械工业株式会社、东芝公司、日立制作所、富士电机、三菱重工业、三菱电机株式会社等。除此直接或间接从事核聚变研发及 ITER 的企业还有：住友电工（核聚变高温超导线研制等）、新日铁工程株式会社（ITER 环向线圈用导体制造）、日本真空、KURIHALANT 株式会社（等离子体核聚变堆发电及新能源、各种试验设备；真空抽气装置。该公司曾承担了大型螺旋器装置 LHD 的真空抽气装置的制造）、川崎重工（面向等离子体设施包括偏滤器、第一壁板、聚变能量引出设施和辐射屏蔽、产氚包层相关设施、ITER 环向场线圈构件。参与 ITER 项目相关设施的制造、JT-60 升级改造等。还参与过 LHD 装置项目及氚处理设施的制造等）、株式会社大阪真空机器制作所（涡轮分子泵、离子源抽气、聚变研究、热处理等）、石川岛播磨重工业（ITER 辐射板焊接用激光焊接装置）、新日本钢铁工程设备公司（ITER 超导线圈用导体护套设施）及日本金属技研株式会社等。

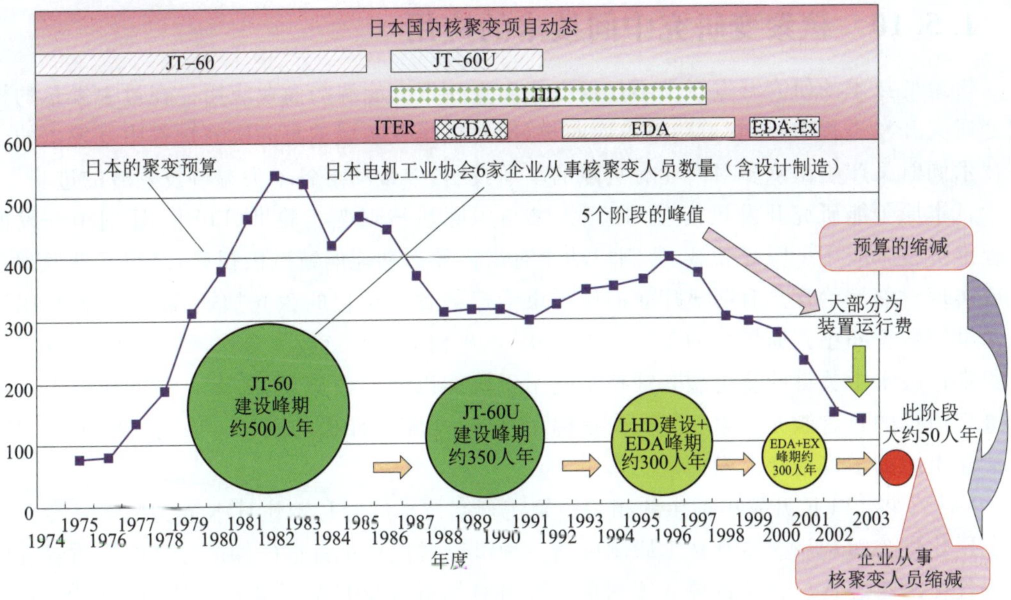

图 1.5.9　日本核聚变预算和企业从事核聚变技术人员变动情况

日本企业界参与核聚变装置建造和设计工作，是随着国内装置建造的高峰期而发生变化的，从图 1.5.9 中可以看出。从 20 世纪 80 年代初期到 2003 年，随着 JT-T0、LHD 等大型装置的建成，企业直接参与的技术人员也在逐渐减少，从最初的 500 人/年减少到 2003 年的 50 人/年。ITER 这样的大型装置的建造，数量少，周期长，时间间隔大。因此，对于产业界而言相对困难。但是，在这段时间内，继续承担其他中小型装置的建造及 ITER 装置部件的研制，将使企业继续积累和储备核聚变研发技术，推动企业技术革新和及时升级。随着聚变堆实用化的进程，产业界的投入和参与将迎来新一轮高峰。图 1.5.10 给出了日本未来聚变的研发体制，即以日本原子能研究开发机构为主体，联合国内高校、企业，分工合作，以全国协作的方式推动核聚变实验堆—发电验证堆—实用堆各阶段的研发工作。

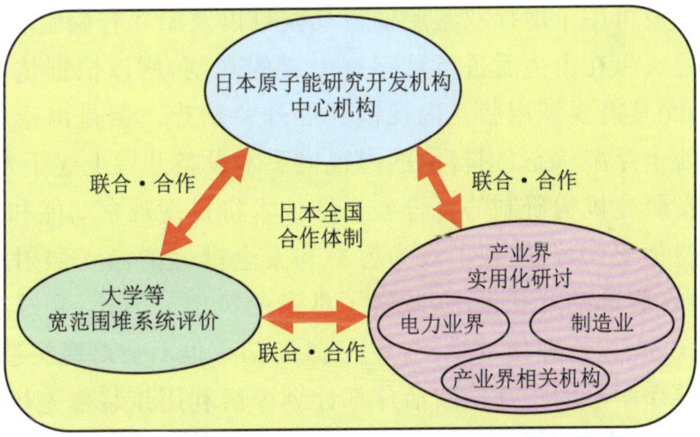

图 1.5.10　日本国内核聚变研究联合机制示意图

1.5.10 核聚变研究中间技术的应用

核聚变技术的研究开发意义不仅仅在于实现核聚变能源的商业应用。在过去漫长的核聚变研究开发进程中，尽管道路艰难而曲折，但对核聚变领域本身的研究过程中开发出的尖端技术同时又产生出众多对产业有贡献的革新技术，并带动了各个尖端科技领域的进步。

日本原子能研究开发机构(JAEA)将参与国际热核聚变实验堆(ITER)计划中开发的远程维护技术应用于医疗领域，研制成功具有激光照射功能的特殊内视镜，之后又新发现一种可实现对癌症治疗具有明显疗效的质子束治疗装置小型化的激光加速技术，据悉利用该技术可使装置缩小到原尺寸的1/10～1/100。该机构通过与产业界合作，将为ITER开发的远程维护技术中关键的复合型光纤技术应用于核能以外的领域，研制出一种可利用于对胎儿进行治疗的具有激光照射功能的内视镜，并已成功完成样机的制作。该内视镜可望在有先天性疾患的子宫治疗上发挥重要作用。

JAEA将ITER开发中衍生的相关核聚变真空技术的专利转让日本金属化学公司。日本金属化学公司利用该专利技术研制成功一种可以对汽车铝铸造配件进行高度品质管理的排放气体测量装置。这种排放气体测量装置由对铝材等材料金属进行加热的电气炉、真空容器、气体分析传感器等构成。可同时对材料金属释放出的多种气体同时进行分析。以往采用的气体体积方法由于要计算气体量，所以必须边监测温度、压力等环境条件边进行分析，而新研制的这种气体测量装置可通过重量来实现对气体量的绝对测量，这样就不会受测量环境的影响，同时通过对测量值的过程管理可实现高度的品质管理。

另外，该研究机构聚变工艺技术实用化开发组以测量聚变堆内壁吸附的燃料气体和燃烧灰气体等有关的真空技术专利为基础，研制出可利用重量分析评价铝材内含成分的技术，并由此研制成功可适用于对铝材进行品质管理的装置。在有关技术展览会上，该装置得到极高的评价。由于该装置具有比气体体积法更高的可靠性，不仅可望实现日本国内的标准化，还有可能实现国际标准化。

利用为国际热核聚变实验堆(ITER)研制的复合型光纤技术，日本原子能开发研究机构与日本国立发育医疗中心合作共同研制成功一种可用于对胎儿进行治疗的具备激光照射功能的超细内视镜。

研制的这种内视镜可用于治疗双胞胎输血征候群以及胎儿脊髓髓膜瘤等先天性疾患的外科治疗。由于上述疾患在出生后进行治疗有一定的限制，所以根据情况一部分病例需要在胎儿期进行治疗，尤其需要利用胎儿内视镜开展外科治疗。但是由于治疗对象的胎儿在狭小空间的子宫内处于浮游状态，用目前的内视镜手术设备开展上述手术非常困难。

日本原子能开发研究机构研制的复合型光纤技术将目视观察功能和用于对疾患处进行烧结的激光照射功能集于一身，实现了较为容易和安全准确的激光照射。由于内视镜的外径小于2 mm，需要在腹部的开孔也小，减轻了母亲的负担。另外，光纤尖端部的超细镜头外径虽然只有1 mm左右，但即使承受40 W的激光功率也不会对镜头造成任何损伤。

日本国立发育医疗中心的特殊诊断治疗部计划今后利用该装置先行开展动物实验和临床试验。

日本原子能发电公司采用等离子体熔融技术处理杂乱固体废物的处理设施，利用这种等离子体熔融处理设施可以对核电站排放的不易燃烧的废物以及使用后的树脂、无机物、金属、重量物和焚烧灰等低放废物进行统一处理。经熔融后的上述杂乱固体废物可以减容80%以上。

日本产业技术综合研究所成功地在没有任何东西的空间描绘出螺旋线以及类似菱锥体那样的3维图像。一般3维图像仅仅是利用视差等而给人以立体的感觉。本次开发的技术投射红外激光，使发光的亮点实际成立体空间配置，由此可描画出更为真实的图像。该项研究是将红外激光聚集到空中的一个点上，使空气中的氧、氮分子产生等离子体发光。使用市售的激光光源在1 s内形成的亮点达到100点，亮点发光的时间为1/10 000 s左右，但残留图像可残留0.2 s，故通过肉眼可以看见图像。

日本理化研究所和东京工业大学与日本放射线综合研究所合作开发研制成功的新型重离子发生器将激光等离子体直接注入到射频四极直线加速器(RFQ)上。可使碳离子加速电流达到50 mA，这一加速电流是现有ECR型(电子回旋共振)离子源的100倍。由此可实现重粒子癌症治疗装置的小型化和成本的大幅度降低。

聚变中间技术的应用十分广泛。就ITER而言，所涉及的领域包括超导研究、高真空、生命科学(超传导MRI、复合光纤、遗传基因密码破译、超高纯度药品制造)、遥控密封、环境科学(地球模拟、电力储藏、环境气体精密测定、磁气分离系统、氢能源利用、微波电力输送)、密封、等离子体计量和控制、信息通信(超高速数据处理、遥控控制系统、大型液晶显示屏幕等)、RF加热技术、NBI加热技术、纳米材料(等离子束高速精细加工、高磁界中的材料开发、高周波环境下陶瓷烧制、超高真空环境、高性能材料的制造)等学科。

因此，ITER计划的实施和核聚变研究开发的深入进行，必将带动人类高新科技技术的更大发展，同时在各个领域对人类做出积极的贡献，这也许是核聚变研究当初科学家们始料不及的。

1.5.11 日本下一步聚变堆开发计划

根据日本原子能委员会核聚变专门部会提交的报告，下一步的核聚变研究将以ITER为核心，搭建与ITER计划联合的国内计划和国际合作计划。在推进核聚变研究开发的时候，应关注聚变能源实用的经济合理性，同时考虑高度的安全性和从建堆到废堆等在役周期环境负荷的最小化。注重研究开发进展中的学术研究成果和人才培养。同时，鼓励工业界积极参与未来的核聚变研究，促进研究开发成果向产业界的渗透和转换。

实现聚变能源的实用化，需要验证发电系统的技术可行性以及针对众多能源种类的经济竞争力。因此，作为下一步探讨核聚变能源实用化的一大前提，将是其经济性、安全性和运行可靠性。

按照下一步核聚变研究的主要目标，即达到自点火条件、实现长时间燃烧，奠定原型堆开发必须的堆工艺技术基础；实现稳态堆芯等离子体，装置规模的发电技术验证；电站经济性能的验证。实现上述目标，需要实验堆、原型堆和验证堆等三个阶段。从长远的观点看，从实验堆阶段开始就已经投入对耐聚变堆中子辐射的结构材料的研制。

在ITER达到主要基本性能之前，为判断托卡马克途径是否能转入原型堆阶段，需要综合推进托卡马克途径原型堆建设的必要的开发研究。在ITER达到其主要基本性能后，将进入原型堆的建设阶段。

1.5.11.1 ITER研究开发

1）确立燃烧等离子体控制技术　托卡马克途径原型堆的能量倍增率需要达到30左右以上。对于ITER来说，需要实现以α粒子自加热为主的自点火区域（能量倍增率20左右以上）的燃烧等离子体，获取控制燃烧等离子体的前景预测。要达到此目标，需要进一步理解ITER燃烧等离子体约束、稳定性、电流驱动、偏滤器热粒子控制等物理过程。为推动上述研究开发，应进一步提高等离子体诊断精度，开发以此为基础的反馈控制技术，在此基础上开展原型堆燃烧控制和热粒子控制技术的研究。

2）自点火区域的燃烧控制　利用ITER维持20以上，相当于自点火区域的能量倍增率，验证核聚变燃烧的控制性能。其时的核聚变输出功率为500 MW以下，利用感应运行方式下的维持时间为数100 s左右以上。

3）实现堆芯等离子体　托卡马克是通过等离子体电流来约束等离子体，所以需要在ITER中确立稳态运行方法，实现稳定核燃烧。此时在核聚变输出功率500 MW以下的能量倍增率Q要求达到5以上，用自举电流和非感应电流驱动组合下的稳态运行法对燃烧等离子体的维持时间达到1 000 s以上。另外，ITER还将针对要求连续运行时间达到1年左右的原型堆，实施减少偏滤器等离子体热通量的方法及面向等离子体的低溅射、氚低滞留设备的开发。

4）堆工艺技术的开发　通过承担设备的制作，确立ITER主要构成设备及系统的制作技术基础，同时为ITER运行做准备，实施加热电流驱动系统、重点诊断系统综合性能的验证及高端诊断系统的开发。

5）系统集成化技术的确立和发电包层试验　通过ITER的建设和运行，开展等离子体放电、辐射环境下超导线圈的性能验证，确立针对辐射环境和有一定运行经历的设备的远程维护技术；氚燃料处理技术、安全处理技术的验证；与等离子体运行配合的主机设备、堆系统的运行控制技术；与热、粒子、电磁力负荷配套的堆内设备、燃料注入、排气、去热系统的性能验证等综合系统的性能阶段确认和验证，确立包括安全性和可靠性在内的聚变堆不可缺少的技术基础。同时，各参与方独立利用各自研制的实验包层对氚增殖、发电包层功能进行验证，以获取发电包层相关的基本技术。

6）小规模发电技术验证 ITER发电包层的试验原则上是由参与各方独立进行。日本建议在ITER上安置实验发电包层开展氚的生成、回收试验、倍增材料和结构材料的试验、取出高温热的同时，与各ITER参与方合作实施小规模发电实验。

1.5.11.2 高β稳态运行方法的原理验证

托卡马克原型堆为获取核聚变发电的经济性前景预测，需要在相当于ITER的堆芯尺寸下将等离子体压力增加到ITER的2～3倍，实现高输出功率。为此，最有效的是实现高β值的稳态运行。托卡马克的可达β值依赖于环径比、等离子体形状及反馈控制。所以在原型堆托卡马克的改进研究中，需要探讨对可能实现接近聚变堆的等离子体条件的JT-60等装置的有效利用，而且重要的是将研究成果尽可能地反馈到ITER中。另外，由于ITER的去热能力、环径比、等离子体形状都已大致确定，改进研究的某些结果要求直接反映到原型堆的设计上。

1.5.11.3 原型堆材料、堆工艺技术开发

包括增殖、发电包层的开发、结构材料开发、利用核聚变材料辐照设施进行材料试验、超导磁体、加热技术的强化及氚与工程安全性的技术开发等。

增殖、发电包层的开发是原型堆燃料自给、发电验证不可缺少的技术开发项目，同时也是获取经济性能的重要研究课题。结构材料的开发重点考虑可耐原型堆所预测到的高中子束和热通量的结构材料。反应堆辐照时，虽然可实施对聚变堆级的材料辐照损伤量(dpa)的试验，却无法模拟聚变堆发生的高能(14 MeV)中子特有作用的氢、氦等气体状核变换生成物的效应。为此需要形成类似于聚变堆中子辐照环境的中子场，开发能把握其特性变化，探明增殖发电包层可使用条件的材料试验。按照原型堆高输出功率密度的要求，超导磁体技术开发应考虑利用与高 β 化有相乘效应的强磁场化(16 T 以上)来提高其经济性能。同时，进一步提高加热、电流驱动装置的可靠性和经济性能。在 ITER 上将验证燃烧等离子体装置及氚设备的安全性，因此，考虑到原型堆将正式安装增殖包层和发电装置，应开展对解决特有的安全性课题包括氚及工艺安全性的研究。

1) 增殖与发电包层　发电包层是ITER实施功能试验的重要里程碑。因此应在积极开发反应堆堆内试验及堆外工艺试验的同时，开展包层材料的照射试验、中子学试验、氚回收与处理技术等的开发。在 ITER 的低注量 DT 实验阶段将通过验证氚的增殖、回收功能及去热、发电功能，获取有利于原型堆建造的工程数据，扎实推进高效率发电包层的研究开发。

2) 结构材料　继续开展主要候选材料低活化铁素体钢的开发，利用反应堆辐照试验，获取辐照数据，确定提供给高能中子照射设施辐照试验的材料，同时配合高性能发电包层的开发，扎实推进先进结构材料的研制。

3) 超导与加热设备的高性能化　以原型堆为目标，开展超导线圈强磁场化、提高加热电流驱动系统性能(中性粒子注入系统的高能化、电子回旋共振波射频加热系统的高频率化等)的研究。

4) 安全性有关的技术开发研究　原型堆是通过增殖包层来自给氚燃料，同时要驱动高温高压含氚媒质。需要开展以大量媒质为对象的氚工艺、堆内外氚安全管理技术、计量技术性能的提高等众多技术开发课题的研究。在工程安全技术开发的同时，需要确立技术标准及确保可靠性的检查系统标准化等的工程技术基础。

5) 放射性废物的减少和处理相关技术　聚变堆尽管不产生高放废物，但部件更换及聚变堆退役时也会产生很多放射性废物。因此，必须考虑原型堆及其以后的，如何减少来自堆主体的低放废物(真空室、屏蔽体、超导线圈等)的方针和所需的技术开发，同时开展包括锂等的再利用等在内的包层材料的再处理技术、净化技术、各种材料的再利用技术、拆卸技术、放射性废物及降低处理成本等相关技术的开发。

大学等研究机构在堆材料和堆工艺技术的研究方面，主要是开展先进堆工艺的基础研究，包括先进耐中子辐照结构材料、面向等离子体材料、高功能氚增殖材料、各种高性能功能性材料的研究开发；螺旋途径等固有堆工艺技术、先进核聚变堆系统概念设计和系统研究等。

1.5.11.4 托卡马克理论、模拟研究

在深入理解 ITER 燃烧等离子体、稳态高 β 等离子体湍流输运、等离子体稳定性、高能粒子活动、加热/电流驱动特性、偏滤器特性的基础上，进一步提高对有关原型堆等离子体性能的预测性，开发以最先进的科学计算手段为基础的模拟方法及有关非线性/开端系统等离子体托卡马克理论和模拟研究。

1.5.11.5 原型堆的概念设计

在开展以预测聚变能实用化经济性以及要求提高安全性、环境适应性的托卡马克原型堆概念设计，并将其反馈到堆芯/堆工艺技术开发计划的同时，根据堆芯・堆工艺技术开发的进度，着手原型堆的概念设计。

原型堆的概念设计要考虑堆的总体目标性能(建造费、功率规模、运行特性、利用率、安全性能、燃料增殖性能、废物处理等)。要实现上述目标，必须考虑包括安全设备、建设工程、环保、废物处理等在内的堆的总体概念设计。在进行概念设计时，应考虑到实用堆的设计，吸收企业界的参与。

1.5.11.6 非托卡马克途径的重点计划

1) 螺旋器　螺旋途径的约束定标率已大致确立，并验证其在磁约束方式中，约束性能仅次于托卡马克途径。在此基础上，通过对托卡马克可达约束性能(能量倍增率等)的比较，如要获得超过托卡马克的约束性能，需要进一步改善螺旋途径的约束。将充分利用可从外部控制等离子体中电场/磁场结构这一螺旋等离子体的特征，详细研究电场、磁场结构与输运、MHD 稳定性之间的关系，奠定堆芯等离子体约束相关的学术基础。由于螺旋途径磁场位形三维结构下的多样性，有进一步优化的余地，将从约束、MHD 稳定性、稳态维持的角度开展提高螺旋等离子体性能和优化螺旋磁场位形的研究。由于螺旋堆芯等离子体及在堆工艺的认识上与托卡马克有很多共通的部分，因此需要从众多的螺旋磁场位形中探明螺旋途径聚变堆芯等离子体的方向性，通过对与托卡马克之间的比较来开展对环形等离子体的综合理解的研究。同时推进螺旋型稳态核聚变堆的设计研究。

2) 激光途径　激光途径原理上与磁约束聚变不同。快点火激光途径的目标是利用激光加热高密度压缩的部分燃料来引发核聚变点火，利用点火区域产生的 α 粒子依次加热燃料，使燃料整体燃烧来获取最终激光核聚变堆所必需的 100 以上的高能倍增率。快点火方式的验证需要开展的工作包括用较小规模装置验证将燃料加热到点火温度，再利用大规模装置进行点火/燃烧验证。该项工作是以大阪大学为主的 FIREX 计划进行。FIREX 计划第一期的关键课题在于为达到将等离子体加热到 5～10 keV 的点火温度的目标，能否进行有效的加热。这也将是能否顺利进入 FIREX 第二期计划的关键。与此同时，也将推进快点火激光核聚变堆的概念设计研究工作。

要实现激光核聚变，需要在确立 FIREX 计划实施的堆芯等离子体物理的基础上，确立堆用激光的关键技术。为此将在开发接近单个模块激光输出功率的大功率半导体激发固体激光的同时，研制用于多个模块组合的光波面合成技术。

参考文献

[1] 加里・麦克拉肯,彼得・斯托特．宇宙能源——聚变[M]．北京:原子能出版社,2008.
[2] 核科学総合研究連絡委員会核融合専門委員会．核融合研究の新しいあり方について[R]．日本学術会議核科学総合研究連絡委員会核融合専門委員会,2002,11.
[3] 立花隆．美国最新核聚变基地——国立点火设施 NIF 的全貌[J].日本经济产业新闻,2005,2-5.
[4] 潘传红．国际热核实验反应堆(ITER) 计划与未来核聚变能源[J]．物理,2010(6):375-378.
[5] 罗德隆,等．国际热核聚变实验堆计划[J]．中国基础科学,2008,(4):3-8.
[6] 杜钧福．话说 ITER——纪念核聚变研究 50 周年[J].现代物理知识,2008(2):3-6.
[7] 冯开明．可控核聚变与 ITER 计划[J].现代电力,2006 (5):82-88.
[8] 岸本泰明．核融合エネルギーと国際熱核融合炉[OL].
[9] 霍裕平．霍裕平院士谈人类开发核聚变新能源的宏伟计划[OL]. http://mphy. ustc. edu. cn/news. php? id=630.
[10] R. Hiwatari, Y. Asaoka, K. Okano, T. Yoshida, et al. Generation of net electric power with a tokamak reactor under foreseeable physical and engineering conditions[J]. Nuclear Fusion ,2004,44(1):106-116.
[11] 日本原子力委員会核融合会議．平成 04 年原子力委員会月報 37(6)資料 3・核融合研究開発の推進について[R].1992(430).
[12] 松尾泰樹．核融合研究の現状について[R].日本文部科学省研究開発局報告書,2007.
[13] 那刹,译．日本开始执行第三阶段核聚变研究和发展[J].国外核新闻,1992(11).
[14] 柯闻[摘译].日本的核聚变研究[J].科学新闻 ,1987(16).
[15] 原子力委員会核融合専門部会．今後の核融合研究開発の推進方策について(案)[R].2005.
[16] 野田健治,等．日本原子力研究所における研究開発のあゆみ[J].電気評論,2003(2):55-63.
[17] 特集．ITERを軸としての核融合開発と最近の成果[J].日本原子力学会誌,2007(4):26-47.
[18] YAG, 编译．日本聚变项目的最新进展[J].激光与光电子学进展,2007(10):69-73.
[19] 日本原子力委員会核融合専門部会．今後の核融合研究開発の推進方策について[R].平成 17 年 10 月 26 日．
[20] 板倉周一郎．ITER(国際熱核融合実験炉)計画[R].原子力,2005(11):28-29.
[21] 松尾泰树．核融合の現状について,[R].平成 19 年 10 月 12 日．
[22] 高翔,等．日本聚变研究政策调研综述[R].中科院等离子体物理研究所,2003-9-11.
[23] 日本原子力産業会議核融合開発検討会,核融合開発における産業界の立場と役割(第 3 回報告書)[R].2006. 3.
[24] 日本原子力産業協会核融合部会．産業界における核融合をめぐる現状[R].2008.

1.6　韩　国

1.6.1　韩国的聚变研究背景及基本政策

韩国是一个国土很小、自然资源贫乏的国家,97%的能源依靠进口,从中东进口的原油占能源进口的87%。预计到 2035 年,能源需求的年平均增产率为 2.3%。韩国的电力需求增长迅速。从 1980 年到 1999 年的 20 年间,电力需求增长大约为 7 倍,年平均增长率为

10.3%。预计到2015年,电力需求的年平均增长率为4.9%。韩国CO_2的总排放量世界排名第10位,国土单位面积的排放量世界最高。为了保证能源供应,韩国政府在20世纪70年代末开始寻找可替代能源。20世纪80年代,韩国政府开始重视新能源开发利用。在诸多新能源中,核聚变能源因具有清洁、资源丰富的特点,被公认为是可替代化石能源最有前景的新能源。核聚变发电成为21世纪初世界各国合作开发的一项重要技术。为此韩国迫切需要寻求诸如商业聚变反应堆这样可选择的能源供应方式。近年来,面对国际石油价格的飙升和全球气候变化的新挑战,韩国政府对本国能源发展战略进行了系列调整,强调可持续发展,综合考虑能源、经济和环境。核聚变能源技术已被李明博政府列入确保国家主导技术的核心竞争力之一的重点培育技术。

尽管韩国在20世纪60年代才开始小规模的实验室等离子体实验,但是到20世纪70年代晚期已经在大学开展聚变研究,目的是创建第一个聚变基础设施。托卡马克装置SNUT-79,KAIST,KT-1,HANBIT,KSTAR是韩国聚变研究进程中的重要步骤。20世纪70年代末韩国首尔大学研制并建造了国内第一个小型托卡马克装置SNUT-79。随后,研制了若干小规模的聚变装置,如韩国原子能研究院(KAERI)研制的托卡马克装置KT-1,韩国科学技术研究院(KAIST)研制的托卡马克装置KAIST。这些计划对启动韩国真正的托卡马克项目具有重要意义,并开发了韩国聚变计划所需的人力资源。这在当时已做出很大努力。当时有6个研究所参与韩国聚变研究工作。主要参与单位有两个,即首尔大学和韩国高等能源研究院,他们均拥有规模不同的中小型托卡马克装置。研究重点是高真空技术、电源、放电清洗以及基本等离子体诊断系统。1995年,韩国基础科学研究院根据美国MIT的TARA串级磁镜建造并安装了中型装置HANBIT,目前还在全面运行。HANBIT主要用于开展基础等离子体研究,如基础等离子体诊断、射频/微波加热法的开发。因为该装置属于国家装置,所以它的运行吸引了韩国大学和研究院所的20多个研究工作组。

在韩国物理学界,1982年成立等离子体物理部并稳步发展,现已有300多人,开展了从低温等离子体到高温聚变等离子体研究的很多活动。其他相关的学会有,韩国加速器等离子体研究协会(KAPRA),韩国真空学会的等离子体部,韩国的IEEE和韩国核学会。

这些学会,与韩国浦项加速器实验室(PAL)为中心的加速器计划一道,开展了从等离子体辅助的半导体生产加工到等离子体废物处理等广泛的等离子体应用活动。企业与学术单位相互间的材料和人员交流让彼此的关系更加密切。学术界的会员以及从企业获得的总的经费支持每年都在快速地增长。

20世纪90年代中期,韩国政府开始制定一项雄心勃勃的政策,要让韩国的聚变研究腾飞,走在聚变科学和技术的最前沿。韩国超导托卡马克先进研究(KSTAR)项目就是这项新计划的核心,该计划被列入"高科技发展中间进入战略"框架。在KSTAR建造期间,韩国聚变界开始集中国内的聚变资源和人力,为建造下一代超导托卡马克开发聚变能源做准备。韩国的聚变研究起步较晚,但是到21世纪初已具有一定的技术实力。在韩国面向21世纪科技发展战略与重点中,韩国超导托卡马克研究计划被列入其中,韩国希望通过这一计划使自己的核聚变研究迅速崛起,取得参加国际热核聚变实验反应堆(ITER)计划所需的科学知识和制造技能。2003年韩国加入ITER项目,促使韩国将发展自身所需的聚变技术，保障未来的能源生产能力作为本国的能源政策的一部分。现在韩国的目标是，21 世纪 40 年代建成本国的聚变电站。与此同时，欧盟、日本和美国也都将在这期间实现商用聚变电站。

2005 年韩国制定国家核聚变能源发展路线图，2006 年 12 月颁布了支持促进聚变能研究与发展的立法法规。韩国核聚变能源发展路线图提出建造一个合理实用，但是非常具有挑战性的拥有自主技术的韩国聚变电站（KFPP）。韩国 KSTAR 计划取得的良好进展和加入 ITER 计划成为提出这项倡议的强大推动力，因为很显然，这两个计划的首要目标是一致的。

依靠自主技术的 KFPP 需要在以下 4 个领域积极地开展研发活动：高性能等离子体的运行与控制，包层与核动力的守恒，燃烧等离子体与氚的自给，可靠的材料。凭借可靠和坚实的等离子体控制技术，通过探索长脉冲和高性能先进托卡马克（AT）的运行模式，KSTAR 将成为解决第一要求的试验床。KSTAR 将利用在超导技术、长脉冲加热和电流驱动系统方面的优势，尽可能长时间、稳定地维持 AT 模式。该装置的运行还将成为 ITER 参照方案和低杂波方案的基准。

2005 年 12 月，韩国政府制定了《国家核聚变能源开发计划》。2006 年韩国政府制定《核聚变能源开发促进法案》支持聚变界。当时的国家副总理担任新成立的管理委员会的负责人，负责决定和批准国家聚变能源发展政策的重大事项。韩国科技部也成立了一个新的部门，支持和促进聚变能源的各项研发活动。为了及时有效地为聚变能源的发展铺平道路，该部门开始在协调国内与国际聚变研发活动方面发挥作用。那时韩国毕竟还没有把核聚变作为候选能源列入长期能源政策，但是政府决定要定期观察其发展状况，评价其技术的成熟性和面向市场的准备。政府指定韩国国家聚变研究所（NFRI）为国内主要从事聚变电站自主技术基础研发的研究单位，建立承担 KSTAR 和 ITER 项目的相关数据库，协调国内和国际聚变能源发展计划。

2006 年是韩国科技体制改革的第 2 年，政府加快了创新型国家建设步伐，陆续出台了一些新的措施，完善创新体制，加大研发经费投入，继续集中财力扶持重点科技事业。《国家核聚变能源开发基本计划》被列入韩国 2006 年科技发展计划。韩国科技部于 2006 年出台了“聚变能源开发振兴法”，是本年度韩国出台的 3 部科技法规之一，2008 年韩国再次修订该法律，进一步完善国内聚变研究相关法律内容。2008 年 2 月修订后的聚变相关法增加了“为审议聚变研究开发的重要事项，在教育科学技术部部长之下，设立国家聚变委员会”的内容。韩国本身已经有原子能法律，为推进核聚变研究开发，又专门制定了聚变相关法规。2009 年聚变相关法的具体内容逐渐明朗化。根据韩国制定的聚变相关法律，为促进聚变能源的研究开发工作，政府必须编制《国家核聚变能源开发计划》，在该计划中明确规定政策目标和基本方向、推进体系和战略、基础扩充、投资计划和所需经费的筹集、专家的培养和有效使用以及国际合作等内容。

2006 年 12 月，根据韩国科技部与欧盟以及其他相关国家签署的参与国际热核聚变实验堆 ITER 项目的相关协议，大韩民国国会提出并通过了核聚变能议案。议案指出，为了研究、发展、生产和利用清洁、安全、可更新的聚变能，从 2007 年起每五年制定一个“核聚变法律框架”并加以实施，该议案同时也符合“韩国超导托卡马克先进研究计划”（KSTAR）。韩国方面的计划是，在参与 ITER 计划的同时，2030 年实现国内实验堆的运行，并争取在 2040

年建成核聚变电站投入发电。

2006年12月韩国科技部公布了对“未来国家有希望的21项技术”的调查评价结果，在21项被调查的技术中，韩国核聚变技术研究水平被评价为接近世界最高水平的73.7%，处于21项被调查技术的第2项。调查报告认为包括核聚变技术的其他各项技术只落后于世界最高技术3～5年，将有可能在近期达到世界最高水平。

在韩国科技部公布的2007年重点工作计划中，能源事业方面列出了4项计划，其中3项与核聚变相关，它们是：切实地投身于“国际热核聚变实验堆计划（ITER）”共同开发事业（2007—2015年预计投资8 615亿韩元）；2007年9月竣工的下一代超导核聚变研究装置（KSTAR）将被灵活运用为国际性的核聚变共同研究设施；在政府的各个层面上推进与核聚变能源开发有关的支持措施。

2008年2月，李明博就任韩国总统后推出了一系列科技新政。在对卢武铉政府于2007年末出台的《第二期科技基本计划（2008—2012年）》加以修订的基础上，于2008年8月12日正式对外发布了《面向先进一流国家的李明博政府的科技基本计划（2008—2012）》。该计划明确了李明博政府未来5年内的研发经费预算、重点发展领域和所要实现的目标，其核心内容简称为“577战略”，即“到2012年将韩国的研发强度提高到5%，通过集中培育七大技术研发领域和实施七大系统改革，使韩国到2012年跻身于世界七大科技强国之列。”计划确定了七大技术研发领域的50项具体技术和40项候补技术，作为今后5年技术研发事业的基本方向，这一部分是“577战略”的核心内容。核聚变能源技术作为确保国家主导技术的核心竞争力被列入七大技术研发领域的50项具体技术之中。

1.6.2 韩国的聚变研究预算

韩国的核聚变研究预算正在稳步增长，主要原因是政府对ITER项目的极大兴趣和对能源需求不断增长的认可。总的来说，每年划拨用于研发的预算最高增长幅度为10%，2005年年初韩国为国内最新的核聚变研究装置（KSTAR）划拨的经费预算为286亿韩元（2 780万美元），韩国计划从2007年开始的10年时间内投入8 380亿韩元（相当于ITER总建设费用50多亿欧元的9.09%）参与ITER的建造。8 380亿韩元中16%为现金出资，剩余部分则为国内生产部件的实物出资。2007年韩国政府表示，在未来18年中，每年将追加350亿韩元用于KSTAR试验。

尽管ITER计划因巨额预算分摊的问题曾几度被推迟，但是ITER国际组织和ITER参与7方并未放弃该计划的实施。目前虽未见有韩国方面就此表态的报道，但韩国、日本、俄罗斯、印度及美国等其他参与国仍在继续参与ITER计划。

1.6.3 KSTAR项目

1.6.3.1 KSTAR项目建设及目的

20世纪90年代中期韩国政府制定了以KSATR项目为聚变计划核心的政策。随后，韩国的部分高校、企业和研究院所积极地投入到KSATR项目的建设中。KSTAR项目是韩国政府在大田研究基地国家聚变研究所（NFRI）投资3 090亿韩元（人民币25亿元）建造的核聚变研究装置。该装置于1995年投入建造，2007年9月14日竣工，耗时12年。KSTAR的建造完工被评为韩国2007年10大科技新闻之一，并列居首位。

韩国超导托卡马克KSTAR探索性研究项目的任务是研制能稳态运行的先进超导托卡马克，为具有吸引力的聚变堆建立科学技术基础。为了支持这一项目，确定了3个主要研究目标：通过主动控制剖面和输运增强目前托卡马克运行的稳定性和拓宽目前托卡马克运行的参数空间区域；探索使用非感应电流驱动获得托卡马克聚变堆稳态运行的方法；积累最佳等离子体特性和连续运行经验，作为走向具有吸引力的托卡马克聚变堆的一步。

1.6.3.2　KSTAR装置梗概

KSTAR是迄今为止世界上建造的第一个采用新型超导磁体(Nb_3Sn)材料产生磁场的全超导聚变装置，其产生的磁场是之前采用铌钛系统产生磁场强度的3倍多，稳定性也很好。KSTAR的建成是韩国迈向“能源独立”的第一步，并将为2040年建设韩国核聚变发电站奠定基础。图1.6.1为KSTAR装置全貌及辅助系统。KSTAR被看作是ITER研究工作的一部分，其任务是研制一个在尺寸上类似于德国ASDEX-U和美国DⅢ-D的全超导中型托卡马克。

为了满足KSTAR的任务和研究目标，设计的主要特点确定为：全超导磁体；被动致稳器；真空容器内控制线圈作为高功率等离子体致稳；长脉冲运行能力；灵活的压强和剖面控制；灵活的等离子体形状和位置控制；先进的剖面控制和诊断。KSTAR装置设计的结果表明，它是一台具有极好配套能力的核聚变研究试验装置。其性能和特点的完美结合将使KSTAR装置成为下一个10年托卡马克研究的正确选择。

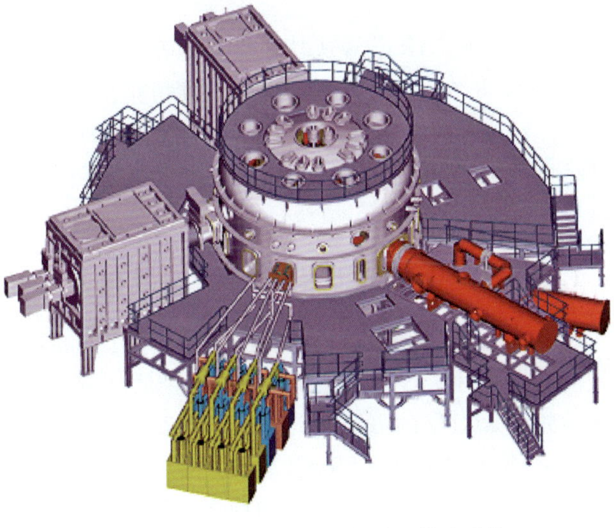

图1.6.1　KSTAR装置全貌及辅助系统

KSTAR装置的主要参数参见表1.6.1。该装置具有强变形的等离子体横截面和双零偏滤器。最初由极向磁体系统提供的脉冲长度为20 s。但是通过非感应电流驱动脉冲长度可以增大到300 s。等离子体加热和电流驱动系统包括中性束、离子回旋波、低杂波和电子回旋波，它们都可以用于灵活的剖面控制。全套诊断设备计划已用于等离子体控制和特性计算，以增加科研人员对物理学的了解。该装置由内室部件、真空室、热屏蔽、超导磁体系统、低温恒温器和辅助系统构成。真空室为D形双层壁结构。超导磁体系统由16个环向场(TF)线圈和6对极向场(PF)线圈组成。

表 1.6.1 KSTAR 的主要参数

参数	基线	升级
环向场，B_T/T	3.5	
等离子体电流，I_P/MA	2.0	
大半径，R_0/m	1.8	
小半径，a /m	0.5	
拉长度，κ	2.0	
三角形变度，δ	0.8	
极向偏滤器零位	2	1 和 2
脉冲长度/s	20	300
加热功率/MW		
中性束	8.0	16.0
离子回旋	6.0	6.0
低杂波	1.5	3.0
电子回旋	0.5	1.0
峰值 D-D 中子源速率/s^{-1}	1.5×10^{16}	2.5×10^{16}

2008 年 KSTAR 装置成功产生初始等离子体并实施了一系列综合试验运行。2009 年 12 月，KSTAR 在 1 000 万℃的温度下成功获得了电流为 320 kA 的等离子体放电，持续时间约 3.6 s，这一成果达到 KSTAR 设计性能的 30%。该研究所负责人说，由于 KSTAR 装置在结束调试时，其性能表现远超预期，这将为韩国专家在 ITER 项目中发挥更重要作用奠定良好基础。

1.6.3.3 KSTAR 装置的研制成果及下一步计划

KSTAR 装置和 ITER 装置在技术上有很多相似之处，如环向场线圈和中心螺线管采用相同的超导材料 Nb_3Sn。尚在研制之中的脉冲长度超过 300 s 的中性束注入(NBI)系统和较高频率 5 GHz 的电流驱动(LHCD)系统以及其他技术对于建造 ITER 也非常重要。实际上，这些技术也使在 KSTAR 装置上建立具有堆芯参数的长脉冲等离子体提供保证。因此，为了产生安全有效的 ITER 初始等离子体，在 KSTAR 建设和超导磁体运行的初期阶段所获得的经验都将成为 ITER 磁体设计和优化极向场运行方案的重要技术基础。

自 2008 年 KSTAR 产生初始等离子体以来，KSTAR 装置实验取得了一次又一次的可喜成绩。2010 年 10 月，在韩国举行的第 23 届 IAEA 聚变能源大会上，韩国国家聚变研究所宣布，韩国研究人员最近在 KSTAR 实验中成功实现了 2 000 万℃的等离子体和核聚变，并将其稳定维持了 6 s，并且成功探测到氘氘聚变反应生成的带有 2.45 MeV 级能量的中子。ITER 国际组织总干事本岛修在第 23 届国际原子能机构聚变能源大会召开期间会见韩国代表时指出：30 年后，核聚变电站将可能在韩国投入建设。2010 年 11 月 8 日，韩国超导托卡马克先进反应堆 KSTAR 装置比预计时间提前一年首次实现 H 模。2011 年 1 月韩国原子能研究院向外宣布，该院研制成重粒子加速器及重离子加速器所需的可产生重离子“多价离子束”的微波电子共振离子源，并成功地引出了多价离子束。据该院核聚变工程技术开发部有关专家介绍，该“ECR离子源”是以该院下一代超导聚变研究装置KSTAR等离子体加热用中性粒子束加热装置和射频加热装置研制过程中积累的技术为基础而研制成功的，可在强电流下产生一般放电等离子体所不能得到的多价离子束。该院专家认为，与国外研制的同类装置比较，韩国研制的“ECR离子源”实现了以最佳的形态配置电磁体、永久磁体，可有效控制多价离子产生区域的强磁场结构。

KSTAR装置建设和实验初期与世界诸多国家积极开展合作，在技术引进的同时还与相关国家进行技术交流。2005年8月，韩国国家科学技术委员会将核聚变能源开发技术选定为未来韩国最有希望的技术领域之一。2005年11月韩国科技部透露，韩国正积极开展与发达国家的核聚变研究开发合作。ITER以及包括美国、日本等发达国家用于核聚变实验的一部分核心技术和部件正在利用韩国开发研制的研究设施并通过韩国技术人员进行验证。

2005年4—10月，韩国原子能研究所与美国橡树岭国立研究所合作对用于ITER射频加热装置的射频传输线的冷却技术的稳妥性进行了验证，表明韩国已经参与了与国际研究组的对等研究。

韩国原子能研究所担任核聚变研究的试验室负责人洪博士认为：“通过与发达国家共同开展实验，可以验证韩国核聚变技术和特性实验装置的优秀性能，从而奠定韩国与国际研究组的对等关系参与开发研究的地位。”

2005年9—10月，日本国家核聚变研究装置NCT上使用的托卡马克用大电流离子源的性能验证就利用了韩国原子能研究所独家研制的2 MW中性离子束性能试验设施。韩国科技部官员说“这是日本原子能研究所的研究人员首次在韩国与韩国科技人员开展共同实验。这表明韩日两国自2004年11月签署核聚变合作协定以来，在核聚变研究方面比韩国先进一步的日本已经认可将韩国作为核聚变共同研究的伙伴”。

2006年年初，日本与韩国达成协议，计划向韩国定购110亿日元(约935亿韩元)的ITER设备。据悉，该项金额相当于日本从放弃ITER建造场址后得到的回报约500亿日元的优先订购金额的20%左右转给了韩国。

目前韩国已经成功地实现了除输出器之外的射频加热装置的国产化。实现国产化的部分包括在维持高真空状态下可耐射频和高电压的天线以及整合装置。尤其是天线，要求必须在直接与数千万摄氏度以上的高温等离子体接触的情况下输运射频功率，是核聚变堆的最重要部件之一。据悉，韩国研制成功的射频加热装置可以在维持10 mbar真空度的情况下保持40 kV的电压，而这个电压超过了35 kV的设计要求；同时还在国际上首次实现了ITER类似托卡马克环境下300 s以上，10 MW/ m^2的射频辐射功率。

韩国原子能研究院的有关人士表示：“射频加热装置的研制成功使韩国拥有了先进国家水平的射频相关的核聚变技术，也可能成为韩国在大型国际合作研究ITER等聚变验证堆和核聚变发电技术实现商用之前保持其技术先进国家地位的契机。”

韩国国家聚变研究所(NFRI)还与中国科学院等离子体物理所开展合作，为中国的全超导托卡马克实验装置东方超环(EAST)设计并建造二维弯晶X射线成像谱仪，之后派人去中国参加EAST实验及对X射线成像分光计的电子学和采集系统进行了升级，共同设计了第二套切向两维弯晶X射线成像谱仪。2009年10月12日至19日，中科院等离子体物理研究所4名科研人员赴韩国国家聚变研究所(NFRI)，帮助在核聚变研究装置KSTAR上调试由等离子体所自行研制的“长时间积分器”，并取得成功。等离子体所科研人员同韩国工作人员一道对积分器的各项功能进行了测试，顺利通过了验收，韩国同行非常满意。

2010年3月8日，中国电科院中电普瑞科技有限公司凭借具有卓越性价比的技术方案，与韩国三和电容器有限公司联手，成功中标韩国KSTAR装置二期72 Mvar TSC型SVC项目。这是该公司继2009年3月25日取得KSTAR装置一期23 kV/33 Mvar TSC型SVC项目后的又一次成功中标。

2011年2月，日本原子能研究开发机构根据日韩签署的核聚变合作协议，研制了采用正离子源的长脉冲、高功率中性粒子注入装置(NBI)。最近，利用该机构研制的高性能长脉冲等离子体生成部件和韩国研制的加速部件组合而成的重氢正离子源，在韩国KSTAR超导托卡马克装置等离子体中首次成功注入1 MW高功率中性粒子束。

2011年11月，KSTAR成功地抑制了迄今核聚变研究中被认为是一大难题的聚变等离子体边缘不稳定现象。据悉，在此之前，尽管有利用超导聚变装置减缓边缘不稳定现象的事例，但如此成功地完整抑制边缘局域模(ELM)在国际上还是第一次。ELM是由于托卡马克型核聚变装置高温等离子体边界面大的压力变化所产生的不稳定现象之一。当ELM发生时，等离子体内部的能量逃逸到外面，有可能造成内壁损伤，进而有可能引起托卡马克装置的密封性能下降。因此，这是核聚变商业化必须解决的问题。

尤其是在高性能等离子体H模式状态下，肯定会产生ELM现象，因此如何控制这一现象也成为超导核聚变装置的核心课题。韩国国家聚变研究所的研究人员利用磁场扰动、超音速分子气体投入、等离子体垂直移动等简单的方法成功实现了对ELM的抑制，并将H模由此前的1 s延长到最长5.2 s。以等离子体运行方案为基础，预测到等离子体形状的变化并成功地产生、维持和结束长时间等离子体，等离子体电流达到600 kA(最高1 MA)，持续时间约8 s(最长约12.4 s)。

ELM现象的控制技术可以应用到国际热核聚变实验堆ITER上。因此，该技术是核聚变研究历史上具有重大意义的成果。从这个意义上可以说KSTAR在核聚变研究领域取得了具有国际水平的成果。

韩国制定的研究组计划还包括与ITER国际组织以及美国普林斯顿高等研究院等海外著名的研究机构开展一系列的合作，逐步提升KSTAR的性能。

KSTAR的主要研究目标是验证具有高性能先进托卡马克(AT)模式的稳态运行性能。为了实现这个目标，韩国制定了KSTAR运行到2025年分4个阶段的实施计划(图1.6.2)：初始运行阶段(2008—2012年)，包括基本的性能实验；长脉冲运行阶段(2013—2017年)，韩国计划2017年将控制时间延长到300 s，为国际热核聚变实验堆的计划进行初步研究。到那个时候，其他研究人员和科学家也会使用KSTAR进行实验；高β AT运行阶段(2018—2022年)，将持续到2022年，计划完成高性能电离子的研究；高β稳态运行阶段(2023—2025年)，进行核聚变工程实验。初始运行阶段的主要研究计划是，通过欧姆、L模和H模等离子体实验，建立从相对短的脉冲长度提升到20 s的超导托卡马克的基础运行技能。KSTAR具有进行ITER相关物理学和工程研究的重要性能。首先，从物理学的观点看，KSTAR可用来测试和优化ITER运行方案，MHD控制系统，等离子体-壁相互作用系统等。特别是，KSTAR具有与ITER类似的等离子体位形，内室控制线圈系统和长脉冲运行条件，可以解决不同于现有托卡马克装置的若干有趣的ITER相关的物理学问题。从工程学的观点看，KSTAR 是唯一采用与 ITER 类似的超导磁体线圈 Nb_3Sn 的装置。因此，KSTAR 可用作 ITER 的试验床，获取研制和维护类似 ITER 超导磁体线圈的经验。比如，对 KSTAR 磁体系统 Nb_3Sn 的性能与限制分析，可用于今后几年内 ITER 磁体接口的生产制作。类似 ITER 的加热系统和电流驱动系统，如 170 GHz ECH、5 GHz LHCD 系统和其他系统的技术都可以在 ITER 之前在 KSTAR 上进行试验。KSTAR 作为国际合作装置，利用该装置获得的技能和经验也将有益于 ITER，因为 ITER 也将以类似的方式运行。

人才方面，聚变对于韩国来说是一个全新的领域。眼下，韩国方面聚变人才短缺，但是希望能随着本国 KSTAR 项目和 ITER 项目的推进而有所改变。在该项目中韩国参与开发的先进技术有 TF 导体、真空室、诊断、燃料循环以及许多其他技术。根据从 ITER 获得的知识和韩国建成的 KSTAR 装置，希望能吸引年轻科学家加入到这个领域中来，并有朝一日通过本国的技术在韩国建造一座商业聚变反应堆。

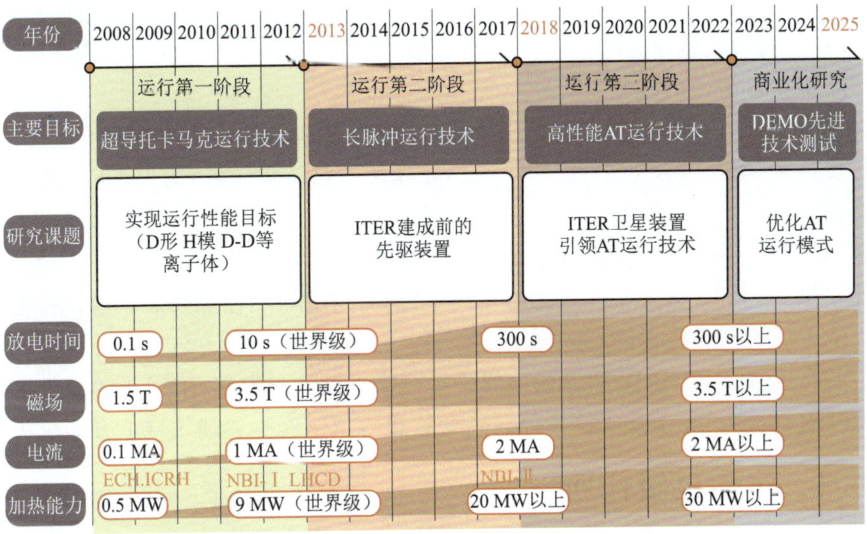

图 1.6.2　KSTAR 至 2025 年(4 个阶段)实施计划

1.6.3.4　KSTAR 研制过程中开发的 10 大科技成果

KSTAR 装置经过多年的研制，获得了以下 10 大科学技术成果，可划分为 3 类：最先开发的处于世界领先地位的技术(4 项)；核心技术开发及国产化成功的技术(3 项)；市场先行获得应用的技术(3 项)。

最先开发的处于世界领先地位的技术：

1) 开发了世界最佳性能超导线材制作技术：线材表面采用了 10 铬薄膜均匀涂层技术；与 ITER 同级配置，达到电流密度性能。涉及效果：提供国内生产的 ITER 超导线材，占总量的 20%；可期待国内 710 亿韩元规模国内生产效果。

2) 开发了 34 kA 低损耗型“铅黄铜(brass)电流引入装置”制作技术，开发了 40 kA 大电流馈电用超导铅黄铜装置及其安装技术。涉及效果：利用国产化制作技术，实现 100 亿韩元的收益。

3) 开发了三维曲面真空室制作技术；适于大型镀膜技术；开发了热屏蔽技术。涉及效果:计划为 ITER 提供国内生产的 ITER 真空室、所有端口及热屏蔽。

4）利用旋转工艺,最先开发了 TF 超导磁体精密组装技术;最先开发了分割型、螺线管线圈保护式前置载荷转嫁技术。涉及效果:总体负责 ITER 组装技术;所有 ITER 组装设备均由国内生产。

核心技术开发及国产化成功的技术:

5）开发了"大型超导磁体"制作相关的所有工程技术;确保出色的运行安全性;"前置载荷转嫁组装技术"取得成功。涉及效果:利用开发的技术,可确保 ITER TF 磁体及部件的市场竞争力(5 000 亿韩元的规模)。

6）开发了超导磁体相关的超低温冷却试验技术;大型超导磁体的超低温冷却实验与强场实验取得成功。涉及效果:确保超低温冷却性能试验技术的先导地位。

7）开发了测量等离子体轨迹的自行诊断传感器等,开发了超导核聚变装置运行控制系统的集成技术。涉及效果:引导等离子体诊断及装置相关精密控制技术;通过共同研究与远程运行,有望提高装置效率。

市场先行获得应用的技术:

8）利用 IGBT 半导体元件,开发了高效率供电装置制造技术;"2007 年获得工业技术振兴协会蒋英实"奖。涉及效果:应用于废物处理及放射工业领域;为 ITER 提供 38%的国产电源设备。

9）开发了大容量离子源及高频率传输天线制作技术;"中性束注入系统"国产化取得成功。涉及效果:确保 100 keV,55 A 大容量离子源制作技术;确保加热装置运营技术,可先行获得 ITER 运行的实验技术。

10）超低温(4.5 K)9 kW 国内最大规模氦冷冻机设计与安装;采用热缓冲系统,稳定热负荷。涉及效果:该项技术在 ITER 等核聚变装置与加速器等尖端领域上方能应用。

1.6.4 实验包层计划

韩国参与了国际 ITER 包层工作组(TBWG)的活动,提出研制 2 种类型的实验包层模块(TBM),并且至少领导一种模型的研制。一是氦冷固态增殖剂(HCSB)包层,另一个是氦冷熔融锂(HCML)包层。在 2012 年举行的第 7 次 TBM 计划委员会(ITER PC-07)会议上,韩国已经正式确定领导并实验 HCCB TBM 概念的模块。在示范堆之前,燃烧等离子体和燃料循环的问题仅在 ITER 上进行试验。韩国核工程的技术水平被公认为世界一流,该技术会应用于聚变电站的设计。韩国还有几个重水反应堆,需要一个除氚设施(TRF)。已经建造新的 TRF 并投入运行。韩国在该领域的经验会极大地有助于开发和学习相关技术。同时,韩国还参与了国际聚变材料辐照设施(IFMIF)的国际计划。

KO-DEMO 初期阶段可能会采用 HCSB 或 HCML,然后全面开发适合的材料和相关技术,先进的双冷却剂包层将代替早期的包层。

1.6.5 2012—2016 年核聚变计划

2012 年 1 月 3 日,韩国教育科学技术部确定了第二次核聚变能源开发振兴基本计划(2012—2016 年)。根据该计划,韩国国家核聚变能源开发路线图第 2 阶段(2012—2021 年)的目标由原来的"成为核聚变能源技术五大强国"修改为"开发成熟 DEMO 反应堆技术"。

按照韩国政府确定的方针，其目标首先是实现 KSTAR 的高性能等离子体和确保掌握 ITER 的核心技术。同时，KSTAR 的等离子体维持时间目标增加到 1 MA，50 s 以上，争取接近示范堆和商用聚变堆开发所必需的 300 s 以上的目标。

计划还明确了韩国政府将利用韩国下一代超导核聚变研究装置和国际热核聚变实验堆的相关成果，正式启动核聚变领域的技术研发。

韩国第二次核聚变能源开发振兴基本计划，计划投入 1 万亿韩元（约合 45 亿元人民币），研究人员 2 369 人，并强化等离子体理论和模拟的相关研究，进一步扩大国际合作，争取 ITER 国际组织的更多技术服务和订货。同时计划将向 ITER 国际组织派遣的人员由目前的 21 人增加到 28 人。

1.6.6　核聚变研究给韩国企业带来的机遇

加入 ITER 计划对韩国意义重大。韩国 ITER 国内机构负责人郑基正（KiJung Jung）说，以他个人的观点来看，这是聚变能的第二个时代，是今后实现聚变商业化的开端。韩国在 ITER 计划的发展中同样起了非常重要的作用。韩国政府提出将聚变研究作为国家的一项长期战略计划。2006 年韩国副总理兼科学技术部部长金雨植强调：通过加入 ITER 计划，将可以使韩国无偿享受具有与先进国家同等权力的核聚变资源，从而奠定使韩国发展为能源大国的坚实基础。

韩国聚变计划的目标是通过 KSTAR 托卡马克向 ITER 计划提供有用的技术信息，从而促进聚变能源的开发，加入可预见的未来聚变电站的发展道路。作为 ITER 的试运行装置，KSTAR 装置所获得的经验将成为 ITER 装置设计、采购和初始运行的重要技术基础。韩国国家聚变研究中心（NFRC）期望，由于 KSTAR 长脉冲 D 形等离子体特征及其适中的运行成本，KSTAR 可作为 ITER 运行前的一个可利用的试验性实验装置。预计，ITER 联机运行前 KSTAR 可望高功率长脉冲运行 4～5 年，这可为 ITER 运行提供有用的技术知识和数据。

韩国超导托卡马克装置 KSTAR 的建造以及参与 ITER 项目为国内工业企业的发展带来了不少机遇。KSTAR 实际上是由韩国国内企业和高校以及海外研究机构共同开发，其中包括三星 SDS（主控制系统开发）、斗山重工业（超导磁体结构物制作）、高丽制钢（超导线材铬镀）等 30 多家韩国企业。KSTAR 装置有望为韩国企业开辟新的市场。韩国企业通过 KSTAR 装置获得的技术，预计可确保在商用聚变电站市场占有 100 亿美元以上的份额。核聚变作为大型科学项目，还会对其他各种工业领域产生影响。

韩国政府与国内最大的钢铁企业 POSCO 公司合作，开发可用于聚变发电的海洋锂提取技术，即从海水中提取锂。韩国现代重工业集团确定了 2012 年开始启动包括 ITER 项目在内的核电设备项目的制造。此前，该集团被选定为 ITER 真空室的生产厂家。韩国高丽制钢株式会社 KAT 承担了为 ITER 提供超导线材的生产任务。韩国电力技术株式会社（KOPEC）与韩国原子能研究所承担了 ITER 废物处置合同。KOPEC 公司还为 ITER 提供电气工程支持。KAT 开始生产用于 ITER 环向场磁体的 Nb_3Sn 股线。

2009 年 10 月，ITER 冷却水系统工作组相关人员赴韩国会见了 KOPEC 公司管道压力分析领域的世界级专家。KOPEC 在韩国核电站管道设计方面具有重要经验，他们采用的管道压力分析方法可直接应用于 ITER。

2007年年底，韩国国家核聚变研究所向韩国民间企业转让聚变等离子体中间技术，与韩国日东科技公司(SEM TECHNOLOGY)、韩国彗曼扫描公司(HUMAN SCAN)和韩国暻园科技公司(KYUNGWON TECH)等签署了聚变中间技术的有偿技术转让协定。韩国国家核聚变研究所的有关专家表示，韩国国家核聚变研究所将致力于将等离子体应用技术以及建造和运行KSTAR(核聚变试验堆)所获得的真空、绝热屏蔽体技术、新材料超导磁体的设计和制作技术、超导传输系统的设计等各种核聚变中间技术的商业化。

韩国的氚供应量是ITER和DEMO启动时所需用量和消耗的最低存量。韩国将为ITER提供氚存储和排放系统，这对于韩国的氚供应来说是个非常好的机会。

韩国对国内聚变能源发展和所参与的国际合作项目ITER给予的大力支持，促进了韩国聚变研究发展的惊人速度。专家认为，韩国和日本在核聚变领域的投入水准基本相当。韩国KSTAR装置的建成和实验取得的成果，以及作为ITER的试运行装置将要开展的一系列实验，可以确保韩国在聚变领域独自技术的地位。

1.6.7 结束语

韩国国家聚变研究所所长、2010年第23届IAEA世界聚变能大会主席李景洙(Gyung-Su Lee)在大会筹备阶段曾表示，"虽然韩国在聚变能研究领域起步较晚，仅在15年前进入该领域。但是如今，韩国利用国内技术建造并研制了超导聚变研究装置KSTAR，已经发展成为聚变研究的主要力量。特别是，由于KSTAR已全面投入运行，向世界展示了比预计的更好的性能，全世界的聚变科学家更加关注KSTAR作为国际联合聚变装置所发挥的作用。"

开发核聚变能源解决能源紧缺问题是既充满希望又富有挑战性的前沿科学研究课题。近年来韩国的核聚变技术开发取得了惊人的进步。他们利用韩国独自的技术，建造了托卡马卡装置KSTAR并成功实现了等离子体放电，这将使韩国踏上开发清洁无限能源的旅途，并让国际聚变界刮目相看。ITER国际组织前任总干事池田要曾高度评价KSTAR相关研究单位的开发能力，认为KSTAR虽然规模不大，但却派生出大量的共通技术，这对于韩国积累经验和储备技术以及推进ITER计划的开展将发挥重要的作用。韩国将通过自主开发研究和参与国际热核聚变实验堆合作计划，与其他ITER参与国携手，在核聚变科学研究及探索世界能源问题的解决上发挥越来越重要的作用。

参考文献

[1] 谢晶仁．韩国开发利用新能源的现状及对我国的启示[J].新能源产业，2010，432(12)：6-9.

[2] Y. K. Oh, et al. Status of the KSTAR Tokamak Construction and Assembly[J]. Journal of the Korean Physical Society, 2006,(49):S1-S6.

[3] M. Kwon, et al. A strategic plan of Korea for developing fusion energy beyond ITER[J]. Fusion-Engineering-and-Design, 2008, 83(7-9): 883-888.

[4] C. S. Kim, S. Cho, D. I. Choi, ITER Participation and Possible Fusion Energy Development Path of Korea[R]. 1st IAEA TM First Generation of Fusion Power Plants: Design and Technology, PPCA2-IV, 2005.

[5] D. I. Choi, S. Cho, H. G. Lee, C. S. Kim, and ITER Korean Participant Team, Korean ITER

Participation and Activities in ITER Transitional Arrangement[R].Fusion Engineering 2005, Twenty-First IEEE/NPS Symposium on,2005.
[6] 王玲．韩国李明博政府的科技政策之探究[J].全球科技经济瞭望,2009,24(6):52-56.
[7] 富贵．2006年韩国科技发展综述[J].全球科技经济瞭望,2007,22(6):29-32.
[8] 韩国科技部公布2007年重点工作计划[OL].http://www. 5doc. com/doc/575494.
[9] K. Kim, et al. Status of the KSTAR superconducting magnet system development[J]. Nuclear Fusion, 2005, 45 (8) :783-789.
[10] Y. -K. Oh et al. Completion of the KSTAR construction and its role as ITER pilot device[J].Fusion Engineering and Design, 2008,83(7-9):804-809.
[11] J. S. Bak. ITER Korea and its Procurement Activities[R]. Monaco ITER International Fusion Energy Days (MIIFED), 2010, Nov. 24.
[12] Kijung Jung. Status of ITER Korea and its Activities[R]. ITER Business Forum 2007.
[13] ITER Korea Office, About ITER Korea[OL]. http://www. iterkorea. org/.
[14] Princeton University. PPPL teams with South Korea on the forerunner of a commercial fusion power station [OL]. Dec. 21, 2012, http://www. princeton. edu/main/news/archive/S35/60/40I47/index. xm.
[15] The ITER Organization. Korea aims at completing a DEMO by 2037[OL]. St. Paul-lez-Durance, France,ITER Newsline, Feb. 4, 2013, ＃255.
[16] M. Kwon. On Korean Stragety for Fusion Energy[R]. International Workshop on MFE Roadmapping in the ITER Era, Princeton, NJ, USA, Sept. 7-10, 2011.

1.7 印 度

1.7.1 印度能源概况

印度作为发展中国家,其人口规模、经济发展总量和发展速度使印度成为世界上最主要的能源消费国之一。随着今后经济的迅速发展,印度对电力的需求会快速增长。粗略计算表明,印度的电力需求将翻一番,达到人均供电5 000度的水平。对印度来说,如果要实现人均供电5 000度,需要增加额外40%的发电能力。据一份评估报告显示,到2031年,印度GDP增长速度保持在8%,所需能源在1 536百万吨油当量到1 887百万吨油当量。预计,在下个100年印度的能源需求将增加约10～13倍。目前,碳仍是印度主要的能源来源。但是,随着印度人口的急剧增加,对碳的需求也不断增加,预计到2100年印度的碳资源将变得越来越少,甚至枯竭。而且,大量使用碳,将导致二氧化碳释放增加5倍左右,对环境污染很大。此外,由于受地质条件限制,印度是严重贫油国,天然气储量也非常少。印度政府《2020年能源发展报告》指出,印度本土的石油、天然气产量增长在未来5～10年将持续放缓。未来25年内,印度天然气、核能在总能量比例中将有大幅度的增长,水电的比例几乎没有变化。印度的能源资源非常有限。根据2004年印度原子能部(DAE)关于印度电力发展战略和印度碳能源改革发展路线专家委员会报告(见图1.7.1)数据分析,核能(目前是钍和未来的聚变能)和太阳能将是能够提供足够高的电能满足印度能源需求的两种能源资源。可以看出,除了钍和太阳能,在印度境内可以获取的其他资源性能源相对于未来的能源需求来说,相去甚远。甚至钍资源也只够维持几个世纪。因此，印度必须确保能源资源的供应，以满足后代的需求。由于印度自身能源十分匮乏，每年需耗费巨额外汇进口能源（主要是石油和天然气）。根据印度权威机构预测，到 2030 年，印度所需石油和天然气的 90%将从国外进口。进口大量高价石油，不但增加了印度的经济负担和财政压力，对印度政局的稳定也产生了一定的不利影响。

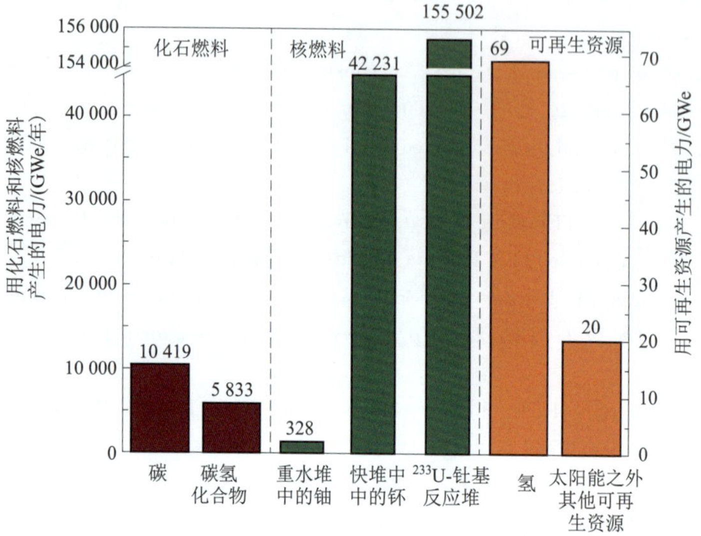

图 1.7.1　印度目前的能源资源结构

裂变能源通过技术转移增加发电量会遇到较大的阻碍。其中最大的一个阻碍就是担心人们会将发电与制造核武器混为一谈。裂变能源同样也受到未来人道主义需求的限制。因此，印度需要大力发展自己的能源资源。对印度来说，开发一种安全无污染的能源代替现有能源是非常重要的。而聚变能源能够满足能源供应多样化和能源资源大幅增加的预期。通过聚变反应堆发电就是一种对环境安全无污染的取之不尽、用之不竭的有希望的清洁能源。与裂变能源相比较，聚变能源更安全。聚变能源本身似乎已经不存在严重的扩散威胁。聚变能源让印度看到了希望。这也是印度加入国际热核聚变实验堆(ITER)计划的目的之一。基于以上原因，印度政府重视对聚变能源的研究与开发。

1.7.2　印度聚变能源政策

在聚变能源的前景更加明朗的条件下，鉴于聚变能在 21 世纪应用的可能性，各主要聚变大国从各自的国情、能源状况和战略出发，调整聚变研究发展战略。

印度重视发展核能，其核能研究的特点是：规模大、设备先进、布局合理。

为了实现印度核能发展的总体战略目标，印度建立了一套完整的核科技研究开发体系，其开发项目的总体规划及其设置注重顶层设计，强调系统策划，避免了决策的片面性、随意性和不连贯性。

印度作为亚洲第二大国，由于能源资源短缺、经济发展快、人口多、能源压力大，因而对聚变能有紧迫的需求，对磁约束聚变研究给予了越来越大的重视和支持，正在加强本国的研发计划和建立稳固的国际协作计划，力争在 21 世纪中叶部署实用的聚变发电堆。目前印度政府拨出近亿美元支持建造一个中型超导托卡马克 SST-1。印度公开提出：发展中国家需要聚变能，但缺乏技术和资金；发达国家掌握着发展的主动权，却没有紧迫的能源需求，这已成为当代核能发展的一个问题。在本国政府和国际聚变界的支持下，亚洲国家肯定会在聚变能的开发研究中很快进入国际先进行列，为本国和人类社会的可持续发展需要做出重大贡献。印度作为仅次于中国的发展中国家第二大聚变研究大国，在国际聚变界有可能会发挥更重要的作用。印度的计划是从目前的 SST-1 过渡到 ITER，在 ITER 工程建造和实验的同时代建造 SST-2 开展国内研究，在 2037 年建成 DEMO，在 2050 年建成聚变电站，到 2060 年建造两个 1 GW 的聚变电站。

印度在《2006 年能源综合政策报告》中指出，印度"第十一个五年"(2007—2012 年计划)中能源政策基本目标是：在印度培育一个低成本、高效率的能源市场体系，重点任务是扩大能源来源和提高能源生产效率。印度政府注重发展和利用可再生能源和技术，专门设立非常规能源部。发展非常规能源和可再生能源，实现能源多样化。在实现能源多样化、开发可再生能源的过程中，印度正有计划地增加核能在能源中的比重。通过利用太阳能、水电、核能和其他类型的能源，保障印度在 2030 年前实现能源独立。依靠国际合作，以能源安全促进能源独立是印度新能源政策的方向。

印度着眼长远，重视科研先行，涉及的领域包括快堆技术、核聚变技术、激光技术等。印度拥有比较先进的原子能科学技术。近些年印度政府不断加大能源科技投入。例如，印度原子能部要开展综合能源研究开发项目，建立钍裂变和核聚变等领域的应用。印度还提出建立国家能源基金(NEF)，对能源开发提供资金支持。

印度政府高度重视核力量的发展，其核计划始终置于总理的直接领导之下。

印度高度重视人才培养。严格考核选用人才，派到专门学校进行培训或上岗前进行技术培训，不断提高工作人员理论水平和技术素质，科学家和工程技术人员享有较好的物质生活待遇。

尽管实现核聚变商业化发电是长远目标，但毕竟是很有希望的。印度在该领域研究中不懈努力，一直紧密跟踪这一学科的进展，并使自己拥有了一批从事国家级聚变研究发展计划的高水平的核心科研人员。

根据印度聚变能源发展路线图，1989 年，ADITYA 托卡马克投入运行，2004 年 SST-1 超导托卡马克投入运行，进行稳态物理和相关技术研究，2005 年参与 ITER，证明聚变能源的科学和技术可行性；之后建造实验聚变增殖堆(EFBR)，开展本国的聚变实验；建造示范反应堆(DEMO)，进行技术资格验证、反应堆部件和工艺资格验证及材料验证；2060 年建成聚变电站，实现聚变发电。

1.7.3　印度核聚变研究机构

印度于 1948 年成立原子能委员会(AEC)——印度核计划的决策机构。1954 年成立原子能部(DAE)，实施核能发展计划。印度的核聚变研究机构隶属于 DAE。目前，印度原子能机构拥有一支国内人数最多、水平最高的科学家和工程师队伍。

印度主要有 5 个从事核聚变研究的机构(见图 1.7.2)，分别是：

1) 印度等离子体研究所(IPR)。IPR 是印度核聚变研究的最主要的研究机构，包括工业等离子体技术开发中心(FCIPT)在内。该研究所现拥有 ADITYA 和 SST-1 2 个较大的核聚变研究装置，开展核聚变实验研究，在这两个装置上取得了许多科研成果。该所成立于1986年。历经20多年的发展，印度在等离子体基础物理研究、相关技术和应用研发等方面都取得了很大的进展，在聚变研究领域的贡献得到了国际同行的认可。印度等离子体研究所拥有科技人才200余人，在等离子体理论、计算模拟、超导磁体和低温物理学、超高真空、脉冲动力、微波和射频波、基于计算机的控制与数据采集以及等离子体在工业、环境与战略方面的应用等研究领域具有核心竞争力。

2）巴巴原子研究中心(BARC)。在印度的诸多核研究机构中，巴巴原子研究中心占有相当重要的地位。该中心于1957年正式成立，但其早期的研究工作可以追溯到1944年。BARC现有员工约14 000名，每年研究经费约25亿～30亿卢比(0.7亿～0.9亿美元)。该中心的活动几乎覆盖核科技的所有领域，在核聚变等离子体物理研究领域主要致力于惯性约束途径的研究，在技术开发方面具有强大的实力。另外还开展激光分离铀同位素和冷聚变等项目的研究。1993年，整个IFE计划移交给了一个新成立的实验室——位于印度中部的印多尔先进技术中心(CAT)。

3）萨哈核物理研究所(SINP)。SINP成立于1950年，致力于磁聚变相关的高温等离子体理论研究，并开展小规模实验室实验。它拥有一个小型的托卡马克装置，该装置购买于日本东芝公司，主要开展壁-等离子体相互作用、高Z原子光谱和电流驱动现象的研究。

4）印度新德里理工学院(IITD)。主要致力于等离子体物理基础研究。它拥有一个均匀磁化线性装置，1985年建造。主要开展微波相互作用、电子回旋加热(ECH)和非线性相互作用实验研究。

5）印多尔先进技术中心(CAT)。该中心1984年成立，价值10亿卢比，拥有约3 500名科技人员，着重进行核聚变技术、激光、等离子体等领域的研究和开发，全面开展惯性聚变研究工作。

此外，还有一些高等院校也开展核聚变与等离子体物理研究。例如，印度鲁基大学数学系、拉贾斯坦大学及其科学物理系科学仪器中心等。图1.7.2列出了印度拥有聚变计划的核聚变研究机构。

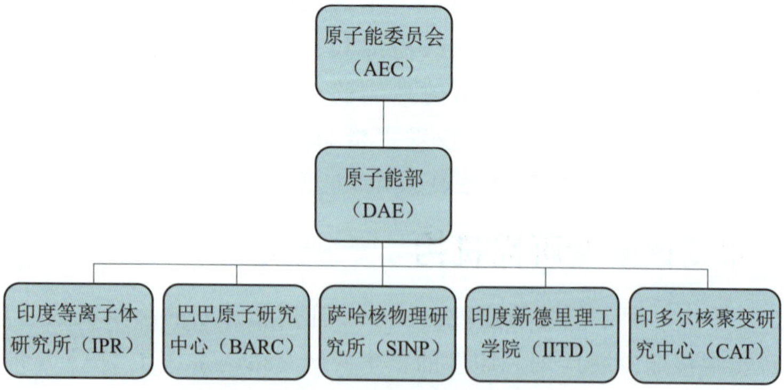

图1.7.2 印度的核聚变研究机构

1.7.4 印度聚变研究经费

印度的核聚变计划在20世纪80年代已被纳入国家计划，获得政府数百万美元的经费资助。

印度最大的核研究中心——巴巴原子研究中心(BARC)每年研究经费为25亿~30亿卢比(0.7亿~0.9亿美元)。

1995年，印度决定建造第二代超导稳态托卡马克(SST-1)。计划为这项工程投资约35亿卢比。由于印度原子能部可以提供该项计划需要的资金，等离子体研究所从科技部转到印度原子能部。

2004—2005年，印度对原子能研究的投入经费为61亿卢比(1.8亿美元)。

2007年7月6日，印度联合内阁正式批准印度参与ITER计划。同时，内阁会议批准为这项计划投资250亿卢比(约5.95亿美元)，占项目总投资的10%。

2009—2010年期间，印度原子能部拨给印度等离子体研究所28.829亿卢比预算经费，萨哈核物理研究所(SINP)11.116亿卢比预算经费，原子能教育学会4.772亿卢比预算经费。

1.7.5 印度聚变研究历程

印度是亚洲国家中仅次于中国的第二大国，其核聚变研究始于20世纪70年代，80年代核聚变研究被正式纳入印度国家计划，并开始在世界聚变领域崭露头角。

1978年，印度开始在环形装置上用紧密电子束形成紧凑环形线圈和电子圆环进行大功率等离子体实验，开展聚变相关实验研究。1982年，印度政府接受了启动磁约束高温等离子体研究的提议，在印度科技部的支持下，确立了等离子体物理研究计划(PPP)。同时开始印度首个托卡马克装置ADITYA的设计与工程技术研究。1984年，这项计划转移到艾哈默德巴德(Ahmedabad)市。1986年，在艾哈默德巴德成立了等离子体研究所(IPR)，作为隶属于科技部的独立的研究机构，开展核聚变与等离子体物理研究。1987年，印度等离子体研究所设计建造印度首个中型托卡马克实验装置——ADITYA。该装置1989年投入运行，开始磁约束等离子体托卡马克基础物理和等离子体诊断技术实验研究，并观察到磁约束等离子体中的阵发现象(plasma intermittency)，之后，随着这项计划的进一步发展，1995年，印度决定开始设计建造第二代超导稳态托卡马克——SST-1。计划为这项工程投资约35亿卢比。由于印度原子能部可以提供该项计划需要的资金，等离子体研究所从科技部转到印度原子能部。该装置的目标是维持1 000 s拉长双零偏滤器等离子体，开展稳态物理学和相关技术实验研究。SST 1达到的温度将为2 000万～4 000万℃。SST-1的各辅助系统正在制造阶段，该装置预计将能够以较小规模地进行ITER相关的物理研究。ADITYA和SST-1装置的研究活动使印度拥有了一定的核聚变技术经验和专门技术，使得印度能够在2005年以平等身份顺利加入国际热核实验聚变堆计划，承担ITER部分部件的制造，开展聚变能源科学和技术可行性研究。

印度核聚变与等离子体物理研究活动主要在两个方面：开展等离子体物理学基础研究；开展高温等离子体相关的研究。

等离子体物理学基础研究主要在一些高等院校和一些科研机构(印度新德里理工学院、

印度鲁基大学数学系、拉贾斯坦大学及其科学物理系科学仪器中心等)进行。主要开展等离子体行为方面的理论研究。同时,也在一些小装置上开始进行实验研究。例如,在双等离子体装置、Q装置、磁镜和射频(RF)放电管等装置中成功开展了低密度等离子体的物理实验研究。

高温等离子体研究主要安排在3个大的研究中心进行:巴巴原子研究中心(BARC)、等离子体研究所(IPR)、萨哈核物理研究所(SINP)进行(见表1.7.1)。

表1.7.1 印度拥有实验装置的核聚变计划

研究机构	托卡马克	紧凑环	其他装置	研究课题
等离子体研究所(IPR)	ADITYA(1987,$R=75$ cm,$a=25$ cm,$B_T=1.5$ T,$I_p=250$ kA);SST-1(1995,$R=110$ cm,$a=20$ cm,$B_T=3$ T,$I_p=220\sim330$ kA)	CT(REB形成,1984,$R=20$ cm,$L=150$ cm,$B=0.05$ T)	BETA环($R=45$ cm,$d=15$ cm,$B_0=0.5$ T);双等离子体装置(1976,$D=50$ cm,$L=150$ cm)	波及不稳定性研究;相对论电子束;刮削层;射频(RF)波与等离子体相互作用;稳态条件下托卡马克等离子体物理过程及相关技术
萨哈核物理研究所(SINP)	SINP托卡马克(从日本购买,$R=30$ cm,$a=8.4$ cm,$B_T=2$ T,$I_p=75$ kA)		线性Z缩装置	低密度放电与输运;RF电流驱动
印度新德里理工学院(IITD)			均匀磁化线性装置(1985,$D=15$ cm,$L=250$ cm,$B_0=0.1$ T);束等离子体系统($D=10$ cm,$L=150$ cm)	微波相互作用;ECH;非线性相互作用

巴巴原子研究中心(BARC)是印度最大的核研究中心,其核聚变与等离子体物理研究计划主要致力于惯性约束聚变技术的研发。该计划由激光研究室、等离子体物理研究室和中子物理研究室3个部门组成。

印度等离子体研究所(IPR)和萨哈核物理研究所(SINP)主要围绕托卡马克装置开展磁约束聚变途径的研究。等离子体研究所进行基础研究以及高温磁约束等离子体理论和实验研究。主要的实验装置是印度自行设计制造的2个中型托卡马克装置——常规托卡马克装置ADITYA和稳态超导托卡马克装置SST-1。开展与托卡马克等离子体基础物理和技术相关的研究。除了上述2个装置外,IPR还有许多其他小型实验装置,如紧凑环CT,(REB形成,1984,$R=20$ cm,$L=150$ cm,$B_T=0.05$ T);BETA-环($R=45$ cm,$d=15$ cm,$B_0=0.5$ T);双等离子体装置(1976,$D=50$ cm,$L=150$ cm)。主要研究课题:波及不稳定性研究、相对论电子束、刮削层、射频(RF)波与等离子体相互作用。

萨哈核物理研究所(SINP)的磁约束装置是一个小型的托卡马克装置($R=30$ cm,$a=8.4$ cm,$B_T=2$ T,$I_p=75$ kA),从日本东芝公司购买的。主要开展壁-等离子体相互作用、高 Z 原子光谱和电流驱动现象的研究。该托卡马克也作为培养研究生和年轻的聚变人才的实验装置。其他装置有线性 Z 箍缩装置主要研究课题包括:低密度放电与输运;RF 电流驱动。

另外,在印度新德里理工学院(IITD)也开展了核聚变物理实验研究,其主要装置有:均匀磁化线性装置(1985,$D=15$ cm,$L=250$ cm,$B_0=0.1$ T);束等离子体系统($D=10$ cm,$L=150$ cm)。主要研究课题:微波相互作用,ECH,非线性相互作用。

这些装置的建立以及开展的实验研究为核聚变与等离子体物理前沿领域做出了贡献,为印度的核聚变事业的发展建立一个强大的科技支撑,同时也使其他工业受益,带动了其他产业的发展。

1.7.6　印度主要聚变研究装置及研究成果

印度的托卡马克研究经过了 30 多年的发展,已经比较成熟。印度先后建成各类磁约束聚变装置约 9 个,其中 3 个属托卡马克类型的装置,即等离子体研究所(IPR)的常规托卡马克装置 ADITYA、超导托卡马克装置 SST-1 和萨哈核物理研究所(SINP)的一个小型托卡马克装置。

印度磁约束聚变研究在跟踪发展、不断创新上做出有自己特色的物理实验和研究成果,在磁约束聚变研究装置与设备等方面取得了很多成果。

印度目前在核聚变研究领域达到的技术包括:大型真空室和低温恒温器、大型超导磁体和低温系统、辅助系统(离子回旋共振加热、电子回旋共振加热、低杂波电流驱动和中性束注入器)、稳压高压电源(RHVPS)系统等。这些技术为印度参与 ITER 提供了技术支撑和保障。

1.7.6.1　ADITYA

1) ADITYA 概况

1982 年,印度政府接受了启动磁约束高温等离子体研究的提议,在印度科技部的支持下,确立了等离子体物理研究计划(PPP)。同时开始印度首个托卡马克装置 ADITYA 的设计与工程技术研究。1984 年,这项计划转移到艾哈默德巴德(Ahmedabad)市。1986 年,在艾哈默德巴德成立了等离子体研究所,作为隶属于科技部的独立的研究机构,开展核聚变与等离子体物理研究。

图 1.7.3　ADITYA 托卡马克

1987 年,ADITYA 在等离子体研究所顺利建成(见图 1.7.3)。1989 年,ADITYA 投入运行,全面开始托卡马克物理实验。ADITYA 是印度自行设计建造的一个中等型号的托卡马克装置。在

ADITYA 托卡马克上，开展脉冲欧姆等离子体实验后，已经开始了在高能射频(RF)和微波源下的辅助加热和电流驱动研究以及其他领域的研究。

ADITYA 的主要科学目标：研究托卡马克密度和电流极限，重点研究一些物理现象，如 MARFES、与偏滤器靶板分离的等离子体、破裂不稳定性及其控制；研究新的运行情况，例如主要产生高能载流粒子电流的运行情况；研究边缘现象及其控制等。

ADITYA 开展的主要研究活动：用奇异值分解技术研究磁扰动；边缘密度、电位扰动和湍流。ADITYA 在变压器-转换器电源系统下常规运行。在常规的 0.8 T 环向场下等离子体电流达到 80～100 kA，环向场最大值为 1.2 T，放电时间达到 100 ms。在此期间，进行了边缘等离子体扰动、湍流实验和其他相关研究工作。采用标准诊断技术。拥有脉冲功率、先进等离子体诊断、计算机模拟、射频和中性束加热系统等设备。其参数见表 1.7.2。

表 1.7.2　ADITYA 装置参数

大半径 R_0/m	0.75
小半径 a/m	0.25
环向场 B_T/T	1.50
等离子体电流 I_p/kA	250
脉冲持续时间/ms	250
等离子体横截面	圆形
位形	极向限制器
线圈类型(TF 和 PF)	水冷铜线圈
电流驱动和加热	欧姆变压器(空气磁芯)
真空室	用电绝缘断开
设计与加工	印度本国自行研制
安装运行/年	1989

2) ADITYA 装置主要系统

① 真空系统

ADITYA 真空系统主要由真空室、抽气系统、送气系统、限制器和真空诊断系统组成。

② 磁场线圈和结构

ADITYA 应用了 3 套主要的磁场线圈：环向场(TF)线圈、欧姆场(TR)线圈和平衡场(BV)线圈。另外还使用 1 套反馈线圈控制等离子体位置。

③ 脉冲电源系统

ADITYA 脉冲电源系统由 2 个主要的子系统组成，即 132 kV/11 kV 子系统包括无功功率补偿系统和 DC 系统(由电网换相换流器、脉冲成形部件和控制工具构成)。

④ 诊断系统

ADITYA 诊断系统第一阶段研制任务是研制和建造标准诊断系统。主要有 X 射线层析成像法、电磁测量、离子温度测量、汤姆逊散射、干涉仪、UV 和可见光谱仪、辐射热计相机、朗缪尔探针诊断等。

⑤ 数据采集和控制系统(DACS)

ADITYA 数据采集和控制系统包括数据采集子系统(DAS)、真空控制系统、电源控制子系统(PSCS)、装置监测子系统(MMS)、诊断和送气控制系统(DGCS)、个人监测和安全子系统(PMSS)。采用基于 CAMAC 和 VAX11/730 的控制系统开展整个实验的数据采集和控制。

⑥ 辅助加热系统

ADITYA 采用的辅助加热技术包括离子回旋共振加热(ICRH)系统和电子回旋共振加热(ECRH)系统。

3) ADITYA 装置升级改造

为了获得更好的实验结果,对 ADITYA 装置进行了升级改造。在真空系统方面,增加了更多清洗设备。为了增加等离子体能量,对辅助加热系统进行整合。20～40 MHz,200 kW 离子回旋共振加热(ICRH)系统已经整合到 ADITYA 真空室,在最近的实验中运行顺利。整个系统都在国内改造,包括 RF 发生器。1 个 28 GHz、200 kW 的电子回旋共振加热(ECRH)系统也在 ADITYA 托卡马克上成功运行。并在 ADITYA 上进行了破裂预测和密度极限的神经网络分析。更多的诊断设备整合到 ADITYA 装置上。增加的诊断系统主要包括汤姆逊散射系统、光谱学(GIM,10～600 nm;NIM,100～300 nm;VIS 300～800 nm)、电子回旋发射测量、软 X 射线照相机等设备。还有一些诊断设备在设计、建造阶段。

在 2009—2010 年期间,在 ADITYA 上安装了主变压器并运行。采用磁控管源进行预电离、改进的诊断设备以及新的误差场补偿线圈,ADITYA 托卡马克在升级改造后新的运行窗口下继续开展实验。对数据采集系统和等离子体位置控制进行了升级改造。目前正在对用于物理研究的等离子体诊断设备进行升级。新的诊断设备,如红外成像热辐射计,基于红外照相机的焦平面阵列也在研制中。完成了 ADITYA 汤姆逊散射系统的校准,已投入常规运行。目前正在与印度新德里理工学院(IIT)合作对从早期放电中获得的数据进行分析。ADITYA 的成像诊断系统已投入运行。在离子回旋频率范围下快波加热和离子伯恩斯坦波加热试验工在计划阶段。RF 加热系统也在研制和安装过程中。

4) ADITYA 装置开展的实验及其成果

ADITYA 托卡马克运行了 10 多年达到了预期目标。一些新的诊断设备被应用到装置上,在等离子体约束研究方面取得了很大进展。用 ECE(电子回旋发射)和软 X 射线测量了电子温度(T_e)分布,用汤姆逊散射对芯部 T_e进行了单点测量,用辐射热测定器测量杂质辐射功率,用锂吹气测量了边缘密度和温度,用 H_α 强度测量氢电离率、用 22.4 GHz 的微波反射计测量密度扰动。另外,基于 28 GHz、200 kW 的回旋管的电子回旋共振加热(ECRH)系统已经成功地试运行,并开始等离子体放电实验。在欧姆加热放电中,对边缘等离子体扰动进行了新的测量。测得的边缘等离子体粒子通量呈现出突发性的脉冲行为。表明,边缘扰动和扰动引起的粒子通量在短定标和长定标范围内呈现出不同的定标行为。在短时间定标范围内,Lévy 定标指数 a = 1.1～1.3,而长定标范围内 $a=2$。这些结果表明,由于小尺度扰动引起的输运是对流的,而由于大尺度扰动引起的输运是扩散的。另外,为提高等离子体约束,还开展了限制器偏压、喷气和低 Z 杂质注入的若干实验。实验的放电参数:$B_\phi=$

0.75 T，R=0.75 m，a=0.25 m，I_p=50～80 kA，$\langle n_e \rangle$= (8～16)×10^{19} m^{-3}，放电持续时间 50～100 ms。根据测得的欧姆功率(200～300) kW，辐射功率(20～50 kW)和热能(300～600 J)确定能量约束时间在 1～2.5 ms。用微波干涉仪测得电子总数估计为[(5～11)×10^{18}]，用 H_α强度测量获得的电离率为[(2～6)×10^{21} s^{-1}]。根据这些估算确定粒子约束时间 τ_p一般为能量约束时间 τ_E的 2 倍。

在 ADITYA 运行期间，在边缘扰动引起的输运的动态实验中有一些重大发现。例如，发现等离子体间断性脉冲行为。在等离子体过程和等离子体物理基础研究与等离子体计算研究方面也取得了一些进展。

在 ADITYA 上开展了减少杂质量的壁锻炼实验。ADITYA 壁清洗技术包括自动辉光放电清洗(GDC)，脉冲放电清洗(PDC)、电子回旋共振(ECR)放电清洗。在 ADITYA 托卡马克上开展了原位锂锻炼实验，研究在 ADITYA 放电中通过锂进行壁锻炼的效应。实验中观察到部分锂压力增加，而氧的压力却降低到 50%。平顶时间为 30 ms，密度为 1×10^{13} cm^{-3}。在大多数放电中等离子体电流达到 97 kA 以上持续 100 ms。成功地开展了真空室壁上的锂涂层实验。并开展了研究锂涂层效应的实验研究。还提出在 ADITYA 上对限制器进行锂涂层。

在 ADITYA 上开展了一系列实验，研究各种送气系统条件下的杂质水平。等离子体放电期间成功开展了快速喷气实验。获得良好的极限真空后，引入了产生等离子体的氢气。ADITYA 托卡马克研制了带压电气体入口阀的分子束注入系统进行分子束注入实验。

在 ADITYA 上开展了限制器偏压实验。当抽出的限制器电流超过 300 A 时，各种诊断信号表明粒子/能量约束得到提高。观察到 H_α辐射急剧下降，达到 50%。

在 ADITYA 上进行了偏振测量试验，最后用于 SST-1。

在 ADITYA 用汤姆逊散射系统测得电子温度 T_e= 20～500 eV，电子密度 n_e=5.0×10^{12}～10^{13} cm^{-3}，空间和和时间分辨率分别为 1 cm 和 50 ns。

在 ADITYA 上用掠入射单色仪(GIM，10～600 nm)，入射光谱仪(NIM，100～300 nm)和可见光谱(VIS，300～800 nm)测量等离子体。VUV 光谱测量结果也显示，氧和碳呈现出高电离态(例如 OVII 和 CV)。

在 ADITYA 托卡马克上，用 8 道 E 带超外差辐射计测量电子回旋发射(ECE)。SHR 的时间和空间分辨率分别约为 10 μs 和 4 mm。在 0.75 T 环向磁场下测量了三次谐波。

在 ADITYA 上还安装了离子回旋共振加热系统(20.0～40.0 MHz，200 kW)。对不同频率下的各种条件进行匹配优化，开展了初始实验。从目前 ADITYA 获得的参数看，在离子回旋频率范围的可变性和最小功率都已经达到。这些结果对下一代托卡马克(SST-1)起到非常重要的作用。ICRH 系统除了用于加热外，还用于等离子体击穿和促进欧姆击穿的预电离实验。研究不同压力和环向磁场下等离子体击穿。还开始了 RF 壁锻炼实验。电子回旋共振击穿预电离辅助放电启动已经用于 ADITYA。在阴极电压－48 kV 和 6.5 A 束电流，脉冲持续 300 ms 时，测得的最大输出功率约为 90 kW。印度自己设计制造了回旋波天线系统(BLS)。该天线系统由 2 个可调整角度的金属镜组成，它们将波束聚焦在真空室中心，激发击穿。用可见光谱和朗缪尔探针测量测得的等离子体密度 $5\times10^{11}\ \mathrm{cm}^{-3}$。由于使用了 HVDC 电源系统，回旋振荡管顺利运行了 300 ms，输出功率为 100 kW，实现了等离子体击穿。

在 ADITYA 托卡马克边界测量获得了电位涨落结构。这种结构是利用径向可移动的极向探针结构和条件平均技术获得的。据观察，结构沿极向被拉伸并在上次关闭的通量表面的两侧被分开。结构振幅较大时径向绝缘被破坏。该结构的动力学行为显示出边缘等离子体粒子具有“突发性”输运机制。

运用新近研发的奇异值分解(SVD)技术对托卡马克 ADITYA 中磁信号的时空结构进行分析。首先用模拟数据对该分析技术进行测试，然后将该技术用于处理 ADITYA 米尔诺夫线圈数据以确定放电过程中的电流扰动结构。据观测，在电流上升阶段，电流扰动会发生转变，从 $m=5$ 的极向模结构转变为 $m=4$，再到 $m=3$ 的模结构。电流终止时可观测到 $m=2$ 的模结构。

神经网络(NN)技术已被用于预测托卡马克 ADITYA 破裂。采用时间序列预测法，获得的最佳预测结果可提早 8 ms，而且信号失真很小，又无明显时滞，这样的性能非常适于对 ADITYA 破裂进行在线预测。

分析了涡流对磁测量值的影响以及其对运用磁测量值确定等离子体控制参数的过程的影响，还分析了磁诊断的优化。分析参考了 SST-1 托卡马克。早期的神经网络已应用于不包含涡流的 SST-1。目前，又增添了 150 个额外数据至该试验数据库，其中包括涡流。研究发现受涡流干扰最大的是极向和环向的电流放大系数 β 和等离子体内电感。研究结果表明：外侧限制器后的部分米尔诺夫探针受到的干扰最小，而其他一些探针则呈现出强烈的冗余效应。

1.7.6.2 SST-1 装置

1) SST-1 装置概况

SST-1 是印度自行研制建造的一个中等尺寸的稳态超导托卡马克装置(图 1.7.4)，1995 年在印度等离子体研究所开始建造，开展稳态物理学和相关技术实验研究。SST-1 装置的参数见表 1.7.3。

图 1.7.4 SST-1 托卡马克

表 1.7.3　SST-1 装置的参数

大半径 R/cm	110
小半径 a/cm	20
拉长比 b/a	1.7～2
三角形变	0.4～0.7
环向场 B_t/T	3
等离子体电流 I_p/kA	220～330
纵横比	5.2
平均密度/cm^{-3}	1×10^{13}
平均温度/keV	1.5
位形	双零点极向偏滤器
等离子体类别	氢等离子体
脉冲长度/s	1 000

SST-1 托卡马克的研究目标：研究稳态条件下托卡马克等离子体物理过程。包括：粒子控制（燃料循环和杂质）；除热；偏滤器运行（辐照偏滤器、与偏滤器靶板分离的等离子体、抽气偏滤器等）；电流维持；低杂波电流驱动（LHCD）、自举电流、先进位形。了解和研制与托卡马克稳态运行相关的新技术。包括：超导磁体；大规模低温系统（氦和 LN_2）；大功率 RF 系统；高能中性粒子束；高热通量处理。

2）SST-1 装置主要系统

① 磁体系统

SST-1 磁体系统由 TF 线圈系统、PF 线圈系统、欧姆变压器、垂直场线圈和垂直位置控制线圈组成。其纵场系统采用超导线圈。超导体电缆管道（CICC）超导体专门由日本日立公司制作。磁体部分由印度自己制造。

② 低温系统

在 CICC 中使用超临界氦（SHe）迫流冷却 SC 磁体。

③ 真空室和低温恒温器

真空室是超高真空系统，由 16 个模块完全焊接而成，每个模块各含一个段，一个连接环和三个端口。真空室由 SS304L 材料制成。低温恒温器为高真空室，将真空室和 SC 磁体封入其内。SST-1 真空室参数和低温恒温器参数分别列于表 1.7.4 和表 1.7.5。

表 1.7.4　SST-1 真空室参数

大半径/m	1.285
垂直半径/m	0.81
径向半径/m	0.53
极向长度/m	4.4
模块数目	16
上部窗口数目	16
底部窗口数目	16
径向窗口数目	16

续表

总的表面积/m^2	75
总体积/m^3	16
总重量/kg	4 100
材料	SS 304 L
真空/mbar	10^{-8}

表 1.7.5　SST-1 低温恒温器参数

垂直高度/m	2.6
外直径/m	4.4
内直径/m	0.355
壁厚度/mm	10
总表面积/m^2	59
总体积/m^3	39
总重量/kg	4 520
材料	SS 304L
模块数目	8

④ 抽气系统

抽气系统由真空室正常抽气、偏滤器抽气、低温抽气组成。

⑤ 面向等离子体部件

SST-1 的面向等离子体部件(PFC)包括偏滤器及挡板、极向限制器和被动导体。

⑥ 电流驱动和辅助加热系统

SST-1 目前采用的电流驱动和加热技术除了通常的欧姆加热手段外，还使用其他辅助加热手段，包括：低杂波电流驱动(3.7 GHz，1 MW)、离子回旋共振射频系统(ICRF)(22～91 MHz、1 MW)、电子回旋共振加热(ECRH)(84 GHz、0.2 MW)和中性束注入(NBI)加热(50 keV、0.8 MW)等。

◆ 低杂波电流驱动(LHCD)系统：LHCD 系统将作为圆形及拉长等离子体稳态等离子体电流驱动的主要方法。该系统的主要组成部件是低功率电源部分、高功率放大器(速调管)、高功率传输线、高功率移相器、高功率定向耦合器、真空窗和铁栅。

◆ 离子回旋共振加热(ICRH)系统。主要参数：

- 天线数目：4
- 持续时间：1 000 s
- Tx-线(Tx-Line)系统：水冷
- 耦合效率：80～92
- 2 个发生器，每个 1.5 MW

◆ 电子回旋共振加热(ECRH)系统：用于预电离和等离子体启动；辅助 LHCD 电流驱动。主要参数：

- 输出模式：HE-11

- 基波：3 T
- 第二谐波：1.5 T
- 波导出口大小：63.5 mm

◆ 中性束注入加热(NBI)主要参数：

- 注入：与等离子体电流切向注入
- 离子源：多极桶型
- 射束发散：＜1
- 束线数目：1
- 源数目：1
- 抽气：低温压缩

⑦ 电源系统

SST-1的电源采用ADITYA托卡马克装置的电源，并在其上安装一个直流母线开关系统，为欧姆和垂直场线圈供电。成功开发490 kW(14 kV、35 A)的稳压高压电源(RHVPS)原型并成功测试。建立了SST-1控制系统电源的远程操作。自行设计制造一对电流引线，在4.2 K下电流达到10 kA，并试验成功，达到要求的升降速率和稳定电流。

⑧ 诊断系统

各种常规诊断手段用于SST-1，测量等离子体芯部、边缘和偏滤器区域的等离子体电流、形状、β_p、密度、电子和离子温度以及杂质浓度、辐射功率、q剖面、各种PFC的表面温度、各种频率范围内基本参数的波动等。其他诊断技术包括远红外(FIR)干涉仪、汤姆逊散射、电子回旋发射(ECE)、电荷交换、热成像、软硬X射线监测、真空紫外可见光谱和动态斯塔克效应(MSE)的诊断。第一阶段的诊断系统已经安装上，数据采集和控制系统已经试验并试运行。

⑨ 数据采集与控制系统

设计基于PXI的高速无损数据采集系统用于SST-1诊断。包括：Windows 2000；研制工具实验室窗/CVI数据；Socket based Client/Server Architecture；Direct Data Streaming to Hard Disk(硬盘直接数据流)；1.2 GB/s光纤连接。单独的CAMAC(计算机辅助测量和控制系统)，板上存储器，多节段，快速获取数据记忆。

SST-1控制系统基于分布式控制系统进行有效管理。控制系统已分为装置控制系统、排放控制系统和诊断监控。

3) SST-1托卡马克研制成果和实验目标

在SST-1上，研究稳态运行期间很多常规物理问题。研究稳态运行时非感应电流驱动期间的粒子和能量约束。研究稳态下杂质约束和ELMS对能量约束的影响。重点研究非感应电流驱动下等离子体稳定性限制、破裂、热不稳定性和垂直位移事件(VDE)。SST-1计划研究的重要领域是各种偏滤器位形。也尝试开展先进托卡马克状态下的一些实验。

SST-1运行计划分为两个阶段(见表1.7.6)。第一阶段包括很多步骤，目标是最终在环向场3 T时达到稳态运行，持续1 000 s。第二阶段开展先进托卡马克运行研究。

表 1.7.6　SST-1 第一阶段和第二阶段不同步骤的运行参数

基础等离子体参数	第一阶段(L 模式)				第二阶段(H 模式)		
	(步骤 1)圆形等离子体，欧姆驱动	(步骤 2)圆形等离子体，低杂波电流驱动	(步骤 3)拉长等离子体，低杂波电流驱动(0.5 MW)	(步骤 4)拉长等离子体，低杂波电流驱动(1.0 MW)	低辅助加热功率	低磁场	高辅助加热功率
B_T/T	1.5	1.5	1.5	3	3	1.6	3
I_p/kA	110	110	150	220	220	100	220
q(圆柱形 q)	2.5	2.5	4.1	5.7	5.7	6.6	5.7
H 因子 TE/TRTER89-P	—	1	1	1	2	2	2
$<n>/\times 10^{19}\ m^{-3}$	3	0.5	0.8	1	2	2	5
$<n_o>/\times 10^{19}\ m^{-3}$	4.5	0.75	1.2	1.5	3	3	7.5
P_{aux}/MW	—	0.17	5	1	1	1	5
Z_{eff}	1.7	5	5	1.7	1.7	1.7	1.7
拉长度(κ_r)	1	1	1.8	1.8	1.8	1.8	1.8
三角形变 (δ_r)	0	0	0.66	0.66	0.66	0.66	0.66
拉长度(κ_{95})	1	1	1.6	1.6	1.6	1.6	1.6
三角形变 (δ_{95})	0	0	0.54	0.54	0.54	0.54	0.54
T_E/ms	12	10	11	12	26	12	13
$<T_e>$/keV	0.24	0.82	1	1.8	2	0.9	1.9
$<T_i>$/keV	0.09	0.32	0.4	0.74	0.8	0.36	0.78
$<T_{eo}>$/keV	0.39	1.37	1.7	3.1	3.3	1.5	3.2
$<T_{io}>$/keV	0.16	0.55	0.67	1.2	1.3	0.6	1.3
B/%	0.18	0.1	0.2	0.12	0.25	0.39	0.61
β_N/%,mT/MA	0.48	0.28	0.4	0.32	0.68	1.3	1.7
B_p/%	0.33	0.19	0.46	0.49	1.1	2.3	2.6
f_{bs}	0.08	0.04	0.1	0.12	0.25	0.55	0.62
BS 碰撞矫正	0.57	0.11	0.12	0.07	0.09	0.2	0.14

等离子体运行将以圆形脉冲等离子体开始，在欧姆磁场作用下，持续时间在 1 s 左右。在低杂波的帮助下，该电流将在第二步中持续。在此步骤中约使用 200 kW 的功率。在这些步骤中，环向场将为 1.5 T。第三步，主要进行在相同磁场的偏滤器运行。在出现圆形低杂波电流驱动(LHCD)的等离子体情况下，极向场线圈以缓慢的时间尺度(3～4 s)产生拉长偏滤器等离子体。在第一阶段的最后一步，环向磁场将增加到设计好的 3 T，将获得长稳态等离子体放电。极向线圈的缓慢转换已被模拟，确保平衡。然后，尝试最高设计参数，引进总共 1 MW 的辅助功率。在 SST-1 运行的第二阶段将探索先进的托卡马克位形。为了提高相同辅助功率下的 β 值，需要在 1.6 T 这样较低的环向场下运行。通过在更低电流下

运行，可以取得 β_p 和 β_N 值的进一步改善。在 VH 模式下实验，尝试非单调型 q 剖面和重要的自举电流。不过，也可以尝试适当修改 PFC 以达到较高的功率容量，提高射频(RF)电源系统。SST-1 托卡马克是一个大环径比托卡马克，具体实验目标是产生 1 000 s 大拉长度(κ_r)和三角形变度(δ_r) 的双零位偏滤器等离子体。SST-1 预计将要达到的等离子体电流 220 kA，产生拉长等离子体，拉长度为 1.7～1.9，三角形变度为 0.4～0.7。将采用氢放电，等离子体放电持续时间将达到 1 000 s。SST-1 环向场和极向场线圈都使用超导磁体。使用欧姆变压器用于等离子体击穿和初始电流增加。SST-1 使用一个完全焊接的超高真空室。为将超导(SC)磁体处的辐射损失降低到最小，在 SC 磁体和低温恒温器之间以及真空室和 SC 磁体之间设置了液氮冷却辐射防护屏。ICRF 也将用于初始等离子体击穿和壁锻炼实验。在整个超导系统冷却下来之前已经完成了低温系统详细的试运行试验以及单个 TF 线圈的水力特征和冷却特征实验。SST-1 达到的温度将为 2 000 万～4 000 万℃。预计，这些研究将为超长脉冲托卡马克运行物理数据库提供帮助，能够小规模地进行 ITER 相关的物理实验研究。

在 SST-1 上采用人工神经网络技术来开发从实时磁测量中析取 SST-1 等离子体形状边界的算法。已经制定了用来预测等离子体大破裂以及密度极限边界的算法。

对 SST-1 第一阶段装置运行的整合，目标在于冷却磁体系统、为磁体充电以及开展圆形等离子体物理实验。完成了整个支撑系统、整个磁体系统、整个真空室和低温恒温器的组装和整合。温控系统已整合。限制器系统和电子回旋共振加热(ECRH)系统的预电离系统的安装也已完成。

为了获得更好的实验结果，对 SST-1 装置进行升级改造。一些新的诊断系统也将投入运行，包括汤姆逊散射诊断系统、成像诊断系统、远红外干涉仪、氦束诊断系统、红外热像仪、光谱学等诊断系统都在采购和试验的最后阶段。

SST-1 进行升级改造后，在尽早实现首个等离子体，工程和技术论证方面取得了进展。实验上，用备用的超导环向场(TF)线圈，获得了良好的直流接头电阻。全面建立了在生产 SST-1TF 和 PF 磁体绕组包低直流电接头的加工过程和技术。SST 热氮烘烤设备在可编程序逻辑控制平台下进行适宜的反馈和控制下，并把真空部分作为一个载体，成功试运行。首个真空室模块烘烤达到约 150 ℃数小时。

采用 10 kA 气冷电流引线。获得的实验结果：与 3.5 l/hr/kA/对的设计值相比，观察到较高的 LHe 消耗率(图 1.7.5)。传导冷却接头和超导链接收到额外的热负荷，估计达到每引线 3 W 的总量。引线的实际消耗量达到 3.9 l/hr/kA/对，比设计值 3.5 l/hr/kA/对略高。

在没有烘烤的情况下，真空室的极限真空度已达到了 8×10^{-5} Pa。

真空室辉光放电清洗，在约 850 VDC 和 80％的氢气和 20％的氦气混合气体 1 Pa 压强下启动，在阴极和壁之间维持在约 350 VDC，压强约 8×10^{-2} Pa。低温恒温器底部真空压强达到 6×10^{-4} Pa。

为验证 SST-1 环向场(TF)线圈的冷却配置，对备用的环向场(TF)磁体进行实验。2005 年 7 月进行了磁体的首次冷却。2006 年 9 月实现了磁体冷却到 4.5 K，具有二相流。运行期间，在接头发现一些泄漏。之后继续开展综合实验，一直持续到 2007 年。研制和实验了一个新的接头设计方案。整修工作目前正在进行之中。在温度 4.2 K 电流设计值

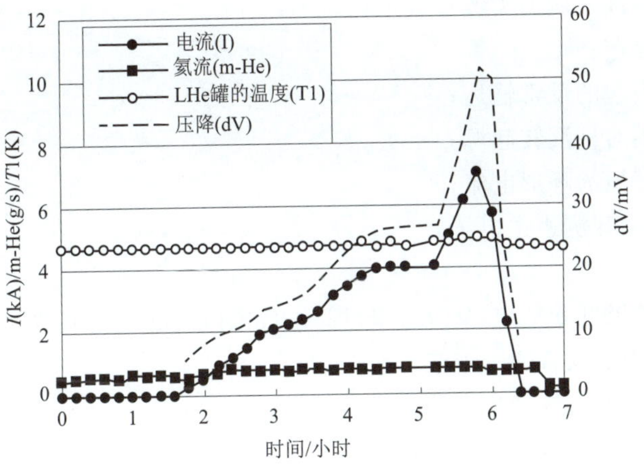

图 1.7.5　10 kA 电流引线的实验结果

10 kA 条件下，对 16 个环向场(TF)线圈中的 11 个进行了成功试验。

SST-1 在偏滤器运行下能够产生单零和双零等离子体，但基线运行状态仍是在双零点下进行。在初始阶段，由于受偏滤器排热能力的限制，SST-1 将在约 1～2 MW 的输入功率下运行。该阶段，显示出单零点和双零点运行的优缺点，加料问题以及等离子体控制。将研究各种辅助加热和电流驱动系统情况下的综合效应以及探索电流驱动效率的不确定性。随着偏滤器系统和辅助系统的升级(3～4 MW)，将产生像反磁剪切这样的先进位形和优化电流分布先进托卡马克位形。这将有助于理解新经典撕裂模对托卡马克性能的影响。

SST-1 在等离子体基础物理研究方面，在进行了相关的初步实验后，开始新设备的最后阶段的加工与试验。

在 BETA(环形基础实验装置)、LVPD(大容积等离子体装置)和非中性等离子体系统(SMARTEX)等上的实验已经给出有价值的基础等离子体物理方面的物理观察。

在等离子体理论和计算研究方面，与 TIFR 合作，在广义电磁流体动力学、回旋动力学模拟等数值模拟和研究方面取得了进展。对用广义流体动力学流体模型模拟强耦合一维等离子体系统的数值模拟代码进行了试验。还用非平衡分子动力学模拟(NEMD)对弱外部驱动下的强耦合 Yukawa 系统进行了研究。

1.7.6.3　SINP 托卡马克装置

萨哈核物理研究所(SINP)的磁约束装置是一个小型的托卡马克装置，从日本东芝公司购买(图 1.7.6)。主要开展壁-等离子体相互作用、高 Z 原子光谱和电流驱动现象的研究。该装置也作为培养研究生和年轻的聚变人才的实验装置。SINP 托卡马克装置参数如表 1.7.7 所示。

图 1.7.6　SINP 托卡马克

SINP 目前有两种运行状态：正常 q 状态：$q_{edge}>3$；低 q 状态：$0<q_{edge}<2$。正常 q 状态实验：

- 托卡马克芯部区域的类漂移波不稳定性；
- 反常电流穿透；
- 温度扰动引起的反常输运；
- 上下电位不对称反转起源；
- 观察螺旋守恒的环形电流；
- 用 ECE 方法观测逃逸电子。

低 q 状态实验：

- 容易获得的极低 q 放电(VLQ)和超低 q 放电(ULQ)状态的条件；
- VLQ 放电中的反常离子加热；
- VLQ 放电中的边缘偏压实验；
- VLQ 放电启动阶段逃逸电子；
- 上-下不对称随边缘安全因子的变化。

表 1.7.7 SINP 托卡马克装置参数

大半径 R_0/m	0.30
小半径 a/m	0.075
环向场 B_T/T	2.00
等离子体电流 I_p/kA	75
脉冲持续时间/ms	20～30
等离子体横截面	圆形
位形	极向限制器
线圈类型(TF 和 PF)	铜
电流驱动和加热	欧姆变压器(铁芯)
真空室	传导壳
设计与加工	从日本东芝公司购买
安装/年	1987

1.7.7 印度聚变堆设计研究

印度长期致力于聚变核技术的研发，开展了聚变堆设计、材料与工艺的一系列研究。在聚变堆的设计研究、ITER 实验包层模块(TBM)、聚变堆材料的开发领域取得了重要进展。

印度聚变材料计划的研制目的是满足实验包层模块、用于聚变等离子体实验和 DEMO 反应堆，在稳态超导托卡马克(SST-1)上开展各种原型研制工作。将 LAFM 钢确定为印度 ITER 实验包层模块(TBM)第一壁和包层模块的结构材料。印度工业界已经开始启动研制低活化马氏体钢的研发计划，并已经开展了首批小规模熔化实验。

锂陶瓷小球制造方法正在研发阶段。锂陶瓷粉末的纯度及其合成也在研制中。印度目前正在计划开展铁素体钢和铅锂共熔合金相容性实验的研发。

ITER 的关键任务之一是证明与能量生产堆(如 DEMO)相关的氚增殖包层设计概念。印度参与 ITER 计划并参与实验包层模块(TBM)计划，表明国际聚变界对印度在聚变材料性能的研制、设计以及相关技术的肯定和信任。印度的 ITER 实验包层模块(TBM)计划是印度发展 DEMO 和未来聚变动力堆(FPR)的主要步骤之一。为此，印度启动了一项国家级聚变计划，开展与 DEMO 相关的氚增殖包层设计等关键领域研发工作，在研究机构与工业界之间建立了协作关系。第一壁(FW)是聚变包层设计最重要的部件之一。印度已经研制了 2 个 DEMO 增殖包层概念：第一个是锂铅陶瓷包层(LLCB)，另一个是氦冷固态增殖剂(HCSB)概念。这 2 种概念设计的第一壁(FW)结构是相同的。降低活化的铁素体-马氏体钢(RAFMS)用作结构材料，氦气用于主动冷却第一壁结构。

目前印度正在进行聚变示范堆(DEMO)和 SST-2 的设计与模拟。

DEMO 反应堆的成功与否完全取决于氚增殖包层和高热去除性能。印度开展了 DEMO 装置设计和用于 ITER 实验的液态型和固态型增殖包层的研制。印度提出铅锂冷却陶瓷增殖剂(LLCB)作为印度 DEMO 反应堆包层概念(图 1.7.7)。铅锂冷却陶瓷增殖剂包层概念由锂钛组成，作为陶瓷增殖材料，以密封的球床和铅-锂共熔合金作为陶瓷区的倍增器、增殖剂和冷却剂。目前正在考虑用氦冷固态增殖剂(HCSB)概念替代。氦冷固态增殖剂采用铁素体钢结构和铍中子增殖器。目前印度的研制重点是设计和分析 LLCB TBM，以评估 DEMO LLCB 概念性能。TBM 设计正在优化中。

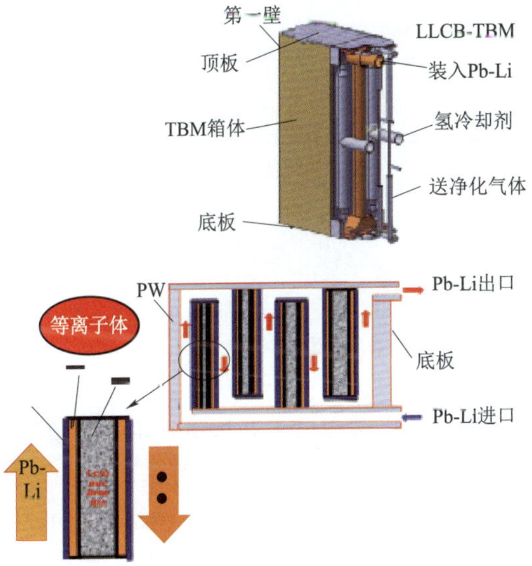

图 1.7.7　印度 Pb-Li 陶瓷增殖剂(LLCB)TBM 及其原理图

印度已成功地获得了将铅锂冷却陶瓷增殖剂(LLCB)的实验包层模块(TBM)放置到 ITER 半个 TBM 模块空间的位置。将这种 TBM 放置到 ITER 中的首要目的是：检验其模块性能；使氚增殖比率(TBR)>1；以可接受的热效率提取托卡马克高品质的热量。

根据印度第 11 个五年计划技术开发规划，偏滤器技术、聚变相关磁体、负离子源技术、ITER 实验包层模块(TBM)和聚变等离子体诊断技术是印度主要研究课题，其研发工作主要由印度等离子体研究所(IPR)与各相关研究机构合作完成。在偏滤器技术方面，继续开展新材料和加工工艺的研制、热负载试验。并在一些合作中签署了备忘录(MoUs)。聚变相关磁体研究的首要目标之一是自行研制聚变相关的大电流，它能承载多层稳定的多丝技术的 Nb_3Sn 超导股线。等离子体研究所与巴巴原子研究中心一起共同合作早期设计研制的基于管内电缆超导体的 NbTi 在 5 T 和 4.5 K 下达到 30 kA。目前正与印度工业界联合研制适用于缠绕聚变相关超导磁体的“专门缠绕装置”。在负离子源和技术研制方面，BATMAN类型的等离子体源在进行了机械、电荷真空规格的检验后，通过了验收。目前该源可用于实验。实验包层模块(TBM)计划重点研制铅-锂冷却的陶瓷增殖剂(LLCB)，这种增殖剂同时具有固态增殖剂和液态增殖包层概念的特征。表1.7.8和表1.7.9分别为印度提出的固态和液态TBMs概念设计参数。巴巴原子研究中心和甘地原子能研究中心参与TBMs及相关技术(如聚变中子学、聚变工程设计、安全性、液态金属技术、热流体MHD、锂陶瓷、铍小球、结构材料等)的设计与研制。在这方面，IPR-BARC(巴巴原子中心)和IPR-IGCAR(印度甘地原子能研究中心)签署了完成ITER TBM采购包所需要的核技术开发的备忘录。在14 MeV中子辐照实验方面，印度自行研制D-T中子发生器所需要的大部分辅助系统已采购，整个系统将很快投入试运行。

表1.7.8　印度提出的固态TBMs概念设计参数

方案	增殖剂	中子倍增剂	结构	冷却剂	净化气体
HCCB	Li_2TiO_3 (850 ℃)	$Be/Be_{12}Ti$ (600 ℃)	印度的LAFMS	氦(300～550 ℃) 80 bar	氦 0.5 bar

表1.7.9　印度提出的液态TBMs概念设计参数

增殖剂	冷却剂	结构	电绝缘	反射体
Li_2TiO_3陶瓷和 铅-锂共熔合金	铅-锂液态冷却 (LLCB)	印度的LAFMS	Al_2O_3	SS 316 L

印度未来聚变堆各领域的研究工作分为6个方面：

1）综合物理模拟研究

为理解各种托卡马克物理现象，印度已经开展了理论与数值研究，并用于实验观察的解释。需要解决的问题是精确预测托卡马克运行期间托卡马克的性能，因此为了反应堆顺利运行，必须研制这样一种预测工具。这就要求研制一种综合托卡马克模拟工具及装置。这包括对多重空间和时间尺度现象模型的研制。这项任务对印度来说具有挑战性。今后10年印度都将开展综合物理模拟研究。将采用目前的二维输运代码，并将各种物理模块，如杂质动力学、α粒子加热、靶丸注入等添加到该输运代码中。该综合物理模型将用于实验观察的预测，并对模型进行进一步改善和提高。

2）超导磁体系统

在SST-2和DEMO物理设计中，假定导体磁场的最大值为12 T。那么，如果有条件获得，可以选择Nb_3Sn，或者更好的材料。对于印度目前的托卡马克SST-1，用于环向场(TF)和极向场(PF)磁体的导体由NbTi (6T)组成。中心螺线管用铜导体制作。TF磁体开发计划已经制定，分3步：第一步，在下个5年(2007—2012年)，将开发SST-2磁体(4 m×3 m)的一半，用Nb_3Sn制作并进行资格验证。第二步，到2017年，扩展到制作SST-2的一个TF段(8 m×7 m)。第三步，到2027年将研制出用Nb_3Sn或Nb_3Al制作与印度DEMO相关的TF磁体(12 m×11 m)。在该计划期间，已经计划开发超导材料，股线和绝缘导管以及结构材料。SST-2中心螺线管(CS)最终是基于Nb_3Sn导体的。第一步，将研制用NbTi制作的平均半径为0.5 m和30 MAT的CS,并对快速斜降进行检验。第二步(2012—2017年),将研制SST-2相关的CS(平均半径1.1 m,30 MAT),并对斜降率为2 T/s时的CS进行资格验证。第三步将扩展到用Nb_3Sn或Nb_3Al制作DEMO相关的CS导体。

3) 偏滤器系统

预计SST-2偏滤器上的热负荷约为5 MW/m^2,而DEMO预计约为10～15 MW/m^2。每隔2个满功率年(FPY)后就必须对这些偏滤器盒和第一壁部件进行更换,这对于反应堆的可利用率起着重要的作用。因此,研制远程处理系统,准确地监测、处理和维修系统,将反应堆的停机时间缩至最短是印度今后非常重要的一项任务。在第一个10年(2007—2017年)内,计划为偏滤器系统研制像钨合金、碳纤维复合材料(CFC)和铍这样的材料,建立各种制作SST-2偏滤器盒的制作过程。在这期间,将研制开发一个三维虚拟远程处理系统及所需的远程处理工具。该偏滤器盒试样将被流经的中子流和高热流辐照,从而对其性能的退化以及由此产生的对偏滤器盒使用寿命的影响进行分析。该偏滤器的远程处理表明,在该偏滤器盒工程设计过程中可能需要进行一些改进。适应这些变更,将研制应SST-2要求而改造的偏滤器盒。在SST-2上尝试设计具有内部线圈的偏滤器,以减少流经偏滤器热量的创新性设计。在下个10年内,将探索能够经受像热通量、液体偏滤器概念等DEMO专门材料的研制。

4) 材料研制计划

这是聚变堆研究的重要领域之一。印度有望开发磁体、包层、偏滤器、第一壁部件和其他系统(如天线、中性束注入中的栅格)等部件材料。对于SST-2,使用目前的材料是必要的,同时还必须建立制造聚变堆部件的各种工艺。将对这些部件进行辐照和检测,以验证其功能性。按照要求,SST-2各种部件以及材料的选择都必须在2015年以前进行资格验证。在SST-2运行阶段,通过以综合模式进行测试的方式,除在正在开展的DEMO研制工作中获得经验外,还将获得有关这些部件的一些经验。

5) 其他系统

SST-1加料系统要求以10弹丸/s的速率注入1.4 mm大小的氢弹丸。该系统目前正在试运行中。而对于SST-2,要求以更快的速率注入>5 mm的弹丸。在今后10年内,将为SST-2研制一种挤压式弹丸注入系统,该系统将根据DEMO的需要放大比例。反应堆真空室要求是双重壁的,其厚度>60 mm。将为SST-2研制这样一种厚度的真空室扇形段,并在2017年前对其性能进行检测。已经为SST-1 NBI系统研制了一种低温板泵。其抽气速度高达10^5 l/s。必须对该系统进行升级改造,以便为将来的聚变堆制作低温吸附泵。2017年以前将开展这项研制工作。SST-2要求NBI功率约为12 MW,而DEMO约为70 MW。目前的SST-1 NBI系统的功率输出量为1.7 MW。因此,为在SST-2上实现NBI必须研制500 kV、25 A的电源,这将在2017年前实现。而对于DEMO相关的NBI系统,必须将该电源的性能增大到1 MV和数十安培。SST-2射频(RF)系统必须提供约8 MW的ICRH,4 MW的LHCD和4 MW的ECRH系统。DEMO射频系统的要求是约35 MW的ICRH、20 MW的LHCD和ECRH系统。RF的研究计划重点是在要求的频率下输送以上标准的功率。

6) 聚变技术的开发

为了实现聚变电站的商业用途,对聚变技术的开发,如偏滤器、磁体和能量转换系统的研制非常重要。预计在未来25年内将有一个提高这些技术的强大的研发计划。研制最大运行磁场超过12 T(对于Nb_3Al,约18 T)的导体非常重要。对特殊材料的研制要求是:能够承受超过 20 MW/m^2 高的热负载。对偏滤器底板附近的磁场几何结构进行改造，将在更长的极向区域内传播热负载。这需要在偏滤器附近放置一个内部线圈，并在稳态下运行。将探索这种位形的可行性。

聚变堆的实现是一项结合多学科的科研活动，因此必须联合各种实验室、大学和工业界共同完成聚变计划这项事业。印度已经启动了一项聚变科研活动网计划。计划每年投资数百万美元支持聚变界以外的研究人员提出的研究项目，并使他们了解聚变的一些要求。这将开始组建各种工作组，逐步建立 SST-2 和 DEMO 所需要的人力资源。

1.7.8 印度相关应用技术发展

聚变能研究的深入不仅带动了等离子体物理、计算数学和天体物理这样一些基础学科的发展，还派生出许多相关的高新技术产品，大大地促进了等离子体技术、真空技术、离子束及其注入技术、材料表面改性、强脉冲供电技术和诊断及测试技术的发展。这将有利于印度本国工业发展，如真空技术、同位素分离、发电技术、等离子体镀膜、等离子体蚀刻、微电子学等技术都将被广泛应用。

印度工业等离子体技术开发中心（FCIPT）与印度等离子体研究所（IPR）合作，主要从事等离子体技术在材料加工处理和环境治理方面的应用开发。FCIPT 取得的显著成果有：工业部件的等离子体氮化处理以增强耐磨度和硬度，废物处理的热等离子体技术，等离子体在纺织工业方面的应用，对黄铜器类似石英石薄膜涂层以防止氧化和生锈，氮化钛的沉积以增强耐磨性，抗反射性非晶涂层的沉积等。

印度核聚变科学研究通过与国内工业界的合作，开发出许多与聚变研究相关的前沿技术。印度工业等离子体技术开发中心的主要开发项目包括医疗废物热解系统、在甘地原子能研究中心（IGCAR）安装等离子体氮化系统、为卡哈拉格普尔印度理工学院提供等离子体源离子注入（PSII）等。

印度工业界利用本国参与著名的 ITER 国际项目的优势，与顶尖的科研单位开展合作，满足在超真空系统方面的巨大需求。

参与 ITER 国际项目对印度工业界既是挑战也是机会。印度将以建造研究反应堆的部件和设备的方式实现对 ITER 的贡献。因此，要求印度工业界必须按照国际质量标准，生产出满足聚变堆使用要求的高级别的设备部件。今后 10 年印度将为 ITER 提供大约 5 亿美元的设备及部件。所有这些都由印度工业界提供，他们一直以来都在为国内的核聚变反应堆提供服务。印度工业界的商团以及在某些领域富有经验的私营个体将承担这些生产任务，因为他们曾参与 ADITYA 装置的建造以及 SST-1 装置的建造。ITER 项目将拓展印度工业界在生产质量、费用和时间等方面的能力。

印度艾哈迈达巴德的银触技术有限公司加入了这项工作并将其作为印度方参与 ITER 计划的一部分。

1.7.9 印度惯性约束聚变研究

印度惯性约束聚变能源（IFE）研究开始于 1975 年，主要是在巴巴原子能中心（BARC）开展相关的技术研发。实验采用 10 GW/5 ns 单束玻璃激光器和一些等离子体诊断技术。进行的惯性约束实验包括能量平衡、能量输运（横向的和轴向的）冠状喷射、光谱、X 射线驱动消融和流体稳定性的致稳等测量。这项计划由3个研究室承担:激光研究室,等离子体物理研究室和中子物理学研究室。激光研究室主要开展采用平面靶和激光源开展激光引起的等离子体实验。等离子体物理研究室开展用脉冲相对性电子束(脉冲长度:50 ns,功率:10^9 W)的束等离子体实验。电子束是惯性聚变堆的另一种很有潜力的驱动源,而且有多种应用。该室成功研制了两种重要的应用于工业的电子束:电子束焊接和等离子体喷枪,用于金属板剪切。另外还开展MHD动力缠绕和相关技术的研制等领域的研究。中子物理学研究室开展基于等离子体聚焦装置开展实验和理论研究计划。

1985年,开始启动建造一个4束2 TW/3 ns磷酸盐玻璃激光器的项目。同时也开始高质量激光器玻璃、高损伤阈值光学器件、闪光灯等的研发。

1993年,整个IFE计划移交给一个新成立的实验室——位于印度中部的印多尔先进技术中心。先进技术中心(CAT)主要开展惯性聚变研究相关的综合性研究工作。

印度先进工艺技术中心已经成功研制出输出功率高达15 kW的横流(TF)连续波(CW)CO_2激光器;500 Hz高脉冲重复频率横向激励大气压(TEA)CO_2激光器;平均输出功率为500 W的射频激励快轴流CO_2激光器。目前,这些激光器已应用于各种材料加工中。

现在,IFE计划已经建造了一个kJ/3ns 4束磷酸盐玻璃激光器,并已开始运行和使用。另外,一些小型的ps和ns玻璃激光器也用于诊断研究。目前实验的辐照度水平为1.054 μm,波长10^{12}~10^{15} W/cm^2。

目前印度惯性约束聚变计划的重点是弄清楚稠密等离子体物理理论、极端条件下的状态方程、辐射物理学、IFE中的流体不稳定性及其控制。

印度惯性约束计划与一些主要的研究教育机构保持常规的合作。

参考文献

[1] 吴峰. 印度"第十一个五年(2007—2012年)计划"能源政策评析[J]. 全球科技经济瞭望,2008,23(7):13-20.

[2] John Sheffield. Future World Energy Demand and Supply: China and India and the Potential Role of Fusion Energy[J]. Fusion-Science-and-Technology,2005,47:323-329.

[3] 晓伟. 发展中国家的磁性核聚变[J]. 图书馆报导,1992,(3):13-17.

[4] Yogesh C. Saxena. Status of SST-1 Project and Fusion Research in India[R]. Joint Conference of The12th International Toki Conference on Plasma Physics and Controlled Nuclear Fusion and The 3rd General Scientific Assembly of Asia Plasma Fusion Association,Dec. 11-14,2001,Toki,Japan.

[5] DAE Annual Report[J]. 2009-2010: 146-148.

[6] Y. C. Saxena and SST-1 Team. SST-1 Commissioning and First Plasma Results[R]. 21st IAEA Fusion Energy Conference,16 - 21 October 2006, Chengdu, China.

[7] E. Rajendra Kumar et al. Preliminary design of Indian Test Blanket Module for ITER[J]. Fusion Engineering and Design,2008,83(7-9):1169-1172.

[8] Anil Kakodkar. Indian Energy Scenario and Role of Fusion Energy[R]. Presentation at "Monaco ITER International Fusion Energy Days". Monaco, November 23rd,2010.

[9] IO-DA Management Report. ITER-India[R]. IO-DA Coordination Meeting, Oct 30, 2010.

[10] 常冰. 印度成为ITER项目的第七名正式成员[J]. 国外核新闻,2006(1):2-3.

[11] R. Jha and the ADITYA Team. Recent Experimental Results in ADITYA Tokamak[R]. IAEA-CN-94 EX/P1-02.
[12] R. Srinivasan et al. Strategy for the Indian DEMO design[J]. Fusion Engineering and Design, 2008, 83(7-9): 889-892.
[13] Saxena,-Y. C.. Tokamak SST-1: an over-view[J]. Bulletin-of-the-Indian-Vacuum-Society, 2002, 5 (4): 5-7.
[14] 罗上庚．印度的核工业和核能开发利用情况[J]. 核科学与工程, 1993(4): 381-383.
[15] A K Suri. Materials issues in fusion reactors [J]. Journal of Physics: Conference Series , 2010, 208 (1): 012001.
[16] The Indian programme [J]. Frontline, 2006, 23(1).
[17] S. B. Bhatt. Aditya: The first Indian tokamak[J]. Indian Journal of Pure and Applied Physics, 1989, 27: 710-742.
[18] A. Sen. National programs for developing countries[R]. A state of the art report prepared for the indian national committee for iupap 1986: 842-853.
[19] D. D. Sood. Nuclear technology and its challenges in India[J]. Atoms for Peace: An International Journal. 2008, 2(1): 26-40.
[20] Paritosh Chaudhuri et al. Thermal-hydraulic and thermo-structural analysis of first wall for Indian DEMO blanket module[J]. Fusion Engineering and Design, 2009, 84(2-6): 573-577.
[21] ITER Procurement Allocations[OL]. http://www. iterrf. ru/en/.
[22] IN-DA Monthly Performance Report[R]. IO-DA Coordination Meeting , ITER-India, 20 April 2010, Cadarache.
[23] DAE Annual Report[J]. 2009-2010: 155.
[24] 等离子体物理学科发展战略研究课题组．核聚变与低温等离子体——面向21世纪的挑战和对策[M]. 北京: 科学出版社, 2004.
[25] Projects of the Institute for Plasma Research, India[OL]. http://www. ipr. res. in//projects. html
[26] 童宣．又一个核大国在崛起印度的核力量及发展状况[J]. 南亚研究季刊, 1987, 10(2): 30-36.
[27] Inertial fusion energy research[R]. Report of consultants meetings held in Osaka, Japan, 14-15 March 1997, Vienna, Austria, 16-17 June 1997, Culham, United Kingdom, 23-24 March 1998, and Yokohama, Japan, 20-22 October 1998.
[28] 金友．印度先进工艺技术中心研制的大功率 CO_2 激光器及其在材料加工中的应用[J]. 激光技术与应用, 2007(9): 17-28.
[29] 吴双．一些国家能源政策动向及其特点[J]. 天然气经济, 2006(3): 24-26.
[30] 顾忠茂．印度核科技发展动态[J]. 科技信息, 2003(3): 8-11.
[31] Y. C. Saxena and SST-1 Team. First experiments with SST-1 Tokamak[R]. 2004, IAEA FEC: FT3-4Ra.
[32] Dhiraj Bora. SST and ADITYA Tokamak research in India[J]. Brazilian Journal of Physics, 2002, 32 (1): 193-216.
[33] Institute for Plasma Research Annual Report [J]. 2003-2004: 1-59.
[34] R. Srinivasan and the Indian DEMO team. Conceptual study of Indian Fusion Power Plant [R]. Proceedings of the 2nd IAEA Technical Meeting on First Generation of Fusion Power Plants: Design & Technology: PPCA. O-4.
[35] 万元熙．各国聚变能发展战略和现状[R]. ITER 专项"聚变实验堆设计研究"项目汇报研讨会, 2011: 51.

第2章　国际热核聚变实验堆(ITER)计划

在通向聚变能商业化的道路上，实验堆的建设是不可逾越的阶段。在世界各国进行各大型装置建设和运行的同时，也同时开始了聚变实验堆的设计。托卡马克型可控热核聚变实验堆的建设需要把国际可控磁约束聚变研究已经取得的主要科学技术成果集成起来，技术上的高难度，加上需要巨额的投资，使各国认识到，依靠国际合作，依靠各国科学家和工程技术人员共同努力是最佳方式。

目前正在法国卡达拉奇建造中的国际热核聚变实验堆(ITER)，最早是在1985年的日内瓦峰会上，由美国前总统里根和前苏共中央总书记戈尔巴乔夫共同提出的。这一超大型国际合作计划的倡议，得到了国际原子能机构IAEA的支持。国际热核聚变实验堆(ITER)计划的目的旨在验证磁约束聚变能科学可行性和工程技术可行性，即验证磁约束聚变能的氚增殖、回收、包层工艺和磁体屏蔽可行性以及偏滤器、高壁负荷等工程技术可行性。

2.1　ITER计划的背景和意义

1988年，美、苏、欧、日四方开始ITER的设计；1991年，完成了ITER概念设计；1998年，美、俄、欧、日四方共同完成了工程设计及部分技术预研。当时的聚变功率设计值为1 000 MW，等离子体持续燃烧时间大于1 000 s，此时ITER的造价估计为100亿美元。由于国内聚变政策调整，基于对技术和经济风险的考虑，美国于1998年退出ITER计划。随后，欧、日、俄又经过3年努力，完成了ITER工程设计的修改及大部分部件与技术的研发工作，提出了比原ITER成本低的所谓先进托卡马克聚变实验堆计划(ITER—FEAT)，总的聚变功率和长脉冲运行时间分别下调为500 MW和500 s，总造价降低到50亿美元。ITER《工程设计最终报告》于2001年7月完成，此后，欧、日、俄及加拿大开始筹备ITER计划谈判，并于同年11月在加拿大召开了首次正式谈判会议。中国和美国于2003年2月在俄罗斯举行的第八次政府间谈判会议上正式加入ITER计划谈判；加拿大由于承担经费的困难，于2003年退出ITER计划；韩国于2003年6月开始参加谈判；印度于2005年12月加入谈判。将ITER建在何处，一直是一个十分棘手的政治和技术问题。参与ITER计划的美、俄、中、欧、日和韩国为此进行了长达两年的艰苦谈判，最后集中到法国南部的卡达拉奇（马赛以北约60公里处））和日本青森县六所村2个候选地，其结果以法国的卡达拉奇胜出，日本退出竞争而告终。曾积极争取并参与竞争的日本虽然未赢得ITER东道主的权利，但其主动放弃竞争却获得了很丰厚的回报。日本事实上作为ITER的准东道主，成为几乎与欧洲并驾齐驱的ITER研究国际基地。

美、俄、中、欧、日和韩国于2005年6月达成了将ITER建造在法国卡达拉奇的协议并同意了ITER新的设计和部件预研。印度随后于同年12月正式加入ITER。参与ITER计划的7方于2006年5月24日草签了联合实施ITER计划的两个协定《联合实施国际热核聚变实验堆计划建立国际聚变能组织的协定》（简称《组织协定》）和《联合实施国际热核聚变实验堆计划国际聚变能组织特权和豁免协定》（简称《特豁协定》），并于同年11月21日正式签署了这两个协定。经过近一年的各方国会、内阁审批、核准《组织协定》和《特豁协定》后，ITER国际聚变能组织（简称ITER组织）于2007年10月24日正式成立，ITER计划进入装置建造阶段。

《联合实施国际热核聚变实验堆计划建立国际聚变能组织的协定》由序言、29条正文和2个附件组成，主要内容是：规定了建立ITER国际聚变能组织，保障并促进各成员方合作实施ITER这一旨在验证和平利用聚变能科学技术可行性的国际计划；规定了ITER组织的职能和法人资格；规定了ITER组织享有的特权和豁免；规定了缔约方代表行使代表职能时享有的特权和豁免等。根据协定，ITER预计2019年完成建造并投入运行，设计聚变功率输出500～700 MW，等离子体放电脉冲500～1 000 s。除了等离子体指标外，该计划还涉及大型超导磁体、等离子体加热及电流驱动、堆芯部件远距离操作维修、涉氚技术等聚变堆工程技术问题。目前，ITER计划七方共涉及33个国家。根据协定和最新调整计划，ITER计划将历时35年，其中建造阶段12年（2007年10月—2019年11月，原计划10年，后被延长）、运行与开发利用阶段18年（2019年4月—2037年10月）、去活化阶段5年（2037年10月—2042年9月），然后从2042年10月起，交给东道国——法国进行装置退役。

由世界上主要核国家聚变界历时十多年，耗资近15亿美元启动的ITER项目，将集成当今国际受控磁约束核聚变研究的主要科学和技术成果，第一次在地球上实现能与未来实用聚变堆规模相比拟的受控热核聚变实验堆，解决通向聚变电站的关键问题，其目标是全面验证聚变能源和平利用的科学可行性和工程可行性。更为重要的是，利用在ITER取得的研究成果和经验，将有助于建造一个用聚变发电的示范反应堆，示范堆的顺利运行将有可能使核聚变能商业化。因此，ITER计划是人类研究和利用聚变能的一个重要转折，是人类受控热核聚变研究走向实用的关键一步。ITER计划的七方在参与该工作的同时，都有各国独立的核聚变研究计划，力争在国际核聚变开发研究中占有一定的地位。近50年的世界性研究和探索使托卡马克途径的热核聚变研究已基本趋于成熟，但是在达到商用目标之前，基于托卡马克的聚变能研究和开发计划还有一些科学和技术问题需要进一步探索。为此，确定了ITER的科学目标。各国科学家寄希望于这座核聚变堆在受控核聚变攻关中实现质的飞跃，证实受控核聚变能的开发在技术上和工程上的可行性。

参加 ITER 计划的七方总人口大约占世界的一半以上，并几乎囊括了所有的核大国。ITER 计划是一次人类共同的科学探险。各国共同出资参与 ITER 计划，不仅是共同承担风险，而且集中了全球顶尖科学家的智慧，同时在政治上体现了各国在开发未来能源上的坚定立场，使其成为一个大的国际科学工程。因此，ITER 计划绝对不仅仅是各国共同出资建一个装置的事情，它的成功实施具有重大的政治意义和深远的战略意义。

各参与方通过参加 ITER 计划，承担制造 ITER 装置部件，可同时享受 ITER 计划所有的知识产权，在为 ITER 计划做出相应贡献的同时，并有可能在合作过程中全面掌握聚变实验堆的技术，达到其参加 ITER 计划总的目的。各国尤其是包括中国在内的参与方中的发展中国家，通过派出科学家到 ITER 工作，可以学到包括大型科研的组织管理等很多有益的经验，并有可能用比较短的时间使得所在国聚变研究的整体知识水平、技术能力得到一个大的提高，从而拉近与其他先进国家的距离。同时，再配合独自进行的必要的基础研究、聚变反应堆材料研究、聚变堆某些必要技术的研究等，则有可能在较短时间、用较小投资使所在国的核聚变能源研究在整体上进入世界前沿，为各国自主开展核聚变示范电站的研发奠定基础，确保 20 或 30 年后，拥有独立的设计、建造聚变示范堆的技术力量和独立的聚变工业发展体系，聚变研究能力和水平与先进国家不相上下。这也是各参与方参加 ITER 计划的最主要目标之一。

2.2　ITER 计划的科学目标

ITER 的总体科学目标是：以稳态为最终目标证明受控点火和氘-氚等离子体的持续燃烧；在核聚变综合系统中验证反应堆相关的重要技术；对聚变能和平利用所需要的高热通量和核辐照部件进行综合试验。图 2.2.1 为 ITER 装置剖面图及示意图，ITER 装置的基本参数见表 2.2.1。

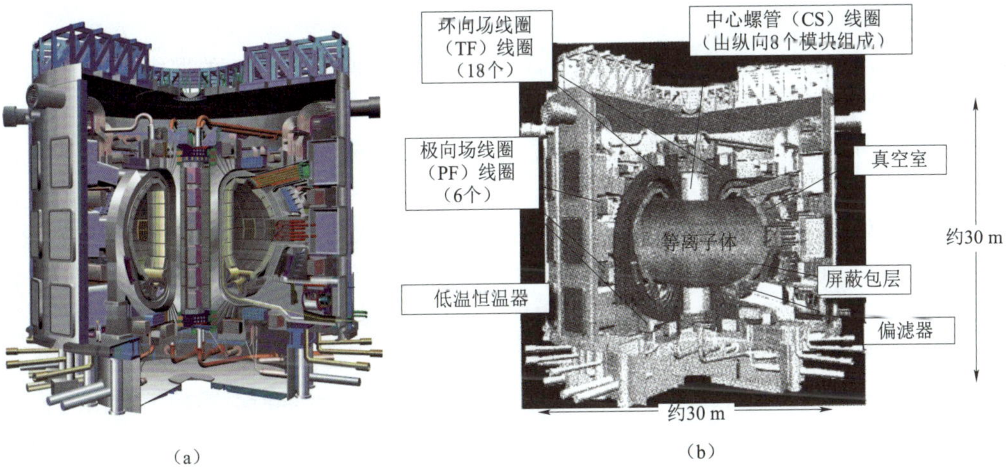

图 2.2.1　ITER 装置剖面图(a)和示意图(b)

表 2.2.1　ITER 装置的基本参数

总聚变功率/MW	500(700)
Q(聚变功率/加热功率)	>10
14 MeV 中子平均壁负载/(MW/m^2)	0.57(0.8)
重复持续燃烧时间/s	>500
等离子体大半径/m	6.2
等离子体小半径/m	2.0
等离子体电流/MA	15(17)
小截面拉长比	1.7
等离子体中心磁场强度/T	5.3
等离子体体积/m^3	837
等离子体表面积/m^2	678
加热及驱动电流总功率/MW	73

ITER 计划分三个阶段进行：第一阶段为实验堆建设阶段，从 2007 年到 2019 年；第二阶段为热核聚变运行实验阶段，持续 20 年，其间将验证核聚变燃料的性能、实验堆所使用材料的可靠性、核聚变堆的可开发性等，为大规模商业开发聚变能进行科学和技术认证；第三阶段为实验堆拆卸阶段，历时 5 年。实验阶段结束后，各参与方还将同时进行示范堆建设，为最终实现商业堆开发做准备。

ITER 运行第一阶段的主要目标是建设一个能产生 500 MW 聚变功率、有能力维持大于 400 s 氘氚燃烧的托卡马克聚变堆。在 ITER 中将产生与未来商用聚变反应堆相近的氘氚燃烧等离子体，供科学家和工程师研究其性质和控制方法，这是实现聚变能必经的关键一步。在 ITER 上得到的所有结果都将直接为设计托卡马克型商用聚变堆提供依据，也将为其他受控聚变途径的发展指出方向。

ITER 的科学目标是：

第一期：

通过感应驱动获得聚变功率 500 MW、Q 大于 10、脉冲时间 500 s 的燃烧等离子体；通过非感应驱动等离子体电流，产生聚变功率大于 350 MW、Q 大于 5、燃烧时间持续 3 000 s 的等离子体，研究燃烧等离子体的稳态运行。

第二期：

如果约束条件允许，将探索 Q 大于 30 的稳态临界点火的燃烧等离子体(不排除点火)。

ITER 计划国际组详细论证了上述目标是可行的。此外，美国为重新参加 ITER 谈判，曾独立地对 ITER 进行了评估，也证明了实现 ITER 计划科学目标的可行性。

ITER 运行的第二阶段将探索实现具有持续、稳定和高约束的高性能燃烧等离子体。这种高性能的“先进燃烧等离子体”是建造托卡马克型商用聚变堆所必需的。ITER 计划在后期还将探索实现高增益的燃烧等离子体。ITER 计划科学目标的实现将为商用聚变堆的建造奠定可靠的科学和工程技术基础。

ITER 计划的另一重要目标是通过建立和维持氘氚燃烧等离子体，检验和实现各种聚变技术的集成，并进一步研究和发展能直接用于商用聚变堆的相关技术。因此，ITER 也是磁约束聚变技术发展的重要阶段。在过去十余年中,与建设 ITER 有关的技术研发已经基本完成,目前建造 ITER 的技术基础已经基本具备。ITER 计划在技术上的其他重要任务包括:检验各个部件在聚变环境下的性能,包括辐照损伤、高热负荷、大电动力的冲击等,以及发展实时、本地的大规模制氚技术等。上述工作是设计与建造商用聚变堆之前所必须完成的,而且只能在 ITER 上开展。国际上对 ITER 计划的主流看法是:建造和运行 ITER 的科学和工程技术基础已经具备,成功的把握较大;再经过示范堆、原型堆核电站阶段,聚变能商业化应用可在 21 世纪中叶实现。

ITER 的工程设计将保证上述 ITER 科学目标的实现。首先,ITER 的中心螺管线圈和极向场线圈能产生足够的伏秒数,保证了第一个目标的实现。ITER 设计的总感应通量是 200 Vs,其中极向场线圈产生的感应通量是 30 Vs。数值模拟表明,在等离子体电流的平顶期间(最大环压 75 mV),注入 33 MW 的负离子中性束和 7 MW 的射频波功率,边缘局域模(ELMy)H 运行模式下,等离子体燃烧时间持续 400 s,产生大约 400 MW 的聚变功率($Q=10$)。如果在等离子体电流上升阶段,增加 10 MW 的射频波对等离子体预加热,减少欧姆加热所消耗的感应磁通量,这样仅极向场线圈产生的感应磁通量就可节约 5~10 Vs,燃烧时间可持续 500 s,产生大约 500 MW 的聚变功率。目前,已经制造和装配了 1∶1 的 ITER 环向场模型线圈并在 JT-60U 上进行了试验,基本达到设计要求。其次,ITER 有足够的外部加热和电流驱动功率验证等离子体的稳态运行。ITER 第一期辅助加热和电流驱动系统有:33 MW 负离子中性束;20 MW、170 GHz 电子回旋射频波(ECRF)功率;20 MW、80 MHz 离子回旋射频波(ICRF)功率;ITER 第二期还准备提供额外的 17 MW 中性束功率和 20 MW 低杂波(LHRF)以及 20 MW、170 GHz 电子回旋射频波辅助功率。因此,总的外部加热和电流驱动功率最终可达 130 MW。为验证等离子体的稳态运行,ITER 设计了 3 种非感应驱动方案,分别是弱的负磁剪切、强的负磁剪切和弱的正磁剪切。对应这 3 种方案,所需中性束功率分别是 30 MW、20 MW 和 28 MW,射频波功率分别是 29 MW、40 MW 和 29 MW。数值模拟表明,这 3 种方案产生的聚变功率分别是 365 MW、340 MW 和 352 MW,燃烧时间均持续 3 000 s。目前,ITER 外部加热和电流驱动功率系统的关键部件已通过实际演示,但其功率持续时间和效率还未完全达到 ITER 设计要求。

在感应驱动时,足够高的外部加热和电流驱动功率,也使得探索高 Q 运行的等离子体成为可能。现有托卡马克实验定标律外推到 ITER 证明,能量增益因子 Q 和聚变功率随电流密度、高约束模因子、电子密度迅速增长。为实现高 Q 运行,需要较大的外部功率来提高电流密度和改善等离子体的约束性能。能量增益因子 Q 和聚变功率与电流密度的数值关系表明,获得 $Q=50$ 甚至 $Q=70$ 的燃烧等离子体是可能的。ITER 国际组进行了高 Q 感应放电模拟:从等离子体开始燃烧($t=10$ s),注入 83 MW 外加功率,在 $t=13.5$ s 时,把外加功率减少到 10 MW,产生的聚变功率大约是 450 MW($Q=45$)。这时,等离子体持续燃烧直到伏秒数用完。类似的感应放电被模拟:从等离子体开始燃烧($t=10$ s),注入 83 MW 外加功率,在 $t=13.5$ s 时,把外加功率减少到零,等离子体继续燃烧直到 $t=55$ s,产生的聚变功率大约是 450 MW($Q=\infty$)。短时间的点火是可以实现的。

ITER 所有的等离子体运行模式均是有边缘局域模的高约束(ELMy H)模式。因此,实现 ITER 科学目标最重要的条件是等离子体能够在 ELMy H 模式下安全运行。用 ITER 的辅助加热和电流驱动系统的各种组合控制等离子体。可以使 ITER 等离子体的安全因子、电子温度、离子温度以及密度的剖面分布满足形成 H 模输运垒的要求。唯一不确定的因素是横越磁场的输运定标。然而，ITER 灵活的环向场线圈设计、极向场线圈设计、极向感应线圈设计以及灵活的偏滤器设计，为实现 H 模运行留下了较大的余地。

为减少偏滤器靶板的负荷，ITER 采用了脱栏偏滤器(Detached Divertor)的概念，即加入额外杂质，通过杂质辐射来减少偏滤器靶板的功率负荷。在 H 模式下运行的 ITER 等离子体，到达偏滤器靶板的最大功率通量约 10 MW/m^2，远小于 ITER 偏滤器最大负载的设计值 25 MW/m^2。但是，如果出现第一类大幅度扰动的 ELM 模，它所引起的热负荷是 ITER 偏滤器靶板不能承受的。为了减少第一类 ELM 模引起的热负荷，ITER 设计了多种方法使第一类 ELM 模转变到第二类小幅度扰动的 ELM 模。

ITER 等离子体 α 粒子的主要损失机制是环向场波纹和整体不稳定性。通过插入铁磁体，可使环向场波纹减少到可以忽略的程度，本质上消去了 α 粒子损失的主要通道。

ITER 采用了多种方法来控制等离子体，实现等离子体的磁流体稳定性。ITER 设计了 18 个马鞍形线圈(分成 3 组，每组 6 个)，既能补偿误差场，又能产生反馈场，从而控制等离子体的磁流体不稳定性。此外，中性束和电子回旋波均能作为控制磁流体不稳定性的手段。

2.3 ITER 的工程技术基础及目标

ITER 的工程技术目标是：演示主要聚变技术的可用性和集成性；为将来的聚变堆试验部件；试验氚增殖模块概念。

ITER 工程技术目标的实现将为研究和发展用于示范聚变堆(DEMO)、商用聚变堆的各种技术奠定可靠的科学和技术基础。

ITER 完成的总体和各组件的工程结构设计，有 2 000 多套完整的设计说明书和设计图纸，包括系统的结构组成、子系统部件及元器件布局和装配关系。根据这些设计说明文件和图纸，承担方可进行进一步详细工艺设计和施工设计，直至按技术要求制造部件。

在 EDA(工程设计活动)阶段成功制造了全尺寸或大尺寸(约为原型的 1/3～1/2)的原型模件，使 ITER 的部件研制和建造具有较为坚实的工程技术基础。国际聚变界一直认为，ITER 的现有工程设计有相当坚实的技术基础，是完全有可能实现的。

ITER 装置由多个系统和部件组合成，主要系统有磁场线圈系统、真空室系统、真空室内部件(屏蔽包层模块和偏滤器部件)、低温恒温器、水冷系统、低温站、加热和电流驱动系统、供电系统、加料和抽气系统、氚系统、诊断系统等。在开展设计研究的同时，欧、美、日等国用了近 16 年时间，花费了约 15 亿美元进行了 ITER 部件的预研，解决了大部分部件制造的关键技术和生产工艺问题，其中包括中心螺管线圈、环向场线圈、真空室、包层模块、偏滤器、屏蔽包层模块遥控操纵系统、偏滤器遥控操纵系统等 7 大关键部件的攻关与试制。根据联合实施协定，所有的部件将由 7 个参与方分别研制和提供，并按规定时间节点提交安装。经过分解，ITER 装置的部件被拆分成 22 个采购包，97 个子包。除少量部件用可用现金直接从市场采购外，大多数部件(采购包)需要进行研制并通过质量认证方能使用，其中的涉核部件还必须通过法国原子能委员会的审查并发放许可证。

ITER 装置的主要结构材料是 304 和 316 奥氏体不锈钢。它们已被列入很多国家的设计规范，并具有足够的中子辐照数据基础，在核应用中有大量的经验，经过设计分析和研发证明是可行的。“欧洲聚变技术计划”对 ITER 材料的辐照实验数据表明，设计采用的材料满足部件耐高能中子辐照性能要求。

ITER 部件研制和装置建造的费用，是各参与方国家邀请有经验的工业公司或大实验室，对他们的供货价格进行最佳估计而得出的。由于不是竞争和投标的结果，各方提供的估价没有刻意给出最低的数值。ITER 的估价逐项按材料和部件的价格进行，经过评估的价格具有较为坚实的基础。

安全与环境的潜在特性贯彻在整个 ITER 的设计过程中。为保证安全和环境性能得到认可，ITER 的安全原则和准则符合国际辐射防护委员会(ICRP)和国际原子能机构(IAEA)建议的安全准则和放射性限制。安全评估表明，ITER 能够建造和运行，不会对安全和健康构成过度的风险，也不会对环境产生显著的影响。

多年以来，世界上已经成功地设计、建造、运行了一批托卡马克实验装置，如美国的 TFTR、欧洲的 JET、日本的 JT-60U 等，这些装置的建设和运行经验为 ITER 的设计和建造打下了良好的基础。

综上所述，ITER 的设计满足各合作方提出的详细目标，在物理和技术方面有相当的裕度，并满足费用目标。ITER 的设计采用了成熟的技术和理论，它的每一步骤都经过仔细的分析和充分论证，经过物理和技术研发、安全环境分析及建设费用的评估，它得到各参与国科学家的认同和专委会的批准，严肃认真的设计经得起考验，可以按照此工程设计着手组织建造 ITER 装置。

ITER 7 大关键部件：

1）中心螺管线圈关键技术包括高质量铌三锡(Nb_3Sn)的批量生产、超耐热合金方型管内电缆导体制作、线圈绕制、绝缘处理和内外线圈的连接等，都已成功制造和测试。美国完成了内线圈模块，日本完成了外线圈模块和嵌入线圈模块的制造，并已在日本进行了部件的组装和超导性能实验，性能满足 ITER 设计要求。

2）纵场模型线圈是在欧洲制造和组装的。虽然纵场模型线圈的尺寸较小，但它采用了与 ITER 纵场线圈同样的导体和完全类似的线圈结构，其截面与 ITER 的纵场线圈的实际尺寸是一样的。主要技术问题包括大型超导磁体线圈设计、分析和工业制造步骤，管内电缆导体(铌三锡)、采用径向板结构的线圈绕组和超导接头的设计与制造等。该纵场线圈已在德国成功进行了测试，性能完全满足要求。

3）全尺寸真空室试验扇形段(18°由两个 9°和 1/2 扇形段构成)由日本完成研制，所采用的系列焊接技术都达到了所要求的公差。真空室的 9°扇形全尺寸件的制造和现场机器人自动对焊已经成功演示，完全满足 ITER 要求。设计、制造和测试由欧洲、美国、俄罗斯和日本共同完成；自动焊接机器人技术由美国转让到日本，无损探伤技术由俄罗斯开发。

4）屏蔽包层模块的关键技术是铍/铜、不锈钢/铜的热等静压焊接技术。欧盟采用粉末热均衡技术，日本采用锻造、钻和焊接技术，分别完成了全尺寸屏蔽模块的制造。屏蔽包层与真空室的连接采用俄罗斯的柔性连接技术，并已通过测试达到设计要求。俄罗斯开发了用钛合金制作的机械附属装置并做了实验。包层的关键技术通过十年的预研已基本得到解决。

5）偏滤器盒体和面向等离子体部件是 ITER 中难度最大的关键部件之一，它将承受高达 20 MW/m^2 的热负荷。通过十几年对碳纤维复合材料/铜和钨/铜连接技术的预研，已成功地进行了全尺寸组件模块的制造、组装与性能测试。可承受高达 30 MW/m^2 热负荷的单层面向等离子体部件模块试验已经完成。一个 1/2 全尺寸偏滤器盒体原型已由 4 方合作完成制造。

6）实验包层模块（Test Blanket Module，TBM），主要用于对未来商用示范聚变堆（DEMO）产氚和能量获取技术进行实验，同时用于对设计工具、程序、数据等的验证和一定程度上对聚变堆材料进行综合测试。实验包层由各参与方提出自己的模块设计、技术研发与实验方案。在 ITER 装置上设置了 3 个用于产氚实验包层的窗口。早期的 ITER TBM 被称为产氚实验包层模块，只在 ITER 的 D-T 运行阶段投入实验。后来改称为实验包层模块，期望在 ITER 运行的第一天投入实验。在 ITER 的不同运行阶段（H-H、D-D、D-T）安放不同的实验包层模块，依次进行电磁、热工水力、氚增殖和整体性能的实验。

7）ITER 外围系统技术研发：比如等离子体控制技术、氚处理技术、加热与电流驱动系统、加料与抽气系统、电源系统、诊断系统等。

ITER 的物理目标和技术目标表明：ITER 的建造是可控热核聚变发展史上具有里程碑意义的重大事件，如果它成功，将使人类第一次获得可控时间很长、相当于准稳态的高功率高增益燃烧等离子体，去研究聚变能开发的一系列重大的关键的科学和工程技术问题；ITER 不是磁约束的商用聚变电站的原型，但是，它是迈向磁约束商用聚变电站必经的重要阶段之一。按照比较乐观的估计，在 ITER 建造和取得运行经验，再加上各种与之相配合的研究开发（如：等离子体支持技术、聚变能技术、部件验证、托卡马克物理等）取得结果的基础上，设计和建造示范堆（DEMO），接着再在 DEMO 建造和取得运行经验并积累了必要的科技数据的基础上，设计和建造原型聚变电站，那么聚变能商业化有可能在 21 世纪中叶开始实现。

2.4 ITER 计划的经费和各参与方的支持力度

1985 年，美苏首脑在日内瓦峰会上提出建造国际热核聚变实验堆（ITER）。此后在欧、美、日、俄 4 方科学家与工程师的合作努力下，于 1998 年完成了 ITER 的工程设计，预算造价约 100 亿美元。在 ITER 的长期设计过程中，托卡马克实验不断取得进展，原设计方案依据的低约束运行模式逐步被当前大中型实验装置弃用，更好的高约束运行模式在近几年的实验中逐渐被认识和掌握，ITER 计划被要求改进设计。改进设计的目标是 100 亿美元的建造费用显得过高，需要研究降低造价。同时，又能达到所需的物理要求，解决建堆有关的关键问题。自 1998 年夏天以来，ITER 计划开展了为期三年的 ITER 降低费用设计研究，称为 ITER-RC。美国由于多种原因于 1998 年退出 ITER 计划后，欧、日、俄三方仍全力推进，到 2001 年完成了基于新运行模式的设计及大部分部件与技术的研发。新的设计称为 ITER-FEAT（Fusion Energy Advanced Tokamak），预计的建设期为 10 年，运行实验期为 20 年。2006 年 11 月 21 日，参与 7 方签署协议时确认的 ITER 总投资额为 100 亿美元。第一阶段至 2016 年，为实验堆建设阶段，耗资约 50 亿美元；第二阶段持续 20 年，是热核聚变实验运行阶段，预计耗资约 50 亿美元；第三阶段历时 5 年，是实验堆拆卸阶段。费用的分摊分别是：实验堆建造期间：欧盟承担 46%，其他 6 个成员国分别承担 9%。实验堆运行期间：欧盟承担 34%，其他 6 个成员国分别承担的比例是：日本、美国各 13%，中国、韩国、俄罗斯、印度各 10%。作为 ITER 计划的主要参与方,欧盟承担 ITER 反应堆大约一半部件的研制和建造。但随着此后 ITER 工程复杂性的增大以及不断上升的建造成本使 ITER 项目总预算至 2010 年 7 月上升至 160 亿欧元(207.6 亿美元),欧盟为此承担的份额也增加了一倍多。

参与 ITER 计划的各国政府都认识到聚变能对国家经济和安全的重大战略意义,以及国际合作对聚变能研究的必要性,因此积极推动 ITER 计划的实施。

ITER 计划将集成当今国际受控磁约束核聚变研究的主要科学和技术成果,第一次在地球上真正实现能与未来商用聚变堆规模相比拟的受控热核聚变实验堆,由此解决通向聚变电站的关键问题。ITER 计划也是实现磁约束聚变能商业应用的关键步骤,并赢得了主要核国家和科技强国的积极支持。

欧盟一直是 ITER 计划积极而坚定的支持者,在 ITER 计划发展最困难的时期,欧盟为其设计和研制提供了大部分的经费。欧盟成员普遍认为:ITER 计划的主要目标是验证受控热核聚变能的科学和技术可行性,目前已完全具备建设 ITER 的条件,未来的聚变电站将在 ITER 装置的基础上完善和发展。ITER 是当前欧洲聚变研究的焦点,有关 ITER 的重要问题曾多次在欧盟理事会上讨论。1999 年签订的欧洲聚变发展协议(EFDA)将欧洲的托卡马克研究,包括欧盟现有的主要聚变装置(英国的 JET、法国的 TORE-SUPRA 和德国的 ASDEX-U)都集中到为 ITER 建造做准备。迄今世界上最大的托卡马克 JET,当前主要目标之一即是为 ITER 提供基础参数及参考运行模式,为 ITER 的发展提供物理研究和工程技术研究基础。在 ITER 计划进入选址阶段后,法国和西班牙的领导人均多方积极活动,希望把 ITER 建在本国。

日本在 ITER 计划的发展中起了重要作用。1996 年 12 月日本原子能委员会专门成立 ITER 项目特别委员会。2001 年 1 月成立的日本科技政策委员会(CSTP)是领导国家科技的专门机构,由时任首相担任主席,成员包括内阁大臣、知名学者及企业家共 15 人。CSTP 于 2002 年 5 月正式向政府提出报告:建议日本推动 ITER 的多边政府间合作、参与 ITER 项目、争当 ITER 东道国。日本文部科学省科技委员会组建的聚变研究工作组,在最终报告中也特别强调 ITER 计划的重要性。2002 年 5 月,日本内阁做出决议,批准 CSTP 提出的 ITER 项目并提出了 ITER 在日本的候选场址,提交政府间谈判。日本首相曾与俄、美等多国首脑联系,以求对方支持将 ITER 建在日本。日本政府对 ITER 的基本方针是:由政府出面推进 ITER 计划,以国内候选地为目标,选择最佳地址参与 ITER 政府间谈判。参加国的经费负担应该体现所在国的经济规模,努力形成经费负担和所获取成果相平衡的各参加国之间的最佳框架。采取重点措施、谋求高效率,确保费用控制在核能预算经费内,并且不对其他重要科技政策发生影响。国内核聚变研究机构加强合作,有重点和高效率地推进计划;培养核聚变研究开发人才、开展各种等离子体约束方式的研究、开发中子辐射小的材料等。日本政府对 ITER 在国内选址的意义认识是:本该由本国负担的实验堆建造运行以及相关研究的费用,通过 ITER 计划的实现,不仅可以在各参加国的资金协助下使核聚变中心技术的开发得到分担,还可以储备全系统相互配合的极为难得的技术经验;有助于世界核聚变研究的发展,与此同时可向世界证明日本最先进的技术能力,通过实施如此大规模的国际合作项目,有助于包括日本在内的亚洲科学技术的发展,加大亚洲在世界上的作用;迎接众多海外研究人员及其家属的大型国际合作项目的运营有助于推动日本社会真正意义上的国际化;在国内建立国际研究机构将大大刺激日本的科学技术发展,为实现科技立国做出贡献。日本始终参加了 ITER 计划各阶段的工作。ITER 工程设计阶段结束后,日本科技委员会于 2003 年 1 月完成了关于日本国家聚变研究未来发展纲要的报告。报告指出:“聚变研究的进展大大提升了国家科技水平,国际合作项目 ITER 工程正朝着将聚变能推向聚变堆迈出了大步,国家政策应推动聚变研究,使其成为国家前沿科技领域。国家还应推动 ITER 多边合作,积极争取将 ITER 建在本国”。

美国曾努力促成 ITER 计划,积极参与组织和完成了 ITER 的概念设计和工程设计。到 20 世纪 90 年代中后期,由于政治、经济等多方面原因,美国调整了聚变研究计划,国会开始大幅削减磁约束聚变研究的预算,美国于 1998 年退出 ITER 计划。2002 年 7 月,美国聚变科学界经过 8 个多月的研讨,以绝对多数要求美国加入 ITER 计划谈判。美国国家研究理事会经过论证也得出结论:美国应重返 ITER 计划,否则会失去在聚变领域的国际领先地位。美国还对 ITER 建造成本进行了全面的评估,认为 ITER 最终设计报告的成本评估是客观的。此后,美国总统布什于 2003 年 1 月 30 日发布总统声明,宣布美国加入 ITER 计划谈判,声明说:“ITER 是一项雄心勃勃的、研究利用聚变能的国际科研项目,其结果将促进人类在 21 世纪中叶生产出清洁、安全、可再生,而且商业上可以获得的聚变能”。2003 年 3 月,美国聚变能科学咨询委员会在发展聚变能计划的最终报告中提出,美国将制定一项致力于未来 35 年内建成聚变发电示范堆的研究开发计划。2003 年 11 月,美国能源部确定了 28 项未来 20 年的大科学装置,其中 ITER 项目名列第一。

俄罗斯是最早提出托卡马克概念的国家。同时俄罗斯作为能源大国及核大国,充分认识到 ITER 计划的重要性。在国内大规模聚变研究基本停顿、科研经费十分匮乏的情况下,俄联邦政府仍决定坚持参加 ITER 计划,并提出了《2000—2005 年联邦 ITER 专项计划》,对俄加入 ITER 计划给予资金保障。同时俄罗斯强调要通过参加 ITER 建设全面掌握 ITER 技术,使这一重大国际科学合作项目产生巨大的社会和经济效益。

中国于 2003 年 1 月开始参加 ITER 计划谈判。经中国国务院批准,由科技部、外交部、国防科工委、中国科学院和中国核工业集团公司组成的中方代表团,参加了 ITER 第八次政府间谈判会议以来的所有多边、双边谈判和磋商活动。2006 年 11 月,中国与欧盟、印度、日本、韩国、俄罗斯和美国共同签署《联合实施国际热核聚变实验堆计划建立国际聚变能组织的协定》和《联合实施国际热核聚变实验堆计划国际聚变能组织特权和豁免协定》。2007 年 8 月,中国全国人大审议通过上述两个协定。至此,中国已以完全平等伙伴身份正式参加 ITER 计划,这也是迄今中国有机会、有能力以平等成员身份参加的规模最大的国际科技合作计划。2007 年 9 月 24 日,中国常驻联合国维也纳办事处和其他国际组织代表在维也纳向国际原子能机构总干事巴拉迪递交了中国国家主席胡锦涛签署的有关中国加入国际聚变能组织协定的批准书。

经中国国务院批准,中国科学技术部会同有关部门于 2007 年 10 月正式成立国家磁约束核聚变专家委员会,以有效发挥专家机制,积极发展中国聚变能。经中共中央编制委员会办公室批准,2008 年 10 月,科技部成立中国国际核聚变能源计划执行中心,组织和指导 ITER 计划的实施。国家磁约束核聚变专家委员会和中国国际核聚变能源计划执行中心的成立,对中国参加并完成 ITER 计划各项任务、对中国磁约束核聚变的发展及 ITER 计划工作与国内磁约束核聚变工作的结合等,将发挥重要作用。参加 ITER 计划,通过消化、吸收和掌握 ITER 装置的全部科学和工程技术来自主创新地发展中国核聚变能源，对中国能源发展具有重要意义。

韩国在继续其大型超导托卡马克装置 KSTAR 建设的同时，于 2003 年 6 月决定参加 ITER 计划，把参加 ITER 计划作为实现其科技强国宏伟目标的一项战略举措，以提升韩国核聚变研究能力，并宣称在 2025 年成为世界排名第七的科技强国。

印度认为：加入 ITER 是国际社会对印度在核聚变研究与发展领域上技术与科学能力的认可。印度在等离子体物理领域所作的研究工作和取得的成就进一步增强了印度加入 ITER 的实力。加入 ITER 国际组织将大力推进印度国内聚变计划的发展。如果凭印度自己的能力去做的话，要多花 20 年时间才能达到具有同等技术的发展平台。加入 ITER，将加速学习全面的聚变技术。按照印度制定的聚变发展规划，将到 2060 年左右才能建成自己的反应堆。但是加入 ITER 印度就有可能提前到 2030 年或 2035 年。

实验堆建造是聚变能商业化道路上的重要里程碑，其技术难度大，建造费用高，需要把各国可控磁约束聚变研究取得的主要成果集成起来。ITER 计划各成员国都已认识到，依靠国际合作、依靠各国科学家和工程技术人员共同努力是实现 ITER 计划的最佳方式。

2.5　各国参与 ITER 计划情况

ITER 计划作为超大型国际合作核聚变能开发工程，是国际核聚变界 50 多年研究成果的集成。在 ITER 计划的整个发展过程中，无论在早期的设计阶段，还是选址阶段，欧盟一直积极支持 ITER 计划，在 ITER 计划发展最困难的时候，欧盟仍为其设计和研制提供了大部分经费，直至 ITER 计划落户法国卡达拉奇。

按早期的预算，ITER 计划的总经费为 100 亿欧元，欧盟承担 ITER 计划 45%的经费份额，其他合作方均为 9%的经费份额。但是，因欧盟提出推迟 ITER 的建设进程，ITER 欧洲执行中心 2010 年 3 月估计欧盟承担的费用将上升到约 72 亿欧元(不含其他合作方的经费份额)，其中 66 亿欧元为建造费用，6.5 亿欧元为运行费用。项目资金预计于 2012 年启动。尽管欧盟的资金缺口确实存在，但是有理由相信通过欧盟成员国各方的努力，这个问题一定会得到解决。

2.5.1　美国

2.5.1.1　美国加入 ITER 计划的过程

美国在 ITER 计划发展进程中的作用和影响是不容忽视的。最初 ITER 计划的设想由美国和苏联领导人于 1985 年提出。1988 年，美国与苏、欧、日四方共同启动 ITER 计划，联合进行 ITER 概念设计和辅助研究开发活动。1990 年底完成概念设计活动(CDA)。1992 年美、俄、欧、日四方转入 ITER 工程设计活动(EDA)(1992—2001 年)，1998 年完成工程设计及部分技术预研。尽管美国国会在 1996 财政年度把聚变项目投资削减了 1/3，并且提出对该项目进行大幅度的调整，但是美国保持对 ITER EDA 的承诺不变。这使得美国得以完成最优先级的任务，如中心螺线管模型磁体的制造和高热通量 ITER 偏滤器的测试。其目的是保持美国今后参加ITER建造以及其他聚变领域的科技合作的可能性，获取重要资料，并保留开展进一步的国际合作的选择。1998年出于政治原因及国内纷争，以加强基础研究为名，美国退出ITER计划。但是，美国又不甘心被甩在外面，仍设法派观察员参加相关计划会议。

美国退出ITER计划之后的几年中，意识到通过国际合作探索燃烧等离子体研究的重要性，曾多次在各种研讨会和白皮书中提出若干重返ITER的建议。如1999年公布的《美国先进托卡马克聚变科学计划白皮书》指出，如果美国重新加入这种新的合作，可以获得很多好处。2002年7月31日“斯诺马斯”夏季研讨会报告的主要结论之一是建议优先重返ITER。2002年9月FESAC提交的“推进聚变能发展的燃烧等离子体计划战略”中提到，“ITER设施作为一项电站规模的国际项目被提出来，它拥有综合的科技计划，完善的工程设计，建设谈判正在进行中。美国参加ITER将会使国内得到相当多的利益”。建议美国重新加入ITER项目。计划提出了美国参加ITER项目的优先次序：开展托卡马克位形的燃烧等离子体研究，为建立整套环约束位形的科学基础贡献力量；开发支持燃烧等离子体研究和使美国能够更有效地从事燃烧等离子体研究的赋能技术；推动聚变能技术的发展，建设示范电站所需的技术基础；增加美国工业界对聚变计划的参加，包括燃烧等离子体实验部件的设计与制造，以及为美国的示范电站的设计和施工作准备。

2003年1月美国总统宣布，美国重新加入ITER计划。然而，2007年底，美国国会决定削减2008财政年度计划用于ITER的全部费用。对此，ITER国际组织官员指出，如果美国最新预算决定第二次撤出资金的话，国际合作的ITER项目将失去美国9%的贡献。日本文部科学省长官松尾弘毅表示，即使美国拖延对ITER的贡献，也不会对整个ITER计划有什么太大的影响。ITER国际组织第一副总干事诺伯特·霍特凯姆(Norbert Holtkamp)表示，如果美国从ITER撤出，或者不提供原先承诺的费用，这将是一件非常严肃的事情。不过，即使那样的话，9%的预算缺口“会破坏ITER项目，但是不会扼杀ITER项目。”

美国能源部聚变能科学咨询委员会主席，威斯康星大学麦迪逊分校的物理学家(Stewart Prage)表示，美国研究人员并不希望为了维持国内项目而牺牲ITER计划，“这将导致我们走向一条灾难性的道路”。2008年1月10日，美国能源部负责科技的部长助理致信前任ITER总干事池田要，他表示，虽然美国政府削减了ITER计划的经费，但是美国坚决履行ITER联合实施协议所规定的美国义务，尽一切可能扭转局面。美国ITER项目办公室将继续开展工作。眼下，美国全面参与的ITER活动会受到某些限制：推迟2008年对IO(ITER国际组织的简称)的经费支持；拖延美国的一些设计和研发活动；先行放弃长期的硬件采购项目；但是仍将参与以下2个关键领域的工作：帮助IO解决ITER科学技术咨询委员会确定的重大技术问题，协助IO制定可信的ITER建造进度表。还将继续积极地参与ITER理事会及其附属机构——科学技术咨询委员会，管理咨询委员会和财务审计委员会的事务。

2008年4月，美国参议员联名写信给美国参议院拨款委员会，信中提到，“ITER是多个国家参与的科学项目，是最近几年美国科学办公室最优先的项目之一。总统提出的2008财政年度预算中包括为ITER划拨的1.6亿美元。美国国会应尽快地适当补充ITER经费，以便持续我们对国际合作伙伴的承诺，保持该重大项目的进行。”此外，还可能造成美国触犯

ITER 协议的违约条款。2008 年 5 月 6 日,美国众多诺贝尔物理学奖的获得者们也联名写信给美国总统布什,为美国基础科学研究争取经费。

2008 年 7 月 2 日,美国能源部发言人杰夫・雪伍德(Jeff Sherwood)证实,政府将给科学办公室增补 1 550 万美元,支持 ITER 项目办公室继续开展工作。2009、2010 财年美国 ITER 项目获得的国家财政拨款分别为 2.15 亿美元和 1.24 亿美元。2011—2013 年,美国用于聚变研究的总经费预算分别是 5.3 亿、5.8 亿和 5.5 亿美元,其中用于 ITER 的经费分别是 0.8 亿、1.05 亿和 1.5 亿美元。所以美国大部分经费用以支持国内研究,同时美国仍然通过削减国内研究的经费,保证用于 ITER 的经费。

2.5.1.2　美国 ITER 项目办公室(US-DA)简介

美国 ITER 项目办公室成立于 2004 年 7 月,称为美国 ITER 国内机构(US-DA),最初总部设在 PPPL,与橡树岭国家实验室(ORNL)共同管理美国参与 ITER 项目的所有活动并提供必要的人员和设备。为了优化 DOE 国家实验室的作用,2006 年 2 月 1 日,美国 ITER 项目办公室从 PPPL 迁到 ORNL。PPPL 的内德・绍瑟夫博士继续担任美国 ITER 项目办公室负责人,PPPL ITER 项目中仍将继续发挥重要作用。

为了协助美国 ITER 的科技活动管理和协调工作,并且为美国科学家最终加入 ITER 运行和研究进行准备工作,FES(聚变能源科学计划)设立了美国燃烧等离子体组织(USBPO)。美国也是为支持 ITER 托卡马克研究而设立的国际协作组织"国际托卡马克物理活动(ITPA)"的一名活跃成员。

ITER 建造阶段,美国 ITER 项目办公室的职能是:为美国承担的任务提供核心项目管理,采购所有分摊的硬件,安排美国人员到国外工作,或到 ITER 工地,或 ITER 参与国的专业团队,负责与 ITER 国际组织就 ITER 建造事宜和 ITER 运行的准备情况进行接洽,整合贯穿美国聚变大纲的各种 ITER 活动并为国际整合做贡献。ITER 建设阶段,美国对 ITER 的贡献包括实物和现金两种形式。其中大部分以实物贡献为主。

2.5.1.3　美国承担的 ITER 任务

在 ITER 96 个子采购包中,美国承担的采购包任务(见图 2.5.1)包括以下系统的设计与研制:冷却水系统、弹丸注入、ICH(离子回旋加热)系统、ECH(电子回旋加热)系统、稳态电网、排气系统、磁体系统(TF 线圈导体、中心螺线管)、诊断、包层/屏蔽和 ELM-VS 线圈,贡献形式为实物贡献。其国内机构的具体分摊情况(图 2.5.2)为:中心螺线管绕组(ORNL),环向场导体(ORNL 8%),弹丸注入(ORNL),包层/屏蔽(ORNL 20%),偏滤器、真空室等的冷却(ORNL 75%),稳态电源(PPPL),诊断窗口(PPPL15%),离子回旋传输线(ORNL),电子回旋传输线(ORNL),内室线圈(PPPL),低真空泵,各种标准部件(ORNL),托卡马克除气系统(SRNL)等。其中,美国承担的中心螺线管是 ITER 项目中最大的单个采购包之一。

美国已签署的采购包如下:ITER TF 导体(2009 年 6 月 18 日),托卡马克冷却水系统(2009 年 6 月 18 日),中心螺线管磁体(2010 年 3 月 12 日),IC 传输线(2010 年 4 月 30 日),电流回旋主体传输线(2010 年 5 月 12 日),真空室辅助系统(2011 年 4 月 14 日),低场侧反射仪采购包协议(2012 年 6 月),ITER 标准部件、真空辅助系统采购安排协议(2013 年 5 月)。

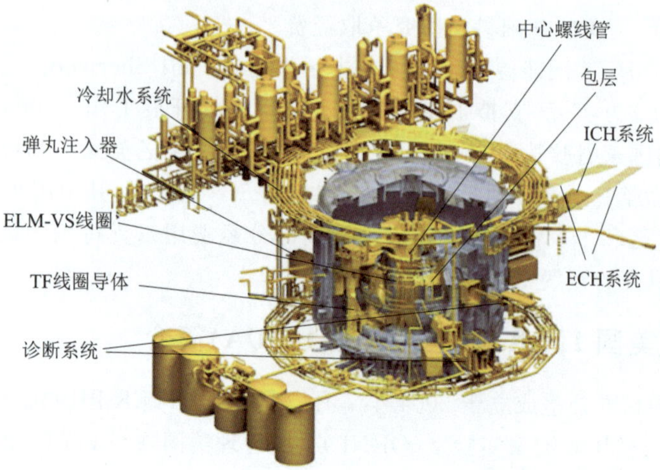

图 2.5.1 美国承担的 ITER 实物贡献示意图

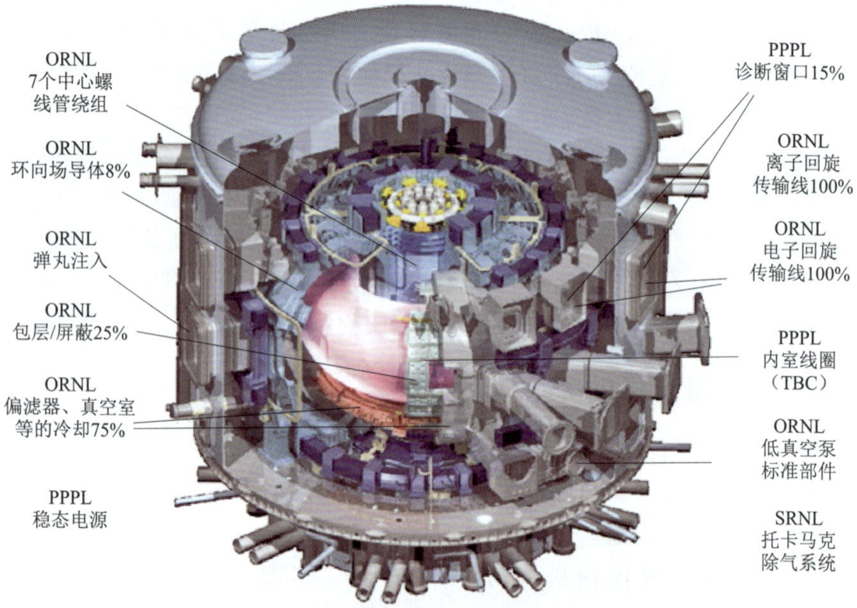

图 2.5.2 美国 ITER 实物贡献在国内的具体分摊情况

ITER 国际组织与美国 ITER 国内机构(US-ITER)2013 年 10 月 31 日签署了两项托卡马克冷却水系统(TCWS)的相关协议,协议的签署将更加有助于实施 TCWS 管道成本效益与时间效益的采购及一体化进程,同时促进压力容器、水泵、热交换器等最大的 TCWS 部件最终设计的完成。协议描述将美国 ITER 国内机构承担的 TCWS 管道的设计、采购、预装配及完成该系统最终设计的责任移交 ITER 国际组织。

2.5.2　俄罗斯

2.5.2.1　俄罗斯参与ITER计划过程

从1984年末到1985年初，法国总统密特朗和苏联领导人戈尔巴乔夫讨论了东西方合作项目以建立聚变能源可行性的设想，双方对此都很积极。1985年，美国总统里根与苏联领导人戈尔巴乔夫在日内瓦举行了第一次会谈，最后公报涉及将来计划中有一项就是关于聚变能源的，公报指出，两国领导人同意其他国家参与他们国家的此项工作，应该并且打算为了"全人类的利益"共同合作以探索聚变能源的可行性。这声嘹亮的号角促成了两年后ITER聚变计划的诞生。2年后在Reykjavik峰会上达成协议，日本和欧盟也加入进来，共同设计一个大型聚变装置ITER，而INTOR计划["INTOR"是国际托卡马克反应堆(INternational TOkamak Reactor)的缩写。INTOR研究是一项在国际原子能机构的统一规划下，由美国、日本、苏联和欧洲共同参与的项目]也最终融入了其中。1986年，苏联、美国、日本和欧盟4方开始了ITER建造的协商工作。之后，ITER顺利地经历了概念设计阶段(1988—1990年)和技术设计阶段(1992—1998年)。

1991年苏联解体后，俄罗斯承担了继续参与ITER国际合作项目的义务。1992年，俄罗斯、美国、欧盟和日本决定，联合研究与设计第一座热核实验反应堆。此后，专家们以俄罗斯研制的"托卡马克"热核装置为基础，开始了ITER技术结构的设计工作。在10多年的庞大设计中，俄罗斯承担了17%的工作量，完成了大量的科研设计任务，1998年7月基本完成了ITER实验堆的设计技术方案。在1999年至2001年期间，各国研究人员在"托卡马克"装置获得的最新科技成果的基础上，再次对ITER技术方案进行调整，使整个造价降低到50亿美元左右。

苏联和俄罗斯历届政府对ITER都很重视，先后出台过"关于研究国际热核实验堆技术方案"的总统令(1991年)、"关于欧盟、俄罗斯、美国和日本政府之间原子能利用协议和国际热核实验堆技术方案研究合作协议"的决议(1992年)、"关于批准1996—1998年国际热核实验堆联邦专项计划及其科学研究和实验设计工作"(1996年)等。俄罗斯有十几家科研机构参与ITER，包括俄罗斯原子能机构、国家科学中心库尔恰托夫研究所、约飞物理技术研究所、科学院、全俄无机材料科研所、叶菲莫夫电物理仪器研究所等。

俄罗斯从事的准备工作主要体现在科研、设计和工业生产3个方面。科研方面，俄继续在"托卡马克"装置上进行聚变能的理论与实验研究工作。设计方面，俄参与并完成了价值20亿美元工作量的ITER方案设计，之后的工作主要集中在建造ITER的关键设备、开发技术工艺等方面。为此，2001年，俄政府制定了《2002—2005年国际热核实验堆联邦专项计划》。该计划的主要目标是保障俄科研机构与企业在国际合作的框架下全面参与ITER的建设，确保俄专家参与ITER项目计划合作协议草案文本的起草，ITER选址技术分析以及将设计图纸与所选建造地址进行对比的联测工作，研究并掌握在俄生产反应堆设备的技术，为俄工业企业参与ITER建设提供工艺技术基础。

在长达半个世纪的研究中，俄罗斯在核聚变反应堆设备制造方面积累了大量科研成果和实践经验，也在高温等离子物理、寻找新材料、研究测定方法和真空工艺、建造等离子遥控与加热系统等尖端技术领域造就了一大批高水平专家和技术人员，使俄罗斯在核能领域居于世界先进水平。

俄罗斯参与ITER项目投入的主要部分是通过由俄罗斯企业生产的建造ITER设备来回收。俄罗斯参与ITER项目不仅可以尽快收回投入，还可以借此机会使本国的核能高技术设备的生产能力和水平更新换代。

截至目前，俄罗斯参与ITER计划为本国工业企业发展专业技术和新的生产工艺提供了机会。在距离莫斯科东部1 000 km的城市格拉佐夫，建造了一个全新的ITER超导体生产厂房。在波多利斯克建造了电缆设施，在普罗特维诺建造了套管生产厂。在圣彼得堡的叶夫列莫夫研究所建造了高热通量设施，以及ITER第一壁、偏滤器和极向场线圈(PF1)的生产线。俄罗斯深冷机械制造股份有限公司(JSCCRYOGENMASH)位于莫斯科附近的巴拉希哈，负责ITER窗口测试台的设计与建造。下诺夫哥罗德的应用物理研究所制造了ITER回旋管样机，样机在库尔恰托夫研究所进行了成功测试，测试条件为功率1 MW，时间1 000 s。俄罗斯目前共有30多家公司与俄罗斯ITER项目中心签署了合同。每个合同都牵扯着承包商和分包商形成的整个供应链。

俄罗斯将尽可能派遣年轻工程师和科学家到法国ITER总部培训学习，以获得实践经验。在2012年首批体验中，有7名俄罗斯研究人员获得了去ITER总部的学习机会。

2.5.2.2 俄罗斯2002—2005“国际热核聚变实验堆(ITER)”专项计划

俄罗斯在1999年至2001年间对ITER项目的研究工作以及2002—2005年“国际热核聚变实验堆ITER”专项计划(以下简称计划)都是根据俄罗斯联邦政府决议来进行的。

计划的主要目标是扶持俄罗斯的机构和企业在国际合作的框架下全面参与ITER的建设。为实现这一目标必须完成下列主要任务：确保俄专家参与ITER国际热核聚变实验堆计划合作协议草案文本的起草工作；在当时正在运行的托卡马克装置上按照确定ITER参数所必要的操作规范进行科学研究工作；确保俄罗斯科学家参与ITER选址技术分析以及将设计图纸与所选建造地址进行对比的联测工作；确保俄罗斯科学家参与ITER稳定安全运行技术规范的起草工作和反应堆部件所有原件及模型的寿命试验；研究并掌握在俄罗斯制造反应堆零部件的技术；为俄罗斯工业企业参与ITER建设提供工艺技术准备；充实和更新反应堆投入使用后开展科研计划所必需的科学和工艺技术数据库。

计划的完成分为以下几个阶段：

第一阶段(2002年)参与在ITER选址评价标准文件起草方面的国际合作，以及将设计图纸与所选建造地址进行对比的联测工作；

第二阶段(2003年)完成合作建设ITER政府间协议的谈判及签约工作；

第三阶段(2004年)建立ITER建设国际管理机制；

第四阶段(2005年)完成俄方企业制造ITER零部件的技术准备工作。

为了实施计划要求按以下6个主要方向采取综合措施：在现有的托卡马克装置上进行等离子研究，以更新ITER项目的物理数据库；编制规范资料，用以对提供建造ITER的场地进行分析，并将ITER的技术方案与选定的建设场地进行联测；对反应堆运行的可靠性和安全性的依据进行科学研究工作，并对反应堆部件的原型进行寿命实验；在开发ITER部件的工业化制造工艺方面进行科学研究和样品设计制造工作;在参与建造 ITER 的俄罗斯工业企业中掌握 ITER 装备制造工艺;在 ITER 建造的准备期间对 ITER 项目进行信息跟踪。

对计划的拨款来源于:用于科学研究工作的联邦预算、俄罗斯联邦原子能部专项预算基金。对计划的拨款额度为 8.6 亿卢布,其中 2.9 亿卢布来自联邦预算,5.7 亿卢布来自俄罗斯联邦原子能部专项预算基金。对计划活动拨款的额度、来源和构成在每年制订相应年度联邦预算拨款方案时按联邦专项计划所规定的程序来确定。

为了完成计划的措施,第一阶段(2002 年)需要 2 亿卢布,第二阶段(2003 年)需要 2.097 亿卢布,第三阶段(2004 年)需要 2.205 卢布,第四阶段(2005 年)需要 2.298 亿卢布。

计划管理及对其实施情况监督的组织由俄罗斯联邦原子能部负责。国家订货人对该计划感兴趣的各联邦权力执行机构及地方自治机构相互协调行使职能。

俄罗斯联邦原子能部每季度对工作完成情况进行审核并派出专家进行实地检查。计划实施过程中的专家检查由俄联邦经济发展与商务部会同俄罗斯联邦工业科技部、俄罗斯联邦财政部和俄罗斯联邦原子能部共同完成。

计划的实施可以使俄罗斯在国际合作框架下为全权参与建设世界第一个热核聚变实验堆做好准备。计划将在建设有前景的热核能源方面提供通用和专业知识的积累、能为将来的工业化热核反应堆储备和培养一批人才,从而为吸引俄罗斯的工业企业制造高工艺水平、高科技含量的热核聚变装备打下基础。俄罗斯的单位和企业,作为热核聚变项目的参与者已经签订完成了价值 2 000 万美元高科技含量产品的制造合同。参与计划活动的实施可以使俄罗斯联邦在反应堆的建造阶段增加 2 000 个工作岗位,主要是在莫斯科市、莫斯科州、圣彼得堡市、下诺夫戈罗得市、乌德穆尔特市以及其他地区。

2.5.2.3　俄罗斯 ITER 国内机构简介

2007 年 5 月,经俄罗斯政府的特殊法令批准,在库尔恰托夫研究中心所在地成立了俄罗斯 ITER 国内机构(RF-DA)。俄罗斯 ITER 国内机构由项目管理、技术系统、科学与 IT 技术,工程与设计、行政支持等 5 个部门组成。该机构通过与俄罗斯原子能机构(ROSATOM)的密切合作开展工作,ROSATOM 负责俄罗斯参与的 ITER 项目。

俄罗斯 ITER 国内机构的主要任务是,组织国内科学实验室和工业界为完成俄罗斯所承担的实物贡献而开展的合作。实物贡献包括以下 20 多个系统:用铌三锡(Nb_3Sn)铌钛(NbTi)合金制成的用于 ITER 磁体的超导体、包层屏蔽模块与连接、第一壁、上部窗口、极向场(PF1)线圈、偏滤器穹顶、电源系统、回旋管、9 个诊断系统等。承担所有这些系统的主要科研机构都已确定。俄罗斯 ITER 计划的贡献达到每年 1.5 亿欧元。

目前,俄罗斯 ITER 国内机构有专家 65 人。俄罗斯 ITER 项目管理结构图如图 2.5.3 所示。为了与 ITER 整合的项目进度保持一致,俄罗斯政府为相应的研发和生产提供了必要的预算费用。该举措促使俄罗斯责任框架内的系统研发活动更加活跃。考虑到将于 2019 年产生初始等离子体的计划,目前,俄罗斯 ITER 国内机构重点关注 Nb_3Sn 和 NbTi 超导体、极向场(PF1)线圈、上部窗口的生产。

2.5.2.4　俄罗斯承担的 ITER 采购包任务

俄罗斯国内机构(RF-DA)承担了 ITER 偏滤器"穹顶"部件的采购,包括一个面向等离

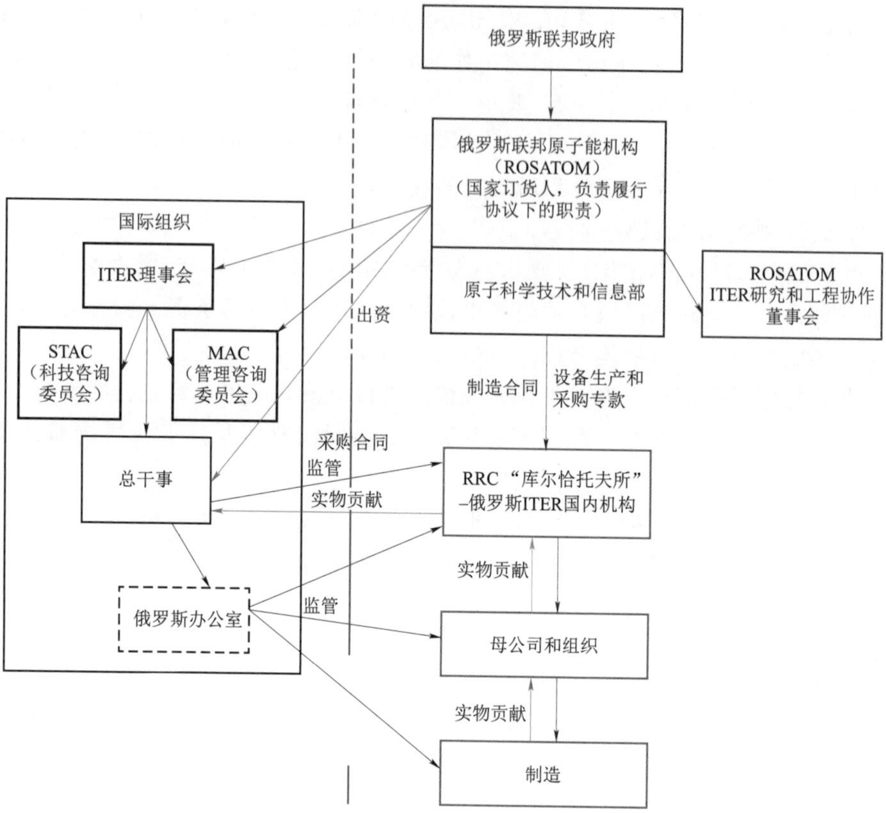

图 2.5.3　俄罗斯 ITER 项目管理结构图

子体的部件(由连接在铜合金基体上的钨瓦组成)和一个钢支撑结构。ITER 规定的穹顶合格样机(QP)的性能要求为，在 3 MW/m^2(被吸收的表面热通量)时运行 1 000 次，在 5 MW/m^{2}时运行 1 000 次。

俄罗斯承担的 ITER 采购任务及具体承担机构如表 2.5.1 所示。

俄罗斯对 ITER 实物和技术贡献详细说明如表 2.5.2 所示。

表 2.5.1　俄罗斯承担的 ITER 采购任务及具体承担机构

采购任务	承担机构	采购任务简介
氢线光谱诊断系统	库尔恰托夫所(PRC KI)	H_α光谱系统首要功能是测量时间行为和空间分布以及可视氢原子巴耳末谱线光谱形状
ITER 磁系统 PF1(极向场1)线圈	D. V. 叶菲莫夫电物理仪器研究所(NIIEFA)，Srednenevsky 造船厂	PF1 和其他的纵向场线圈一起绕 ITER 环向场磁体安装，其产生的磁场进行等离子体控制
包层屏蔽模块和连接器	N. A. Dollezhall 电力工程研发所(RDIPE-NIKIET)	已取消

续表

采购任务	承担机构	采购任务简介
ITER 真空室上窗	D. V. 叶菲莫夫电物理仪器研究所(NIIEFA)，Izhorsky 工厂	真空室窗用于安装等离子体诊断系统、加热设备以及真空抽气设备，在装置运行期间提供进入真空室的入口。窗和真空室这个整体一起，是ITER 设备在压力下和辐射材料同时运行时的第一道安全势垒
ITER 等离子体诊断系统的γ射线光谱系统	俄罗斯科学院约飞物理技术研究所(PTI RAS)	诊断系统的目的是测量反应堆极向横截面的高能离子分布和动态。控制高能离子动态是 ITER 等离子体诊断系统的主要目标之一
ECR 加热和电流驱动设备	俄罗斯科学院应用物理研究所(IAP RAS)	在 ITER 项目框架范围内，俄罗斯将为电子回旋共振加热和电流驱动生产部件，主要生产的是170 GHz/1 MW 的回旋管
偏滤器盒圆顶/内衬和第一壁部件	D. V. 叶菲莫夫电物理仪器研究所(NIIEFA)，VNIINM	偏滤器和第一壁是面对聚变反应堆内等离子体的第一道堡垒。 第一壁直接面对等离子体，保护 ITER 系统内部件不受高热通量损害。偏滤器圆顶/内衬面对等离子体，保护 ITER 系统部件不受热通量和微粒子通量的损害
Lenpa(低能量)和 Henpa(高能量)中性粒子分析仪	俄罗斯科学院约飞物理技术研究所(PTI RAS)	Lenpa 和 Henpa 中性粒子分析仪(中性粒子分析简称 NPA)是 ITER 诊断系统的主要部件之一。NPA 诊断系统对等离子体释放的电荷交换中性粒子进行绝对测量和能量分析
ITER 中子诊断系统	特罗伊茨克创新和热核研究所(TRINITI)	俄罗斯在联合实施 ITER 项目框架下开发和负责采购的中子诊断系统是主要诊断系统之一，它通过直接测量证明在热核聚变反应堆能够实现
ITER HFS 反射仪	库尔恰托夫所(PRC KI)	HFS 反射仪诊断系统是 ITER 诊断系统的重要部分之一。该诊断系统是基于从等离子体反射的电磁波物理原理设计的
ITER 磁系统超导体	A. A. Bochvar 无机材料研究所(VNIINM)，俄罗斯电缆研究所(VNIIKP)，Chepetsk 机械厂(ChMZ)，TVEL 燃料公司	超导体用于 ITER 磁系统线圈绕组的制造，是必要的特殊电缆制品，包含 1 000 多个单位的超导股线，每一股包含 10 000 多条极小(2～6 mkm)的细丝
ITER 供电系统开关装置	D. V. 叶菲莫夫电物理仪器研究所(NIIEFA)	由于俄罗斯科学家和设计师在开发开关装置多年工作的成功结果，俄罗斯团队被指定承担采购建立在高电流开关上的线圈能量放电系统的所有部件

续表

采购任务	承担机构	采购任务简介
电荷交换重组光谱诊断系统	特罗伊茨克创新和热核研究所(TRINITI)	借助CXRS,测量了等离子体的重要参数如离子温度曲线、纵向和环向旋转速率曲线以及等离子体柱内的轻杂质浓度和分布
激光感应荧光	库尔恰托夫所(PRC KI)	激光感应荧光用于测量偏滤器内的氦和外部杂质参数。这个系统也能够用于评估偏滤器内的电子温度
ITER偏滤器汤姆逊散射	俄罗斯科学院约飞物理技术研究所(PTI RAS)	在偏滤器内进行汤姆逊散射的目的是测量ITER内最大问题区域——偏滤器的电子温度和密度空间分布,偏滤器是聚变装置内等离子体和壁相互作用的主要区域
回旋管	IAP RAS, GYCOM公司	

表 2.5.2 俄罗斯对ITER实物和技术贡献详细说明

制造部件或消息获取途径		实物贡献或技术贡献	俄罗斯投入/%	备注	技术应用的其他行业
磁系统	环向场线圈超导体	实物,技术	20% Nb_3Sn(价值41.5 kIU)	用Nb_3Sn和NbTi制造电缆;制造PF1线圈	Nb_3Sn和NbTi超导体,超导线圈
	极向场线圈超导体	实物,技术	18% NbTi(价值14.8 kIU)		
	PF1(极向场1)线圈	实物,技术	100%		
真空室	上窗	实物,技术	100%	制造上窗	钢,焊接
包层	第一壁和包层	实物,技术	40%(由于包层取消故低于40%)	制造第一壁和包层连接器(包层已取消)	新材料,焊接
	包层连接器	实物,技术	100%		
偏滤器	偏滤器圆顶	实物,技术	100%	制造第一壁和偏滤器圆顶,进行偏滤器第一壁热测试	焊接
	热测试		100		
电源系统	开关	实物,技术	100	制造电源开关和超导磁体的防御系统	开关设备
电子回旋共振加热	回旋管	实物,技术	31	制造8个回旋管(170 GHz)	回旋管,CVD金刚石
诊断系统		实物,技术	13.5	制造7+2个诊断系统	测量系统
氚系统	ITER数据库信息	技术			国内CTF计划需要
微粒子注入	ITER数据库信息				国内CTF计划需要

续表

制造部件或消息获取途径		实物贡献或技术贡献	俄罗斯投入/%	备注	技术应用的其他行业
离子回旋加热	ITER 数据库信息				国内 CTF 计划需要
远距离技术和热室	ITER 数据库信息				国内 CTF 计划需要
增殖堆包层	参与 TBM 计划			承担机构：NIKIET，NIIEFA	国内 CTF 计划需要
等离子体技术	参与国际团队			承担机构：RRC KI，PTI RAS，SRC RF TRINITI	国内 CTF 计划需要
原子注入	参与 NBTF			承担机构：RRC KI，INP RAS(俄罗斯科学院西伯利亚分院布特凯尔核物理研究所)	国内 CTF 计划需要

新增任务：5 个测试窗塞(port plugs)的装置，以及超导体冷却测试的恒低温器

2.5.2.5　俄罗斯签署的采购包协议

2008 年 2 月 12 日，俄罗斯库尔恰托夫所与 ITER 国际组织签署了超导体的采购协议。该采购包协议涉及用于约束 ITER 装置内等离子体环向场线圈导体部件，这标志着俄罗斯在 ITER 计划中所承担的工作向前迈进了重要的一步。

2008 年 2 月 18 日，俄罗斯国内机构(RF-DA)与 ITER 组织签署了第三个环向场导体采购包协议。该采购包协议加上日本与 ITER 组织已经签署的采购包协议，囊括了 ITER 项目 65%TF 导体的生产。

2009 年 6 月 9 日，俄罗斯库尔恰托夫研究所和 ITER 国际组织签署了偏滤器系统和上窗采购协议。

2009 年 10 月，ITER 总干事池田要与莫斯科库尔恰托夫研究院院长叶甫盖尼・维利霍夫在莫斯科签署了 ITER 极向场线圈管内电缆导体(CICC)的生产合同。据悉，库尔恰托夫研究院将负责生产大约 13 km、重量达 50 t 的铌-锡股线和 200 t 不锈钢套管。铌-锡股线的生产将在俄罗斯 TVEL 核燃料循环公司的 Chepetsky 机械厂完成，套管的生产由欧洲 ITER 国内机构授权的欧洲供应商完成。

2010 年 2 月 23 日，ITER 国际组织与俄罗斯 ITER 国内机构在法国巴黎签署了 ITER 面向等离子体部件(PFCs)高热通量试验的采购包协议，该采购包编号为 32。这是已签署的第 3 个偏滤器区域的采购包。其他 2 个采购包是分别于 2009 年 6 月与日本签署的外部靶采购包，与俄罗斯签署的穹顶采购包，此次签署的采购包价值为 1 238 万欧元。

2011 年 3 月 9 日，俄罗斯签署极向场(PF1)线圈及快速放电装置、开关网和大电流水冷却母线采购包协议。ITER 开关设备的采购协议价值 1 亿欧元，将于 2017 年前完成生产。

ITER 国际组织 2011 年 3 月中旬与俄罗斯签署了编号 49[极向场(PF1)线圈]和 50(快速放电装置、开关网络和大电流水冷却母线)的采购包协议。

2012 年 6 月，ITER 国际组织与俄罗斯签署了 ITER 大功率 1 MW 微波源(回旋管)采

购包协议。俄罗斯负责采购 26 个 ITER 回旋管中的 8 个。预计第一个回旋管将于 2016 年初运往法国 ITER 建设工地，用于首次产生 ITER 等离子体。

2012 年俄罗斯共签署 78 个工程实施和设备供应合同。2012 年 10 月 9 日，俄罗斯按照合同完成了向 ITER 的首次供货，即提供环向场线圈所用的超导线。

ITER 总干事本岛修和俄罗斯 ITER 国内机构主任阿纳托利·克拉西洛夫斯基于 2013 年 1 月下旬签署了偏滤器中子通量监测系统。偏滤器中子通量监测器(DNFM)安装在托卡马克装置底部大致相等的 3 个位置，并与偏滤器集成。ITER 偏滤器的研发正在顺利进行，因此，为保持 ITER 项目的进度，该采购包安排协议的签署是一个重要的里程碑。

2013 年 8 月，ITER 国际组织与俄罗斯签署了 2 个 ITER 采购包安排协议，分别是 ITER 赤道窗口 #11 工程项目采购安排协议和汤姆逊散射诊断系统采购包安排协议。

2.5.2.6 俄罗斯 ITER 项目研究最新成果

1) ITER 用于观察 γ 射线图的水平摄像头已经设计完成，但是由于没有合适的垂直窗，垂直方向上的观察很困难。解决办法之一是通过偏滤器窗进行垂直观察。而偏滤器区域的场强约为 2 T，因此不能用常规的多极光电倍增管探测中子和 γ 射线，俄罗斯提议换用微通道板(MCP)光电倍增管。约飞所研发的高速脉冲高度分析技术改进了微通道板(MCP)光电倍增管的粒子追踪技术。测试证明了采用基于 MCP 光电倍增管的检测仪能够用于 ITER 偏滤器窗区域的 γ 射线和中子光谱测定。

2) 约飞所承担的 ITER 中性粒子分析仪与 ITER 控制系统问题的解决密切相关——如何提供最佳的氘氚比例以达到最有效的等离子体燃烧，其另一个目的是了解核聚变反应和辅助加热后生成的快离子的能量分布函数。对 ITER 等离子体排放的热及超热氘 D^0 和氚 T^0 流进行数值模拟。结果显示在热能范围(<0.2 MeV)内，主要中和机制是 He^+ 离子和来自器壁的氢同位素上的电荷交换。通过探测氘 D^0 和氚 T^0 热流，可能测得等离子体外区域($r/a>0.4$)D^+ 和 T^+ 离子密度比例。建议使用与聚变 α 直接碰撞生成的高能 D^+ 和 T^+ 离子测量等离子体芯部($r/a<0.4$)的比例。结果显示带有这种能量(>0.2 MeV)的离子的中和作用主要是由于类似氢的 Be^{3+} 和 C^{5+} 杂质离子的电荷交换导致的。已证明在氘和氚流探测期间的计数率和本底技术水平能够满足 ITER 精度和时间分辨率测量的要求。

3) 库尔恰托夫所正在开发基于激光感应荧光方法(LIF 技术)的诊断系统，用于测量偏滤器内的等离子体参数，拥有良好的光谱、时间和空间分辨率。首要任务是氦密度测量和 T_a(HeI)的同时研究。在所有的模拟实验中，空间分辨率 $\Delta l_{\parallel} \leqslant 4$ cm，$\Delta l_{\perp} \leqslant 3$ cm，符合 ITER 等离子测量规范。在该阶段开发了一个偏滤器盒中集合 LIF 和汤姆逊散射系统的设计草案，这个方案有很多优势，但是仍然存在技术问题，将通过优化可视元件和其他建造元件来解决。

4) 钒合金是聚变堆高级包层结构材料选择之一，俄罗斯生产了(2009 年左右)110 kg 的 V-4Cr-4Ti 锭，目标是解决与 DEMO 包层制造相关问题。

2.5.3 中国

2.5.3.1 中国参与 ITER 计划的意义

中国通过参加 ITER 计划，获得了 ITER 工程设计的所有内部资料；同时承担制造

ITER 计划的一些部件,可以享受 ITER 计划所有的知识产权,并有可能在合作过程中全面掌握聚变实验堆的技术,达到中国参加 ITER 计划总的目的。通过派中国科学家到 ITER 工作,可以在那里学到很多有益的经验,包括大型科研的组织管理等,并有可能用比较短的时间使得中国聚变研究的整体知识水平、技术能力得到一个大的提高,到 ITER 计划结束的时候与其他国家基本接近。再配合国内安排必要的基础研究、聚变反应堆材料的研究、聚变堆某些必要技术的研究等,则有可能在较短时间、用较小投资使中国核聚变能研究在整体上步入世界先进行列,为中国自主地开展核聚变示范电站的研发奠定基础,确保 30 年以后中国的聚变研究能够真正地走到世界前沿。它的标志是中国具有独立的设计和建造聚变示范堆的技术力量和聚变工业发展体系,这也是中国参加 ITER 计划最主要的目标。建设热核聚变实验堆在通向聚变能商业化的道路上是必不可少的一步,参加 ITER 计划是推动中国聚变能研究开发的重要战略步骤。

ITER 的建设是核科学技术、超导技术、大功率微波技术、等离子体技术、高功率离子源技术、复杂系统控制技术、机器人技术、精密加工技术、先进材料、反应堆包层及氚工艺技术等的综合集成。通过参加 ITER 计划,能够更多地接触到世界先进国家的高技术,从而推动中国高新技术研究的发展。参加 ITER 计划可以对中国重大基础研究和高新技术的发展起到推动作用。根据 ITER 计划的运作规则,中国在今后 10 年对 ITER 的投入中,80%的费用可以用中国自己制造的实物和设备交付,这部分投入用在国内,有利于带动国内相关技术产业的发展。

参加 ITER 的建设和实验,有助于全面掌握 ITER 的知识和技术,培养一批聚变工程和科研人才。参加这么大的一个国际科学计划,是培养人才最好的一个途径。ITER 是一个国际大科学合作项目,参加 ITER 计划有利于大幅度提升中国在科学技术领域参加国际合作的层次;有利于中国学习和掌握大型国际科学工程项目的建设、管理、运行和维修经验;有利于锻炼和造就一批高水平、高素质的科研人员、工程技术人员和管理人员;有利于进一步促进科技领域的对外开放。因此,中国全力参加 ITER 国际合作,可以迅速提高中国的研究水平,使得中国的聚变研究队伍和水平能够适应于将来独立发展中国聚变能事业的要求。

参加 ITER 计划也显示了中国作为一个核大国对世界前途负责的态度。中国聚变研究的中心目标,是促使核聚变能在可能的条件下尽早在中国实现。因此,参加 ITER 计划应该也只能是中国整体聚变能研发计划中的一个重要组成部分。国家将在参加 ITER 计划的同时支持与之配套或与之互补的一系列重要研究工作,如托卡马克等离子体物理的基础研究、聚变堆第一壁等关键部件所需材料的开发、示范聚变堆的设计及必要技术或关键部件的研制、实验包层模块(TBM)计划等。参加 ITER 计划将是促进中国聚变能研究跨越式发展的一个重大机遇。

2.5.3.2 中国承担的 ITER 采购包

ITER 装置的部件被拆分成 22 个采购包,97 个子包。每个采购包以 KIUA(Kilo ITER Units of Account)为计量单位。中国共分配有 6 个采购包,包括 12 个子包。按 ITER 分配原则所占比例约 9%,总 KIUA 值 241.26。按照 ITER 国际组织(IO)的算法,以 ITER 标准单位来计算工程量,这个标准单位是 IUA(ITER Unit of Account,在 1998 年时,一个 IUA

的造价相当于 1 000 美元)。其中占比例最大的 3 个采购包分别为:超导部分,95.03 KIUA;包层部分,32 KIUA;电源部分,116 KIUA。目前承担采购包的相关单位主要有核工业西南物理研究院和中国科学院等离子体物理研究所等单位。

在 ITER 7 大关键部件中,中国承担了包括屏蔽包层模块、超导导体(NbTi、Nb_3Sn)、磁体支撑结构(中国承担 ITER 所有磁体(TF,PF,CC)支撑结构的设计与制造)、电源、放电清洗(GDC)与氚送气系统、中子诊断、朗谬尔探针系统、部分超导线圈等在内的 12 个采购包(实物贡献)任务。具体包括:磁体支撑(100%、22.85 kIUA);包层第一壁/包层屏蔽体(10%/50%、31.9 kIUA);气体阀门箱/辉光放电清洗系统(88%、6.78 kIUA);中子学测量系统,Langmuir 探针;环向场线圈导体(7%、15.05 kUA);极向场线圈导体(69%、51.2 kIUA);校正场线圈(100%、2.6 kIUA);磁体引线(100%、26.1 kIUA);磁体引线及校正场线圈导体,高压变电站设备(100%、21 kIUA);交-直流转换(62%、50 kIUA);X 射线照相;诊断窗口集成。图 2.5.4 是中国承担的采购包部件示意图。核工业西南物理研究院牵头承担了第一壁与屏蔽包层模块、磁体支撑结构、放电清洗与气体注入系统、中子诊断、朗谬尔探针系统设计与技术开发。中国科学院等离子体物理研究所牵头承担了超导导体(NbTi、Nb_3Sn)、电源、部分超导线圈设计等。超导磁体、磁体引线的股线由西部超导股份有限公司提供。

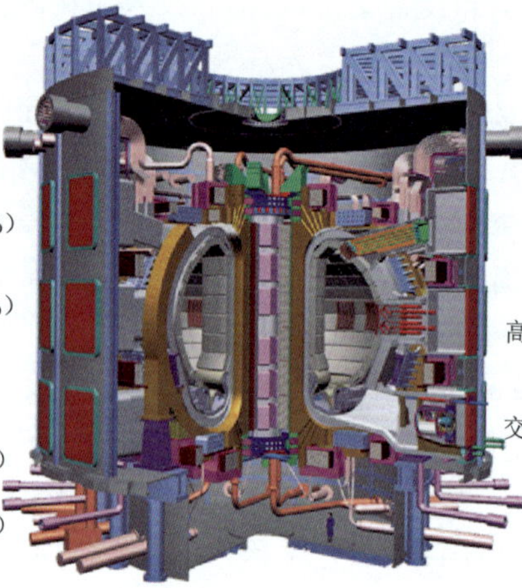

图 2.5.4 中国承担的采购包部件示意图

第一壁。由核工业西南物理研究院联合宁夏东方有色金属集团公司等单位研制的高性能 Be 材料通过 IO 测试认证,达到美国 S65C 的水平,满足 ITER 要求。屏蔽包层热等静压连接工艺技术通过 IO 测试认证,达到国际先进水平,满足 ITER 要求。目前正开展第一壁半原型研制,屏蔽块设计与制造工艺研发。

屏蔽包层模块。完成了全尺寸屏蔽包层模块认证件研制并通过 IO 认证。屏蔽包层模块制造任务由核工业西南物理研究院、贵州航天新力铸锻有限责任公司、东方电气(广州)重型机器有限公司共同承担。

ITER 磁体重力支撑系统。该系统包括环向场线圈、极向场线圈和校正场线圈等 3 个部分的支撑与固定,主材全为 316LN 不锈钢。其作用是支持磁体重力,抵抗装置运行与事故发生时的巨大冲击力。ITER 磁体支撑系统关键工艺技术是 316LN-IG 材料与 TF 支撑座的制造。ITER TF 支撑座的制造主工艺原设计为真空电子束焊接,这种工艺目前国际与中国国内既无现成设备也不能保证加工精度,核工业西南物理研究院经过充分调研、设计计算分析与初步工艺试验,完成了两个阶段的设计与制造预研任务。完成了本采购包两大技术困难的攻关:一是环向场线圈支撑结构的设计与制造工艺。将原来 21 个韧性薄板焊接组成的支撑基座的设计方案改为全螺栓连接的工艺方案,克服了中国国内没有超大型部件电子束焊接的制造困难,为采购包立足国内采购奠定了工艺基础;二是成功试制出适宜于采购包用的 316LN 高氮不锈钢材料。316LN 高氮不锈钢材料不仅本采购包需要采用,而且 ITER 其他采购包都需要用。通过多方合作,已首次在中国国内成功试制出氮含量在 0.15%~0.18%的 316LN 不锈钢板材与大型锻件,该材料完全满足 ITER 的各项要求。该材料的研制成功满足了中国自身 ITER 任务的需求,并通过 IO 评估确认,得到了 IO 的认可。2010 年 12 月 16 日下午,中国国际核聚变能源计划执行中心与核工业西南物理研究院签署了"ITER 磁体重力支撑结构采购包"第一阶段的工艺认证采购合同。

GDC(辉光放电清洗)及气体注入系统。该采购包含 16 套气体阀门箱及其回路、控制与监测系统,6 套 GDC 及其控制监测系统,总价约 7KIUA。ITER 送气系统(GIS)的作用是输送与控制燃料气体、辉光放电清洗工作气体以及"停堆"杂质气体。其关键工艺技术包括:气体大流量、快响应、精确控制,强磁场大部件的磁屏蔽,氚技术等。GDC 的作用是对真空室第一壁及室内部件进行放电清洗。其关键工艺技术包括高温高压冷却水的绝缘与控制技术。核工业西南物理研究院通过大量的设计分析、实验测试及制造工艺技术探索,取得了很大进展,同时揭示出 ITER 对该系统的技术要求不切实际,IO 对此极为重视,将进一步研讨解决办法。

ITER 中子诊断。其作用是监测和分析 ITER 运行中的中子产生及分布情况,采购包包含 4 台 NFM 及其控制与分析系统,已研制出测试样机,正开展有关中子学实验。

ITER 朗谬尔探针系统。该系统的作用是诊断等离子体密度、温度、离子通量等参数。该采购包包含 580 个朗谬尔探针及其控制与分析系统,已完成该系统物理目标的优化分析并提出了调整方案,得到 IO 的确认。目前正开展探针材料研制,结构设计与制造工艺技术研发。

ITER Feeder 大型超导馈线系统电流引线。2008 年 12 月,中国科学院等离子体物理研究所承担的 ITER 高温超导 68 kA 大电流引线的低温通电实验电流峰值达到 90 kA,并持续 4 min。高温超导电流引线是 ITER 巨型超导磁体供电供冷馈线(FEEDER)采购包中的高技术关键部件,也是一个涉及高/低温超导、低温、真空和高电压绝缘等多学科的复杂系统项目,它的设计难度大、技术要求高。2010 年 1 月 18 日 ITER 高温超导 68 kA 大电流引线完成稳态测试,实验引入流量、压力、精确测量反馈、温度的自动控制策略,模拟了未来 ITER 高温超导电流引线实际运行工况。2010 年 7 月,该所承担的 ITER Feeder 大型超导馈线系统电流引线项目 ITER 10 kA(千安)高温超导电流引线成功进行稳态测试,结果表明高温超导电流引线的 50 K 氦气冷却流量需求约为 0.061 g/s/kA,与设计预期优化点相同,远优于 ITER 设计要求的 0.7 g/s/kA。校正场线圈(Correction Coils,CC)10 kA 高温超导电流引线的成功测试,标志着中国已全面掌握超大电流高温超导电流引线的设计研发和制造的工程核心技术,将为提交 ITER 高温超导电流引线的最终设计报告(Final Design

Report，FDR）提供重要的设计依据。

ITER 校正场线圈(CC)。中国 ITER 国内机构即中国国际核聚变能源计划执行中心与 ITER 国际组织签署的 2 个 ITER 校正场线圈(CC)采购包。一个是导体生产采购包，另一个是线圈生产采购包。整套的线圈都在中国生产，从导体股线到给每个线圈加封闭套管。ITER 国际组织派代表审查并讨论了研发合同框架下中国科学院等离子体物理研究所(ASIPP)取得的进展。已实施的任务包括采用仿真导体做成的绕制轨道；树脂填充的绝缘模型等。这些轨道和模型的结果，将大大有助于制定生产加工计划和下一步实施采购包的准备工作。同时，CN-DA 的一个重要里程碑是选择 CC 的主要生产商并完成甄选工作。ITER 校正场线圈是 ITER 磁体系统的组成部分，将对 ITER 装置的性能起到重要作用。CC 是由嵌入环向场(TF)和极向场(PF)线圈的 18 组线圈组成，分布在托卡马克装置周围。存在的困难有：一是尺寸的精密度高，因为 CC 必须满足预留的狭长空间；二是形状特殊，CC 的一侧是非平面的，顶部和底部为平面和香蕉形状。为此，在进入真正的生产阶段之前，必须精心开发生产工艺，确保线圈生产在规定误差内。

Nb_3Sn 和 NbTi 超导线材。中国西部超导材料科技有限公司(WST)是 ITER 导体采购包国产超导股线签约供应商，它将为 ITER 计划的关键部件——环向场线圈导体(简称 TF 导体)、极向场 2＃～5＃线圈导体、校正场线圈导体和馈线系统导体，分别提供 30 t Nb_3Sn 超导线材和 150 t NbTi 超导线材。自 2009 年初，WST 便投入大量经费完成了 ITER 导体股线的设计，并根据 ITER 提出的高标准实施质量保证体系。2010 年 5 月，极向场导体鉴定样品(用 NbTi 股线制作)在 Sultan 装置上顺利通过性能测试，10 月底 WST 通过了环向场导体 Nb_3Sn 股线的性能鉴定。WST 已被评定为 ITER 计划主要的股线供应商之一。中国国际核聚变能源计划执行中心 2010 年 12 月 20 日在西安与西部超导材料科技有限公司签署了“国际热核聚变实验堆 ITER 超导捻线制造”合同。这是中国首家企业首次正式成为 ITER 计划的材料供应商，由此迈出了中国企业参与世界最大规模国际科学合作计划的实质性一步。据西部超导材料科技有限公司介绍，该公司今后将正式转入供应 ITER 计划的捻线制造阶段。国际舆论认为，该合同的签署是中国制造业的飞跃进步。

ITER 磁体馈线。ITER 磁体研究室成员 2010 年 5 月对中国科学院等离子体物理研究所承担的 ITER 磁体馈线设计合作项目的组成部分进行考察，现场考察了“S 形弯管”首轮弯曲试验和绝缘试验。与此同时，ITER 中心螺线管(CS)导体套管制品原型机已在上海宝钢公司生产。ITER 磁体馈线系统 2010 年 12 月顺利通过“最终设计评审”。2011 年 1 月，ITER 国际组织与中国 ITER 国内机构负责人签署了生产 ITER 馈线系统的采购包协议。ITER 装置中共有 31 套馈线系统，通过热-冷屏障将电力和低温液体传输给 ITER 磁体。ITER 馈线系统将在中国 ITER 国内机构(CN-DA)的监管下，由中国企业生产制造，计划将分期分批运抵 ITER 建设工地。中国科学院等离子体物理研究所已经开始 ITER 馈线系统硬件的试生产，包括低温管道系统、CTB 盒子、SBB 盒组件、馈线导管部件与真空屏蔽。

电源。ITER 电源实验室建设工程 2009 年 12 月 28 日举行开工典礼，安徽光机所、强磁场中心、安徽环城建筑安装工程公司、安徽恒泰工程咨询有限公司、安徽华力建设集团有限公司、华汇工程设计集团安徽有限公司、安徽中技工程咨询有限公司等相关单位参加了开工典礼。

除核工业西南物理研究院和中国科学院等离子体物理研究所牵头承担参与ITER计划采购包预研,带动和吸引国内相关企业加入,还有不少单位直接和间接承担和参与ITER计划的建设。

ITER国际组织与中国荣信电力电子有限公司(RXPE)2008年3月23日签署了一份为ITER无功功率补偿系统设计和安装提供工程及咨询支持的框架合同。支持项目包括提供技术问题的咨询、确定建筑要求与布局、提供系统接口的控制文件、确定试验标准以及提供系统整合要求。这项工作也将有助于在完成基准设计和设计标准要求的水平上为ITER无功功率补偿系统的采购编写实用技术规格。

在2010年2月,太钢成功锻造出第一支表面质量和公差均符合要求的316L不锈钢外方内圆的方管,这种核电用钢管是钢管中的精品,用于"国际热核聚变实验反应堆(ITER)计划"。此后,陆续研制出该项目用的另外两种产品,分别是L形钢和U形钢,全部用于其低温超导磁体系统,并具备了批量生产能力。

中国科学院计算机网络中心向科技部申请国际热核聚变实验堆(ITER)计划专项《ITER国际高速专用数据网的设计、测试和构建》项目,并获科技部批复。

核工业标准化研究所向科技部申请的国际热核聚变实验堆(ITER)计划专项(国内配套研究)之"ITER中国采购包标准化研究"项目获得科技部批复,财政部已拨付第一批研究经费。这是核工业标准化所有史以来向科技部成功申请的最大科研项目,也是由中核集团成员单位承担的最大的标准化研究项目。

由甘肃长通电缆科技股份有限公司承担的国际热核聚变实验堆(ITER)用超导电缆(CICC)绞缆项目工艺通过中国国际热核聚变能源计划执行中心组织的专家评审。

中国科学院理化技术研究所低温工程学重点实验室大型低温工程研究组承担的ITER低温系统国际科研合作项目2009年11月正式启动,使中国更广泛地介入到ITER的国际合作中,同时提升了理化所在国内外大型低温工程领域的知名度和竞争力。

由核工业西南物理研究院和中国科学院等离子体物理研究所牵头承担中国负责的ITER计划采购包,带动了国内众多科研单位、企业参与到ITER屏蔽包层模块、超导导体(NbTi、Nb_3Sn)、磁体支撑结构、电源、放电清洗与气体注入系统、中子诊断、朗谬尔探针系统、部分超导线圈及氦冷固态实验包层模块(TBM)等世界前沿高端技术项目的设计和制造中来,必将对中国国内设计和制造业的技术革新和飞跃进步,大幅度提升中国工业和制造水平产生重大的影响。

2.5.3.3 中国采购包进展

2012年2月20日,ITER国际组织与中国国际核聚变能源计划执行中心(ITER中国国内机构,CN-DA)在北京签署气体注入系统采购安排协议。至此,中方已完成参加ITER计划承诺12个采购包制造中的10个采购安排协议的签署工作。

2012年9月29日,科技部与中国科学院、中国核工业集团公司在京分别签署了"关于进一步推进国际热核聚变实验堆(ITER)计划中方采购包实施合作协议"。此次战略合作协议的签订,标志着国内ITER计划实施进入新的发展阶段,是全力推进核聚变能源发展自主创新的又一重大举措。科技部将分别与中国科学院、中国核工业集团公司成立工作联委会,每年召开定期例会和专题会议,建立长期稳定的合作机制。

1）包层屏蔽模块

采购包相关的工作主要集中在结构设计分析、电磁分析、流体力学分析等方面。国内已掌握所涉材料的生产技术，深孔加工问题也已经解决。

继2013年4月顺利完成ITER包层最终设计评审后，ITER国际组织于2013年11月20—21日第13届ITER理事会召开期间，与中国ITER国内机构和韩国ITER国内机构签署了ITER包层系统7个采购包中的第一个采购包安排协议。中国和韩国将共同完成ITER包层屏蔽块的采购任务，440个包层模块用来支撑面向等离子体的第一壁，并且为真空室和线圈系统提供中子屏蔽。这些厚厚的钢制模块，每块重达4 t，还必须满足与其他部件接口的要求，特别是与大量的诊断系统的接口。为此，总共做了28次重大的设计变更，150多次较小的设计变更。采购安排协议第一阶段的任务是在中国和韩国发布招标书，根据ITER国际组织提供的采购说明书和3D图纸/2D装配图纸，生产制造首件屏蔽块样件。

2）包层第一壁

由于包层第一壁（FW）的重要性，ITER国际组织（IO）要求参与方必须通过Mock-Up（实物模型）和Semi-Prototype（半原型）认证。另外，ITER IO要求参与方若使用S65C（美国生产）以外的铍材，须通过认证。目前，中方已经成功通过Mock-Up的认证，与美国及其他发达国家在此领域内达到了同一水平。目前，Semi-Prototype的设计规范正在制定之中。

3）环向场和极向场线圈导体

2008年6月16日，中国与ITER国际组织正式签署了《环向场磁体采购包协议》。这是中国政府自参加ITER计划以来，根据谈判阶段实物贡献分配比例和ITER计划总进度签署的第一个采购包协议。按照ITER国际组织协定相关规定，中国将主要承担ITER装置中环向场超导磁体、极向场超导磁体线圈、面对高温等离子体的包层、电源等系统的研究和制造任务。采购包安排协议的签署标志着中国承担ITER计划各项任务进入了重要的实施阶段，也表明了ITER计划建设期的研究开发工作进入了关键的阶段。

2009年6月，中国第一个TF导体实验样品TFCN1，顺利通过国际著名的瑞士Sultan实验室的各项严格测试获得认可。在ITER国际组织对欧洲、美国、中国的四种TF导体实验样品进行实验评估后，认为中国TFCN1的性能是目前已有的实验样品中性能最好的，这标志着中国的TF导体相关技术取得了重要突破，并已走在国际前沿。此外，专门为超导导体研制及其成型而新建成了4 000多平方米的CICC车间和世界上第一条长达1 000多米的穿管线，为全面完成ITER采购包任务奠定了良好基础。

2009年9月发布招标公告。

2009年10月23日，中国国际核聚变能源计划执行中心与中国科学院等离子体物理研究所签署第一份国内采购合同——环向场（TF）认证导体合同。

2009年12月24日，ITER中国中心分别与中国科学院等离子体物理研究所和西部超导材料有限公司签署第一批导体集成和超导股线采购合同。

2011年12月21日，中国国际核聚变能源计划执行中心、中国科学院合肥物质研究院和荣信电力电子股份有限公司在北京签署了ITER极向场变流器电源系统设计及国内集成合同和无功补偿及滤波系统设计及国内集成合同。

2013年6月3日，由中国科学院等离子体研究所研制的国际热核聚变实验堆（ITER）计划极向场导体采购包第二阶段PF5导体运抵法国福斯港，交付ITER现场。PF导体采购包由中科院等离子体所负责研制。ITERPF 导体是外方内圆的异型导体，其制造工艺复杂，包括焊接工艺、无损检测技术、导体成型及收绕技术等。还先后完成铠甲及焊缝无损检测、导体成型及收绕型技术等研发，并完成各种接收测试。2013 年 4 月 25 日导体首先经过 500 km 的陆路从合肥到达上海港，然后经过 10 000 海里从上海港口到达福斯港，最后到达 ITER 总部，整个行程共 38 天。

2013 年 6 月 12 日，由中国科学院等离子体物理研究所研制的国际热核聚变实验堆(ITER)计划极向场导体采购包第二阶段 PF5 导体日前运抵法国福斯港，交付 ITER 现场。PF 导体采购包由中国科学院等离子体物理研究所负责研制。ITERPF 导体是外方内圆的异型导体，其制造工艺复杂，包括焊接工艺、无损检测技术、导体成型及收绕技术等。还先后完成铠甲及焊缝无损检测、导体成型及收绕型技术等研发，并完成各种接收测试。2013 年 4 月 25 日导体首先经过 500 km 的陆路从合肥到达上海港，然后经过 10 000 n mile 从上海港口到达福斯港，最后到达 ITER 总部，整个行程共 38d。

2013 年 8 月 16 日，在国际热核聚变实验堆(ITER)计划总部官员的现场监造下，765 m CB 超导电缆导体在白银有色长通公司下线。这条导体是 ITER 装置中运行的最大长度超导缆。

4) 校正场线圈

2009 年 11 月 25 日，IO 组织召开 ITER 校正场线圈的最终设计(FDR)评审会。校正场线圈的设计顺利通过了专家评审。

2010 年 1 至 4 月，ITER 中心与 ITER 国际组织就校正场线圈采购安排协议(即 CC PA，编号为 1. 1. P3C. CN. 01)达成一致。

2010 年 5 月初，CC PA 通过政府部门审批程序。

2010 年 5 月 11 日，中国 ITER 中心与 ITER 组织在 ITER 组织总部签署了校正场线圈采购安排协议。同年 12 月 16 日，等离子体所与中国 ITER 中心签订合同，承接 ITER 装置中所有 18 个校正场线圈的 100%制造任务。2012 年 5 月，由等离子体所承担的国际热核聚变实验堆(ITER)计划校正场线圈生产线正式竣工并开始线圈制造。

5) 磁体馈线系统

磁体馈线系统采购包属于照图制造类(Build to Print [BP])，最终设计应由 IO 提供。因 IO 人力资源不足，因此委托中国科学院等离子体物理研究所在 IO 现存馈线系统图纸的基础上继续完成最终设计。

为此，自 2007 年 8 月起，IO 与中国 ITER 中心陆续签署了工作任务安排协议，以完成馈线系统的最终设计与评审，进而为编制 PA(Procurement Arrangement)文件，并最终为中方与 IO 签署 PA 创造条件。

中国科学院等离子体物理研究所已经向 IO 提交了 TF 系统的详细设计，包括 TF 馈线干盒(Dry Box，DB)、线圈终端盒(Coil Terminal Box，CTB)、S 弯盒(S-Bend Box，SBB)、过渡段(Cryostat Feedthrough，CFT)和内馈线(In-Cryostat Feeder)部件的 CAD 模型设计、分析，以及一条馈线整体模型的热学、电动力学、机械力学分析。该设计经过 IO 初步评审提出了布局安排方面原则性的修改意见，同时对欧盟主机厅建筑设计也要求做相应修改。

ITER 国际组织与中国 ITER 中心于 2011 年 1 月签署了生产 ITER 馈线系统的采购包

协议。截止该采购包协议的签署，已签署的磁体采购包协议总数达到20个。

2011年10月16日，ITER超导磁体馈线（Feeder）系统采购包国内制造合同签署仪式在京举行。来自中国ITER中心和中国科学院等离子体物理研究所相关负责人出席了合同签署仪式。

2013年4月26至27日，由中国科学院等离子体物理研究所主办、扬州恒星精密机械有限公司承办的国际热核聚变实验堆（ITER）计划磁体馈线（Feeder）采购包项目汇报暨推动会在江苏扬州召开。这是Feeder采购包执行合同签署以来，首次就采购包的进展和目前状况进行阶段性全面总结。

2014年2月28日，自2010年底签署ITER磁东体馈线导体集成合同以来，经过近3年联合攻关，长度为684 m的首件全尺寸ITER磁体馈线主母线导体5级绞缆工作在江苏宝胜电缆有限公司顺利完成，各项指标和性能均完全满足ITER要求。

6）磁体支撑系统

2009年11月23日，IO组织召开ITER磁体支撑最终设计评审会（FDR），磁体支撑系统的设计方案顺利通过专家组评审。2010年5月2日，磁体支撑采购安排协议通过政府部门审批程序。2010年5月11日，ITER中心与ITER国际组织一次性签署了3个ITER磁体系统采购包协议，采购包协议总价值超过4 700万欧元，合同规定中方将为ITER磁体系统提供18个校正线圈和支撑结构，以及管内电缆导体与馈线。到目前为止，ITER国际组织与7个国家的ITER国内机构已经签署的实物贡献ITER的采购包总数已经达到39个。

2013年5月20日，ITER国际组织以及中国国际核聚变能源计划执行中心的代表赴核工业西南物理研究院，共同见证了重力支撑子系统全尺寸样件和多维加载测试台架的安装及测试准备工作。重力支撑子系统的全尺寸样件和多维加载测试台架的制造及调试工作结束是磁体支撑采购包认证阶段的一个重要节点。ITER计划全套磁体支撑系统（包括环向场线圈支撑、极向场线圈支撑和校正场线圈支撑）的建造任务均由中方承担。其中重力支撑不仅承受着托卡马克装置1万吨净重，还将承受装置放电运行及极端条件下产生的巨大脉冲电磁力。其中所测试的全尺寸样件——重力支撑子系统由18个复杂支撑结构构成，其下端与低温恒温器底部相连。每个重力支撑子系统高度近4 m，重逾23 t。装置运行期间，当环向场线圈冷却到4 K温度（−269℃）时，重力支撑子系统的韧性板会向中心方向局部收缩32 mm，环向场线圈需在保持刚性的同时，随韧性板进行同幅度收缩。此外装置运行期间的超高温环境与室温的物理隔绝任务由盘绕在重力支撑内的复杂液氦管道完成。

7）诊断系统

2009年以来，ITER国际组织诊断组开始组织相关各方做采购安排协议准备工作。中方在对各项诊断进行研发工作的同时，也在配合IO的要求草拟采购包安排协议中的技术附件部分。

2010年3月份，ITER国际组织概念设计工作启动，各方根据总体需求及接口状况等因素选择一项诊断开始进入概念设计阶段，中方选择的诊断是安装在7号赤道面窗口内的中子通量监测器（Neutron Flux Monitor）。

ITER国际组织和中国ITER国内机构2011年9月签署了07号赤道口的中子通量监测器采购包协议。这是ITER国际组织诊断研究室签署的第二个完整的采购包协议，也是签署的第二个中子诊断协议。

2012年7月23日，中国国际核聚变能源计划执行中心与核工业西南物理研究院签署了国际热核聚变实验堆(ITER)“诊断采购包7号赤道面中子通量监测器(NFM＃7)系统设计”的采购合同，该合同也是中国与ITER签订的首个诊断采购包合同，之后还有1＃、8＃、17＃合同。

2013年5月，在法国卡达拉奇召开的ITER理事会管理咨询委员会(MAC)期间，ITER国际组织与中国和韩国签署了3个补充诊断采购安排协议，其中2个与中国签署，1个与韩国签署。中国负责提供ITER赤道窗口12＃和径向X射线照相诊断仪器，用来监测ITER X射线辐射。韩国负责提供上部窗口18＃。上部窗口18＃包括由韩国ITER国内机构承担的真空紫外光谱系统，并完成韩国承担的诊断范围。

8）气体注入系统和辉光放电清洗系统

协同ITER国际组织进行概念设计。包括气体分配管路、阀门箱的设计和屏蔽分析；对GDC(Glow Discharge Cleaning，辉光放电清洗)电极进行多种方案并行设计，完成GDC水冷电极样件。

受IO委托，完成系统的概念设计，建成相应测试平台建设，并将继续进行初步设计和最终设计研究。

2009年4月8日至10日，国际热核实验堆(ITER)项目加料组工作讨论会在核工业西南物理研究院院召开。核工业西南物理研究院院项目工作组详细介绍了该项目设计任务合同(DWO)和采购包关键技术预研(R&D)的工作进展和近期的计划安排，就项目的开展情况和下一步的计划予以了通报，并就核工业西南物理研究院正在开展的ITER气体注入系统和辉光放电清洗系统的设计进行了深入细致的技术讨论。

9）脉冲(负荷)高压变电站设备

2009年，欧盟进行脉冲高压变电站的设计工作，中方根据欧盟提供的最终设计方案，对采购包的费用进行重新审核，从而确定中方最终的实物贡献额度。之前中方已经完成了以下的相关工作：

完成并向IO提交了一项课题任务报告。

对中国国内市场及电力工业进行了广泛调研，推荐支持两家中国企业参与IO外包合同的竞标并获批准。

引导帮助中国国内有关企业参与ITER电源系统相关研发活动，积极介入国际合作，并为ITER电源系统设备的设计与研制做好准备。

积极开展ITER电源系统的关键技术与非标设备的前期研发。

ITER国际组织与中国荣信电力电子有限公司(RXPE)2009年3月23日签署了一份为ITER无功功率补偿系统设计和安装提供工程及咨询支持的框架合同。支持项目包括提供技术问题的咨询、确定建筑要求与布局、提供系统接口的控制文件、确定试验标准以及提供系统整合要求。这项工作也将有助于在完成基准设计和设计标准要求的水平上为ITER无功功率补偿系统的采购编写实用技术规格。

2011年4月底，ITER国际组织与中国ITER国内机构签署了编号为4.1.P2.CN.01和4.1.P2.CN.02的ITER采购包协议，这2个采购包分别是ITER AC/DC变流器、无功功率补偿器&谐波滤波器系统。这2个采购包是ITER国际组织与ITER国内机构签署的第54号和第55号采购包。至此，ITER计划的实物采购已超过20亿ITER计量单位

(IUA),相当于30.13亿欧元。

2012年6月20日在美国华盛顿,中国国际核聚变能源计划执行中心与ITER组织签署了《脉冲高压变电站设备采购安排协议》。同月,ITER国际组织与中国签署了ITER脉冲电源电网(PPEN)采购包协议,该采购包协议是为ITER主机超导线圈提供交流电源以及加热和电流驱动,中国负责采购这个强大的电源。ITER国际组织与中国ITER国内机构签署的该采购包协议的内容包括生产、检验、测试、包装、海运和现场组装期间提供现场技术援助的规定,随后的验收实验以及项目的调试与整合;适用于新建的400 kV变电站的所有项目、结构、材料和机械电力设施,以及与400/66/22 kV输电和66/22 kV电缆相关的变压器。

2013年7月2—3日,国际热核聚变实验堆(ITER)计划脉冲高压变电站(PPEN)采购包国内技术规范评审会在中国科学院等离子体物理研究所召开。

2013年7月,中国科学院等离子体物理研究所与中国国际核聚变能源计划执行中心(CNDA)签订了关于国际热核聚变实验堆(ITER)计划的合同——ITER脉冲高压变电站(PPEN)设备采购包设计资料的分析、转换及系统集成。该合同项目是PPEN采购包在国内采购工作的首项工作,也是中国所有采购包中设备种类最多的项目。

10) 交直流功率变流器-磁体线圈电源

2011年12月21日,中国科学院等离子体物理研究所与中国国际核聚变能源计划执行中心(ITER中国中心)在北京科技会堂签署了国际热核聚变实验堆(ITER)计划的一份大单——“ITER计划变流器电源系统采购包设计及国内集成合同”。

2012年5月27—29日,ITER变流器电源采购包初步设计预评审会议在中国科学院等离子体物理研究所召开,会议详细地总结了现阶段变流器采购包工作。ITER变流采购包是一个功能性采购包。这是中国承担的ITER计划任务中第一个需进行初步设计评审的采购包。

2012年7月16—21日,ITER计划磁体电源系统采购包(包括变流器电源系统采购包与无功补偿及滤波系统采购包)初步设计评审会议在北京成功召开。两个采购包的实物贡献额度总和为77.53 kIUAs(kIUA为ITER计划专用货币单位),占中方在ITER计划实物贡献总额度的27.5%。评审专家组认为:中方初步设计方案满足ITER国际组织要求,材料充分,设计有效、合理。评审专家对变流器电源系统采购包和无功补偿及滤波系统采购包的设计方案分别提出了54条和50条意见,所提意见中90%以上均为建设性意见和建议。

11) 磁体馈线与校正场线圈导体

2009年11月25日,ITER IO召开CC和Feeder导体采购包最终设计(FDR)评审会。设计顺利通过了专家评审。

2010年3月,ITER中国中心与ITER IO就PA文本达成一致。

2010年5月初,PA通过政府部门审批程序。

2010年5月11日,ITER中国中心与ITER IO签署了CC和Feeder导体采购安排协议。

2010年11月8—10日,ITER IO磁体组和ITER中国中心代表在西安召开会议,现场评审了中国超导股线制造商——西部超导材料科技有限公司的超导线材生产现状和质量保证体系。评审结果表明目前生产的超导线材完全符合ITER项目的质量要求,具备生产

ITER 项目导体线材的资质。西部超导材料科技有限公司是 ITER 项目导体采购包国产超导股线签约供应商，它将为 ITER 计划的关键部件——环向场线圈导体(TF 导体)、极向场 2#～5#线圈导体(PF 导体)、校正场线圈导体和馈线系统导体，分别提供 30 t Nb_3Sn 超导线材和 150 t NbTi 超导线材。

2011 年 7 月 26—28 日，由 ITER 中国中心、中国科学院和中国核工业集团公司有关专家组成的 7 人外审工作组，对西部超导材料科技有限公司(以下简称"西超公司")承担的 ITER 装置环向场导体及极向场导体超导股线加工制造合同执行情况进行了首次外股线性能测试、包装等方面发现的问题提出了具体改进建议。外审期间，外审工作组重点审核了西超公司 ISO 9001 质量管理体系的应用情况及 TF、PF 导体股线采购合同中有关质量管理的要求，并针对外审中在文件控制、运输、数据库管理。

2011 年 10 月 16 日，ITER 超导磁体馈线(Feeder)系统采购包制造合同签署仪式在京举行。2012 年 4 月 12 日，中国科学院等离子体物理研究所为国际热核聚变实验堆(ITER)计划生产出第一根校正场线圈导体(CC 导体)，这是中国作为 ITER 计划参与国，承担的采购包任务中重要部件之一。

2.5.3.4 中国 ITER 实验包层模块的研究开发

在中国国际核聚变能源计划执行中心领导下，由核工业西南物理研究院作为主要承担单位联合相关单位开展的中国 ITER 实验(产氚)包层模块——氦冷固态增殖剂实验包层模块 (HCCB TBM)，已完成初步概念设计，完成初步安全分析报告，完成 TBM 第一壁、关键部件试验件的研制，采用 REP(旋转电极法)方法研制出中子倍增剂铍小球、氚增殖硅酸锂小球，并建造了氦气试验模拟回路。TBM 辅助系统(TBS)与 ITER 系统的界面与连接初步设计已经完成。

2012 年 12 月 3 日，核工业西南物理研究院承担的 2009 年 ITER 计划专项"磁约束聚变相关的基础研究"和"固态增殖剂 TBM 设计与关键技术研究"两个项目的课题验收会在成都举行。项目专家认真审议了课题总结报告，并全面听取了各课题负责人的汇报，专家组一致认为两个项目各课题完成情况较好，同意通过课题验收。

2013 年 12 月 3—5 日，由中国国际核聚变能源计划执行中心主办，核工业西南物理研究院院承办的中国国际热核实验聚变堆项目实验包层模块(ITER TBM)材料认证培训会在核工业西南物理研究院召开。

2014 年 2 月 13 日召开的 ITER 国际组织特别理事会议期间，ITER 组织与中方 ITER 国内机构(CNDA)签署了中方氦冷固态增殖实验测试包层模块(Helium-Cooled Ceramic Breeder Test Blanket Module, HCCB-TBM)设计与采购安排协议(TBMA)。中方是 ITER 6 个 TBM 参与方中第一个与 ITER 组织签署 TBM 安排协议的国家，它标志着 ITER 产氚技术及装备的设计、制造等相关工作进入一个新的阶段。

2014 年 3 月 26—27 日，中韩 ITER 测试包层模块(TBM)与包层工作组交流研讨会在韩国大田韩国国家聚变研究所成功召开。会议主要就中韩 ITER TBM 概念研究、材料认证、设计、安全等方面进行研讨。

2.5.4 欧盟

2.5.4.1 欧盟对 ITER 计划的技术支持

欧盟为 ITER 作出的贡献是有目共睹的。欧盟为 ITER 建造所做的技术准备始于 20 世纪 80 年代。当时欧盟开始着手 NET(下一代欧盟联合环)的准备工作，为该装置所做的准备工作都是为了下一代实验装置的建造以及为通向聚变反应堆之路所做的铺垫。

在长期的聚变研究中，欧盟制定了欧盟的聚变路线图，至 2020 年的前景目标是：

目标一：同时要完成欧盟的 ITER 采购包和更宽领域的合作项目。包括欧盟采购包的经费、时间表及技术要求。

目标二：准备 ITER 的运行。包括：制定运行方案，以满足 ITER 性能；确保快速有效的 ITER 运行；保证欧盟对 ITER 的资金投入(以避免拖延或资金不到位)。

目标三：培训 ITER 相关人员。要充分利用欧盟现有的人力资源(运行人员、聚变科学家和工程师)。通过 ITER 计划的相关培训，使这些聚变人才与国际聚变人才共同合作，提供一个良好的合作环境。

目标四：着手聚变电站的建设。要明确未来聚变电站的发展方向，开展有效的技术研发工作，同时进行设计建造的准备，并且利用 ITER 的相关经验，充分用到未来聚变电站的设计中。

目标五：推动欧盟工业界的创新力和竞争力。

根据欧盟长期发展规划，为了能确保欧盟工业界在聚变领域的地位，要制定切实可行的规划，通过 ITER 和未来聚变堆的建造推动欧盟工业界在聚变技术、聚变工艺以及工业革新等多方面的发展，使之产生有效的价值。

当时由 EFDA 指导实施的支持 ITER 设计与研发规划正在显露生机，成员国的研究所和图书馆都经 EFDA 协调提供经费支持。在最初的 3 年(2002—2004 年)中拨款达 1.60 亿欧元，主要用于 ITER 各部件与系统的工业制造活动的筹备工作。研制了所有主要设备建造的原型机和制造方法，目的是为主要设备提供合理有效的解决方法，如：真空室、环向场线圈、极向场线圈、远程操作设备、面向等离子体部件和偏滤器部件、电源系统、发电机、加热和电流驱动系统的供电以及其他分支系统。

自 2000 年之后，JET 装置实施了多项增强计划，以适应 ITER 计划的需要。增强计划的内容包括：

• 为证明 ITER 各种特性设计了仿 ITER 第一壁设备。

• 中性束增强设备能使中性束等离子体加热功率增长 50%(达到>34 MW)，在满功率下脉冲时间翻一番，延长到 20 s。

• 高频弹丸注入器是向等离子体边缘重复注入微小冷冻的氢或氘冰弹丸，激发更加良性的高频 ELMs，避免面向等离子体部件产生巨大的热脉冲，这是 ITER 的另一个关键要求。

• JET 装置于 2009 年 4 月在接近装置技术极限的条件下，进行了新一轮实验使等离子体电流达到 4.3 MA。实验结果表明更加接近 ITER 的条件，充分显示了装置运行能力。

• 在最高性能等级下运行就是要求 JET 装置在接近装置极限下运行。这是对 1997 年开展使用氘-氚混合燃料作为聚变堆燃料实验提出的最高要求。2009 年 4 月初，在上述条件下开展了实验，研究了 JET 装置的高电流、高中性束加热和新的诊断性能。高等离子体电流下的运行对下一代聚变装置 ITER 来说是必不可少的，为此需要对高的聚变增益加以验证，从而实现聚变作为能源的可行性。

• 在最新一轮实验中，JET 装置等离子体电流高达 4.3 MA、磁场 3.45 T、增大的中性束功率 23 MW，在电子回旋共振加热的基础上射频功率达 4 MW。此条件下的运行对 ITER 成功是至关重要的。尤其是，JET 装置可以在更加接近 ITER 预计的条件下研究改进等离子体约束和能量的排出。

• 偏滤器是聚变装置的组成部分，它的设计可以接受能量和燃料的排出。这些会伴随边缘局域模而产生，如果得不到控制，将会缩短 ITER 偏滤器的使用寿命。因此，首次在 JET 装置上安装了一种新型的红外照相机，用于测量偏滤器靶的温度及研究材料腐蚀情况。在 JET 装置上安装新的偏滤器和内壁，这些部件的材料均采用预计在 ITER 上使用的材料，安装新部件后的研究将为 JET 装置实验提供可对比的基准。

• JET 装置独特的铍控制性能(铍是 ITER 第一壁的设计选择材料，即面向等离子体的材料)，使得 JET 装置可以为材料研究以及等离子体-壁相互作用的研究做出重大贡献。

自 1996 年以来，JET 装置已对将来可能实现的 ITER“先进方案”作出了贡献。ITER 将研制最佳运行剪切模式，在这种模式下性能的改善是基于内部输运垒的形成。聚变研究的下一个主要阶段是与 ITER 的建造有关的。其贡献主要是：

• 稳态运行方案的改进。重要的是通过现有托卡马克装置上许多富有成果的应用充分地改进稳态运行方法，并且把它们的特性应用到 ITER 的运行上，特别是应用到 ITER 的燃烧等离子体上。同时，重要的是制定避免妨碍稳态运行的等离子体破裂的运行方法。

• 高温包层试验模件的研制。包层有三项重要的作用，即中子屏蔽、氚增殖以及高温热能的提取。高温热能将产生发电的蒸汽，为了实现与这些作用有关的工艺需要高温包层，在 ITER 的研制中其设计将对 DEMO 是可用的。

• 中子辐照试验。为了增强聚变的安全性和经济性需要研制能提供强高能中子辐照和高温运行的减缓活化的材料。尽管可以用中子辐照试验来证实这些材料的性能，但是，目前还没有获得令人满意的材料的基本数据。在 ITER 上产生的中子可以用于低注量下的辐射试验和部件试验。

• 在 JET 装置对 ELMy H 模放电中新经典撕裂模的研究结果可以作为 ITER 的参考，对 ITER 的物理定义是有帮助的。这些研究能更好地了解等离子体输运现象。

ITER 要验证产生聚变功率(包括产生 500 MW 的聚变功率，功率倍增因子达到 10)在科学和技术上的可行性。JET 装置是 ITER 的物理模型，没有 JET 装置的实验结果，ITER 是不可能建造的。如今，JET 装置在支持 ITER 建设和运行上继续发挥着重要作用。

从 2009 年 10 月至 2011 年 5 月，英国卡拉姆聚变能源中心的工程师们拆除和替换了 JET 约 86 000 个部件，其中大部分采用了远程处理技术。

JET 升级改造包括 JET 真空室内部的新材料，众多加热和附加诊断系统。铍用于主壁，而钨则由于其高熔点的特点，选择用于被称作“偏滤器”的排气部件，承受高热通量。其他主要的升级是增加 50%的加热功率。在外部能源下，JET 内的等离子体温度将达到更高，更加接近为ITER设计的条件。由由欧盟聚变发展协议（EFDA）联合实验室共同研制的新的诊断和控制系统能够进一步深入研究ITER计划中遇到的一些科学挑战。计划在2015年用氘氚聚变混合燃料，以便能够充分发挥JET新的性能。希望能够创造新的性能记录，为ITER提供最好的尽可能的准备。”

JET装置在停机18个月进行升级改造和4个月的装置调试之后，于2011年8月24日首次产生等离子体。此次升级改造主要是更换真空室内的4 500片瓦衬，用金属铍和金属钨替换了原先的非金属碳。所用的新材料是根据ITER的要求选用的混合材料。升级改造后的JET装置具有新的仿ITER壁，是第一个开展测试下一代国际聚变实验堆所用材料的聚变装置。

2012年5月21—25日在德国亚琛举行的第20届受控聚变装置等离子体表面相互作用国际会议（PSI 20）上报告了JET安装的含钨和铍的仿ITER第一壁部件新型壁的实验情况。结果表明，这种ITER壁试验情况乐观，聚变等离子体不希望有的污染物氧和残余的碳大幅减少。新的壁结构碳的腐蚀大大低于石墨结构。更重要的是，与石墨壁部件相比，新型壁材料中的燃料气体少得多，由此向ITER成功运行迈出了一大步。

从2011年9月起，在欧盟聚变发展协议（EFDA）组织的协调下，在JET上开展了仿ITER壁实验。新设计的仿ITER壁包含一个重量为2 t的钨结构，由1 000个单独的部件组成。该结构是德国于利希FZJ研究中心开发并组装，预算资金为1 000万欧元。

等离子体燃烧室的内衬是未来建造聚变反应堆的关键问题之一。为使反应堆能在连续、自动防故障和高效状态下运行，壁部件必须可承受数年的极端条件。燃烧室内部的温度超过1亿摄氏度。因此，所使用的材料必须坚固，材料的腐蚀性及其对气体燃料混合物（氢的同位素氘和氚）的影响必须降至最低。

迄今建造的聚变实验装置的保护屏蔽采用石墨，与重新进入大气层的航天器所用的材料一样。但是，这种材料不能满足ITER和未来聚变反应堆的要求。因此，ITER“第一壁”必须用铍和钨制造，钨是熔点最高的元素为3 422 ℃。

2.5.4.2 欧盟在ITER计划中所承担的任务

为保持科技领先和国家能源安全，欧盟有能力在ITER的建造和运行过程中，起到至关重要的角色。作为ITER计划东道主的欧盟，除了在ITER计划中所承担的经费和刚性任务外，为配合ITER计划的正确实施和体现欧盟的科学管理能力，围绕ITER计划开展了以下一系列主要活动：

• 整合欧盟聚变模拟的EUFORIA计划的目的是将整个欧盟的计算机联网，协调欧盟各聚变领域开展的模拟。因为ITER计划要求研究人员研究等离子体湍流模拟，并作为其工具，要求具备巨大的计算机数据处理能力，这项计划得到欧盟365万欧元的资助。

• 拟建立一个对ITER可持续财政框架，要求各成员国承担欧盟在ITER计划（约72亿欧元，其中66亿欧元为建造费用，6.5亿欧元为运行费用）费用中的一部分费用，提供财政支持。根据ITER国际合作协议，欧盟对ITER承担45%的贡献。

• 设立欧盟ITER署，负责管理欧盟参与ITER活动。ITER署设在西班牙的巴塞罗那，估计预算为96亿欧元，在其运行的35年内，将负责管理欧盟原子能联营所承担的ITER项目，以及负责欧盟惯性约束聚变中快点火聚变能的合作项目。还将负责建造示范聚变堆及相关设施的组织协调活动。

• 为了加强欧盟聚变研究团体在聚变技术方面的合作，欧盟原子能联营(European Atomic Energy Community, EURATOM)要求在材料研究、聚变数据管理、教育事务等 3 方面采取 3 项协调和援助行动(CAS)，用于这 3 项协调和援助行动(CAS)的总预算为 500 万欧元。采取这项行动的目的是：援助和协调欧盟各聚变研究机构在关键技术方面的合作，鼓励、支持各聚变研究机构研究人员相互交流访问，使他们有机会使用聚变设备；促进各项共同行动的组织与管理。

在聚变数据方面，CAS 将支持开展以下几项工作：使各聚变研究机构能方便地使用现有聚变相关应用数据库；确认聚变界对聚变应用数据库的需求(列出目前非常重要的聚变数据库之间存在的差距)；通过数据产生和收集(光谱、材料、原子物理、诊断、边缘模拟)鼓励更新或开发特殊参数范围内的数据库。

• 由 F4E 提供资金建立欧盟聚变档案资料项目。该项目的重点是资源共享和避免重复劳动，以便有效发展用于聚变电站设计和运行研究的两类核数据资料库。

欧盟为了能更好地组织和管理欧盟在 ITER 计划中所承担的责任和义务，于 2007 年 4 月建立了 ITER 欧盟内部机构，即 F4E，来管理组织 ITER 计划在欧盟的内部事务。

欧盟在 ITER 计划中主要承担超导环向场线圈、极向场线圈、真空室、容器内部件、远距离处理、辅助加热系统、氚工厂和低温冷却系统和最终的诊断系统等项目。主要是这些设备的制造、试验、模拟设备的研发工作。而且整合这些基础工艺，比如：加热、电流驱动、等离子体诊断、屏蔽包层、第一壁、远距离处理等。同时还有一些新的设计项目要根据 ITER 机构的要求进行。

按照欧盟所承担的任务，根据欧盟 ITER 计划研究进展和规划，主要工作进度是：

2014—2015 年完成热室厂房、中性束电源厂房、低放废物厂房的建造。

2013—2015 年完成 TF 线圈、真空室扇形段的制造，并在现场安装。

2015 年完成线圈电源。

2016 年提交最后一个偏滤器盒。

2017 年完成真空泵、氚处理、低温设备安装。

2018 年完成中性束注入器。

欧盟在 ITER 计划中承担了大多数高技术部件采购包，主要有：

• 超导磁体(磁体系统 19 个线圈中的 10 个，包括 1 个备用线圈。超导磁体系统包括环向场线圈、中心螺线管、极向场线圈以及校正场线圈，除 PF1 以外)；

• 真空室(主真空室 9 个扇形段中的 7 个扇形段，包层冷却管)；

• 厂房(所有混凝土和钢结构厂房)；

• 真空室内部件包括偏滤器(盒和内垂直靶)，第一壁/包层(分别占屏蔽模块的 10%和第一壁模块的 30%)；

• 远距离处理技术(偏滤器远距离处理、部分容器传输系统、内真空室观察和度量系统以及中性束远距离处理)；

• 真空和抽气系统(8 个圆环和 2 个恒低温泵，用于中性束系统的低温泵、阀盒和相关低温线，以及检漏/检漏器系统)；

• 氚工厂(氢同位素分离与水除氚系统)；

• 低温车间(接近该系统工作量的二分之一);

• 中性束加热系统(全部设备并要试验主动修正线圈和补偿线圈;负责约50%的束源和高压套管、束线补偿、压力容器、磁屏蔽等);

• 离子回旋共振加热(ICRH)系统(赤道窗口插入件连接到ICRH天线及其备用件);

• 电子回旋加热系统(4个上窗口插入件连接到电子回旋发生器,由8个波导反馈到每个发生器,回旋管源占总工作量的32%,电源占总工作量的14%);

• 诊断系统(有11项相关的诊断系统,有能力追加3项诊断系统);

• 废物处理和贮存;

• 放射防护;

• 实验包层模块。

欧盟ITER采购包研发进展如下:

• 在磁体研制中,TF导体设计采用先进的Nb_3Sn,2009年在瑞士SULTAN装置上进行了全尺寸导体的最后试验,其他部件正按进度进行。

• 真空室大环的3D模型已完成。7个扇形段完成了部分焊接,还要进行强电磁力和冷却水压力等一系列试验。并且建造了真空室极向扇形段样机,是用电子束进行焊接的。

• 厂房的建造是由欧盟原子能联营和法国原子能委员会共同进行的一项工作。工作始于2007年,在这几年中进行厂房设计、地基勘测;施工现场供电系统、供水系统的各项准备工作正在按欧盟ITER进度表实施。

• 容器内部件完成了偏滤器盒和内部垂直靶样机的制造,并进行了多项测试,如高热通量试验等。

• 第一壁与包层,基于欧盟的进度,于2009年年中完成了包层模块的设计,并制作了认证模块,进行了各种试验。

• 远距离处理技术正在进行设计、样机制作以及试验各种远距离处理系统。

• 真空抽气系统于2009年完成大环低温泵的设计。

• 加热和诊断,NBI的详细设计将在Padua(I)中性束试验装置上进行。

• 氚厂房,氢同位素分离系统(ISS)和水除氚系统(WDS)正在研发之中。

欧盟作为ITER的主要贡献者,正在按ITER计划的进程表实施欧盟的每一项承诺,也得到欧盟成员国的大力支持。欧盟过去在EFDA的技术协调下开展了一系列前期工作,现在在F4E的协调下开展进一步的研发工作。目前正按欧盟的日程表开展每一项工作。

另外,欧盟原子能联营与日本签署的BA协议(更宽领域研究计划)于2007年启动。主要内容包括:

• 由欧盟负责将完成详细和全部集成的IFMIF-EVEDA(国际聚变材料辐照设施-工程验证和工程设计活动)工程设计、先进材料试验研究。

• 在IFMIF(国际聚变材料辐照设施)上将开展未来聚变电站环境下先进材料研究等多项课题。建造IFMIF的目的是,14 MeV的中子能谱对材料和小型部件进行辐照,进而测试其用于DEMO中的疲劳强度。这种材料的数据在ITER运行中是不可能积累的。有关IFMIF的费用分担、设计及场址的讨论正在主要感兴趣的各方(欧盟和日本)间进行,但其进展远不如ITER计划进展的快,现在各方正在努力工作,希望在不久的将来有所突破。

- 日本卫星装置 JT-60SA 超导线圈制作。
- 由欧盟成员国(如法国、意大利、德国和西班牙等)提供环向场线圈。
- 还有电源系统的研制以及锂靶和材料的研发等项目。

BA 协议实施目的是研究材料对聚变反应的承受能力。

欧盟原子能联营聚变协会为 ITER 装置安全性报告作出了重要的贡献，主要包括对 ITER 装置设计和安全性文件的评价、冷却剂事故瞬间损失的模拟以及氚和活性产物在环境下的特点分析等。特别是 JET 装置的结果为 ITER 的准备提供了坚实的基础。ITER 装置是提供这个论证的最佳选择，同时也是切实可行的。

随着欧盟经济和政治一体化的不断深入，加之欧盟成员国在经济和科技方面的雄厚基础，欧盟的工业、制造业、高科技等生产能力和研制水平不断提高，均处于世界领先地位。欧盟在实施 ITER 计划的过程中，充分发挥欧盟的先进技术和科学管理能力，不仅作出欧盟的应有贡献，也承担着自己的责任和义务。

2.5.4.3　欧盟采购包进展

2008 年 7 月 24 日，ITER 国际组织正式接受欧盟国内机构根据偏滤器资格评定大纲提供的两个“合格样机”。ITER 国际组织偏滤器室负责人 Mario Merola 说：“这些部件顺利通过了所有生产过程所要求的无损探伤试验和资格评定程序，从今天起，欧盟国内机构离正式的资格评定仅一步之遥，这是最终在 2009 年 2 月启动偏滤器采购的先决条件。”2 个已交付的样机均由奥地利 Plansee 公司生产，不久，意大利 Ansaldo Ricerche 公司生产的第三台样机也将交货。在启动偏滤器面向等离子体部件、环向场磁体导体和包层模块的采购之前，要求对实施采购的 ITER 参与 7 方中的每一个国家进行资格认定。

2008 年 11 月 19—20 日召开的 ITER 理事会第三次会议期间，欧盟、日本和韩国的国内机构签署了 5 个采购包，总价值为 4.145 亿欧元。签署的这些采购包是 ITER 计划的重要里程碑，它标志着项目的建设迈出了一大步。签署的采购包，包括韩国建造真空室部件的协议，日本生产环向场磁体绕组和环向场磁体结构的协议，以及欧盟出资建造 6 个极向场线圈中 5 个线圈的绕组。

2009 年 5 月初，ITER 国际组织与 7 个成员国在巴塞罗那召开了最新一次协调会，会上 ITER 国际组织与欧盟 ITER 国内机构 F4E 签署了 4 个采购包协议。第一个采购包协议是为 ITER 极向场(PF)磁体提供导体。其他 2 个采购包协议是为 ITER 建设工地和建筑物提供的建筑工程师的服务以及为托卡马克综合装置提供防震垫。第 4 个采购包协议是托卡马克装置地坑的挖掘。未来托卡马克建筑物所在位置的地坑深度为 20 m，占地面积将近 92 m×130 m。截至此时，ITER 国际组织已签署的采购包协议总数达到 17 个。

2009 年 6 月 17—18 日在日本水户市召开的第 4 次 ITER 理事会期间 ITER 国际组织与欧盟签署了 ITER 极向场磁体 2～6 号采购协议，ITER 极向场磁体 2～6 号采购包总价值约 6 300 万欧元。

2009 年 7 月，ITER 国际组织与欧盟 ITER 国内机构 F4E 在巴塞罗那签署了 ITER 中性束注入器电源系统的采购包协议。欧盟(占该采购包的 1/3)与日本负责该系统的采购。

ITER 国际组织和欧盟 ITER 国内机构 2009 年 10 月 26 日签署了 ITER 稳态电网

(SSEN)和脉冲电源电网(PPEN)采购包协议。这是 ITER 签署的第 28 号采购包协议。SSEN 和 PPEN 材料的采购及安装合同计划在 2010 年和 2011 年签署。

ITER 国际组织与欧盟 ITER 国内机构 2009 年 11 月共同签署了 ITER 真空室 9 个扇区中 7 个扇区的采购包协议。该采购包的总价值大约为 1.5 亿欧元,是 ITER 国际组织签署的第 29 个采购包协议。

2010 年 3 月,欧盟 ITER 国内机构与 ITER 国际组织签署了偏滤器系统内部垂直靶采购包协议。该采购包协议价值 3 130 万欧元,至此,已签署了 3 个偏滤器面向等离子体部件(PFCs)的采购包协议。

ITER 国际组织与意大利 CESI 公司 2010 年 4 月 23 日签署了 ITER 工程与咨询支持的供应合同。合同规定,在 ITER 建设期间,CESI 公司将协助 ITER 国际组织确保所有需安装的电气、电力转换和电力电子器件均符合必要的标准与要求。

2010 年 5 月 12 日,ITER 国际组织与欧盟签署了另外一个采购包协议,即在 ITER 运行期间可支撑载荷 30 MN 的大型环向场线圈的预压缩系统,同一天,还与美国 ITER 国内机构签署了 ITER 电子回旋系统传输线采购包协议。

2010 年 5 月 14 日,ITER 国际组织与欧盟 ITER 国内机构在法国卡达拉奇签署了 ITER 最大的采购包协议,总价值超过 5.37 亿欧元,包括所有 ITER 建筑物和基础设施的建设。这是 ITER 国际组织签署的第 43 号采购包协议,几乎占 ITER 采购包总价值的 60%。

2010 年 10 月 19 日,欧盟 ITER 国内机构与欧盟 AMW 联营公司签署了生产 ITER 真空室 7 个扇区的合同。该合同预计用 6 年时间完成,价值 3 亿欧元(4.17 亿美元)。无论从财政上还是庞大的尺寸而言,它都是 ITER 框架内欧盟贡献于 ITER 最大的单个工作包。

2010 年 9 月,ITER 超导磁体的生产实现了重大的里程碑,完成了 100 t Nb_3Sn 股线的生产。这些股线总长为 21 000 多千米。ITER 反应堆所需要的这种多丝复合线材总共大约为 400 t,用于产生约束燃烧等离子体所需的多特斯拉磁场。

欧盟承担并在意大利帕多瓦建造中的“中性束试验装置”采购安排协议于 2010 年 10 月下旬由 ITER 欧盟执行中心与 ITER 国际组织正式签署,合同价值 4 200 万欧元。这将是又一项大型国际合作项目,分别由欧盟、印度和日本三个参与方共同完成。项目的官方名称为“帕多瓦 ITER 兆瓦加速器研究”或简称 PRIMA。PRIMA 本身由两套试验台组成:一套名为 SPIDER(Source for the Production of Ions of Deuterium Extracted from an RF plasma,射频等离子体氘离子分离产生源),另一套名为 MITICA(Megavolt ITER Injector and Concept Advancement,ITER 兆瓦注入器和概念升级)。

欧盟与 ITER 国际组织 2012 年 4 月 19 日签署了偏滤器盒与安装的采购包安排协议。欧盟将负责生产 60 个偏滤器盒(54 个盒子和 6 个备用件),并整合由其他国内机构提供的部件和诊断系统,这些部件和系统属于其他不同采购包的一部分。全尺寸试安装原型机生产之后,将于 2015 年开始批量生产。根据目前的进度安排,将在 ITER 安装的第二阶段,2021 年组装 54 个偏滤器盒;到 2022 年开始氢氦运行时,偏滤器才能派上用场。

ITER 国际组织与欧盟 ITER 国内机构在 2012 年 5 月第 13 届 ITER 国际组织管理咨询委员会会议期间签署了 24 MW 电子回旋高压电源采购包协议,这是 ITER 国际组织签署的第 75 个采购包协议。ITER 共有 13 个电源,欧盟 ITER 国内机构"聚变能"负责生产其中 8 个,其余的 5 个由印度 ITER 国内机构负责采购。2012 年 ITER 国际组织已签署了 10 个采购包协议:8 个完整的采购包协议,2 个采购包修订协议。

ITER 国际组织与西班牙核设施有限公司(ENSA)于 2012 年 11 月 30 日签署了 ITER 主机真空室 9 个扇区和 54 个插孔结构的焊接合同。该合同价值 7 450 万欧元,除了在 ITER 实施现场焊接和测试外,还包括开发专用焊接与测试工具。

2012 年 12 月 11 日,ITER 国际组织与法国液化气集团先进技术公司签署了 3 个完全相同的 ITER 液氦(LHe)设备的采购合同。合同内容包括 LHe 设备的设计、制造、安装与调试,以适应 ITER 托卡马克长期不间断地运行,合同价值 8 300 万欧元。

2013 年 9 月 ITER 国际组织与欧盟 ITER 国内机构签署了 2 项 ITER 采购包安排协议。

第一个采购包安排协议包括低温泵真空再生系统的热气体分配系统。第二个采购安排协议是 ITER 辐射与环境监测系统(REMS),由 ITER 氚车间组负责。该采购包的大多数系统都将在首次等离子体之后才会启用,并为核运行做准备。

2.5.5 日本

日本在 ITER 计划的发展中起了重要作用。1996 年 12 月日本原子能委员会专门成立 ITER 计划特别委员会。2001 年 1 月成立的日本科技政策委员会(CSTP)是领导国家科技的专门机构,由时任首相担任主席,成员包括内阁大臣、知名学者及企业家共 15 人。CSTP 于 2002 年 5 月正式向政府提出报告:建议日本推动 ITER 的多边政府间合作、参与 ITER 计划、争当 ITER 东道国。日本文部科学省科技委员会组建的聚变研究工作组,在最终报告中也特别强调 ITER 计划的重要性。2002 年 5 月,日本内阁做出决议,批准 CSTP 提出的 ITER 计划并提出了 ITER 在日本的候选场址,提交政府间谈判。日本政府对 ITER 的基本方针是:由政府出面推进 ITER 计划,以国内候选地为目标,选择最佳地址参与 ITER 政府间谈判. 参加国的经费负担应该体现所在国的经济规模,努力形成经费负担和所获取成果相平衡的各参加国之间的最佳框架。采取重点措施、谋求高效率,确保费用控制在核能预算经费内,并且不对其他重要科技政策产生影响。国内核聚变研究机构加强合作,有重点和高效率地推进计划;培养核聚变研究开发人才、开展各种等离子体约束方式的研究、开发中子辐射小的材料等。日本政府对 ITER 在国内选址的意义认识是:本该由本国负担的实验堆建造运行以及相关研究的费用,通过 ITER 计划的实现,不仅可以在各参加国的资金协助下使核聚变中心技术的开发得到分担,还可以储备全系统相互配合的极为难得的技术经验;有助于世界核聚变研究的发展,与此同时可向世界证明日本最先进的技术能力,通过实施如此大规模的国际合作项目,有助于包括日本在内的亚洲科学技术的发展,加大亚洲在世界上的作用;迎接众多海外研究人员及其家属的大型国际合作项目的运营有助于推动日本社会真正意义上的国际化;在国内建立国际研究机构将大大刺激日本的科学技术发展,为实现科技立国做出贡献。

日本曾积极申请将 ITER 建造场地放到青森县六所村,并与法国展开了激烈的竞争。结果以法国的卡达拉奇胜出,日本退出竞争而告终。曾积极争取并参与竞争的日本虽然未赢得 ITER 东道主的权利,但其主动放弃竞争却获得了很丰厚的回报,具体的体现是欧盟和日本联合开展ITER相关设施研究即更宽领域研究计划(BA计划)的研究。根据协议,日欧合作协议期限为10年,费用由日欧各自承担50%。日欧双方具体在该协议的框架下在日本共同实施以下3个项目:国际聚变材料辐照设施的工艺验证和工艺设计活动(IFMIF/EVEDA);建设国际核聚变能源研究中心(IFERC);实施JT-60SA卫星托卡马克计划。作为ITER卫星装置,由欧盟出资并支持日本将JT-60U升级改造为先进超导托卡马克,并作为ITER的卫星装置,以长期开展ITER装置上不能做的前沿研究;在日本建造可直接远程操作ITER的远程实验设施及可预测实验的超大型远程实验设施;向日本提供超过日本承担份额的订单,允许日本向ITER派遣更多的研究人员;首任ITER国际组织总干事由日本选派等。由此,日本事实上作为ITER的准东道主,成为几乎与欧盟并驾齐驱的ITER研究国际基地。

2007年10月,日本原子能研究开发机构被日本文部科学省正式指定为日本国内代表政府负责ITER计划的机构即ITER日本国内机构。日本原子能研究开发机构作为ITER计划的国内负责机构,协调国内各研究单位、高校以及工业界分担制作ITER建造所需要的由日本承担的设备和人员派遣等;同时积极推动共享和反馈ITER研制成果。

2.5.5.1 日本承担的采购包及其进展

在ITER的关键部件中,日本承担了超导线圈、诊断设备、射频加热装置、偏滤器、包层、包层远程维护设备、中心螺旋管线圈(欧盟转让部分)、中性粒子注入加热装置(欧盟转让部分)、氚处理设备(欧盟转让部分)的研制。另外,ITER全尺寸真空室试验扇形段(18°由两个9°和1/2扇形段构成)由日本完成研制,所采用的系列焊接技术都达到了所要求的公差。真空室的9°扇形全尺寸件的制造和现场机器人自动对焊已经成功演示,完全满足ITER要求。

2007年6月底,欧盟、日本以及俄罗斯等参与国之间签订了"偏滤器评定任务协议书"。ITER各部件均需满足最高的质量标准。为保证达到这样的要求,需要对承担诸如ITER偏滤器等离子体面向部件之类的ITER关键项目的参与国进行资格认证。

2007年11月28日,日本ITER国内机构与ITER国际组织签署了环向场线圈导体采购包协议,成为第一个与ITER国际组织签署采购包协议的ITER国内机构,该采购包占环向场导体采购份额的25%。ITER第一单采购包协议的签署,标志着ITER国际组织正在由装置设计走向装置采购。时任ITER总干事池田要表示,"作为第一个采购项目,这明显标志着ITER采购任务已经开始并且是大规模采购。"

2008年1月24日,ITER极向场(PF)线圈原型超导体试验线圈绕组在日本原子能研究开发机构那珂聚变研究所的试验装置上开始进入安装。该极向场嵌入试验线圈绕组2007年9月在欧盟完成并抵运日本那珂用作试验,超导体由俄罗斯提供,制造商为英国特斯拉公司。其试验结果将用于最终确定极向场超导体的设计参数。极向场嵌入试验线圈绕组的成功安装是极向场线圈导体性能资质确定的重要一步。

日本ITER国内机构(JA-DA)承担的被称为ITER偏滤器"外部垂直靶"部件的采购任务,2008年11月通过了性能试验。该部件是一种需要承受最高热负载的室内部件。由底部平直部分(面向大面积碳)、上部弯曲部分(面向大面积钨)和钢支撑结构组成。根据计划安排,日本生产的样品在钨铠装的区域完成3 MW/m^2功率下运行1 000次,5 MW/m^2功率下运行 1 000 次,以及在有碳区域 10 MW/m^2 功率下运行 1 000 次,20 MW/m^2 功率下运行 1 000 次的试验后,后一个结果是设计目标 300 次的 3 倍多。负责托卡马克装置的 ITER 副总干事 Gary Johnson 评论说,这是 ITER 项目所取得的非常重要的成就。

2008 年 6 月,ITER 国际组织与欧盟 ITER 国内机构 F4E 在日本那珂签署采购包协议。该协议的主要内容是欧盟将负责提供 ITER 装置中磁体系统的 10 个环向场(TF)线圈。磁体系统是除真空室外 ITER 装置最大的部件。为完成该系统,日本将承担其他 9 个线圈的建造任务。TF 线圈是 ITER 装置的一个重要组成部分,它们大约重 350 t,其精确度要求必须达到 3 ～5 mm。

2008 年 11 月,日本 ITER 国内机构和 ITER 国际组织签署了生产环向场磁体绕组和环向场磁体结构的协议。

2009 年 6 月 17—18 日在日本水户市召开的第 4 次 ITER 理事会期间签署了偏滤器外靶、托卡马克水冷系统以及 ITER 极向场磁体 2～6 号等 3 项新的采购协议,偏滤器外靶将由日本交付,偏滤器外靶、托卡马克水冷系统采购包总价值约 9 600 万欧元。

2009 年 7 月,ITER 国际组织与欧盟 ITER 国内机构 F4E 在巴塞罗那签署了 ITER 中性束注入器电源系统的采购包协议。欧盟(占该采购包的 1/3)与日本负责该系统的采购。

日本 ITER 国内机构与 ITER 国际组织 2009 年 12 月在巴塞罗那签署了中心螺管(CS)采购包协议,这是 ITER 第 30 个采购包协议。中心螺管是 ITER 装置中心的支柱,重达 1 000 t。中心螺管高 13 m,底部用 18 个构成真空室的环向场磁体支撑。环状的 ITER 装置通常被比做一个环形物,中心螺管几乎占据了中心“环形孔”。中心螺管线圈关键技术包括高质量铌三锡(Nb_3Sn)的批量生产、超耐热合金方型管内电缆导体制作、线圈绕制、绝缘处理和内、外线圈的连接等,都已成功制造和测试。美国完成了内线圈模块,日本完成了外线圈模块和嵌入线圈模块的制造,并已在日本进行了部件的组装和超导性能实验,性能满足 ITER 设计要求。环向场、中心螺管导体包壳生产线在日本北九州建成。

2010 年 6 月 20 日,ITER 国际组织批准通过日本 ITER 国内机构(JA-DA)提交的总价值相当于 1 214 万欧元的贷款申请书。贷款申请包括 17 t Nb_3Sn 股线、2.4 km 超导电缆和一个 760 m 长的铜质仿真导体的订单。超导材料已顺利通过所要求的所有质量控制试验,这些材料均由 JAEA 选拔的日本供应商生产。

针对材料价格上涨等因素,日本所承担的 ITER 费用有可能增加 180 亿日元,日本文部科学省在向政府提交的 2011 年预算申请中要求增加该 ITER 计划中日本承担费用的增加部分。2010 年 8 月 17 日召开的日本原子能委员会会议首次明确了日本方面承担费用的增加部分。

日本原子能研究开发机构《那珂研究所新闻》第 28 期(2011 年 2 月 18 日)报道:根据与 ITER 国际组织签署的采购包协议,日本原子能研究开发机构已经开始 ITER 环向场(TF)线圈中等规模及实机规模的试制。ITER 装置 TF 线圈的作用是通过磁力线约束等离子体,该线圈为高约 16.5 m,宽约 9 m 的“D”形线圈。

2013 年 8 月,ITER 国际组织与日本 ITER 国内机构签署了 4 项关于 ITER 诊断系统的重大采购安排协议。偏滤器杂质监测仪是偏滤器的运行窗口,可监测杂质流,并优化偏滤器的运行。偏滤器热温度记录仪可详细观察偏滤器靶板的热负载分布,是保护偏滤器部件的主要诊断方法。边缘汤姆逊散射仪用来测量ITER等离子体边缘的温度与密度分布，为研究等离子体边缘的性能约束与聚变性能的优化提供有用的信息。极向偏振仪用来测量等离子体截面的电流密度(电流分布)。电流分布的细节会影响等离子体芯部的稳定性与热输运，为实现ITER长脉冲，必须仔细测量与调节。该采购安排协议的签署是日本ITER国内机构与ITER国际组织之间的一个重要里程碑，也是ITER项目进度上的一个重要里程碑。

日本三菱重工2013年10日10日发表消息说，该公司接受了法国建造中的国际热核聚变实验堆(ITER)的主要部件——3个环向场线圈的制造订单，并已经在位于兵库县明石市的神户造船厂二见工厂开始建造，订单总价格为约355亿日元。这3个环向场线圈预计在2016年以前陆续完成后运送到法国。

2.5.5.2 日本ITER实验包层模块的研究开发

聚变堆包层的主要功能是：产氚；获取热能；中子屏蔽。ITER是一个实验堆，其包层包括产氚包层(TBM)和屏蔽包层。ITER绝大多数的第一壁使用屏蔽包层，只在局部的第一壁安装增殖包层模块，开展以验证氚增殖功能和发电功能为目的的ITER实验包层模块(TBM)实验。安装在ITER上的屏蔽包层主要功能只是对堆芯等离子体实施中子屏蔽和热屏蔽，不具备氚增殖和发电功能。但为能验证产氚包层，ITER各个成员重视在ITER上开展产氚包层的研究。

固态增殖/超临界水冷却方式TBM是日本为主建议的方案。2000年日本原子能委员会核聚变会议批准的“聚变堆包层研究开发进程”将具有高度固有安全性，数据库较为丰富的固态增殖包层为主要开发目标，用加压轻水做冷却水，低活化铁素体钢做结构材料。该包层相关材料及堆工艺技术的研究开发由日本原子能研究开发机构为主，国内相关研究机构和高校等协助进行。根据设计，固态增殖/水冷却方式TBM的氚增殖材料使用Li_2TiO_3，中子增倍材料使用Be或不容易与水反应的Be金属间化合物。上述材料均分别加工为直径约1 mm左右的微小球，以层状充填到TBM中。TBM容器使用日本在世界上率先开发的低活化铁素体钢。日本在世界上首次用高温各向同性加压法(HIP)研制成功内置有采用低活化钢F82H矩形冷却管的第一壁。日本基本确立了增殖材料、增倍材料微小球的制作技术、低活化钢制作技术及加工/接合技术，以及微小球充填层高温动向、氚释放特性等制作TBM必须的关键技术。

日本是唯一建议固态增殖/水冷却方式TBM的国家，这是是因为日本设计的原型堆是按照接近ITER堆芯的原型堆来考虑的，可去除1 MW/m^2以上高热负荷的水冷却方式，可确保一定的经济性，同时未来通过采用高温过热蒸汽等，还可进一步实现更高的经济性能。作为中子增倍材料的铍与水反应会产生氢，因此确保安全性是很重要的课题。为此正在开发即使接触水，也不会产生氢，而且在高温下能保持化学稳定的铍和钛等的金属间化合物。根据日欧签署的BA计划协议，日、欧质检部门正在合作开展上述先进增殖、增倍材料及低活化钢、氚计量管理技术等的开发研究。

表2.5.3给出了ITER参与各方目前建议的TBM概念(●表示为主建议；○表示有意参与合作；* 表示印度独自建议的LiPb/He冷却中加入固态氚增殖材料概念)。

表 2.5.3　ITER 参与各方希望的 TBM 概念

参与方	日本	欧盟	美国	俄罗斯	中国	韩国	印度
固态增殖/He	○	●	○	○	●	●	●*
LiPb/He(含 DCLL)	○	●	●		○	○	●
固态增殖/水	●	○	○		○		○
液态 Li/V	○	○		●			

2.5.6　韩国

2.5.6.1　韩国加入 ITER 计划的进程

2002 年尽管韩国还没有像 KSTAR 那样的大型核聚变研究设施，但是世界上已有多个国家参与到国际热核聚变实验堆 ITER 计划的谈判中来，这让韩国政府意识到核聚变能源开发与利用的无限前景。因此，在 2002 年 12 月，韩国政府向国际聚变界表示了愿意参与国际合作的国际热核聚变实验堆(ITER)计划的兴趣。

2003 年 5 月 30 日韩国科技部部长致信美国能源部秘书长，提出韩国政府希望正式加入 ITER 计划联合实施协议谈判的要求。为了确保谈判进程的顺利和及时完成，韩国愿意完全接受当时参与谈判的各个伙伴国已经达成的知识产权的结论与结果，包括 ITER 工程设计活动的参照设计和成本评估。韩国对聚变能源的和平利用与核不扩散问题也表示认同。此外，韩国表示愿意为 ITER 联合实施协议做出重大贡献，也愿意加入 ITER 过渡性安排协议。韩国希望在已参加谈判的各参与方达成共识后，准备派出官方代表团参加 2005 年 6 月 19 日在瑞士维也纳召开的第一次 ITER 筹备会议。于是，继美国、中国相继加入 ITER 计划后，2003 年 6 月韩国也加入 ITER 计划。

2005 年 6 月 28 日，韩国与中国、美国、欧盟、俄罗斯、日本等 6 国在经过谈判最终达成一致意见，确定法国卡达拉奇为 ITER 计划场址，并签署了联合宣言。

2005 年 10 月，韩国成立“国家核聚变研究中心(NFRC)”。

2005 年 12 月，韩国政府制定《国家核聚变能源开发计划》，确定了韩国发展商用聚变电站的国家路线图，即从 KSTAR→ITER→DEMO→2040 年左右实现商用核聚变电站。

2006 年 11 月 21 日，韩国与欧盟、中国、美国、日本、俄罗斯和印度等 7 国的政府代表，在法国巴黎正式签署了 ITER 计划联合实验协定及相关文件，ITER 计划全面启动。

2007 年 3 月 27 日，韩国实施“核聚变能源开发促进发案”。

2007 年 4 月 2 日，韩国国民大会批准通过“ITER 联合实施协议”。

2.5.6.2　韩国 ITER 国内机构(KO-DA)

2007 年 8 月 31 日，韩国成立 ITER 国内机构(见图 2.5.5)，总部设在韩国国家聚变研究所(NFRI)，李景洙(Guyung-Su Lee，音译)博士被任命为该机构的总负责人，2008 年 9 月他被任命为韩国国家聚变研究所所长，随后韩国 ITER 国内机构前任副主任郑基正(Kijung Jung)博士接任韩国 ITER 国内机构主任，赵植博(Joo Shik Bak)博士担任新任命的韩国

ITER 国内机构的副主任。担任 NFRI 所长的李景洙负责韩国国家核聚变的研究与发展，并同时担任 ITER 管理咨询委员会(MAC)副主席，是 ITER 理事会的成员，他在韩国 ITER 计划中起着非常重要的作用。

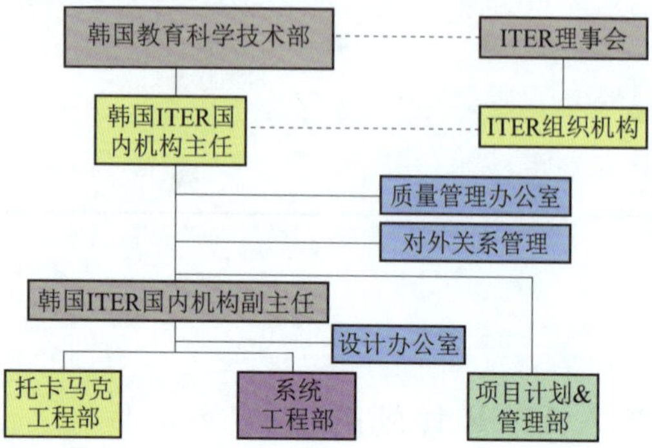

图 2.5.5　韩国 ITER 国内机构(KO-DA)示意图

韩国 ITER 国内机构的使命是顺利参与 ITER 计划的实施，确保发展未来商业聚变电站的核心技术，其主要职能是：设计、建造并按时交付韩国承担的 ITER 采购包任务；确保韩国采购包以外的重要基础技术；通过参与 ITER 建造和运行，培养高素质的聚变人才；促进与 ITER 国际组织以及其他 ITER 成员国的双边关系。

韩国 ITER 国内机构在一个具有独立政策和单独预算的自主部门内运作，该机构在协调韩国所有的 ITER 相关活动方面发挥了其特有的作用。据悉，2008 年 10 月 KO-DA 工作人员总数大约为 70 名。至 2009 年 8 月，韩国 ITER 国内机构共有专职人员 47 人，合同制雇员 23 人，临时实习人员 19 人。在第 23 届国际原子能机构聚变能源大会召开期间(2010 年 10 月)，ITER 国际组织总干事本岛修说，目前 ITER 国际组织有韩国工作人员 26 名，他们正在为 ITER 计划发挥着很大的作用。韩国对 ITER 计划的贡献具有非常重要的意义。

2.5.6.3　韩国承担的 ITER 采购包任务及执行情况

在 ITER 计划的总采购包中，韩国承担的采购包任务如下：环向场磁体导体(20%)、含包层和水连接的真空室主体(20%)、真空室赤道窗口(100%)、真空室上部窗口(76%)、包层第一壁(10%)、主机的安装工具 3-11(100%)、热屏蔽(100%)、氚的存储与排放系统(SDS)(88%)、AC/DC 变流器(38%)和诊断系统(3.3%)。

韩国承担的 ITER 采购包的具体实施情况：

2008 年 5 月 7 日，韩国与 ITER 国际组织签署 ITER TF 导体采购包协议，表明韩国 ITER 采购项目正式开始。2008 年 5 月 9 日，韩国在大田举行韩国 ITER 项目启动会，ITER 国际组织总干事池田要与 ITER 相关的所有韩国政府部门、研究单位以及工业部门的代表出席了会议。2008 年 8 月，韩国科学与工程基金会(KOSEF)组织召开了 ITER 国内机构项目进展评审会。

2008 年 10 月，ITER 国际组织与韩国公司 KOPEC 签署电气安装合同，目的是为 ITER 装置的电气安装提供工程支持。合同期为 2 年，到期后有可能再续签 3 年。

2008 年 11 月,ITER 国际组织与 KO-DA 签署了该国所承担的 ITER 真空室采购包协议,该采购包是 ITER 项目采购包中最大的采购部件之一。协议内容包括提供 ITER 真空室 9 个扇区中的 2 个以及 9 个扇区中所有的赤道窗口和底部窗口。采购包的总信用价值约为 1.16 亿欧元。根据 ITER 基本的采购分摊原则,ITER 真空室其余的 7 个扇区将由欧盟提供。

同年 11 月,还签署了 ITER 热屏蔽采购包协议。韩国原子能研究所(KAERI)是一家具有多年热室运行经验的核研究所。2008 年,ITER 国际组织派热室工作组访问韩国,双方商议如何借鉴韩国核热室运行经验的可实施方法,帮助 ITER 国际组织优化 ITER 热室设计,以便减少费用。

2009 年 2 月,韩国签署了 ITER 热室建造的设计合同,他们将为 ITER 聚变反应堆的专业检测和设备维修提供概念设计。该项目计划用时 6 个月,耗资 13.2 亿欧元。

2009 年 5 月,韩国与 ITER 国际组织签署了一项合同,为正在法国建造的实验聚变反应堆 ITER 制定优化放射性处理和废物存储计划。韩国教育科学技术部表示,所签署的价值 27.45 万欧元(36.88 万美元)的技术咨询合同,将征集如何最好地进行废物的收集和分类的详细研究,并确定从反应堆将这些废物运送到特殊存储区域最安全的方法。韩国电力株式会社和韩国原子能研究所赢得了国际热核实验堆(ITER)机构的此项合同,他们将负责确定废物处置所需的费用,包括受污染材料的包装,以及处理固态和液态废物最好的方法。这种材料必须在所谓的热室建筑物中存放 20 年之久。

2009 年 8 月 3 日,韩国与 ITER 国际组织签署了 ITER 安装工具采购包协议,由韩国 ITER 办公室和 SPA 工程公司承担建造的安装工具将用来移动和放置 ITER 主反应堆中的 9 个关键部件,总重量达 1 200 t。设计 ITER 安装工具获得的研究经费为 63.9 万欧元。预计分别于 9 月和 12 月完成招标与合同的签署。根据分配给韩国的 ITER 标准单位(KIUA)的采购包总数,至此,韩国完成签署的 ITER 采购包协议数量将超过 60%。11 月,计划签署热屏蔽采购包协议,届时,总数将超过 70%。韩国其余的采购包,如氚 SDS、诊断、包层、AC/DC 变流器等项目的进展都在按计划推进。

ITER 国际组织与韩国国内机构 2010 年 5 月 17 日签署了第 44 号热屏蔽系统采购包协议。热屏蔽是 ITER 成功运行的关键部件。韩国国家聚变研究院(NFRI)将监督该部件的生产,预计 2016 年下半年之前可交付 ITER。

2010 年 9 月韩国国家聚变研究所透露,该所从 ITER 国际组织正式接受了该组织委托的 2 项课题任务。它们分别是"ITER 电源供给装置采购协议签署用技术规格书"和"ITER 项目详细推进程序书的开发"。ITER 电源供给装置是向 ITER 的 48 个超导线圈供应稳定直流电源和有效控制核聚变等离子体的交直流电力变换装置。该课题总费用为 3 亿韩元(20 万欧元),将由韩国国家聚变研究所的 ITER 项目办和 DAWONSYS 公司在 2010 年 11 月底前共同完成。"ITER 项目详细推进程序书的开发"课题的第一阶段费用约 7.4 亿韩元(49 万欧元),时间为一年。该课题的目的是实现 ITER 国际组织的有效项目管理。第一阶段的课题结束后,将通过 ITER 国际组织和 ITER 韩国项目办的协商确定第二阶段的内容。ITER 韩国项目办负责人称,本次成功接受 ITER 国际组织委托的上述课题任务,将使韩国积累今后在设计韩国承担的采购包任务制造需要的技术规格方面的经验,同时也可在世界水平的超导托卡马克装置 KSTAR 建造的经验基础上获得一些追加课题。

2011 年 3 月 14 日签署了 ITER 磁体线圈用 AC/DC 变流器采购包协议，即第 52 号采购包协议。韩国提供的这些部件将对等离子体启动、欧姆加热、等离子体控制以及整个线圈电源系统(CPSS)的全面集成起到重要作用。

截至 2011 年 3 月 21 日，韩国已签署采购包协议的详细情况如下：ITER TF 导体(2008 年 5 月 7 日)，主真空室(2008 年 11 月 19 日)，赤道与底部窗口(2008 年 11 月 19 日)，主机安装工具(2009 年 8 月 3 日)，热屏蔽(2010 年 5 月 17 日)，AC/DC 变流器(2011 年 3 月 14 日)。第 52 号采购包安排协议签署后，韩国承诺的对 ITER 的实物贡献约达到 83%。

ITER 国际组织与韩国 ITER 国内机构 2011 年 6 月中旬签署了编号为 5.5P1.KO.01 的采购包协议。该采购包包括中子活化系统(NAS)和真空紫外边缘成像光谱仪，前者测量实际的聚变功率，后者测量 ITER 等离子体中的杂质。这是 ITER 国际组织诊断研究室签署的第一份采购包协议。

2012 年 6 月，ITER 国际组织与韩国签署了 ITER 真空紫外边缘成像光谱仪采购包修正案。芯部真空紫外监测系统主要用来监测主要等离子体中的所有杂质。偏滤器真空紫外光谱仪主要监测偏滤器杂质，特别是 25 nm 范围内的钨线。采购包修正案完善了韩国 ITER 国内机构真空紫外光谱仪的采购范围。

ITER 国际组织与韩国 ITER 国内机构 2013 年 1 月 17 日签署了一份关于诊断大纲的重要文件。该文件是一份谅解备忘录，它为挑选所有 ITER 诊断上部窗口和水平窗口插件结构的联合供应商铺平了道路。

2013 年 9 月 25 日，ITER 国际组织与韩国电力技术株式会社(KEPCO E&C)核事业部签署了两项 ITER 合同。第一项合同包含 ITER 中央连锁系统的最终设计与采购，是专门用于 ITER 装置保护的控制系统。ITER 国际组织与韩国签署的第二份合同文件是电缆工程技术支持服务的第二个工作计划，合同期到 2017 年 5 月。

2013 年 11 月底，ITER 国际组织与韩国签署了屏蔽包层(50%)采购安排协议。

2.5.7 印度

2.5.7.1 印度参与 ITER 计划过程与现状

在 2004 年印度就已申请加入 ITER 计划。2005 年在辛格总理访美期间，美印两国首脑签署了一份联合声明，声明中提到："印度已经表示出对 ITER 的兴趣，并愿意做出相应的贡献。美国将与 ITER 计划其他 5 个成员国协商印度的加入问题。"

2005 年 12 月 6 日，在韩国举行的第 12 次 ITER 政府间协商会议上，国际热核聚变实验堆(ITER)计划成员同意并欢迎印度作为与其他六国具有同等身份的伙伴国加入到 ITER 计划的建设中来。印度在 12 月 7 日的声明中说，ITER 成员的决定"承认了印度是一个拥有先进核技术的负责任的国家"。印度的"入门费"应是"ITER 计划硬件费用的 10%"。印度也做出了类似的"一揽子协议"承诺。

印度加入 ITER 也是国际社会对印度在核聚变研究与发展领域上技术与科学能力的认可。印度政府在过去 20 年间为聚变研究提供了大量经费，并制定了国内的聚变发展规划。

印度研究机构设计并建造的 ADITYA 装置和稳态超导托卡马克 SST-1 装置以及印度在等离子体物理领域所作的研究工作和取得的成就进一步增强了印度加入 ITER 的实力。印度所做的研究有助于解决某些关键问题。而且通过印度聚变界与国内工业界的合作,开发出许多与聚变研究相关的前沿技术。一些采购包,如低温恒温器、内壁屏蔽、冷却系统等将在工业界的参与下实施进行,同时像诊断系统、中性束注入、离子回旋加热系统和电源系统等都将进入重大的研发中。

加入 ITER 国际组织将大力推进印度国内聚变计划的发展。如果凭印度自己的能力去做的话,要多花 20 年时间才能达到具有同等技术的发展平台。加入 ITER,将加速学习全面的聚变技术。按照印度制定的聚变发展规划,将到 2060 年左右才能建成自己的反应堆。但是加入 ITER 印度就有可能提前到 2030 年或 2035 年。

在 ADITYA 和 SST-1 装置上取得的成果和经验使印度能够顺利加入 ITER 计划。

印度加入 ITER 对印度工业界将是一个挑战。印度将以制造反应堆部件和设备的方式实现对 ITER 的贡献。因此,要求印度工业界必须按照国际质量标准,生产出满足聚变堆要求的高品质部件及设备。今后 10 年印度将为 ITER 提供大约 5 亿美元的设备及部件。所有这些都由印度工业界提供,这些企业一直都在为国内的核聚变反应堆提供服务。ITER 计划将提升印度工业界在质量、成本和时间进度等方面的能力。

2006 年 2 月在巴塞罗那举行的 ITER 会议上,印度对达成 ITER 技术层面的协议起到了十分重要的作用。根据新的协议要求,7 个成员国除了其他的协议规定外,还享有免除关税和 VAT(增值税)等方面的好处。印度与会代表提出了不少关于权利与豁免方面的建议。印度的加入使得 ITER 计划更加容易实施。

2007 年 7 月 6 日,印度联合内阁正式批准印度参与 ITER 计划。同时,内阁会议批准为这项计划投资 250 亿卢比(约 5.95 亿美元),占 ITER 计划总投资的 9%。

2008 年 3 月 14 日,印度 ITER 国内机构召开了第二次委员会会议,会上通过了该组织的新规章制度以及 70 个新职位(行政、财务、服务部门的职位 17 个,工程师、技术人员的职位 53 个)。之后,印度 ITER 国内机构总的工作人员将达到 120 人,其中 31 名等离子体研究所(IPR)人员已经进入印度 ITER 国内机构,另有 19 人即将调入。

2008 年 4 月,开始兴建印度 ITER 国内机构办公地点。2010 年,在 IPR 建成 ITER 研发试验室,新试验室利用 IPR 现有的低温和电源等设备。

2.5.7.2 印度承担的 ITER 采购包任务及执行情况

根据 ITER 协议,印度将承担 ITER 8 个采购包任务,即真空室屏蔽、低温恒温器、水冷系统、低温配电器及低温管线、离子回旋射频(ICRF)功率源及离子回旋系统电源(ICPS)、电子回旋射频(ECRF)功率源及电子回旋系统电源(ECPS)、中性束诊断系统(DNB)及 DNB 电源、诊断系统等部件的生产制造(见图 2.5.6)。印度承担的采购包任务具体事项如表 2.5.4 所示。

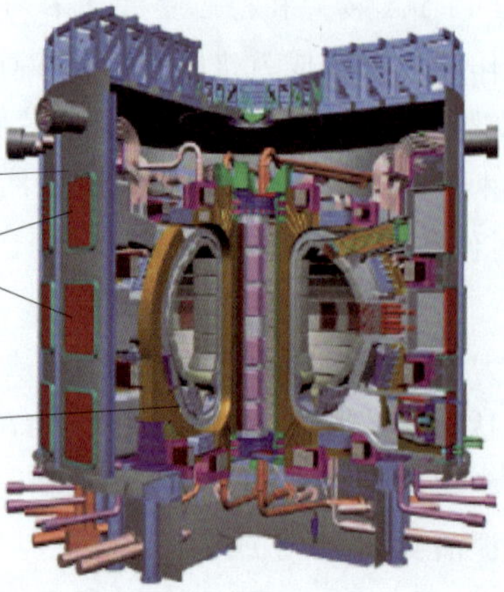

图 2.5.6　印度承担的 ITER 采购包任务示意图

表 2.5.4　印度承担的采购包任务

工作细分解结构(WBS)	采购包名称	PA 签署时间	造价	承担份额
1.5	真空室屏蔽	2009-09-23	37.3 KIUA	100%
2.4	低温恒温器	综合项目进度计划时间:2010-06-25	60 KIUA	100%
2.4	真空室压力抑制系统(VVPSS)	计划 2010 年 12 月 30 日		100%
2.6	水冷系统	2010-3-22	42.0 KIUA	100%
3.4	低温线	2010-4-23	17.6 KIUA	100%
3.4	低温配置	2011-02-10	16.2 KIUA	100%
5.1	离子回旋射频(ICRF)功率源	2010-02-05	18 KIUA	100%
5.1	离子回旋电源(ICPS)	综合项目进度计划时间(IPS):2010-03-31	18 KIUA	100%
5.2	电子回旋射频(ECRF)功率源	2011-08-01	32.5 KIUA	8%
5.2	电子回旋电源(ECPS)	2011-08-01	13.9 KIUA	8%
5.3	中性束诊断(DNB)	2010-03-22	21.1 KIUA	100%
5.3	DNB 电源	2010-04-22		
5.5	诊断系统(XCS,BES,ECE 主等离子体)	2010-08-06	137.5 KIUA	3.2%

2009 年 4 月 19 日，ITER 国际组织印度 ITER 国内机构(IN -DA)负责人在巴黎签署了 ITER 中性束诊断(DNB)电源采购包。印度将负责采购中性束诊断注入器和中性束诊断电源，这将使印度 ITER 国内机构借鉴其自身建造印度稳态超导托卡马克(SST-1)中性束系统的经验。ITER 诊断中性束电源合同，既是印度国内机构签署的第一份采购合同，也是 ITER 控制、数据存取和通信(CODAC)，加热和电流驱动与诊断部门签署的第一份采购合同。中性束诊断注入器设计的注入功率高达 2 MW，可将 100 keV 的氢原子注入到 ITER 真空室。中性束诊断有助于探测 ITER 装置内部氦灰的数量，它将在这方面起到非常重要

的作用。当时,已着手DNB系统的详细工程设计与研发。印度国内机构中性束大纲开展的活动将为DNB系统的开发提供大力支持,如正离子基注入器,稳态条件下(1 000 s)可向SST-1托卡马克注入大约1.7 MW的中性束功率。此项活动得到印度参与相关电气和机械工程硬件开发技术的工业企业的大力支持,其中多数为尖端科技。同时,印度等离子体研究所(IPR)也在开展负离子束研发大纲的项目,目的是成功运行IPR BATMAN型RF离子源以便开展实验运行、人员培训和物理实验。达到100 kW的RF功率与离子源耦合,可在加速电压约为25 kV时产生大约10 A的氢离子束。在RF功率为85 kW与等离子体耦合的条件下对等离子体源进行了调试。大纲将扩展到包括建造测试较大型离子源的设施,最终目的是调试印度研发的ITER-DNB系统的测试设备,解决中性束系统复杂的物理和技术方面的问题。

ITER国际组织真空室组在2008年10月22日召开的项目启动会议上启动了ITER内中子屏蔽层(IWS)采购包项目,印度出席了项目启动会议。印度国内机构将生产加工并交付6 000多个ITER内壁屏蔽(IWS)模块,然后在韩国和欧盟将这些模块安装到真空室的各个扇区。2009年9月24日成都召开的ITER国际组织与各成员国组织协调会(IO-DA)期间,ITER国际组织与印度签署了内中子屏蔽层(IWS)采购包(编号为26)协议。

2010年2月5日,ITER国际组织与印度ITER国内机构签署了ITER离子回旋加热与电流驱动(ICH&CD)系统大功率射频(RF)源的采购包协议。

2010年3月22—23日,ITER国际组织与印度ITER国内机构签署了2项ITER采购包协议,它们分别是ITER诊断中性束(DNB)采购包协议和冷却水系统(CWS)采购包协议。

2010年6月4日,ITER国际组织与印度ITER国内机构签署了ITER低温系统采购包协议。这份价值约为5 400万欧元的合同包括为所有必须在低温下运行的ITER部件提供冷却能力的各种低温管线。继CERN大型强子碰撞机的冷却系统后,ITER低温系统将成为世界第二大冷却系统。ITER低温系统面临的关键挑战是其复杂的几何形状以及在脉冲运行时的能力。该系统将在低温车间内建造,要求在2013年6月完成。

2010年12月10日,ITER国际组织与印度ITER国内机构签署了SPIDER器的采购包协议。SPIDER是通过射频等离子体产生氘离子的离子源。SPIDER与MITICA(兆瓦注入器和概念升级)构成PRIMA(帕多氏ITER兆瓦加速器研究),也就是众所周知的中性束试验装置(NBTF)。NBTF将在意大利的帕多瓦建造。

2011年3月中旬,ITER国际组织与印度签署了编号51(ITER高功率射频加热系统用高压电源)的采购包协议。至此,ITER计划累计承诺的实物贡献总数已达到64%。

此外,印度还承担ITER网络信息应用软件研制工作。印度艾哈迈达巴德的银触技术有限公司加入了这项工作并将其作为印度方参与ITER计划的一部分。

2011年9月6日,ITER国际组织与印度ITER国内机构签署了ITER低温恒温器采购包安排协议。该采购包是第59号ITER采购包,至此,已签署的实物贡献形式的采购包数量已占ITER计划的71%。

2012年3—4月,ITER国际组织与印度分别签署了边缘成像X射线光谱仪采购包协议和ITER低温配电系统采购包协议。印度负责采购的边缘成像X射线光谱仪是ITER中有价值的诊断工具,是3个X射线子系统的其中之一,该子系统用来监测ITER中不同区域的等离子体，以便准确地提供等离子体的行为及性能。边缘成像X光谱仪是一个真空耦合的多通道设备，安装在某个通道口的后面，有一束非常狭窄、直接的可见光射向D形等离子体的边缘区域。低温分配系统是ITER低温系统中第四个实物采购包，也是最后一个，是与印度签署的第三个采购包。

2013年11月底，ITER国际组织与印度签署了第3个诊断采购包——上部窗口#9的集成工程的安排协议。

截止到2010年9月，印度ITER国内机构采购包执行状况见表2.5.5。

表2.5.5 印度ITER国内机构采购包(截至2010年9月)执行状况

采购包	目前的情况	KIUA（签署）	存在问题
真空室内壁屏蔽	已完成，2009年9月23日签署	37.3	推迟完成2D绘图，推迟采购包计划，工业界等待投入
低温恒温器	已完成PDR，2010年6月25日签署		首先完成最终设计和2010年11月提交最终设计报告(FDR)；解决
真空室压力抑制系统(VVPSS)	概念设计评审(CDR)还没完成		解决波纹管和仪表装置
水冷系统(CWS)	已完成	47.25	客户要求还没有最终完成。原计划2011年3月完成初始设计评审(PDR)，可能要推迟到5月
低温配电	概念设计评审(CDR)还没完成		
T&C低温线	已完成	3.52	
ICRF源	已完成	18	
IC电源	完成概念设计评审(CDR)		IC HV电源采购协议(PA)最终草案目前正在讨论中，PA将于2010年12月签署
EC源	概念设计评审(CDR)未完成		
EC电源	概念设计评审(CDR)未完成		
DNB注入器	已完成	13.1	离子源的协同技术模型和DWO/模型的合适转换，等着IO，在RO之间进行最初讨论。尽快需要IO最终决定。这可能推迟束源绘图的最终确定。 需要解决DNB BLC\HV(高压)套管和束源的RH相容性。IO RH整合的设计合同计划与DNB采购计划不同步。IO需要首先完成这项任务。
DNB电源	已完成	9.7	
诊断系统	概念设计评审(CDR)未完成		
签署的总额度		128.87	

2.6 ITER 计划实施阶段总体进展

2006 年 11 月 21 日,中国、欧盟、日本、印度、韩国、俄罗斯和美国等 7 方代表在法国总统府爱丽舍宫共同签署了《联合实施国际热核聚变实验堆计划建立国际聚变能组织的协定》和《联合实施国际热核聚变实验堆计划国际聚变能组织特权和豁免协定》。随后,ITER 临时国际组织于 2006 年 12 月 1 日成立,提名原日本科学技术厅科学审议官池田要担任 ITER 国际组织总干事,ITER 计划正式进入实施阶段。

2007 年 2 月 12—16 日召开了首次 ITER 设计评审接口会议。此次会议的目的是讨论 8 个设计评审工作组(设计要求及物理目标工作组、安全与许可证工作组、场地与厂房工作组、磁体工作组、加热与电流驱动工作组、氚生产厂工作组、真空室与室内部件工作组)之间可能的接口问题和最佳解决方案。会议讨论的另一个议题是 2007 年基线设计文件的完成情况,并根据要求将开展的设计审查的任务总量所采用的方法写入 ITER 设计更改程序。

ITER 氚设施项目组于 2007 年 3 月底成立。该项目组的任务是协调 ITER 氚设施所有的设计任务,尤其是安全要求以及是否符合指导方针和标准。项目组还将协调与氚设施系统相关的 ITER 参与国的进度安排与采购活动。各参与国将派出一名正式的联络人及数名技术专家。在项目组中,安排了包括氚设施规范与标准、安全设计准则以及除氚系统的设计等在内的特殊课题任务。

欧盟 2007 年 6 月 28 日组建欧盟 ITER 和聚变能源发展联合体(简称欧盟 ITER 联合体)并举行了成立仪式。欧盟 ITER 联合体的主要目标有 3 个:提供欧盟在 ITER 国际聚变能源计划中分摊的项目;作为“ITER 相关设施合作协议”(BA 国际协议)的一部分,在相关项目上与日本共同合作,以加速聚变能源的发展;组织、协调活动计划,为第一个示范聚变反应堆做准备。

2007 年 6 月底,欧盟、日本以及俄罗斯联邦等参与国之间签订了“偏滤器评定任务协议书”。ITER 各部件均需满足最高的质量标准。为保证达到这样的要求,需要对承担诸如 ITER 偏滤器等离子体面向部件之类的 ITER 关键项目的参与国进行资格认证。参与这种部件采购包的国家必须通过成功并及时地制造一个中等尺寸的“合格原型机”来证明该国的技术能力。“任务协议书”中涵盖了上述原型机的制作,它是 ITER 国际组织与承担某种程度工作或研究任务的参与国之间签订的协议。ITER 偏滤器的负责人表示,“在经过一年多的谈判,解决了偏滤器技术与形式上的所有细节问题后,朝着偏滤器的采购迈出重要一步,同时对能够按照计划好的时间表开工也同样重要。

2007 年 7 月下旬,ITER 参与国的聚变专家齐聚卡达拉奇,讨论 ITER 基线设计可能要做的修改以及满足 ITER 计划已确定目标的设计要求,就针对不同部件(包括有必要改进部件以获得更先进等离子体性能以及所要求的建筑空间)提出的 104 个设计变更申请(DCR)的提案给出了结论。在建设 ITER 的道路上迈出了一大步。

ITER 理事会第一届科学技术顾问委员会(IC-STAC)于 9 月 5—6 日在卡达拉奇举行会议。会议的主要议题是讨论尚在解决之中的设计评审的状况与问题,以及可能对设计评审的诸多方面如进程、成本以及范围产生的影响。

2007 年 10 月 24 日,在经过所有参与 7 方完成政府批准程序 30 天后,《联合实施国际热核聚变实验堆计划建立国际聚变能组织的协定》和《联合实施国际热核聚变实验堆计划国际聚变能组织特权和豁免协定》2 个协议正式生效。ITER 国际机构也正式运行，这意味着 ITER 实验堆的建造将进入实质性实施阶段。

2007 年 11 月 7—8 日，ITER 国际组织理事会管理咨询委员会第二次会议在 ITER 国际组织总部法国卡达拉奇召开。这次会议是 10 月 24 日 ITER 国际组织正式成立以来第一次由 7 方代表参加的重要会议。会议听取了 ITER 国际组织总干事和副总干事工作进展情况的汇报，主要包括 2 个协定审批、国际法人机构建设、ITER 国际组织内部管理、国际雇员配置、设计评估进展、采购项目合同计划、2007 年各国现金贡献和经费使用情况以及 2008 年至 2010 年初步预算等；ITER 国际组织 7 方委员详细讨论了理事会技术咨询委员会第二次会议就 ITER 国际组织开展的设计评估工作的意见和建议；各国执行 ITER 计划的进展情况；制定了下一阶段的工作计划等。

ITER 国际组织科学技术顾问委员会（STAC）2007 年 11 月召开的第二次 STAC 会议上确认可能导致 ITER 性能出现风险的许多优先解决的技术问题，如边缘局域模（ELMs）控制、垂直稳定性与等离子体的成形、真空室的负荷与线圈冷测试。为此，IO 与 ITER 7 国的国内机构组建了 13 个工作组来分析这些问题，并且在必要的问题上确认设计改进。经 2008 年 4 月召开的第三次 STAC 会议确认，在不到 4 个月的时间里，IO 、DA（国内机构）、国际托卡马克物理活动（ITPA）的成员们以及世界各地许多实验室的参与人员齐心协力，坚持不懈，提出了若干方案和概念设计，这一切均向 STAC 给出信号：ITER 进入下一步的准备工作已经做好。

ITER 国际组织 11 月 27—28 日在法国举行首届理事会议，总结了过去一年里 ITER 国际组织临时机构的工作，评估业已制定的 ITER 计划，批准了该年度的决算及下一年度的预算并审定了雇员情况及讨论了与其他国际组织和国家在热核开发领域的合作。ITER 理事会是 ITER 国际组织的最高权力和决策机构。

值得一提的是，美国对 ITER 计划的投入经历过几次改变。1998 年，美国曾经退出 ITER 计划。2003 年，在 ITER 计划的实施阶段，美国又重返 ITER 计划。而在 2007 年，美国国会决定削减 2008 年计划用于 ITER 的费用，当时国际上对此表示，如果美国再次撤出资金，会影响计划进度，但是不会扼杀整个计划，同时，美国国内的相关科学家都在积极争取经费拨款。之后，2008 年美国政府增补了经费支持 ITER 项目办公室继续开展工作。2009 至 2012 财年期间，美国 ITER 项目获得的国家财政拨款经历了几次升降变化。

截至 2008 年初，ITER 计划 7 个参与国的 ITER 国内机构（ITER DA）均已成立并任命了负责人：分别是，中国成立了科技部（MOST）直属的 ITER 中国办公室。（该办公室 2008 年 6 月转换为中国 ITER 国内机构，注册名称为“中国国际核聚变能源计划执行中心”（CINFEPEC））。欧盟国内机构“聚变能”位于西班牙的巴塞罗那，于 2007 年 3 月正式成立。当年 7 月，印度在甘地纳加尔的等离子体研究所设立 ITER 印度办公室。2007 年 10 月 24 日，日本原子能研究开发机构（JAEA）被文部科学省指定为日本的 ITER 国内机构。2007 年 8 月 31 日，韩国 ITER 国内机构在国家核融合研究院（NFRI）成立。2007 年 8 月 31 日，俄罗斯在库尔恰托夫原子能研究所成立了一个专门部门，作为 ITER 国家机构。美国 ITER 办公室是 2004 年 7 月在橡树岭国家实验室最先成立的 ITER 国内机构。

2008 年 1 月 24 日，ITER 极向场（PF）线圈原型超导体试验线圈绕组在日本原子能研究开发机构那珂聚变研究所的试验装置上开始进入安装。该极向场嵌入线圈绕组2007年9月在欧盟完成并抵运日本那珂用作试验，超导体由俄罗斯提供，制造商为英国特斯拉公司。其试验结果将用于最终确定极向场超导体的设计参数。极向场嵌入线圈的成功安装是极向导体性能资质确定的重要一步。

2008年3月第一周在法国埃克斯-普罗旺斯召开的为期3天的ITER实验包层特别小组会议就如何开展和协调关于实验包层模块未来的工作进行了讨论。实验包层是ITER反应堆相关试验关键部件之一。实验包层特别小组是将来自7个参与国建议的各种方法整合到一起而专门成立的一个工作组，其主要目标是寻求制定开展实验包层计划的时间进程表。

2008年4月23—24日，ITER IO-DA(International Organization-Domestic Agency)协调会在中国合肥召开。该会议是IO与各成员国的DA负责人进行重大事务沟通和协调的例会，会议通报和讨论了各重大设计更改和评审、通报和研究了ITER科技咨询委员会(STAC)的建议，讨论和准备向ITER理事会提交的报告以及讨论了各国采购包的计划进度、资源计划、经费调整等事项。

2008年5月19日，ITER科学与技术咨询委员会(STAC)在卡达拉奇召开会议，讨论ITER的最终设计、装置范围和首次产生等离子体的时间进度。

2008年5月20—24日，ITER国际组织理事会管理咨询委员会第三次会议、科技咨询委员会第四次会议和第二届理事会筹备工作组会议在法国ITER国际组织总部召开。会议全面听取了ITER国际组织总干事、副总干事和部门官员对ITER计划近半年的执行情况、项目进度调整、2008—2011年预算和概算等情况的汇报；认真讨论了6月将在日本召开的第二届理事会上需要批准通过的系列管理和技术方面的文件。此外，会议还讨论了ITER国际组织与国际原子能机构签署合作协议、哈萨克斯坦要求加入ITER计划事项、各方采购包任务执行情况和成立派驻机构等事宜。ITER国际组织通告ITER各参与国政府，ITER建造费用超过预期预算30%，而且整个计划也将推迟1～3年。ITER参与7方被告知，如果要实现ITER计划，必须在目前50亿欧元建造预算费用基础上再增加12～16亿欧元(19～25亿美元)。

ITER国际组织理事会的4个顶级会议于2008年5月同时召开，它们是科技咨询委员会、管理咨询委员会、各国联络员工作组会议、ITER国际组织与7国国内机构负责人及代表会议。在过去的6个月中，ITER项目在完成ITER设计要重点解决的主要问题方面取得显著进展，这些问题是科技咨询委员会(STAC)希望在转入ITER建造之前解决的重大问题。科技咨询委员会建议现在就应该将设计更改纳入修订的ITER技术基准设计之中，并在6月份提交ITER理事会批准。在管理咨询委员会(MAC)与STAC举行的联席会议上，提出了一个新的ITER计划参考进度表，该进度表是过去9个月中通过一系列的讨论会与各国国内机构共同研究制定的，详细制定了完成建造与安装的过程。介绍了为满足新的计划参考进度所需要的资源。联络员工作组(CPWG)为6月份在日本青森召开的ITER理事会的筹备工作做了精心的准备。会议期间作出了一个重大决策：如果ITER理事会接受提案，那么实验包层模块大纲(还不是ITER建设项目组成部分)将纳入ITER建设项目中。实验包层模块大纲一直以来都是ITER的一项任务。现在该大纲已经成熟，将被纳入ITER协议。5月25日，ITER国际组织与各国国内机构负责人及其代表团召开会议。IO与DA之间的会议是保证所有建议与需求得以顺利实施的关键。会议第二天，明确了

ITER 建设要按计划推进，各种部件都在按照进度建造。

2008 年 6 月 17—18 日，ITER 国际组织的管理机构，ITER 理事会在日本青森召开了第二届会议。会议主要讨论了 ITER 设计评审的意义，ITER 计划的范畴、进度与成本。理事会批准通过了 ITER 国际组织提出的新的 ITER 计划说明书。该说明书是详细描述 ITER 科学目标和技术参数的最高等级的文件。理事会还批准了修订的总体项目进度，ITER 实验堆计划 2012 年左右进入组装，2017 年建成后，预计在 2018 年开始运行并产生初始等离子体。但如果伴随实验堆的建造，需要开发引进新的技术，也不排除将运行时间推迟到 2018 年以后的可能性。参加该届理事会的各国代表批准了实验堆的设计规格并签署了包括具体建造进度的 ITER 计划基础文件。ITER 理事会主席 Chris Llewellyn Smith 表示："自 2007 年 11 月第 1 届 ITER 理事会召开以来，ITER 国际组织和各国内机构都取得了重大进展，这些进展都得到了 ITER 科学技术顾问委员会和管理咨询委员会的明确认可。"

ITER 国际组织(IO)参与各方国内机构(DA)协调会议 2008 年 6 月 20 日在日本原子能研究开发机构那珂研究所召开。本次会议讨论了如何降低建设成本的方法以及在各设备采购单位建立项目组等事宜。

2008 年 7 月 28—31 日，由 Dr. Frank Briscoe 担任主席的 ITER 费用评估独立小组在卡达拉奇进行了 ITER 费用的第一次评估。

ITER 计划副总干事 Norbert Holtkamp 2008 年 9 月在德国罗斯托克举行的第 25 届聚变技术大会上表示，ITER 计划的最终费用可能至少超出预算的 10%，还有可能超出 100%。这意味着 ITER 国际热核聚变实验堆的建造费用有可能翻番。Norbert Holtkamp 在会上说，成本超出预算的原因包括较高的原材料和能源的费用，以及科学家们希望引入的复杂创新技术。

ITER 国际组织于 2008 年 10 月 13 日与联合国国际原子能机构 IAEA 签署了一份有关核聚变能源开发计划的合作协议，这意味着国际原子能机构将通过与 ITER 国际组织之间开展情报交换和研究人员培养的相互合作参与到这一核聚变能源开发计划之中。

ITER 实验包层工作组第 20 次会议于 2008 年 11 月 4 日起在法国卡达拉奇召开。增殖包层是 ITER 通向聚变示范堆(DEMO)需要的主要关键技术突破点之一。增殖包层和相关的系统必须确保氚增殖自足，显示良好的能量转换效率，以及经受高的中子通量。第 20 次会议的主题包括未来实验包层模块(TBM)试验计划的更新，以及确定 TBM 和 ITER 装置之间的接口问题；进一步讨论如何更好地明确 7 个参与国在 TBM 计划中要承担的份额。

ITER 新总部 2008 年 11 月 20 日举行落成典礼。欧盟为办公大楼的建造提供了 560 万欧元的财政支持，新办公大楼将可容纳 300 名 ITER 国际组织工作人员。

2008 年 11 月 19—20 日召开的 ITER 理事会第三次会议批准通过了实验包层模块大纲。这些模块将用来试验未来聚变电站实现氚供应自给的概念。

日本 ITER 国内机构(JADA)承担了被称为 ITER 偏滤器"外部垂直靶"部件的采购任务，2008 年 11 月通过了性能试验。负责托卡马克装置的 ITER 副总干事 Gary Johnson 评论说，这是 ITER 计划所取得的非常重要的成就。

2009 年 1 月 14 日，ITER 国际组织与 ITER 国内机构(IO-DA)在印度阿默特巴德召开了 2009 年度第一次协调会。会议主要涉及 ITER 今后 12 个月和以后的 3 个大的议题：ITER 设计现状与终结采购包；评价 IO 和 DA 进度安排和资源评估的下一轮评审、部件的船运及其所有相关法律问题的独特事项等。2008 年 ITER 国际组织机构与各国 DA 签署了价值大约为 8 亿欧元的合同。

ITER 装置第一批样机中的包层屏蔽模块 BM11 于 2009 年 3 月运抵 ITER 总部，这个巨大的不锈钢块是 ITER 真空室壁的组成部件。包层模块与偏滤器都是直接面向热等离子体的部件。其目的是保持运行期间清洁的等离子体，同时保护真空室和超导线圈以免过热和受中子通量的影响。在此后的实验中，部分模块将用于进行氚增殖概念的测试。

ITER 理事会第 4 次会议 2009 年 6 月 17—18 日在日本水户市召开。理事会通过了计划基准线发展的工作基准，确定了分阶段完成 ITER 建造的方式，并确定了 2018 年底前产生初始等离子体，2026 年实现氘氚燃料运行的预定日期。本次 ITER 理事会决定，ITER 将首先建造包括实验必需的真空室、超导线圈等主要设备，在确认产生等离子体后，再完成所有的设备。ITER 国际组织总干事池田要指出："分阶段建造 ITER 设备是为了降低风险，确保在 2026 年之前实现聚变反应"。由于原材料价格的上涨，初始设计中的一些缺陷，以及未预料到的管理采购人员费用的增加，目前的建造费用有可能在 2006 年提出的 50 亿欧元(70 亿美元)评估费用的基础上翻一番。ITER 预计 20 年运行期的 50 亿欧元费用也可能还会增加。困扰 ITER 计划的不仅仅是费用问题，还有巨大的技术挑战。一些科学家也认为，在通往聚变的道路上所面临的技术挑战将会变得越来越难克服，聚变作为一种商用能源的开发至少还需要 100 年。

截至 2009 年 7 月，包括采购安排协议的签订，第一壁资格认证以及磁导体所取得的进展，ITER 建设取得了一些重要进展。在采购安排协议方面，欧盟负责采购的 2～6 号极向场线圈；美国负责采购的环向场导体；俄罗斯负责采购的真空室上部窗口和偏滤器穹顶；日本负责采购的偏滤器外靶等协议相继签署。至此，所有签订的采购安排协议总额占 ITER 总值的 30%。

ITER 国际组织的官员透露，ITER 在 2010 年春季之前还不能投入建造，而 ITER 的建造最初计划是在 2009 年秋季开始，推迟的原因是各参与国尚未确定在这项耗资上百亿欧元的大型项目中所承担份额费用的支付方法，尤其是欧盟各参与国尚未决定如何支付他们所承担部分的费用。欧盟在 ITER 参与 7 方中提供了所需资金的大部分，超过了 45%，并为装置建设提供了场地。

ITER 理事会 2009 年 11 月 18—19 日召开了第 5 次会议。会议期间，代表们就如何建立一个能够被所有参与国接受，且考虑到技术和成本风险，合乎实际切实可行的计划表进行了深入讨论。基于 ITER 国际组织先前在支持更新计划表中所做的工作，并结合当前正在探究的降低风险的方法成功的可能性及根据经各国内机构所评估的计划表，理事会要求 ITER 国际组织在 2010 年 2 月底前确定一个合乎实际，切实可行的产生初始等离子体的"最早日期"。同时理事会也要求 ITER 国际组织与各国内机构及企业协商，并考虑到每个结构系统或部件所具有的所有风险，确定一个"最迟的完成日期"。理事会通过了 ITER 国际组织 2010 年 1.748 亿欧元的财政预算案。理事会指出，ITER 制造已经开始：ITER 国际组织与所有 ITER 参与国的企业已签署了装置建造部件或现场安装的合同。ITER 总干事池田要指出："ITER 取得了重大进展。我们现在正在转入一个全球采购和制造这个令人兴奋的阶段。"理事会还讨论了有关知识产权管理、ITER 国际组织未来几年的预算、出口控制、和平利用 ITER 技术和防止核扩散、实验包层模块计划，研究合作与核责任等方面的进展情况等,并批准成立一个 ITER 建造资源预算独立评估小组的建议。俄罗斯联邦前任副主席维里科夫(Evgeny Velikhov)当选为新一届 ITER 理事会主席。中国万元熙院士当选为 STAC(科技咨询委员会)主席,韩国 NFRI(国家核聚变研究所)所长 Gyung Su Lee 当选为 MAC(管理咨询委员会)主席。

2010 年 2 月底,ITER 国际组织准备向 ITER 理事会提交一份修改过的进度表。在下一次召开的会议上(1 月 18—20 日),技术咨询委员会计划听取欧盟工业代表的发言,并讨论进一步加快进度的战略。在结束项目成本核算和完成随后的总体基线之前,确定进度是一个必要步骤。2009 年 11 月 ITER 理事会做出了进行重大调整的步骤,根据设计评审(4 亿欧元)结果,批准通过近一半的项目需增加成本;其余的将在 2010 年 6 月召开的 ITER 理事会上确定。在设计评审期间,提出对某些 ITER 设计要进行重大修改和改进,比如改造热室、建造中子束试验设施的决定等。

2010 年 2 月 23—24 日,ITER 国际组织召集的"ITER 各参与国国内机构负责人" 会议决定,批准 ITER 建设进度推迟 10 个月,延长至 2019 年 11 月。ITER 原先的建设进度 2016 年已于 2009 年 6 月推迟到 2018 年。之前,曾要求各 ITER 参与国负责人将 ITER 建设进度推迟到 2020 年,但多数参与国反对太长时间的拖延。Brinkman 博士说,已经要求 7 个 ITER 参与国的国内机构制定新的成本与进度安排以便适应新调整的进度。ITER 进度和管理结构的最终决定有望在 2010 年 6 月召开的 ITER 理事会上敲定。

ITER 管理咨询委员会(MAC)2010 年 3 月上旬召开会议,审议所提交的"修改 ITER 建设进度"的提案。自 2009 年 11 月 ITER 理事会召开以来,经过全面的风险分析,提出了新的 ITER 建设进度修改议案,并于 2010 年年初在巴黎召开的 ITER 7 国成员国高级代表特别会议上提交,由此,获得全面支持的修改后的路线图亮相。持续 2 天的评审会议做出的结论是"2019 年 11 月初产生初始等离子体的进度安排在技术上看来是可靠的、可实现的,这与各 ITER 国内机构评估的可实现的交货日期基本一致。"

2010 年 5 月下旬,承担 ITER 新的临时办公大楼建设的法国 ITER 国内机构(AIF)正式将 ITER 联合工地Ⅲ(JWS 3)的钥匙移交给 ITER 国际组织。

欧委会 2010 年 5 月称,2012—2013 年欧盟资金有 14 亿欧元的缺口,欧盟承担的 ITER 建造费用从原估计的 27 亿欧元上涨到 72 亿欧元。

2010 年 6 月 16 日,欧盟执行官员表示,虽然 ITER 计划目前面临迫在眉睫的大笔资金短缺,但 ITER 建设不可能放慢步伐。由于 ITER 计划的预算成本一路飙升,预计在 2012—2013 年资金将严重短缺,缺口超过 10 亿欧元(12.3 亿美元)。虽然这样,欧委会发言人马克在布鲁塞尔向记者透露,"事实上,欧盟并没有推迟 ITER 建设,过去几周来,已陆续签订一些非常重要的采购合同"。2006 年 ITER 协议签署时,预计的建造费用约 50 亿欧元 (约 60 亿美元),而据非官方估计,目前的预算将达到约 150 亿欧元。作为最大的 ITER 计划贡献方,欧盟要支付 72 亿欧元的费用,远远超过最初预期的 27 亿欧元。目前最紧迫的问题是解决 14 亿欧元的 2012—2013 年建造预算的缺口问题。

2010 年 6 月 16—17 日在中国苏州召开的国际热核聚变实验堆(ITER)理事会上,ITER 国际组织总干事池田要称,ITER 的国际采购合同迄今已签署了 60%,预计 7 月将启动建筑工程地基的平整作业。在本届理事会的开幕式上,中国科技部部长万钢强调,中国将履行中方在 ITER 计划中的各项承诺和义务,同时表明了中国将和其他参与各方共同合作、努力使ITER计划获得成功的态度。本次理事会上,分别报告了11年业务计划方案、预算方案、出口规则及和平利用和不扩散方案以及实验包层模块计划方案。

2010年6月25日欧盟27个成员国初步达成协议,决定用欧盟2007—2013年主要科学基金机制——欧盟第七框架计划(FP7)的资金来填补ITER的大部分资金缺口。FP7总体预算为505亿欧元,还剩余大约200亿欧元没有用完。ITER项目谈判官Achilleas Mitsos认为,通过分摊FP7预算来解决ITER资金缺口意味着"这项计划将不会受影响"。但FP7吸收整个14亿欧元的费用有困难,这可能要牺牲一些新的项目和提案。Mitsos仍然希望能够用欧盟预算的其他部分未用完的资金来填补这项缺口。虽然存在预算问题,Mitsos预测,欧盟将会继续全力支持ITER,因为若ITER不成功,欧盟在政治和经济上都会付出沉重的代价。他说:"欧盟不得不继续担负这个项目。"委员会希望,在预定7月底召开的下次会议上能商议出一个最终计划。如果一切就绪,首个ITER实验可望在2019年年底开始。

2010年7月,美国ITER国内机构主任Ned Sauthoff表示,2011年美国"持续性决议"预算可能不会对美国ITER项目(橡树岭)造成很大影响。Ned Sauthoff说:"持续性决议对我们来说不是问题,因为我们创建了能够渡过此关的筹措资金。"据报道,2011年美国总统预算提出的美国ITER项目资金为8 000万美元,比2010年(1.24亿美元)大幅降低。

来自布鲁塞尔2010年7月20日的消息称,随着国际热核实验反应堆(ITER)工程复杂性的增大以及不断上升的建造成本使ITER计划价格标签上升至160亿欧元(207.6亿美元)。受经济危机影响的欧盟成员国称,将从欧盟目前的预算(包括最初拨给其他研究项目的资金)中抽出部分资金,填补欧盟2012—2013年承担的ITER份额的资金缺口。欧委会在一项提案中表示,将从欧盟的第七研究框架计划(FP7)抽出4.6亿欧元给ITER。欧委会表示,虽然还没具体指定从哪个领域支出这笔费用,但余下的9.4亿欧元将从欧盟预算的其他部分未用完的资金中支出。这样,资金短缺的欧盟成员国不需要再考虑提供资金来填补ITER 14亿欧元(18.1亿美元)的资金缺口了。

ITER计划成员各方在2010年7月27—28日召开的ITER临时理事会上就ITER计划资金的融资问题和新的时间进度表取得一致意见。在欧盟表示最多追加66亿欧元的额外资金的情况下,本届临时理事会讨论并就ITER 160亿欧元预算资金的融资办法达成协议。大会一致通过了ITER国际组织提交的ITER基线,特别是,总体项目进度(OPS)和总体项目成本(OPC)。会议确定的ITER时间进度表是:2019年11月首次产生等离子体。2027年3月开始氘氚运行实验。但是,ITER理事会鼓励ITER国际组织探索优化进度的方法,如果可能的话,争取在2026年启动氘氚运行实验。该时间进度表比原定计划推迟了1年。经过数次延迟和多次漫长的政治性协商后,这项庞大复杂的计划终于进入了一个较稳定的进程中,增加的经费得到了保障。本届理事会任命前日本国家聚变科学研究所所长本岛修为ITER新的总干事,接替离任的原ITER总干事池田要。此次ITER理事会议的召开标志着ITER计划开始进入建造阶段。

ITER新任总干事本岛修上任后不久就组建了一个专门工作小组,考虑降低ITER成本的措施,以寻求减少10%费用的办法。ITER科学技术咨询委员会讨论了22种降低成本的办法。一种可能的办法是,取消控制堆芯等离子体扰动的磁场线圈。等离子体扰动又称作"边缘局域模(ELM)。"ELM会引起等离子体膨胀,靠近堆安全壳的侧面,破坏聚变的发生，从而很有可能导致堆损坏。为此，研究人员研制出几种抑制 ELM 的方法。最近科学家们研制出一种新的抑制 ELM 的创新性方法，即在堆容器内安装磁场线圈，用弱磁场抑制 ELM。但是这个想法提出的时间有些晚，没有包含在最初的 ITER 设计中，而且要实施这个方案费用也不会低。另一种降低成本的可能办法是，取消反应堆巨大屏蔽磁体的试验。一些 ITER 成员方坚决要求磁体安装前在其正常的运行温度下必须对磁体进行试验，因为一个严重故障就可能毁掉整个工程。但是要将这些庞大的设备冷却到低温温度，需要建造另一个专门装置。

ITER 国际组织总部大楼于 2010 年 11 月 17 日在法国卡达拉奇举行了奠基石揭幕仪式。该总部大楼建设的进度安排是，用 2 年时间完成总部大楼的建设。总部办公大楼已于 2010 年 9 月开始建设。2011 年 4 月之前完成主要上层结构（地面、梁柱和墙面），之后转入外墙装修。2011 年 11 月开始安装电气、加热和电梯等设施。ITER 国际组织总部大楼的项目成本大约为 4 000 万欧元，由欧盟和法国筹集。

2010 年 12 月，欧盟议会成员（MEPs）在布鲁塞尔召开会议，原本打算重新分配现有预算中的 14 亿欧元来弥补 ITER 计划 2012—2013 年建设经费的短缺，但最终遭到欧盟议会的拒绝。为此，预算委员会成员不得不在来年初提出新的 ITER 预算案。ITER 总干事本岛修已就不断增长的 ITER 费用问题，与欧盟委员会官员进行了磋商。

为确保所有 ITER 部件从世界各地的 ITER 生产国安全地或陆路或水路或空运运抵 ITER 建设工地，ITER 总干事本岛修 2011 年 1 月底与 ITER 7 方国内机构负责人签署了“专业物流服务供应商”的理解备忘录。备忘录中涉及 ITER 部件运输各个方面的法律框架——包括存储、保险、装卸以及海关管理，简化了世界各地 ITER 部件采购的复杂物流，并且能够保证安全地到达 ITER 工地。

2011 年 5 月 9—11 日，ITER 理事会科技咨询委员会（STAC）第十次会议在 ITER 国际组织总部召开。会议首先听取了 ITER 国际组织本岛修总干事关于 ITER 计划工作进展情况的汇报，以及刚刚履任的行政管理部副总干事关于建造阶段经费使用情况及成本控制措施的汇报和 ITER 项目部副总干事关于项目工程设计进展、项目进度和项目预算的汇报。另外，各专题负责人汇报了工作的执行情况，特别是技术方面需要 STAC 提出咨询意见，并将提交第八届理事会决策的问题。STAC 成员和专家认真讨论了 ITER 国际组织工作报告，并按照上届理事会要求提出了评估意见和下一步工作建议。通过本次会议，各方认识到 ITER 国际组织建造阶段的工作在本岛修总干事领导下取得了可喜的进展，成员方与 ITER 国际组织的合作进一步加强。对于总体工作中存在的技术问题，STAC 敦促 ITER 国际组织和各方国内机构紧密合作，尽快寻求解决办法，严格按照理事会决议全面推进建造阶段工作的顺利实施。

第 8 届 ITER 理事会于 2011 年 6 月 14—15 日在日本青森召开。ITER 7 方成员国的代表出席了会议。在核准的资金范围内维持 ITER 的进度，包括减小因日本地震对 ITER 关键部件的生产制作所带来的影响，成为此次会议讨论的热点问题。计划 2011 年 10 月初制定进度修复的战略计划。ITER 总干事本岛修强调“我们要采取一切必要的措施将延迟的时间降至最低。”本届理事会对 ITER 工地厂房建设的进展和全球重要部件的生产进展表示满意。会上还着重提到 ITER 国际组织为提高 ITER 项目的管理所采取的各项措施，ITER 国际组织和各国 ITER 国内机构为减少和控制费用所做出的共同努力。

ITER 国际组织总干事本岛修 2011 年 7 月 22 日在日本文部科学省会见记者时说，尽管受日本东部大地震的影响，国际热核聚变实验堆（ITER）计划的初期阶段会推迟，但计划中的 2027 年在 ITER 装置中获取 500 MW 级能量输出功率的核聚变反应"应该没有问题"。但是，预计日本承担的 ITER 关键设备——环向场线圈的生产将推迟。因此，计划中的 2019 年产生氢高温等离子体的初始等离子体实验预计将延后到 2020 年。负责国际热核聚变实验堆计划的 ITER 国际组织新闻发言人随后正式宣布 ITER 计划推迟一年。

2011 年 11 月 17—18 日，ITER 第九届理事会会议在 ITER 国际组织总部、法国卡达拉奇召开。本次会议听取了本岛修总干事的工作进展汇报，以及理事会附属委员会和工作组的主席汇报；审批了总干事提交的系列文件，包括 ITER 计划进度战略管理策略、成本管理策略、2011 年预算执行情况；批准了 2012 年预算并讨论了 2013—2014 年预算匡算和概算，以及测试包层模块计划等重要议题；讨论了 ITER 国际组织管理评估报告、存在的问题和改进措施。本届理事会还选举新一届理事会主席和副主席，任命了理事会四个附属委员会的主席和副主席。

2011 年 12 月，欧盟部长会议批准了 2012—2013 年的 ITER 应急开支，提出创建一个"补充研究计划"，通过欧盟的核能组织欧盟原子能联营给予资助，确保欧盟保持其主导地位及与包括中国、印度、日本、韩国、俄罗斯和美国在内的项目其他六方在 ITER 资金上的平衡。

2012 年初，欧盟 ITER 国内组织机构 F4E 交付了所承担的 ITER 工地上第一个建筑厂房——ITER 极向场（PF）线圈厂房。ITER 极向场线圈厂房是 ITER 工地上最先交付的 39 个建筑物中的第一个，承担 PF 线圈厂房建造的是法国斯卑公司及其合作单位，总预算为 4 000 万欧元。该项目的工程监理单位是 Energhia 公司。厂房设计始于 2010 年 1 月，建造开工始于 2010 年 7 月。ITER 总干事本岛修对欧盟按时交付所做出的努力表示感谢，认为这是实现聚变能具有里程碑意义的事件。

各国承担的国际热核聚变实验堆（ITER）的主要设备 2012 年起相继进入正式制作阶段。日本在 ITER 计划中承担了超导线圈导体的制作、线圈的试制及加热装置的技术开发。根据协议，19 个 ITER 超导线圈由参与 6 方分工并合作制造。包括日本承担 33 个超导导体，韩国承担 27 个，中国承担 9 个，欧盟承担 27 个，美国 10 个，俄罗斯 27 个，欧盟和日本分别使用上述超导导体绕制 9 个和 10 个线圈绕组，日本制作 19 个封装不锈钢线圈结构（TFCS），再由日本和欧盟分别使用绕组和 TFCS 完成 9 个和 10 个线圈。

2012 年 6 月 20—21 日，ITER 理事会在美国华盛顿召开了第十次理事会会议，理事会肯定了在 ITER 建设和许可证办理过程方面取得的进展，随着 493 个抗震轴承全部在法国卡达拉奇场址的顺利安装，标志着托卡马克复杂地震坑工程的竣工。到本届理事会召开为止，ITER 国际组织和 ITER 各国内机构已经签署了 76 个采购包。至此，已签署的 ITER 实物采购包的总价值达到 80%。

ITER 变电站于 2012 年 6 月 27 日开始投入使用。占地面积 4 公顷的 ITER 变电站经过 1 年的建设，完成了与 400 kV "Boutre-Tavel" 输电网的安装连接，该线路为法国东南部广大地区提供电力。法国承担了 ITER 变电站和电力延伸线路的安装并提供资金。经过历时 3 年的技术研发，此项工作最终在预算范围内（2 200 万欧元）按时完工（延伸线 8 个月，变电站 12 个月）。

体积庞大、功率强大的 ITER 环向场（TF）线圈超导电缆的生产取得显著进展：中国、欧盟、日本、韩国、俄罗斯和美国已经生产出一种用铌、锡的特殊合金制成的330 t铌三锡(Nb_3Sn)股线。

经过ITER国际组织和7方成员不懈努力，ITER计划又取得了一个重大进展——法国总理让-马克·艾罗(Jean-Marc Ayrault)于2012年11月10日签署法令，批准ITER国际组织取得基础核设施建造许可证，这是ITER计划的重要里程碑。

为在2015年向欧盟提供最终产品，ITER环向场磁体系统正进入新的制造阶段。由美国承担生产的铌锡导体线缆目前正在新罕布什尔州和佛罗里达州加紧制造。作为ITER计划贡献的一部分，美国生产的管内电缆超导体的长度超过4英里，其他ITER伙伴国负责导体生产的其余部分。该导体以环状环绕在ITER托卡马克周围，为约束1.5亿摄氏度的环形等离子体提供强大磁场。

在2012年11月下旬法国召开的第11届ITER理事会上，ITER国际组织与美国ITER国内机构签署了6个诊断与测量系统合同，同时与欧盟ITER国内机构签署了生产相关窗口支撑结构的谅解备忘录(MOU)，由此ITER诊断与测量系统的进展向前迈出了一大步。谅解备忘录描述了ITER国际组织和欧盟ITER国内机构——F4E双方如何通过公共制造商来采购诊断窗口支撑结构的基本原则。此项合作将延伸到未来数月所有诊断窗口的合作。欧盟ITER国内机构ITER部负责人非约尔博士说，这是采用大宗订购部件，降低整体项目成本的重要步骤。美国ITER项目办公室负责人内德·绍瑟夫说，“推动这些采购安排协议的签署是维持项目进度的一个重要里程碑”。

2013年2月初，意大利供应商Criotec公司完成了PF1极向场线圈(俄罗斯已生产)所需电缆的第一个仿真铜导体的生产制造。这些项目任务都是在欧盟与俄罗斯ITER国内机构签署的双边合作框架内实施的。

美国ITER国内机构完成了ITER所需测试设备的批量交货，测试设备现已运抵ITER建设工地，将在ITER装置建造期间确认设备部件的真空密封性。这些泄漏检测工具现存放在ITER总部的地下储藏室，该检测工具为氦喷枪，属高敏感度质谱探测仪。这是美国交付ITER工地的第一批US-ITER采购项目。

ITER低温恒温器的第一个部件将于2015年12月初运抵ITER工地。作为印度ITER实物贡献的一部分，这54个组件是整个托卡马克组装设备中最庞大、最重的部件。2013年4月19日ITER国际组织与印度ITER国内机构签署了建造ITER低温恒温器预装配车间的协议。

在历经38天的国内陆运、海运和法国境内运输后，中方首个交付ITER现场的部件——极向场(PF5)认证用铜基导体于当地时间2013年6月3日上午抵达ITER现场。本次运输活动为ITER计划执行以来，各成员方中首个交付至ITER现场的大型核心部件。

2013年6月20日，ITER国际组织总干事本岛修在出席刚刚在日本东京召开的ITER理事会后会见记者时确认，由于受日本东部大地震的影响，相关部件的研制延迟，日、美、欧等7方国家和组织正在法国建设中的国际热核聚变实验堆(ITER)的运行将推迟到2020年11月，比原计划推迟了一年。

继法国建筑承包商万喜集团(Vinci)于2013年7月份签署ITER总部大楼扩展建筑合同之后，9月下旬已在ITER总部大楼西区开始进行土壤与地质的研究，新建的扩展建筑将延伸35 m，从现在起一年以内，ITER总部大楼可容纳人数将从目前的550人增加至约900

人。计划 2014 年 7 月扩展建筑建成并交付。

ITER 计划 7 国理事会部长级会议 2013 年 9 月 6 日在 ITER 总部法国 Saint Paul-lez-Durance 召开。在本次高层会议上,ITER 7 个成员国重申要共同努力实现 ITER 计划,并充分肯定了核聚变的重要性和 ITER 在目前能源格局中的作用。ITER 计划建设现已全面展开,部件制造正在世界各地进行,第一批部件将于 2014 年交付 ITER 工地。

第 13 届 ITER 理事会于 2013 年 11 月 20—21 日在 ITER 总部召开。来自 ITER 7 方的高层代表讨论了 ITER 计划的进展情况,高津英幸(Hideyuki Takatsu)担任本届理事会主席。

ITER 国际组织成立以来的第 6 个年头即将接近尾声,ITER 工地主要的土建合同已经签署。ITER 各成员国工业界承担的主要部件的生产制造也在稳步推进;2014 年年初,各成员国完成的第一批部件将运抵 ITER 工地。理事会对 ITER 国际组织内部每两年一次的独立评估做出了回应,评估促进了 ITER 项目管理与治理两方面的改变。理事会同意该评估指出的发现问题,表明 ITER 计划正面临着种种挑战,包括必须立刻解决的进度拖延。为此,将于 2014 年 1 月中旬提交一份行动计划,并于 2014 年 2 月召开的特别理事会上做出评价。本届理事会还做出了两项关于 ITER 基准文件的重大技术决策,通过了 ITER 国际组织提出的建议:在 ITER 开始运行时,使用全钨偏滤器和室内线圈,提高等离子体的稳定性。

2.7 ITER 后的目标

ITER 建成后的目标是实现 400～500 MW 的聚变功率,并能够持续 500 s,这是 ITER 最关键的目标,也是第一阶段的任务。第二阶段的任务就是拉长聚变持续时间,更长脉冲或接近成为准稳态或稳态运行。这是 ITER 研究中的两个重大目标。

在 ITER 上开展的研究工作将揭示带有氘氚核聚变反应的高温等离子体的特性,探索它的约束、加热和能量损失机制,等离子体边界区的行为以及最佳控制 ELM(Edge localized mode 边缘局域模)活动的条件,从而为今后建造商用的核聚变反应堆奠定坚实的科学基础。对 ITER 装置工程整体及各部件,在 500 MW 聚变功率长时间持续过程中产生的变化及可能出现问题的研究,不仅将验证受控热核聚变能的工程可行性,而且还将对今后如何设计和建造聚变反应堆提供必不可少的经验定标率。ITER 的建造、运行和实验研究是人类发展聚变能过程中必要的一步,有可能直接决定真正聚变示范电站(DEMO)的设计和建造,并进而促进商用聚变电站的更快实现。

国际上有一种主张提出实现聚变能实用化的 3 阶段路线是:实验堆—示范堆—商用堆。要提高这条开发路线的可靠性,必须定量把握和明确各开发阶段需要开发哪些关键技术,同时应争取在尽可能早的时期对聚变能源的发电进行验证。ITER 装置作为国际热核聚变实验堆,明确其下一步即 ITER 后的示范堆的具体目标,将是奠定实现聚变能商用化路线的最重要一步。

参考文献

[1] 加里·麦克拉肯,等. 宇宙能源-聚变[M]. 北京:原子能出版社,2008.

[2] 杜钧福．话说 ITER——纪念核聚变研究 50 周年[J]．现代物理知识，2008(2)：3-6.

[3] 希物．国际核聚变研究开发的现状和发展趋势[J]．中国核工业，2006(12)：15-16.

[4] 毛剑珊．核聚变——未来的新能源[J]．现代物理知识，2007(1)：20-23.

[5] 朱毓坤．核真空科学技术[M]．北京：原子能出版社，2010.

[6] 潘传红．国际热核实验反应堆(ITER)计划与未来核聚变能源[J]．物理，2010(6)：375-378.

[7] 罗德隆，等．国际热核聚变实验堆计划[J]．中国基础科学，2008(4)：3-8.

[8] 冯开明．可控核聚变与 ITER 计划[J]．现代电力，2006(5)：82-88.

[9] 霍裕平．霍裕平院士谈人类开发核聚变新能源的宏伟计划[OL]．http://mphy.ustc.edu.cn/news.php?id=630.

[10] 罗德隆．ITER 计划最新进展情况介绍[R]．西安交通大学曲江论坛，聚变、裂变能源及核电安全技术报告会，2011-4-8.

[11] Maurizio G, et al. Design and technical status of the EU contribution to ITER [J]. Fusion Engineering and Design, 2009,84,143-149.

[12] Didier G. Fusion for energy: A new European organization for the development of fusion energy [J]. Fusion Engineering and Design, 2009(84): 138-142.

[13] Kaname I. ITER on the road to fusion energy [J]. Nuclear Fusion, 2010(50): 014002.

[14] Holtkamp N. The status of the ITER design [J]. Fusion Engineering and Design, 2009(84): 98-105.

[15] Aymar R, et al. The ITER design [J]. Plasma Phys. Control. Fusion, 2002(44): 519-565.
vant technologies on the Tore Supra tokamak [J]. Fusion Engineering and Design, 2009(84): 161-169.

[16] Lorenzo S C. The European joint undertaking for ITER and development of fusion energy[R]. Joint IFRC-FPCC meeting, 24-25 February 2009, Vienna.

[17] 二宮博正，等．ITER 時代を迎えた核融合研究開発(Ⅰ)[J].日本原子力学会誌，2008(7)：18-25.

[18] 二宮博正，等．ITER 時代を迎えた核融合研究開発(Ⅱ)[J].日本原子力学会誌，2008(8)：24-29.

[19] 莫神星．核聚变研究与 ITER 计划[OL]．http://www.yadian.cc/blog/66545/.

[20] Oak Ridge National Laboratory, U.S. ITER Project Office will be Located at Princeton Plasma Physics Laboratory[OL].2004, http://fire.pppl.gov/iter_doe_pppl_071304.pdf.

[21] Oak Ridge National Laboratory. ORNL snares prime fusion energy project[OL]. 2004, http://fire.pppl.gov/iter_us_ornl_071404.pdf.

[22] Oak Ridge National Laboratory. About US ITER [OL]. 2012, https://www.usiter.org/about/index.shtml.

[23] M. Kwon, et al. A strategic plan of Korea for developing fusion energy beyond ITER[J]. Fusion Engineering and Design, 2008, 83(7-9): 883-888.

[24] C. S. Kim, S. Cho, D. I. Choi. ITER Participation and Possible Fusion Energy Development Path of Korea[R]. 1st IAEA TM First Generation of Fusion Power Plants: Design and Technology, PPCA2-IV, 2005.

[25] D. I. Choi, S. Cho, H. G. Lee, C. S. Kim, and ITER Korean Participant Team. Korean ITER Participation and Activities in ITER Transitional Arrangement[R]. Fusion Engineering 2005, Twenty-First IEEE/NPS Symposium on, 2005.

[26] Y.-K. Oh et al. Completion of the KSTAR construction and its role as ITER pilot device[J]. Fusion Engineering and Design, 2008, 83(7-9): 804-809.

[27] ITER Domestic Agency[OL]. http://www.iterrf.ru/en/.

[28] 80 years of fusion[OL]. http://www.iterrf.ru/

[29] 俄罗斯联邦 2002—2005 年“国际热核反应堆 ITER”专项计划(内部资料)，附件 4-6.

[30] M. Shimada, Overview and summary Progress in the ITER Physics Basis PIPB[R]. Nucl. Fusion, 47 (2007) S1-S17.

[31] Manfred K. Thumm. Progress on Gyrotrons for ITER and Future Fusion Reactors [R]. AIP Conference Proceedings, 26 Nov 2009. V. 1187(1).

[32] A. K. Shikov, Overview of recent Russian materials and technologies R and D activities related to ITER and DEMO constructions[J]. Journal of Nuclear Materials, 2007(367-370):1298-1304.

[33] E. Rajendra Kumar, et al. Preliminary design of Indian Test Blanket Module for ITER[J]. Fusion Engineering and Design, 2008(83):1169-1172.

[34] Anil Kakodkar. Indian Energy Scenario and Role of Fusion Energy[R]. Presentation at "Monaco ITER International Fusion Energy Days". Monaco, November 23rd, 2010.

[35] IO-DA Management Report[R]. ITER-India. IO-DA Coordination Meeting Oct 30, 2010.

[36] 常冰. 印度成为 ITER 项目的第七名正式成员[J]. 国外核新闻, 2006(1):2-3.

[37] ITER Procurement Allocations [OL]. http://www. iterrf. ru/en/.

[38] IN-DA Monthly Performance Report[R]. IO-DA Coordination Meeting, ITER-India, 20 April 2010, Cadarache.

第3章 国际核聚变能源发展趋势和前景

受控热核聚变的研究经过半个多世纪的不懈努力，已在托卡马克途径装置上取得了突破性的进展。除此之外，各国也开展了其他多种途径的聚变研究，并先后建成了磁镜、仿星器、箍缩等非托卡马克聚变实验装置。对高温等离子体的基础问题做了大量研究，如影响磁约束及造成能量损失的各种机理，以及摸索出克服这种不稳定性及能量损失的对策等。

20 世纪 90 年代，欧盟的 JET、美国的 TFTR 和日本的 JT-60 这 3 个大型托卡马克装置在磁约束核聚变研究中获得许多重要成果：等离子体温度达 4.4 亿度，这一温度不仅大大超过氘氚反应达到点火的温度要求，而且已接近了氘氦-3 聚变反应堆点火对温度的要求，脉冲聚变输出功率超过 16 MW，聚变输出功率与外部输入功率之比 Q(能量增益)等效值超过 1.25。在实验上验证了托卡马克途径实现聚变的科学可行性，表明了托卡马克是最有可能首先实现聚变能源商业化的途径。

目前，国际磁约束聚变研究的前沿问题包括：燃烧等离子体物理、先进托卡马克稳定运行和可靠控制、ITER/DEMO 工况下的等离子体与材料的相互作用、长脉冲和稳态条件下的物理和技术、聚变等离子体性能的预测、反应堆核环境条件下的材料和部件、示范堆的集成设计；急需解决的科学和技术问题有：托卡马克主要物理过程研究；先进托卡马克运行模式探索；长脉冲条件下的物理和技术；ITER/DEMO 等离子体条件下的等离子体与材料的相互作用；聚变等离子体性能的预测；聚变实验/示范堆的集成设计；反应堆核环境条件下的材料和部件。

针对上述前沿问题以及需要解决的科学技术问题，世界主要聚变研究国家都在积极研究制定聚变发展战略，从掌握的大量信息分析，各国目前所考虑的聚变发展战略虽有差异，但基本方向是一致的。

3.1 美 国

3.1.1 美国核聚变发展路线图

进入 21 世纪，美国制订了一系列能源发展战略及相关计划，核聚变能作为重要的清洁、安全、可靠的新能源之一，得到美国政府的极大重视。2003 年美国制定了国家聚变发展路线图(见图 3.1.1)。美国聚变的发展路线是从 ITER 及 IFMIF 经 CTF(部件测试设施)到 DEMO 至最终发展商用电站。其中 DEMO 为聚变商用之前的最关键一步，是全面验证聚变堆的设计和技术要求，特别是氚的自持能力、经济能力以及对环境的影响等。与欧洲相比，美国制定的聚变发展路线图更为广泛和复杂。除了和欧洲几乎相同的 ITER+IFMIF 的磁约束路线外，美国并行发展激光惯性约束聚变途径。2003 年美国聚变能科学咨询委员会提出在未来 35 年内建成用于发电的聚变示范堆的发展计划，提出了美国建造聚变示范堆的最高目标(见表 3.1.1)。在通向聚变示范堆的路线上美国设想了 4 个时间段，并制定了每个时间段具体的科学目的、具体目标以及过渡到下一阶段活动所需的关键决策。做出重大过渡的主要决策时间大约在 2008 年、2019 年和 2029 年。4 个具体的时间段是：

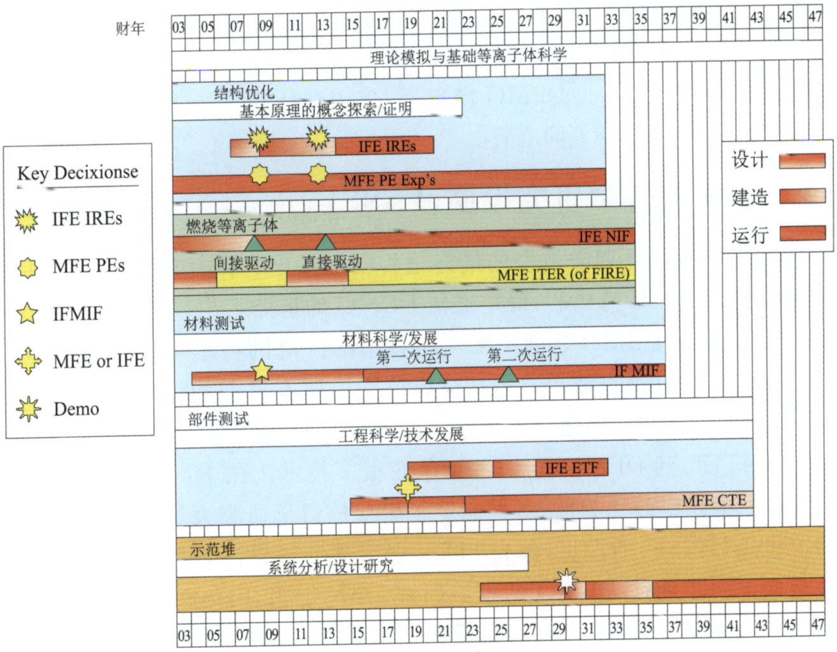

图 3.1.1 美国核聚变发展路线图

表 3.1.1 美国聚变示范堆的最高目标

安全和环境影响	1. 不需要疏散计划
	2. 仅产生低放射性废物
	3. 不干扰公众日常活动
	4. 工人承受的风险并不比其他电站高
	5. 验证闭合氚燃料循环
经济性	6. 验证商用聚变电站的发电成本具有竞争力，以及其他的应用(如产氢)也极具吸引力
可测量性	7. 采用第一代商用电站预期的物理学和技术
	8. 示范堆规模必须足够大(约为商业电站规模的 50%～70%)
可靠性	9. 验证聚变堆芯的自动或远程维护
	10. 以每年最少的计划外停堆验证日常运行
	11. 最终实现可利用率 50%，并推广到商业的实用水平

2003—2008 年：获得科学技术数据以支持 MFE 和 IFE 燃烧等离子体实验和选定关键新的 MFE 和 IFE 国内设施；设计国际聚变材料辐照装置(IFMIF)。2009—2019 年：研究燃烧等离子体，优化 MFE 和 IFE 聚变位形，测试材料，开发关键技术以便为在 MFE 和 IFE 中选择示范堆技术路线。2020—2029 年：在聚变环境中鉴定材料和技术。2030—2035 年：建造示范堆。

到目前为止，美国设计研究的 DEMO 概念堆有 1982—1986 年间发展的水冷不锈钢结构材料的托卡马克 DEMO 堆 ANL/FP P，热功率 800～1 000 MW，大半径 5～5.2 m，小半径 1.2～1.3 m。1995 年设计的 DEMO 堆包层，采用高压氦气（ 18 MPa ）冷却钒合金结构，液态锂作氚增殖剂，高压氦气同心管。

3.1.2 聚变核科学研究设施(FNSF)

2007 年美国 FESAC 计划委员会的最终报告明确指出，为了协助制定 ITER 时代的发展规划，FESAC 要以 ITER 为核心，确定通往 DEMO 的道路上出现的种种问题。包括以下 3 个方面：确定和优化在 DEMO 之前需要给出答案的广泛的科学与技术问题；为了解决这些问题，评价现有的方法(细目清单)，包括世界范围内所有目前和计划中的设施，以及理论与模型；确定研究差距以及如何通过新的概念设施、理论和模型使之得以解决。

报告指出从 ITER 到 DEMO，它们之间存在很多技术上的差距，必须采取措施尽快加以筹备和补充(见图 3.1.2)。为此，美国制定了聚变核科学研究大纲(FNSP)并提出建造聚变核科学研究设施(FNSF)的设想，作为 ITER 之后进一步提高各种性能指标的全面补充。它是 ITER 之后下一步通往 DEMO 的发展路线。FNSP 和 FNSF 几乎可以弥补 ITER 和 DEMO 之间所有的差距。有 2 个可供选择的候选方案(紧凑的等离子体低环径比方案)，(见图 3.1.3)：先进 FNSF-AT(FDF)；稳态 FNSF-ST(ST-CTF)。

FNSF 的任务是为“聚变环境下的材料”研究提供所必需的聚变环境，发展试验电站和 DEMO 的基础，从“等离子体动力学和控制”研究中获得好处。

FNSF 作为“科学用户设施”可以在性能—成本—风险方面实现有效的管理。

为解决存在的差距制定的计划

图例

图例	
重要贡献	3
重大贡献	2
次要贡献	1
不重要贡献	

为解决存在的差距制定的计划	G-1 等离子体预测性能	G-2 综合的等离子体验证	G-3 核诊断	G-4 接近最小功率极限的控制	G-5 避免托卡马克中大规模异常事件的发生	G-5 无异常等离子体事件的概念研究	G-7 反应堆射频发射结构	G-8 高性能磁体	G-9 等离子体壁相互作用	G-10 面向等离子体部件	G-11 燃料循环	G-12 除热	G-13 低活性材料	G-14 安全性	G-15 可维护性
1-1. 预测的等离子体建模与验证计划	3	2		2	2	3	1		2						
1-2. ITER-AI延伸	3	3	3	3	3		2		2	2	1	1		1	1
1-3. 综合的先进物理学验证（DT）	3	3	3	3	3	1	3	2	3	3	1	1	1	1	1
1-4. 综合的PWI/PFC实验	2	1		1	2		2	1	3	3	1	1		1	1
1-5. 无破裂实验	2	1		2	1	3		1	1	1					
1-6. 工程与材料科学建模及实验验证计划							1	3	1	3	2	3	3	2	1
1-7. 材料检验设施							1			3	2	1	3	3	
1-8. 部件开发与测试			1				2	1		3	3	3	2	2	2
1-9. 部件检验设施	1	1	2	1	2		3	2	2	3	3	3	3	3	3

图 3.1.2　2007 年美国 FESAC 制定的弥补 ITER 和 DEMO 之间存在差距的计划

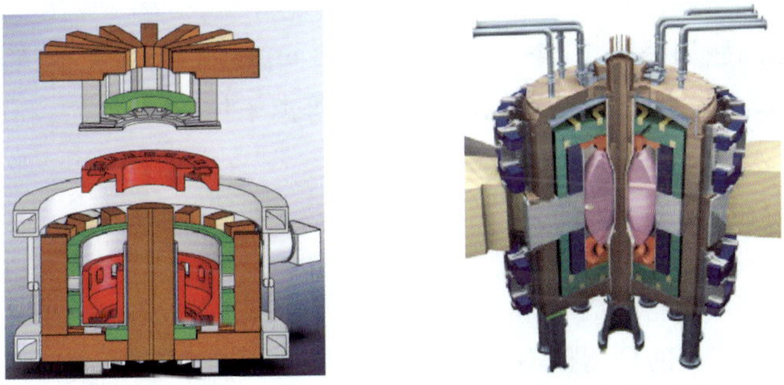

FNSF-AT（FDF）　　FNSF-ST（ST-CTF）

图 3.1.3　FNSF 的候选方案

FNSF-ST（向 DEMO 迈出的一大步）的使命是：实现稳态模式运行；实现高中子通量下的部件测试；提供测试/验证聚变材料的材料辐照设施；验证氚的增殖；证明聚变可产生高品质的工艺热能和电能。

FNSF-AT 的使命是：在 FNSF-ST 的基础上，产生可观的聚变功率（100～300 MW）；验证氚的增殖、回收，并实现自给；进一步发展具有 DEMO 环境的先进托卡马克物理基础。

FNSF-AT 概念设计的启动希望能与 ITER 同时运行。为保证在稳态条件下燃烧等离子体的先进托卡马克物理条件的要求，FNSF-AT 应当是一个紧凑的中等尺寸的准 DEMO 堆，中子通量为 ITER 的 10 倍，氚增殖率大于 1，仅使用适当数量的氚燃料。

FNSF-AT 是通往 DEMO 的直接道路，它和 ITER 能弥补所有通向 DEMO 的差距（见

图 3.1.4)。

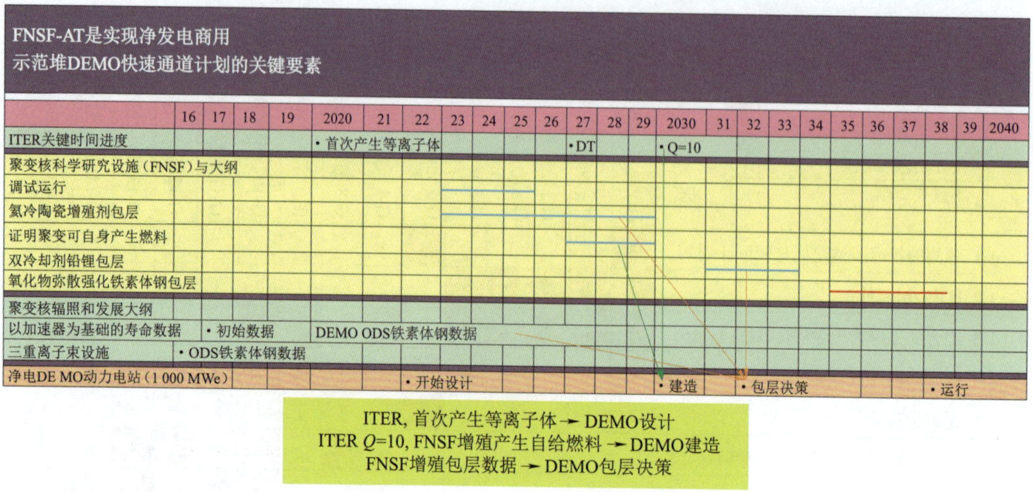

图 3.1.4　FNSF-AT 是通往 DEMO 的直接道路

3.1.3　通往 DEMO 的道路上存在的问题和解决方案

2007 年美国 FESAC 计划委员会最终报告明确指出，在通往聚变 DEMO 的道路上存在着很多问题，并提出了建议的解决方案。

FEASC 把各种问题划分为 15 个大类，并把这些问题划归为 3 大主题。

3 大主题：可预测的高性能稳态燃烧等离子体；等离子体-材料界面；利用聚变发电。

15 个大类与 3 大主题的对应：

1）预测高性能稳态燃烧等离子体

- 测量；
- 综合的、稳态、高性能燃烧等离子体；
- 开发验证等离子体的预测模型；
- 控制；
- 避免等离子体异常事件；
- 加热、电流驱动、旋转驱动、加料；
- 磁体

2）等离子体-材料界面；

- 等离子体-壁相互作用；
- 面向等离子体部件；
- 天线、诊断和其他内部部件

3）利用聚变发电

- 燃料循环；
- 功率抽取；
- 增殖材料与结构部件；
- 安全性；

• 可行性、可用性和可维护性

美国的优势与机遇：

处于领先地位的领域：测量；预测建模；控制。

具有强大竞争力的领域：等离子体壁相互作用；综合的、持续的、高性能等离子体；安全性/环境。

有失去领先地位或竞争力风险的领域：测量；控制；天线和发生器；材料；整合的、持续的、高性能等离子体；等离子体-壁的相互作用和面向等离子体部件；安全性；磁体。

投资可以维持实力的领域：测量；预测建模；控制；等离子体-壁相互作用。

投资可以提供领先地位新机遇的领域：面向等离子体部件；材料。

美国在3D物理学方面的优势可通过开发利用准轴对称螺旋形状为解决某些异常事件提供机遇。并且即使没有额外的压力，也有必要在所有相关领域保持核心竞争力。

对15类差距(G1～ G15)的评估：

G1 充分认识基础等离子体物理的各个领域，预测未来装置的性能，优化未来装置的设计和运行。

可能需要更多的研究领域，包括湍流输运、多尺度多物理场的耦合。

G2 验证综合、稳态的高性能(先进)燃烧等离子体，包括第一壁和偏滤器的相互作用。

主要挑战是，高聚变增益与稳态运行所需战略的结合。

G3 适合于稳态先进的燃烧等离子体控制的诊断技术，与反应堆核环境兼容。

这里说的主要差距是，开发可用于聚变反应堆恶劣环境的测量技术。

G4 在运行限值附近运行的高性能燃烧等离子体的控制战略，辅助系统仅提供小部分加热功率和电流驱动。

创新战略要求实施高Q燃烧等离子体控制，几乎所有的功率和电流驱动均由等离子体自身产生。

G5 预测、避免或探测、降低托卡马克中发生等离子体异常事件的能力，可能会挑战核聚变装置完整性。

G6 充分认识具有稳态运行能力且不会发生等离子体异常事件的可替代的磁位形。

必须通过理论和实验加以验证，满足外延到反应堆的性能要求，避免发生可能降低聚变发电应用的可用性或适用性的异常事件或其他现象。

G7 综合理解适合于DEMO并与核环境和等离子体环境兼容的射频发射结构与波耦合现象。

强调在高辐照、高热通量环境下，ICRH或LHCD发射结构的设计从波物理学角度来看并非最佳设计，可能需要开发新的射频技术、新材料和新的冷却方案。

G8 建模和建造低温、高温超导磁体系统所需要的知识库(如果需要，可提供较高磁场)，提供牢固而经济高效的磁体。

G9 充分认识所有的等离子体-壁的相互作用，是预测DEMO条件下面向等离子体的环境、行为以及其他内部部件所必需的。

需要极大地加强等离子体与材料相互作用的科学基础，以便预测腐蚀和再沉积率、氚的滞留、尘埃的产生以及对第一壁的破坏。

G10 充分认识使用低活性固体和液体材料、连接技术和冷却方案，设计高热通量稳态核环境下坚固的第一壁和偏滤器部件。

尤其具有挑战性的问题包括氚渗透、氚滞留、脆化和热导的损失。

G11 认识完整的燃料循环部件，尤其是有效的氚增殖、滞留和内室部件的恢复和隔离。

G12 建立一个高效的第一壁高温除热以及核环境下移除增殖部件的工程科学库。

G13 认识聚变环境中与结构部件和第一壁部件相关的低活性材料的演变特性。包括高温材料化学和氚渗透的影响。

像尺寸稳定性、阶段稳定性、热导性、断裂韧性、屈服强度和韧性等重要特性必须用极高水平的原子位移下中子轰击的函数来表征，并有高嬗变氦和氢。

G14 确保聚变电站生命周期安全性的聚变系统知识库——包括许可证申请与调试、正常运行、异常事件以及退役/处置。

G15 有效维护内室部件确保实现 DEMO 可用性目标的知识库。

建议的解决方案：

制定长期战略计划应仔细考虑以下 9 个方面的举措(I-1～ I-9)：

I-1 预测等离子体建模与验证的计划；

I-2 ITER-AT 延伸；

I-3 综合的先进物理学验证(DT)；

I-4 综合的 PWI/PFC 验证；

I-5 无破裂实验；

I-6 工程与材料科学建模及实验验证计划；

I-7 材料检验设施；

I-8 部件开发与测试；

I-9 部件检验设施。

美国在很长时间内在磁约束聚变研究领域处于国际领先地位。后来美国虽然重新参加了 ITER 计划，但美国没有直接建造 DEMO 和聚变电站的计划，美国仍寄希望通过参加 ITER 和国际上与 DEMO 有关的其他计划或者其他途径(如惯性约束)，在 2050 年后聚变能可以进入实用，因为只有如此，地球环境的恶化才能得到控制。

美国国家惯性约束点火装置 NIF 在 2012 年 7 月 5 日以 192 束激光束提供了 500 MW 的峰值功率以及 1.85 MJ 的紫外激光脉冲。激光脉冲仅持续了 230 亿分之一秒，但该峰值功率比全美任何时间消耗的功率都要大 1 000 多倍。NIF 在 2012 年 3 月进行的试验表明其可能接近了“聚变点火”的目标。此次和 3 月份相比，产生的能量从 411 MW 提高到了 500 MW。而和那次试验相同的是，目标靶室同样是空的。

美国参加和大力支持 ITER，确保美国在 ITER 科学、技术和未来实验中的领导地位支持新概念和多途径的研究，目前有 DIII-D、C-Mode、HSX、NSTX 加强并支持理论研究，同时开展大规模计算机模拟实验研究。

2010 年美国聚变能科学办公室(OFES)委托 PPPL 完成有关“核科学”需求的长期规划的业界评估报告，负责人是 PPPL 的查克・卡塞尔。“核聚变科学途径评估”(FNS-PA)主要是向 OFES 提供关于构建示范聚变电站基础所需的研究与发展信息。解决存在于 ITER 与聚变电站之间的诸多其他方面的差距，显然需要不断地探索聚变的核特性并与等离子体加以整合。

一份关于“优先、差距和机遇：磁聚变能长期战略规划”的报告(Greenwald)与“磁聚变能科学研究需求”的报告(ReNeW)已经确定了聚变科学领域大量的课题所涉及的诸多问题与研究需求。目前所作的评估报告是要更深层次地挖掘研究与发展的规范，便于 OFES 向业界征求意见。重点是核聚变科学，但是也包括实现支持此项研究所需的等离子体条件的研究。

2011 年 3 月 30 日，美国政府发布《能源安全未来蓝图》，全面勾画了国家能源政策，提出确保美国未来能源供应和安全的 3 大战略。在《能源安全未来蓝图》中，美国政府要求以创新方式走向能源未来：“在清洁能源领域成为世界领袖是强化美国经济、赢得未来的关键。为了实现这个目标，我们要为已有的创新技术营建市场、资助开发下一代技术的前沿基础研究。当更新、更好、更高效率的技术冲击市场时，联邦政府需要将言语化为行动，发挥榜样作用。”

2011 年 5 月 10 日，美国能源部发布了 2011 年战略规划，对通过科技创新应对能源、环境以及核安全的挑战，确保国家安全与繁荣规划了蓝图。

3.2　俄罗斯

3.2.1　俄罗斯聚变发展路线图

近年来，尽管俄罗斯经济呈现出良好的发展态势，综合国力显著增强，但其以能源原材料为出口导向的经济增长模式并未得到改善，俄经济仍为能源经济模式，而且政府在其中发挥的作用越来越大。据相关统计，石油和天然气在俄罗斯 GDP 中所占的份额超过 30%，石油企业收入在国家财政预算中所占比例超过 50%，在国家税收中所占比例高达 89%。国际能源价格的不确定性给俄经济持续快速发展带来了一定的风险。2009 年，由于国际金融危机的发展和深化，国际市场上能源和原材料价格持续大幅下跌，俄经济受到的消极影响日益显现。

俄罗斯如果不实现经济结构的根本调整，不能真正转变能源依赖型的经济发展模式，俄经济就无法摆脱在危机中跌宕起伏的命运。面对严峻挑战，俄罗斯调整了内外能源政策，力图将金融危机造成的冲击降至最低，并为俄罗斯能源及国家经济的可持续发展积蓄力量。俄联邦政府曾于 2003 年 5 月 30 日通过了《2020 年前俄罗斯能源战略》，但并未达到其所设定的最终目标，即实现能源产业由在国家经济中发挥主导作用向为国民经济发展提供高效和稳定的动力资源的正常功能转变。鉴于国家政策的延续性，上述根本目标已被纳入新修订的《2030 年前俄罗斯能源战略》的框架之中。

不断修正中的俄罗斯能源战略和能源外交一方面给俄罗斯带来了巨大的国家利益，另一方面在实施过程中也显现出许多不足的地方。能源战略强调能源作为俄罗斯国民经济的支柱产业的作用，这充分反映了俄罗斯经济结构失衡，过度依赖资源出口。国际能源价格的涨跌会直接影响到俄罗斯的经济表现。展望未来，作为在世界能源政治格局中具有举足轻重地位的俄罗斯，要确保其国家能源战略对内对外的顺利实施，从而谋求国家的复兴，必须改变产业结构，以能源产业作为国民经济的引擎，推动经济结构的转型，这样才能为俄罗斯的经济振兴提供长期的保证。

对掌握有大量资源基地的俄罗斯来说，资源缺乏问题并不迫切。可是，由于必须远距离输送能源，燃料或已经生产能源的运输问题被推上了首要位置。由于俄罗斯生产的能源大部分采用热能形式，而直接输送热能会造成损耗，如不能远距离输送，则必须用大燃料容器运输，需要大量运费。此外，燃烧化石燃料不利于环境保护。所以未来向更经济和相对较干净燃料迈进是必然的事情。从发展角度看，热核能源很大程度上能满足这些要求，而且预测的热核反应堆的能源组件具有单位功率 1.5 GW(热能)的经济设计，所以应该大力加强这一领域的研究工作。可是，核聚变实验十分昂贵并且需要耗能，所以现有初始的资源“剩余”存在，就成了基础，在此基础上建造未来的能源。预计到 2030 年，世界各国总的能源需求量与现在相比将增加三倍，在那种情况下，只有发展热核能源才有可能解决能源危机。而按照俄罗斯第一副总理伊万诺夫的说法，发展热核能源的战略将使俄罗斯向开辟新能源时代前进一大步，因此俄罗斯的这项能源战略必须尽可能地严谨和务实。图 3.2.1 示出的是俄罗斯从首次提出建造热核反应堆可能性到 2050 年未来聚变研究计划的发展路线图。

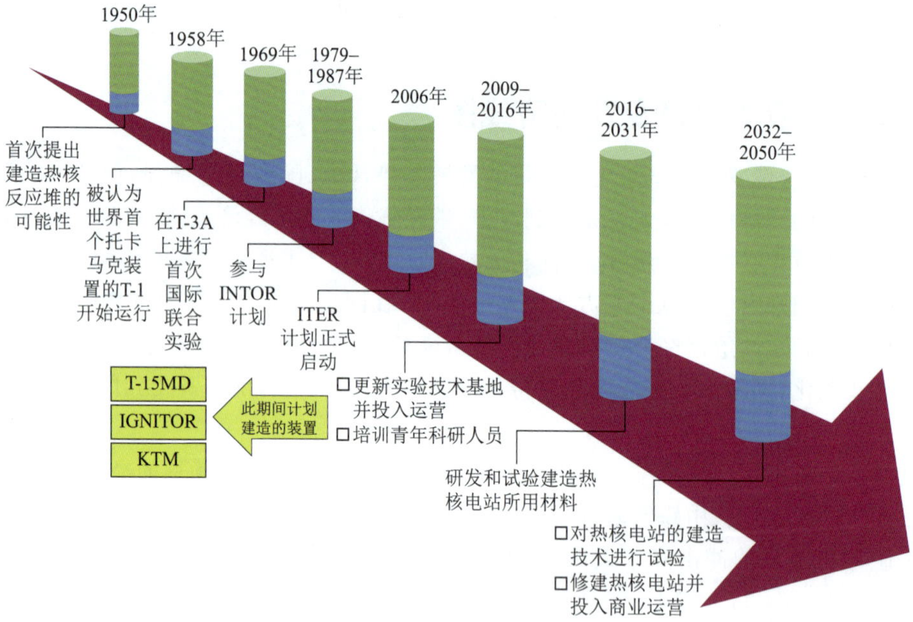

图 3.2.1 俄罗斯聚变研究发展路线图

俄罗斯聚变计划中的首要任务是全力支持 ITER 成功，在 ITER 项目建设期间，俄罗斯仍将独立开展自己的核能研究工作。库尔恰托夫所和俄罗斯原子能机构共同制定了俄罗斯磁聚变战略，战略的目标就是建造利用高温磁约束等离子体的氘氚反应原理的纯净热核聚变反应堆；开发并建造聚变中子源(FNS)来解决核能问题，并加速聚变应用。前者须通过积极参与 ITER 项目、升级本国聚变装置以及广泛的国际研究合作来实现；后者须开发聚变裂变混合堆，并符合热核堆和快堆以及俄罗斯原子能机构其他任务的要求。俄罗斯原子能机构对俄罗斯重要聚变装置和物理制定了表3.2.1所示的战略时间表。

表3.2.1 俄罗斯原子能机构聚变战略时间表(2007年)

	2005	2010	2015	2020	2025	2030	2035	2040	2045	2050
证明燃烧等离子体	ITER $Q=5$ 400 s	ITER $Q=10$ 3 000 s	技术要求 PP-DEMO		DEMO在 $Q\approx30$ 下长期运行					
聚变等离子体物理		输运和稳定性 T-10, Globus-M, T-11M		T-15D在 $Q\approx1$ 的物理			ITER在 $Q=10$ 的物理		DEMO在 $Q=30$ 的物理	
材料和技术	ITER超导体		ITER设备，DEMOTBM		氚技术证明		DEMO设备		5 MW/m^{2}下的新材料和技术	
装置，反应堆，发电装置		T-15D	TIN-1		TIN-2			聚变裂变混合系统		
			TIN-0 ITER				PP-DEMO			PROTO

对受控热核反应的研究工作得到了联邦政府及普京总统的全力支持，《掌握热核聚变能源和建设热核能源科技基地》的联邦专项计划完成时间为2009—2016年，这也是俄热核能源战略的第一阶段，主要对苏联时修建的实验技术基地进行现代化更新并投入运营，同时对青年科研人员进行培训。整个计划预计投资将达到300亿卢布。战略的第二阶段是2016—2031年，主要进行建造热核电站所用材料的研发和试验。第三阶段为2031年之后，计划对热核电站的建造技术进行试验，修建热核电站并投入商业运营。俄罗斯计划到2050年把热核发电站投入到工业发电中，届时俄罗斯热核发电站的发电量将为10亿瓦，可为75万户家庭提供充足的用电。根据俄罗斯的长期规划，到21世纪末，俄罗斯热核发电站的发电量将会增加至1 000亿瓦，这相当于俄罗斯目前发电量的40%。虽然从短期来看，研发建造热核发电站的投资远远高于热核发电站的收益，但是从长远看，热核发电站将开辟俄罗斯的新能源时代。

除ITER以外，俄罗斯还计划了以下3个方向的工作，并雄心勃勃地制定了在月球上大量开采氦-3的计划。在2015年前把T-15改造为T-15MD，进行以中子源为基础的混合堆物理基础研究，解决部分核能实际问题，T-15MD托卡马克装置是建造聚变中子源(FNS)的物理原型，FNS的第一步就是设计并建造T-15MD；在3～5年内与意大利合作在俄罗斯建成IGNITOR反应堆，在强磁场装置上实现“点火”；在3～5年内与哈萨克斯坦合作建成KTM托卡马克，进行混合堆堆芯物理、材料和偏滤器实验研究。

3.2.2 T-15MD托卡马克计划

1) T-15MD目标

T-15MD托卡马克将作为进行核废料嬗变和核燃料增殖生产的聚变中子源物理原型，为聚变发电厂参数进行技术研发。

为了扩大核聚变能的研究范围，拥有一个类似 ITER 的多变位形以及扩大偏滤器等离子体的紧凑型托卡马克装置，从而能够实时控制等离子体形状和参数。因此，该装置被设计为具有灵活磁场位形的现代紧凑型托卡马克，这就使以下设计成为可能：获得范围在 2.2～2.5 内环径比的等离子体柱，进行非感应电流驱动和长脉冲，且按时进行等离子体形状和参数控制。

这个项目将会成为俄罗斯基于托卡马克的受控热核聚变研究的中心项目，吸纳全国不同机构和企业的科技潜力并提供广范围的科学研究。

2）T-15MD 基础参数

表 3.2.2 给出了 T-15MD 托卡马克的基础参数。

表 3.2.2　T-15MD 托卡马克基础参数

等离子体电流 I_p/MA	2
等离子体轴处环向场 B_t/T	2
环形大半径 R，m	1.48
环径比 A	2.2
拉长度 κ_{95}	1.7～1.9
三角变形度 δ_{95}	0.3～0.4
脉冲时间 Δt/s	10
等离子密度，10^{20} m^{-3}	0.5
等离子温度 $T_i(0)$，$T_e(0)$ /keV	4～5
归一化 β，β_N	1.5
辅助等离子加热功率 P_{AUX}/MW	15

3）T-15MD 时间表

2010—2011 年

- 设计并准备电磁系统和真空室制造的技术文档；
- 准备 T-15 技术系统的改造计划；
- 拆卸 T-15 托卡马克电磁系统。

2012—2013 年

- 制造 T-15MD 电磁系统和真空室；
- 改造 T-15 工程系统和技术系统。

2014 年

- 组装 T-15MD 电磁系统和真空室，连接工程系统和技术系统；
- 物理启动。

3.2.3　IGNITOR 计划

1）IGNITOR 计划简介

IGNITOR 托卡马克的安装和运行将在莫斯科区 Troitsk 所（TRINITI）的 TSP 综合建筑群内进行。TRINITI 的 TSP 综合建筑群的用途是广泛研究强磁场托卡马克和绝热压缩高功率等离子加热。

2010 年 5 月，俄罗斯和意大利在莫斯科外建造一个新聚变反应堆的计划进入了协议阶段，这个反应堆可能成为首个实现点火、无需持续能量输入的自持聚变反应堆。该反应堆名为 Ignitor。麻省理工学院(MIT)的物理教授 Bruno Coppi 将是该项目的首席研究员。

该新反应堆的概念是建立在 MIT 的 Alcator C-Mod 聚变研究计划几十年的经验之上。Alcator C-Mod 是所有聚变反应堆中磁场最强，等离子体压强最高的(两项最重要的磁聚变性能测量数据)，也是世界上大学拥有的最大聚变反应堆。

IGNITOR 规模将为 Alcator C-Mod 的两倍，主环形反应室直径 1.3 m，磁场也更强。Ignitor 将比 ITER 尺寸更小，花费更少。Coppi 称 IGNITOR 将可以在几年内开始运行，它能够对等离子体进行非常好的约束并且高度纯净。新设计的目标是保留这些特点，用来产生最高等离子密度。为了创造反应条件，设计中还包括产生和约束燃烧等离子体所需的其他结构。装置的核心部分在意大利建造，然后在莫斯科附近的 TRINITI 反应堆所在地 Troitsk 安装。Coppi 表示，IGNITOR 计划和 ITER 计划“不存在竞争，而是互补的”。

2）装置参数和特点

IGNITOR 装置的主要参数为：$B_T=13$ T；$R_0=1.32$ m；$A=2.8$；$k=1.83$；$d=0.4$。只使用欧姆加热，电流上升阶段(= 4 s)结束后实现点火：$n(0)\sim10^{21}$ m^{-3}；$I_p=11$ MA；$T_{e0}=T_{i0}=11$ keV；$T_F=0.6$ s。第一壁的钼挂瓦(tile)作为延展环向孔栏，峰值功率载荷不超过 1.8 MW/m^2。在高密度等离子体状态下，边缘的中子密度更高，温度更低，预计杂质污染物水平较低。采用离子回旋 (频率 70～140 MHz)，射频功率为 18～24 MW；使用这个系统能够争取对温度变化以及电流密度分布进行更多控制。少量的 RF 功率可以优化点火过程。

3）点火时的等离子体参数

IGNITOR 点火时的等离子参数如表 3.2.3 所示。

表 3.2.3 点火时的等离子参数

参数	符号	值	单位
等离子电流	I_p	11	MA
环向磁场	B_T	13	T
中心电子温度	T_{e0}	11.5	keV
中心离子温度	T_{i0}	10.5	keV
中心电子密度	n_{e0}	1.0×10^{21}	m^{-3}
中心等离子压强	P_o	3.3	MPa
平均有效电荷	$\langle Z_{eff}\rangle$	1.2	
等离子储存能量	W	11.9	MJ
欧姆功率	P_{OH}	11.2	MW
辅助功率(ICRH)	P_{ICRH}	0	MW
轫致辐射损失	P_{brem}	3.9	MW
α 功率	P_α	19.2	MW
能量代替时间	τ_E	0.62	s

续表

参数	符号	值	单位
纵向 β	β_p	0.20	
环向 β	β_T	1.2	%
中心 β	β_0	5.0	%
边缘 q_ψ	q_a	3.6	
引导程序电流	I_{bs}	0.86	MA
α 密度参数	n_α	1.2×10^{18}	m^{-3}
平均 α 密度	$\langle n_\alpha \rangle$	1.1×10^{17}	m^{-3}
α 慢化时间	$\tau_{\alpha,sd,0}$	0.05	s

鉴定了 Alcator C-Mod 装置上实现所谓的 I 状态(I-regime)的特征，确定了 IGNITOR 是最先进的实现高强度和高等离子体电流密度途径。因此除了实现点火外，IGNITOR 的近期目标是制造高通量中子源，用于材料测试。

3.2.4 哈萨克斯坦材料测试托卡马克(KTM)

KTM 装置主要反应物是氢和氘混合物。该装置不承担综合反应点火任务，只是一个等离子体装置。KTM 装置基础参数如表 3.2.4 所示。其研究课题是：

- 开发用于聚变反应堆的材料、技术、建造原理的研究和测试的原型装置；
- 研究作为混合堆堆芯的紧凑托卡马克的等离子体物理特征，用于人工裂变燃料生产、核裂变产生的长期性高强度废料利用甚至可用于次临界系统的电生产；
- 开发偏滤器和第一壁的设计，开发 ITER 和 DEMO 堆的高频率加热状态和非感应电流驱动；
- 建立国际实验室，作为俄罗斯、欧盟、美国、日本、中国和韩国之间国际合作的中心。

KTM 托卡马克示范模块锂偏滤器的研发和可行性证明。此项工作由俄罗斯的机构 Krasnaya Zvezda(红星报)和 TRINITI 在 IST 项目 K-1561 框架下联合开展，由欧盟出资。此项工作的目标是测试 KTM 的锂偏滤器模块，提出对于托卡马克反应堆中使用锂技术的建议。KTM 在哈萨克斯坦共和国建造，完成所有系统的安装后将进行全面启动。

表 3.2.4 KTM 装置基础参数

等离子体大半径/ m	0.9
等离子体小半径/ m	0.45
环径比，A	2.0
等离子体拉长度，K_{95}	1.7
环向磁场，$B_{t/}$ T	1.0
等离子体电流/ MA	0.75
电流平台时间/s	4～5
辅助 RF 加热功率/MW	5
偏滤器挂瓦的热载荷/MW/m^2	2～20

3.2.5 月球开采燃料计划

2006年,俄罗斯制定了在月球上大量开采氦-3的计划。这种可以用作清洁、安全和高效的核聚变发电的燃料,在月球上储量丰富,足够满足地球数千年的电力需要。俄罗斯科学家们认为,氦-3最适合用作热核反应堆的燃料,每燃烧1 kg氦便可产生19 MW的功率足够一个莫斯科市照明用6年多的电能。氦-3还是一种清洁安全的燃料,在反应过程中不会产生任何放射性废料。此外,俄罗斯能源火箭公司还建议在月球计划框架内将有害的耗电量大的生产转移到月球上去。

俄罗斯能源火箭公司的月球计划分为3个阶段。2010—2015年为第一阶段,届时将使用联盟系列飞船、联盟-FG号和质子号运载火箭;之后,俄罗斯计划在第二阶段(2015—2020年)建立经常性的月球交通体系;在第三阶段(2020—2025年)则计划在月球上建立常设基地。

3.3 中 国

3.3.1 中国的聚变发展战略

根据中国国务院对ITER计划的批复和各部委的规划,中国能源需求紧迫,聚变反应堆和聚变能源供应是一条备选的解决途径,必须构建中国独立自主的开发聚变能的能力和研发平台。

为尽快促使聚变能源在中国的早日利用,中国聚变能开发的战略步骤为“聚变能技术—聚变能工程—聚变能商用”3个阶段,即以建立接近堆芯级稳态等离子体实验平台,吸收消化、开发与储备ITER后(post-ITER)聚变堆关键技术,设计并筹备建设200～500 MW的中国聚变工程实验堆CFETR等为近期目标(2010—2020年);以建设、研究、运行聚变堆为中期目标(2020—2035年);以发展聚变电站为长远目标(2035—2050年)的三阶段计划。中国聚变能开发的总目标是:以现有中、大型托卡马克装置为依托开展国际核聚变前沿问题研究,利用现有装置开展高参数、高性能的等离子体物理实验和氚增殖包层的工程技术设计研究;扩建HL-2A和EAST托卡马克实验装置,使其具备国际一流的硬件设施并开展具有国际先进水平的物理实验;开展聚变堆设计研究,建立聚变堆工程设计平台;发展聚变堆关键技术,如包层技术、材料技术等;通过完成ITER计划任务,培养一批硕士、博士以上高水平专业人才,为建造聚变工程实验堆奠定基础。

3.3.1.1 近期目标

• 掌握ITER关键技术;开展ITER实验包层的设计、关键工艺技术的预研和模块制造技术。

• 利用现有装置开展高参数、高性能的等离子体物理实验和工程技术研究。

• 完成HL-2A、EAST装置的扩建与性能改善,使其具备国际一流的硬件设施并开展具有国际先进水平的物理实验;运用现代先进的控制手段大幅度提高等离子体参数和品质,开展抑制MHD活动和控制等离子体参数分布的技术研发,探索先进托卡马克的控制运行技术；在改造升级的基础上，增加辅助加热和驱动装置，提高加热功率等，大力发展辅助加热和加料系统，建立更完善的诊断系统；借助数值计算和等离子体模拟研究等离子体的物理。

• 开展聚变堆设计研究，建立聚变堆工程设计平台；发展聚变堆关键技术，如包层技术、材料技术、磁体技术等；完成聚变工程实验堆的产氚包层设计及技术研发。

• 建立聚变堆无损检测的测试方法和标准，建立热负荷测试装置，完成 ITER 及工程实验堆的特殊部件制造技术的研发。

• 完成 ITER 实验包层远距离操作维护技术的研发，完成工程实验堆的远距离操作维护系统的设计。

• 通过完成 ITER 计划任务，培养高水平专业人才，为建造聚变工程实验堆奠定基础。

• 在 2014 年完成两个聚变工程实验堆总体工程概念设计，为向国家申请建造中国实验聚变堆提供设计依据，同时建立完备的设计条件和人才基础。

3.3.1.2 中期目标

ITER 只能进行有限的聚变堆工程技术实验，由此直接过渡到 DEMO 具有极大的风险。因此，在 ITER 与示范堆 DEMO 之间，中国必须有一个桥梁即聚变工程实验平台(CFETP)或中国聚变工程实验堆(CFETR)。其目标是对未来的聚变堆的主要部件进行工程实验，为设计和建造 DEMO 提供技术基础。其主要研究内容是：燃烧等离子体技术；产氚包层技术，能量的排出，氚的提取、回收与自持技术；材料与工艺技术，增殖剂技术，超导磁体技术等；堆设计技术；安全与防护、远距离操作技术；加料、排灰、诊断与控制技术等。CFETP/CFETR 装置的规模、堆芯参数、中子壁负载、第一壁表面热负载等参数都将高于 ITER。此外，由于 CFETP/CFETR 对等离子体芯部参数的要求低于 DEMO，可以进行氚增殖、嬗变核废物和增殖核燃料等聚变能商业化前的早期应用研究。

据此，中国磁约束聚变发展的中期目标是：完成 CFETP 或 CFETR 的工程设计，包括偏滤器、磁体、真空室、中心螺旋管、辅助系统等的设计；发展聚变堆防护、远距离操作、热室、材料与工艺技术等，为建造 CFETP/CFETR 作好准备。结合参加 ITER 实验，完成 CFETP/CFETR 相关堆芯技术的研发，开展 DEMO 堆芯技术的预研。完成 CFETP 或 CFETR 产氚包层研制，同步开展氚增殖包层物理过程研究。掌握材料制造、加工技术、提高材料性能；完善材料数据库；为 CFETP/CFETR、DEMO、商用聚变堆建造提供所需材料。建立完善的聚变堆安全设计、技术分析、安全评估体系，完成 DEMO 的安全分析。完成 CFETP/CFETR 磁体系统的详细工程设计与建造。建立聚变堆材料热性能、中子辐照性能数据库，发展 DEMO 及商用堆部件的特殊制造和检测技术。建立 CFETP/CFETR 的远距离操作维护系统，完成 DEMO 的远距离操作维护系统的设计和建造。

从当前各国的发展看，包层冷却剂的选择和氚增殖可通过 ITER 解决，即在 ITER 包层中建立实验窗口，待 ITER 建成后，进行多种方案的、国际合作的研究探索，确定最佳解决方案，这就是 TBM 计划，不再另外建装置。ITER 的 TBM 可能会解决氚的产生问题，但并没有解决大用量氚的自持所包含的氚的提取、回收、检测、存储等工业化问题，所以中国的 CFETP/CFETR，需要在 ITER TBM 的研究、设计、建造和运行的基础上，实现氚自持的功能测试。包层以外的氚工艺问题仍需研发。

全面参加ITER实验，掌握实验堆控制、氘氚运行、安全等方面的科学方法和工程技术。同时，在国内全面开展500 MW级聚变能发电的稳态燃烧托卡马克实验堆的设计和建造工作。全尺寸验证聚变示范堆部件和关键技术，全面掌握聚变发电的科学技术和安全规则。与此同时，作为中间步骤，具备验证磁约束聚变-裂变混合堆的能力。

3.3.1.3　远期目标

示范聚变堆DEMO是建造商用堆之前的最后一步，将全面演示聚变能电站的工程技术、安全和经济可行性以及主要关键技术和综合性能。为此，DEMO应具有适当的聚变功率（1 500～2 000 MW）和中子壁负载（2.0～2.5 MW/m^2），其尺寸将接近商用聚变堆。美国、日本和俄罗斯在参与ITER计划的同时，进行了大量的DEMO设计研究，最典型的是美国UCSD持续进行了15年之久的ARIES聚变堆系列设计。目前进行的ITER实验包层模块（ITER-TBM）计划，就是为将来的DEMO的包层技术做实验验证，提出将来的DEMO的主要技术路线和发展目标。预期的DEMO堆将在2035年前后建造和运行。

商用聚变堆CFR（Commercial Fusion Reactor）是人类利用聚变能源的工具。足够的安全性和较高的经济性是其主要特征和标志。因此，CFR应具有合适的堆尺寸和聚变功率。在建造商用聚变堆之前，必须进行大规模的聚变堆辐射安全、环境保护、远距离操作、放射性核废物处置等方面的技术研究。

对商用堆的大致要求是，等离子体半径6～8 m，小半径2～3 m，中子壁负载2.5～3.5 MW/m^2，聚变功率应大于3 000 MW。根据目前国际磁约束聚变研究的进展，商用聚变堆的建造可望在21世纪的50年代实现。

ITER是磁约束聚变发展的重要环节，但计划在ITER上实现D-T运行还需要很多年，特别是它距离聚变能源示范堆DEMO还有相当一段距离，例如氚自持问题、等离子体控制问题、第一壁和偏滤器材料问题、能量移出发电问题、总体布置和安全问题等。另外要实现大规模应用还必须在经济上有竞争力。因此现在对DEMO的认识还存在许多不确定因素，距离大规模应用核聚变能还有相当的时间。现阶段中国应以安全的、经济上有潜力的DEMO为目标，积极参加ITER的工作，充分了解和利用其他国家聚变能源的研究成果，逐步明确中国聚变开发技术路线，开展必需的科学研究。

ITER后，中国的核聚变研究该往哪个方向走？这是一个十分困难的问题。必须在知道了ITER的基本运行状况和主要的结果之后，才可以给出比较明确且可靠的回答。

未来ITER在稳态燃烧聚变等离子体物理和工程技术上的进展，将是进一步走向工程聚变实验堆的基础；在此基础上提前进行以获得聚变能源（而不是仅是聚变功率）为目标的中国聚变工程实验堆CFETP/CFETR的设计、技术研发进而制造、运行，为最终建造中国聚变电站奠定工程技术基础。

利用CFETP/CFETR深入开展DEMO堆芯技术研发；掌握聚变商用堆的堆芯技术，设计制造DEMO及商用聚变堆的产氚包层；完成DEMO的安全设计，商用聚变电站的安全分析；完成中国DEMO、商用聚变堆的部件系统的设计与制造。

中国磁约束聚变发展的远期目标是：设计建造中国第一个1 000 MW级聚变示范堆，掌握商用聚变堆设计、建造技术；完成中国聚变商用堆的设计，最终实现核聚变能源商用化。

3.3.2 CFETR(中国聚变工程实验堆)

2011 年中国科技部基础司成立磁约束聚变堆总体设计组,开始了中国聚变工程实验堆(CFETR)的研究。表 3.3.1 和表 3.3.2 分别列出了 CFETR 装置超导体和铜导体 2 个方案的设计参考参数。

表 3.3.1 CFETR 设计参考参数(超导体)

等离子体大半径 R/m	5.6
等离子体小半径 a /m	1.6
等离子体拉长比 k	1.6～1.9
中心纵场场强 B_t/T	5
三角形变δ_x	0.4～0.8
等离子体电流 I_P/MA	8～10
等离子体位形	DN,SN
等离子体体积/m^3	500
中子壁负荷/(MW/m^2)	0.3(按 200 MW 设计)

表 3.3.2 CFETR 设计参考参数(铜导体)

等离子体大半径 R/m	3.7
等离子体小半径 a /m	1.2
等离子体拉长比 k	1.8～2.0
中心纵场场强 B_t/T	4.0～4.5
三角形变δ_x	0.6～0.8
等离子体电流 I_P/MA	8～10
等离子体位形	DN
等离子体体积/m^3	210
中子壁负荷/(MW/m^2)	0.3 (按 100 MW 设计)

CFETR 的定位是:在中国已经具有设计和运行多个托卡马克经验和中国已经加入 ITER 的基础上,在建造聚变电站之前,设计和建造一个聚变工程实验堆。CFETR 的科学目标是:实现聚变功率 50～200 MW(按 200 MW 设计);实现全年有效满功率聚变(燃烧)时间≥50%年;通过自己的包层实现聚变燃料氚自持;对第一壁,偏滤器和包层等关键部件在堆环境下进行功能和材料实验研究,积累数据,改进设计,研发材料,为建造聚变电站奠定工程技术基础。对未来的聚变堆的主要部件进行工程实验,为设计和建造 DEMO 提供技术基础。其主要研究内容是:燃烧等离子体技术;产氚包层技术,能量的排出,氚的提取、回收与自持技术; 材料与工艺技术,增殖剂技术,超导磁体技术等;堆设计技术; 安全与防护、远距离操作技术;加料、排灰、诊断与控制技术等。由于 CFETR 对等离子体芯部参数的要求低

于 DEMO,可以进行氚增殖、嬗变核废物和增殖核燃料等聚变能商业化前的早期应用研究。

到 2013 年 3 月,总体设计组已经确立了超导磁体托卡马克堆和铜导体托卡马克堆 2 种设计方案,提出了对各个子系统的设计要求,并建立了相关数据库。项目各课题在 CFETR 2 个设计方案的各项运行指标和关键等离子体参数、主机系统和部件及 RH 的设计方案、先进偏滤器位形、中国聚变工程实验堆氚工厂包容系统、除氚系统与事故应急响应系统的工艺方法及设计参数等方面已经取得阶段性成果。

3.3.3 中国聚变路线图

核聚变能源的开发将有希望彻底解决能源问题,对于中国的可持续发展有着重要的战略和经济意义。2006 年,磁约束核聚变被正式列入 2006 年至 2020 年中国《国家中长期科学和技术发展规划纲要》。纲要提出:"以参加国际热核聚变实验堆的建设和研究为契机,重点研究大型超导磁体技术、微波加热和驱动技术、中性束注入加热技术、包层技术、氚的大规模实时分离提纯技术、偏滤器技术、数值模拟、等离子体控制和诊断技术、示范堆所需关键材料技术以及深化高温等离子体物理研究和某些以能源为目标的非托克马克途径的探索研究。"

根据中国科技部基础研究司制定的《国家磁约束核聚变能发展研究"十二五"专项规划》,中国磁约束核聚变能发展研究的战略目标是:以参加国际热核聚变实验反应堆的建设和研究为契机,加快磁约束核聚变的基础与应用研究,大力提升聚变能研究发展的自主创新能力,结合国家重大科技基础设施 HL-2A、EAST 装置未来可能的实验条件,对聚变工程实验堆进行设计研究、关键技术预研及建设。在 2020 年前后,完成 200～500 MW 聚变工程实验堆的概念设计,开展聚变工程实验堆的设计研究以及关键技术或关键部件的研制,为独立自主地发展一条适合中国国情的聚变能发展计划奠定坚实的科学技术基础。中国聚变路线图如图 3.3.1 所示。为实现 2050 年聚变发电的这一远大目标,中国将参加 ITER 计划和快速发展国内聚变研究紧密结合,加快中国聚变研究基地和实验平台建设,早日建成国际一流的磁约束核聚变国家研究基地,全方位开展各种形式的双边和多边国际合作,并积极推进"以我为主"的国际合作,尽快提高中国聚变研究水平,全面培养聚变人才,使得核聚变能源有可能于 21 世纪末在中国能源结构中占有重要地位。国家的长期稳定支持是实现这一战略任务的必不可少的条件。随着 ITER 计划的开展,数百兆瓦功率的等离子体燃烧问题会逐步得到解决,基于聚变、裂变混合能源堆概念的堆型设计也成为可能。它可以采用 ITER 技术建造的兆瓦量级的聚变堆,利用堆芯产生高能中子,并通过倍增来维持氚的自持燃烧与生产燃料^{239}Pu。^{239}Pu 将在包层中进行裂变反应,并释放能量。混合堆型作为纯聚变堆大规模应用之前的过渡是值得考虑的。它与目前中国核能发展战略并不矛盾,对于中国核能战略的总体发展可能是有益的。

未来 10 年,中国将按时、保质保量完成 ITER 装置建设中所承担的 9%制造任务,并将以参加 ITER 计划为契机,全面消化、吸收和掌握计划执行过程中产生的经验、知识和技术;培养和造就一批高水平的核聚变研究人才队伍;发展先进运行模式的稳态托卡马克聚变堆技术;建立健全中国聚变堆的核与辐射安全法规、导则和技术标准;培育和带动一批生产制造企业走向国际。积极开展自主创新,创建适合中国聚变能源研究发展的战略体系。

根据《联合实施国际热核聚变实验堆计划建立国际聚变能组织的协定》及其附件的有关规定,按照中国与 ITER 组织签订的协议,按时按质按量完成所承担的 12 个 ITER 装置部件采购

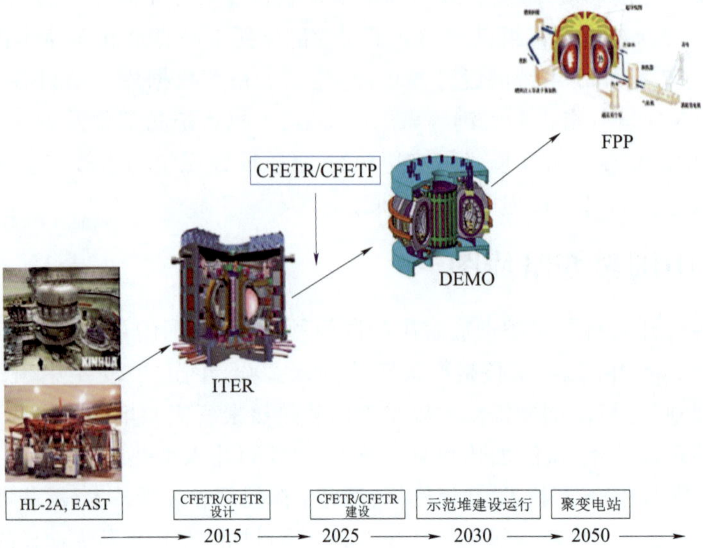

图 3.3.1　中国的聚变发展路线图

包的制造任务。国内研究工作是实现中国 ITER 计划目标的重要环节，其目的是使中国能在 ITER 装置建成后掌握其主要技术；有效地参加在 ITER 装置上的实验研究；能够独立开展聚变示范堆的设计和研发。主要工作包括：扩建核工业西南物理研究院的 HL-2A 装置和中国科学院等离子体物理研究所的超导托卡马克装置 EAST，使其作为国际先进的中型核聚变能研究装置，为有效利用 ITER 进行科学技术实验做好关键准备；着手培养一批高水平的科学和工程技术人才，并积极开展核聚变能源相关基础研究工作；消化、吸收、全面掌握并创新发展 ITER 的全部关键技术，特别是与中国未承担的实物制造任务相关的技术；发展 ITER 计划尚未涵盖，但今后核聚变能示范堆所需的关键技术，例如氚增殖包层技术和聚变堆材料技术等。

抓住 ITER 计划国际合作机遇，吸收消化 ITER 相关的科学技术可以加速中国独立自主的研发体系的建立。以参加 ITER 计划为契机，全面消化、吸收和掌握计划执行过程中产生的技术、知识和经验。通过参加 ITER 计划，建立健全热核聚变实验堆的核与辐射安全法规、导则和技术标准，培养一批高水平管理和技术人才，为今后参与多边国际科技合作计划积累经验。

接受、学习和使用 ITER 全部知识产权（资料、工程、物理和技术知识）；着重分析评估 ITER 未涵盖的科学技术，解决这些关键技术理论与设计方法；完成中国聚变工程实验堆工程概念设计；根据集成设计，分解和提出关键物理和技术研发项目；建立大工程项目建设所必需的先进管理体系；组建协同设计平台与信息数据操作管理系统，对设计过程中庞大的数据与复杂的流程进行共享、管理与规范；培养聚变堆设计、运行、实验和管理的人才队伍。

加快中国磁约束研究基地建设，开展稳态高效运行的先进托卡马克聚变反应堆基础物理和工程问题实验研究；积极参与 ITER 的工程建设，消化、吸收、掌握聚变实验堆关键技术；发展 ITER 后聚变堆规模的加热、电流驱动、加料、氚处理、诊断和各种反馈控制系统；开展聚变堆总体设计，加快大规模理论和数值模拟的研究，提高对先进托卡马克运行模式下等离子体行为的理解和预测能力，为聚变工程实验堆的设计建造提供科学依据；锻炼队伍，培养人才；同时着手开展聚变工程实验堆的总体设计与预先研究等工作。通过 10 年左右（2010—2020 年）的努力，建立并完善国家核聚变能源研究发展创新体系，使中国在 2020 年前后具备自主设计制造聚变工程实验堆的能力，跨入世界核聚变能源研究开发先进行列。

在参加 ITER 计划的同时，以未来建堆所涉及的国际前沿科学和技术目标为努力方向，加强国内与 ITER 计划相关的聚变能源技术研究和创新，发展聚变能源应用和开发的关键技术，建设和完善国家聚变能源研发体系，建立国际一流的研究平台，初步建立聚变工业发展体系，培养并形成一支稳定的高水平聚变研发队伍和聚变堆设计队伍。

最后需要说明的是，截至本书发稿时，中国聚变路线图仍在有关部门和专家的不断讨论和优化中。相信经过大家的努力，一定会有一个适合中国国情和聚变能发展的路线图。

3.4　欧　盟

3.4.1　欧盟聚变发展路线图

21 世纪初，世界上聚变研究发达国家均对聚变发展进行了多次大规模的讨论，并制定了相应的聚变能源发展路线图。最为著名的是欧盟以英国布莱尔首相的科学顾问 D. King 为组长的快速列车（fast tract）路线图（见图 3.4.1）。欧洲的快速列车路线图是以 ITER 和国际聚变材料辐照设施（IFMIF）能同时建设和平行运行为基础的。在 ITER 和 IFMIF 运行 10 年后，开始磁约束示范堆（DEMO）设计建造，在 ITER 运行 20 年后建成 DEMO 并运

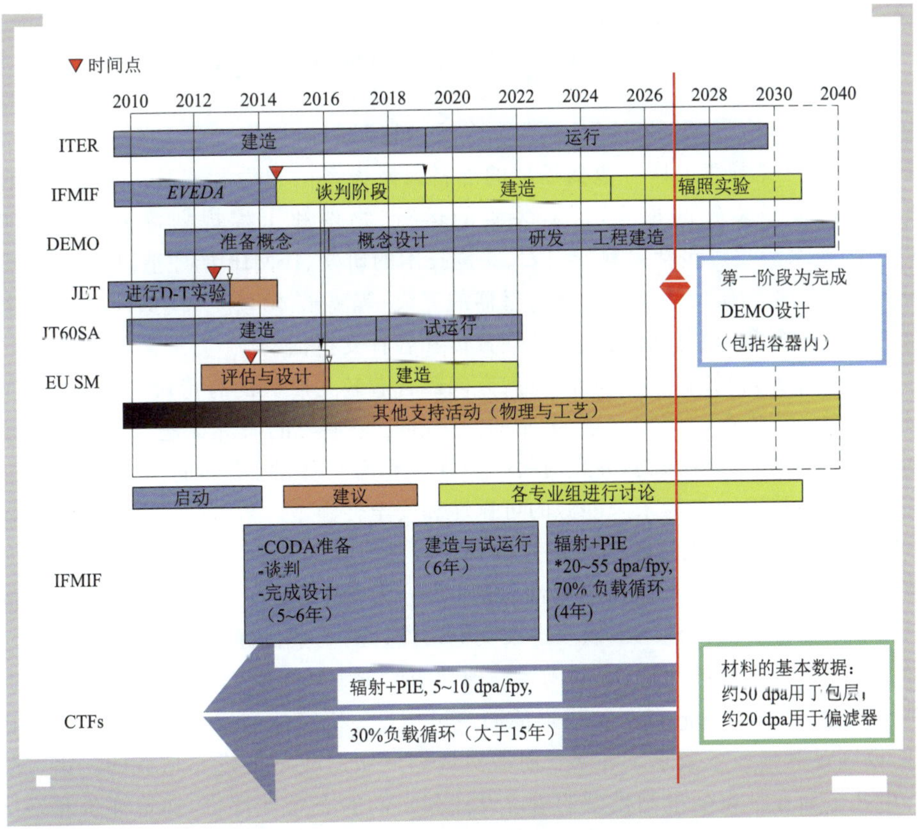

图 3.4.1　欧盟聚变发展路线图

行，即 30 年后建成 DEMO，50 年后建成第一个聚变商用堆。图 3.4.2 所示为 2020 年欧盟聚变研究计划的时间进程表，主要内容：准备 ITER 的运行；展开用于 DEMO（IFMIF）的材料研究；为 DEMO 开展概念设计活动；建立所需要的国际合作体系。

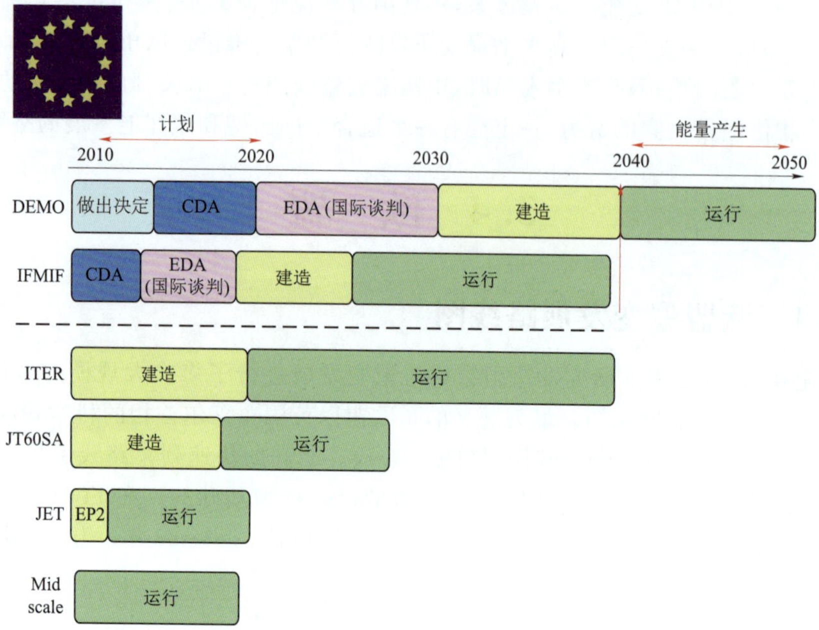

图 3.4.2　2020 年欧盟聚变研究计划的时间进程表

为了能更好地执行 ITER 计划，欧盟在今后一段时间内核聚变研究规划中的主要活动内容是：ITER 的实质性工作。包括场地的准备以及设备的建设和安装。准备 ITER 运行的研发。包括聚变装置的探索，JET 装置的运行、物理和工程规划等。准备验证聚变 DEMO 堆的技术活动。包括材料的研发、关键技术的研发、IFMIF 的建造以及 DEMO 概念设计研究等。长期的研发活动。包括仿星器的完成、等离子体理论和模拟，以及惯性约束聚变研究等。人力资源、教育和培训、向公众宣传和各种支持活动。

欧盟核聚变研究规划中反应堆的发展方向蕴含着较为广泛的有待研究的核聚变的安全性、环境、社会经济方面的诸多问题，电站的安全性也是主要的研究课题。在欧盟核聚变研究规划中已经考虑了这些课题，并且对每一项课题都有具体的、明确的实施计划和步骤，以便能够充分证明核聚变作为未来能源的可靠性和安全性。

2000 年 1 月启动的电站概念性研究（PPCS），其目标是协助评价聚变能的现状并建立欧盟核聚变研究规划的凝聚力和优先性。PPCS 分为三个阶段，第一阶段借用早先的研究结果以及非欧盟组织的评论结果以改进聚变电站设计的草案目标。第二阶段延续此项工作并集中在以下 3 个方面的活动：明确阐述物理学的要求和评价它们对聚变电力设计的影响；远程维护概念的外推，目的在于反应堆的高度可用性；研究达到安全性和实现经济目标的敏感性，以满足其他技术要求。在第二阶段对规划所做的战略推进是适宜的。第三阶段的工作将由几个商业性聚变电站模型的概念设计和它们的安全性评价、环境评价和经济评价构成。

3.4.2　现有装置的前沿课题研究

3.4.2.1　JET

作为欧盟的代表性聚变实验装置，1997 年 JET 装置在 D-T 聚变反应实验中创造了聚变能新的世界纪录，在 Q_{in} = 0.18 时稳态聚变反应功率为 16 MW，维持时间约 4 s。同时，成功地试验了可应用于 ITER 和聚变堆的各种 ICRF 加热方法的物理机制和性能。大多数 ICRF 加热结果与编码计算结果相当一致。最重要的是，D-T 实验清楚地论证了 α 粒子加热与业已发现的经典预计是一致的，并且具有类似于少数类 H 粒子 ICRF 加热的加热效应（具有类似本体等离子体加热特性）。JET 装置 D-T 实验是 ITER 装置和聚变堆所需要的某些最重要工艺的首次真正的试验，特别是氚的安全处理以及远距离处理与维修工艺。工业规模的放射性气体处理（AGHS）作为大型聚变装置的一个运行组成部分是 JET 装置 D-T 实验的一项重大成就。实验证明 AGHS 在 DTE1 期间和随后的远距离偏滤器置换阶段能够提供必需的除氚功能。

为适应 ITER 计划的需要，JET 装置 2000 年后实施了多项增强计划。包括：仿 ITER 第一壁设备、中性束增强设备（能使中性束等离子体加热功率增长 50%，达到＞34 MW，在满功率下脉冲时间翻一番，延长到 20 s）、高频弹丸注入器（向等离子体边缘重复注入微小冷冻的氢或氘冰弹丸，激发更加良性的高频 ELMs，避免面向等离子体部件产生巨大的热脉冲）等。JET 装置于 2009 年 4 月在接近装置技术极限的条件下，进行了新一轮实验使等离子体电流达到 4.3 MA。实验结果表明更加接近 ITER 的条件，充分显示了装置运行能力。最新一轮实验中，JET 装置等离子体电流高达 4.3 MA，总磁场 3.45 T，增大的中性束功率 23 MW，在电子回旋共振加热的基础上射频功率达 4 MW。此条件下的运行对 ITER 成功是至关重要的。尤其是，JET 装置可以在更加接近 ITER 预计的条件下研究改善等离子体约束和能量的排出。

在 JET 装置上安装新的偏滤器和内壁，这些部件的材料均采用预计在 ITER 上使用的材料，安装新部件后的研究将为 ITER 装置实验提供可对比的基准。

JET 装置独特的铍控制性能（铍是 ITER 第一壁的设计选择材料，即面向等离子体的材料），使得 JET 装置可以为材料研究以及等离子体-壁相互作用的研究做出重大贡献。ITER 的使命是论证聚变能在科学和技术上的可行性。为此，ITER 将论证能量增殖，论证综合系统中主要的聚变能工艺，以及进行关键部件的整体试验，该试验把聚变作为一种应用能源。通过对基础物理的认真研究，利用全世界最成功的 JET 装置进行外推的概念。

在欧盟核聚变研究规划中，欧盟现有的聚变装置有助于 DEMO 堆物理基础的建立。DEMO 堆的实验目的是演示聚变电力的可行性。在欧盟现有这些装置中，JET 装置起到了独一无二的作用，因为它所产生的等离子体最接近"下一步"中所期望的定标及参数。

3.4.2.2　BA 协议

欧洲原子能联营与日本签署的 BA 协议（更宽领域研究计划）于 2007 年启动。双方协议实施的目的是研究材料对聚变反应的承受能力，利用 14 MeV 的中子能谱对材料和小型部件进行辐照，进而测试其用于 DEMO 中的疲劳强度。这种材料的数据在 ITER 运行中是不可能积累的。它是运用加速器驱动的高能氘与锂-6(占 7.4%)之间剥离反应产生 2 个极高能α粒子共同分配 22.4 MeV 能量模拟聚变堆 PFC 辐照环境;同时高能氘又可以与锂-7(占 92.6%)之间产生的 2 个高能α粒子和一个中子共同分配 15.12 MeV 能量,可以模拟聚变堆高能中子对材料深层次的位移损伤效应(dpa)即空洞、蠕变效应。高能氘与锂-6 仍然有 2 个反应过程可产生中子,最高能量分别可达 3.3 MeV 和 1.8 MeV,也有氚作为次级产物,因而就有氘氚反应,即有 14.1 MeV 中子。

协议的主要研究内容:

• 完成详细和全部集成的 IFMIF-EVEDA(国际聚变材料辐照设施-工艺设计和工艺验证活动)工艺设计、先进材料试验研究。
• 在 IFMIF 上开展未来聚变电站环境下先进材料研究等多项课题。
• 日本卫星装置 JT-60SA 超导线圈制作。
• 由欧盟成员国(如法国、意大利、德国和西班牙等)提供环向场线圈。
• 电源系统的研制以及锂(Li^6+Li^7)靶和材料的研发等项目。

3.4.3 NET(实验堆)和 DEMO(示范堆)计划

根据欧盟核聚变研究规划的发展战略,JET 装置之后要建造和运行一个实验反应堆(NET,下一代欧洲联合环)和一个示范动力堆(DEMO)。

欧盟核聚变研究规划长期的技术发展主要涉及那些与 DEMO 和原型反应堆相关的具有很长超前时间的研究与发展问题。研究的主要领域是增殖堆再生区、材料开发和聚变材料辐照试验设备的概念性设计。尚在研究之中的可能的再生区设计是氦冷铍床(HCPB)和水冷锂铅(WCLL)。与此同时,欧盟核聚变规划制定了一个发展和评定具有强耐辐照性和低活性结构材料大纲。该大纲包含 3 个方面:低活化钢、复合物和先进的合金以及核数据库。

材料和部件的放射性测试是技术发展中必不可少的一部分,为此还需要有一个高强度、高能中子辐照装置。今后将通过 IFMIF 国际合作组织,在国际原子能机构的指导下,探索这种装置的设计。该项目研究的目的是建造一个能在足够强度下产生高能中子的强中子源,并且在适当大的辐照试验空间内有一个适当的能量谱,在 14 MeV 时峰化。国际聚变材料辐照装置应当考虑评定 DEMO 堆和未来聚变堆所需的材料。此外,它还应当提供从裂变堆中得到的数据标准和有效性,并准备模拟工作的标准。主要部分的研究阶段已经开始,其重点放在 IFMIF 装置概念设计中采用先进技术的发展和有效性上。它正在检验加速器技术、锂靶技术、设备测试技术和设计等综合问题。这项研究工作正与日本合作,共同开展研发。

而作为欧盟的 NET 计划,其主要目标是达到长脉冲运行下的热核点火。点火定义为氘-氚聚变产生的 α 粒子所释放的功率,约占总热核功率的 20%,足以维持热核反应等离子体温度的状态。这意味着 NET 计划要验证主要聚变堆工艺的托卡马克的安全运行,并为建造电功率接近将来商用电功率的示范堆(DEMO)提供基本数据。

3.5 日　本

3.5.1 日本核聚变开发路线

目前考虑的核聚变能源实用化的开发路线是实验堆——发电验证堆——实用堆的三个阶段(见图 3.5.1)。作为实用堆方案,日本电力中央研究所建议的高经济性堆 CREST 已经被日本原子能委员会确定为日本下一阶段核聚变开发目标之一。在国际热核聚变实验堆计划正在推进,大型超导线圈等 ITER 建设必需的相关技术正在完善的时候,具体确定 ITER 以后的验证堆将是十分重要的课题。

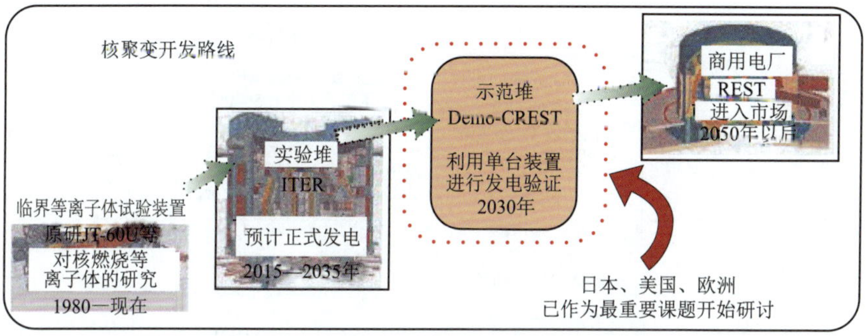

图 3.5.1　日本核聚变开发路线概要

为获取具有高经济性能实用堆 CREST 的认识,首先进行了核聚变验证堆 Demo-CREST 的概念设计,在此基础上提出了 ITER(实验堆)—— Demo-CREST(验证堆)——CREST(实用堆)的具体目标。Demo-CREST 的目标是验证作为实用堆 CREST 的经济性,分为两阶段开展研究:发电验证阶段;性能提高阶段,阶段性逐步提高其性能。在发电验证阶段,将以 ITER 的成果为基础,实现发电输出功率 500 MW。在性能提高阶段,通过进一步改善 CREST 拟采用的高性能等离子体,改进堆工艺技术(将热效率提高 40%以上等),实现发电输出功率 1 000 MW,由此可验证提高经济性能所必需的关键技术及 CREST 的可行性。Demo-CREST 的设计考虑通过包层模块的大型化,提高中子利用效率而获得高的氚增殖率。图 3.5.2 给出了 Demo-CREST 堆主体截面和维护机制。图 3.5.3 给出了 Demo-CREST 开发路线和电能输出功率的提高。

日本提出了针对这种大型包层的交换手段方案,由此可缩短维护时间,并能实现能抗中子负荷强度的高效率包层交换,其目的是通过这种改进,生成需要的氚燃料并提高堆内设备的维护性能,实现验证堆不可或缺的稳定运行。

3.5.2 日本聚变堆计划

1) 托卡马克型示范堆(DEMO)

日本设想的托卡马克示范堆(DEMO)的堆芯尺寸基本与 ITER 相同,并具备 1 000 MW 级的发电能力。该示范堆考虑可连续运行一年左右,同时需要很高的装置效率、

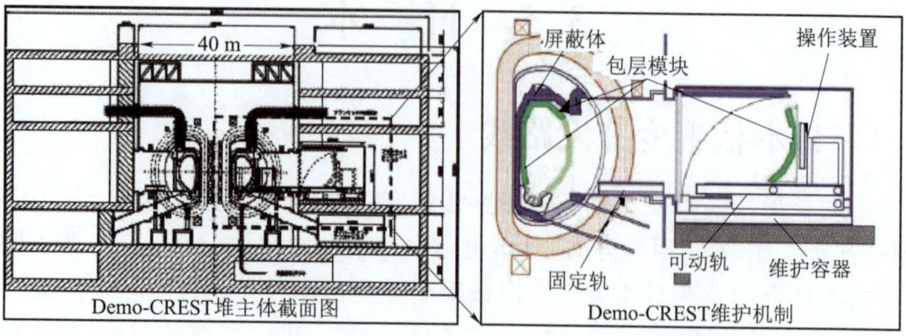

图 3.5.2 Demo-CREST 堆主体截面和维护机制

堆工艺技术进展 →

		实验堆ITER 等离子体半径6.2 m 超导磁场13 T	验证堆Demo-CREST 等离子体半径5.4 m 超导磁场16 T 发电验证期 热效率30%	验证堆Demo-CREST 性能提高期 热效率40%	实用堆CREST 等离子体半径5.4 m 热效率41%
等离子体物理进展 ↓	ITER 标准等离子体	无堆规模的 发电计划 （核燃烧等离子体验证）	0 kW		
	ITER 高性能等离子体	（发电所需等离子体 的开发）	50万kW	90万kW	
	CREST 高性能等离子体			110万kW	120万kW （发电成本：60 mill/kWh）

ITER开展的是核燃烧等离子体的验证和发电所需等离子体的开发，Demo-CREST进行的是在发电验证期间利用ITER开发的等离子体进行50万kW左右的发电验证。在性能提高阶段的目标则是利用等离子体性能和热效率的提高，实现电能输出达到100万kW以上，以获取对实用堆CREST的相关认识。

图 3.5.3 验证堆 Demo-CREST 开发路线和送点端电能输出功率的提高

输电端较高的输出功率稳定性及综合氚增殖率（TBR）超过 1。

堆芯等离子体方面，目标是为达到 3 000～4 000 MW 级的热输出功率，实现聚变输出功率密度比 ITER 高几倍的高等离子体压力运行及年度连续运行可大幅度超过 ITER 标准运行的非感应稳态运行和热-粒子控制。

最有潜力的包层第一壁结构材料——低活化铁素体钢的最终考虑是在高输出密度运行下可耐 3～6 年中子（中子注量 10～20 MW 年/m^2）和热通量（1 MW/m^2）。为保证发挥由多个模块构成的增殖・发电包层在堆内自生产氚燃料，实现燃料自持功能，要求确保在抗破裂及高度可靠性下实现氚的增殖和回收。

由于偏滤器暴露在来自包层第一壁的高热通量和粒子束中，因此需要研制可耐数年中子辐照及具有抗粒子束性能的高热通量部件。

2）实验堆阶段的开发研究

实验堆阶段的研究开发目标是：确立以自加热为主的燃烧等离子体控制技术；实现稳态堆芯等离子体；确立系统的整合技术及发电包层试验；确立可获取经济性预测的高 β 稳态运

行技术；示范堆相关材料、堆工艺技术开发；示范堆概念设计；理论模拟研究；社会环境安全性问题研究。

最大限度地有效利用集目前最先进技术的ITER，对于推动实验堆阶段的上述研究开发目标非常重要。同时有效利用虽然不伴燃烧，但机动性很好的JT-60装置开展在ITER中实施困难的课题及在运用于ITER前需要进行原理验证的课题研究也十分重要。

① 利用ITER实现的研究开发目标

• 确立燃烧等离子体控制技术　实现以α粒子自加热为主的自点火区域(能量倍增率20左右以上)的燃烧等离子体，获取控制燃烧等离子体的前景预测。

• 自点火区域的燃烧控制　利用ITER，维持20以上相当于自点火区域的能量倍增率，验证核聚变燃烧的控制性能。

• 实现堆芯等离子体　在核聚变输出功率500 MW以下的能量倍增率Q要求达到5以上，用自举电流和非感应电流驱动组合下的稳态运行法对燃烧等离子体的维持时间达到1 000 s以上。

• 堆工艺技术的开发　通过承担的实验堆(ITER)设备的制作，确立ITER主要构成设备及系统的制作技术基础，同时为ITER运行做准备，实施加热电流驱动系统、重点诊断系统综合性能的验证及高端诊断系统的开发。

• 系统集成化技术的确立和发电包层试验　通过ITER的建设和运行，开展等离子体放电、辐射环境下超导线圈的性能验证，确立针对辐射环境和有一定运行经历的设备的远程维护技术；氚燃料处理技术-安全处理技术的验证；与等离子体运行配合的主机设备及堆系统的运行控制技术；与热-粒子-电磁力负荷配套的堆内设备及燃料注入-排气-去热系统的性能验证等综合系统的性能阶段确认和验证，确立包括安全性和可靠性在内的聚变堆不可缺少的技术基础。同时，各参与方独立利用各自研制的实验包层对氚增殖-发电包层功能进行验证，以获取发电包层相关的基本技术。

• 小规模发电技术验证　在ITER上安置实验发电包层开展氚的增殖与回收试验、倍增材料和结构材料的试验、高温热提取试验，同时与各ITER参与方合作实施小规模发电实验。

② 高β稳态运行方法的原理验证

③ 示范堆材料及堆工艺技术开发

包括增殖-发电包层的开发、结构材料开发、利用核聚变材料辐照设施进行材料试验、超导磁体-加热技术的强化、氚与工程安全性的技术开发及放射性废物的减少和处理相关技术等。

④ 托卡马克理论-模拟研究

在深入理解ITER燃烧等离子体、稳态高β等离子体湍流输运、等离子体稳定性、高能粒子活动、加热-电流驱动特性、偏滤器特性的基础上，进一步提高对有关示范堆等离子体性能的预测性，开发以最先进的科学计算手段为基础的模拟方法及等离子体托卡马克理论和模拟研究。

⑤ 示范堆的概念设计

开展以预测聚变能实用化经济性以及要求提高安全性、环境适应性的托卡马克示范堆概念设计，并将其反馈到堆芯-堆工艺技术开发计划的同时，根据堆芯-堆工艺技术开发的进度，着手示范堆的概念设计。示范堆的概念设计要考虑堆的总体目标性能(建造费、功率规模、运行特性、利用率、安全性能、燃料增殖性能、废物处理等)。要实现上述目标，必须考虑包括安全设施、建设工程、环保、废物处理等在内的堆的总体概念设计。

⑥ 非托卡马克途径的重点计划

• 螺旋器　螺旋途径的约束定标率已大致确立，并验证其在磁约束方式中，约束性能仅次于托卡马克途径。因此需要从众多的螺旋磁场位形中探明螺旋途径聚变堆芯等离子体的方向性，通过与托卡马克之间的比较来开展环形等离子体的综合理解的研究。同时推进螺旋形稳态核聚变堆的设计研究。

• 激光途径　开展以大阪大学为主的 FIREX 计划。FIREX 计划第一阶段的关键课题在于为达到将等离子体加热到 5～10 keV 的点火温度的目标，能否进行有效的加热。这也将是能否顺利进入 FIREX 第二阶段计划的关键。与此同时，也将推进快点火激光核聚变堆的概念设计研究工作。

3.6 韩　国

3.6.1 韩国聚变发展战略

韩国的聚变研究目前尚处于初级阶段，韩国根据本国建造第一个聚变电站的国家路线图的设想，确立了涵盖整体的必要的研发活动。在资源有限的条件下，制定一个实用的战略计划，重点放在 KSTAR 和 ITER 上，因为这些都是促进聚变能源发展的基础设施。但是不能忽视对聚变科学的基础研究，因为它将拓宽和丰富该学术界，同时还将为培养年轻的科学家和工程人员发挥作用。激励和建立国内各研究小组间的关系网络对于创建综合的研究环境非常重要。鼓励核工业企业参与核聚变能源发展将有益于通过坚实而完善的工程基础迎接面临的各种挑战和困难。所有研发工作的协调都应当在信息和技术结论系统积累的基础上完成，这些结论将用于建造自持技术的各种模块。为了降低风险和财政负担，将更加积极地参与国际合作计划。

根据韩国制定的第一个 5 年国家聚变能源发展计划，将完成韩国示范堆(KO-DEMO)的概念定义和概念设计，以及其他一些项目，如 KSTAR 和 ITER。这些活动的结果同时将为世界聚变能源发展的研究做出贡献。

目前韩国运行 KSTAR 和参加 ITER 是为在 DT 燃烧等离子体，聚变堆工程和燃料循环等方面积累经验。2030 年建成 DEMO，2040 年建成本国的聚变电站(图 3.6.1)。韩国聚变电站商业化中长期研发战略见图 3.6.2。

3.6.2 韩国 KO-DEMO 计划

为确定聚变电站的技术细节，探索和协调韩国聚变能的研发活动，韩国已于 2006 年启动 KO-DEMO 聚变电站的前概念研究。计划 2011 年前制定发展 KO-DEMO 的探索性里程碑的概念定义，2021 年前完成概念和工程设计，2022 年以后最终完成建造设计。KO-DEMO 的设计要求与 DEMO 的设计非常相似，或类似于美国、欧盟和日本早期研制的聚变电站模型。KO-DEMO 应当可提供巨大规模的发电，表明其经济可行性，证明燃料自身的

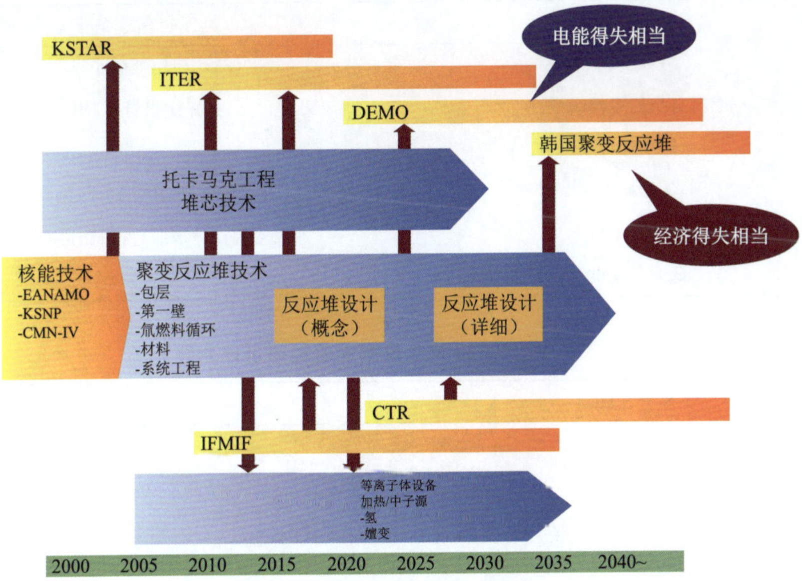

图 3.6.1　韩国聚变发展路线图

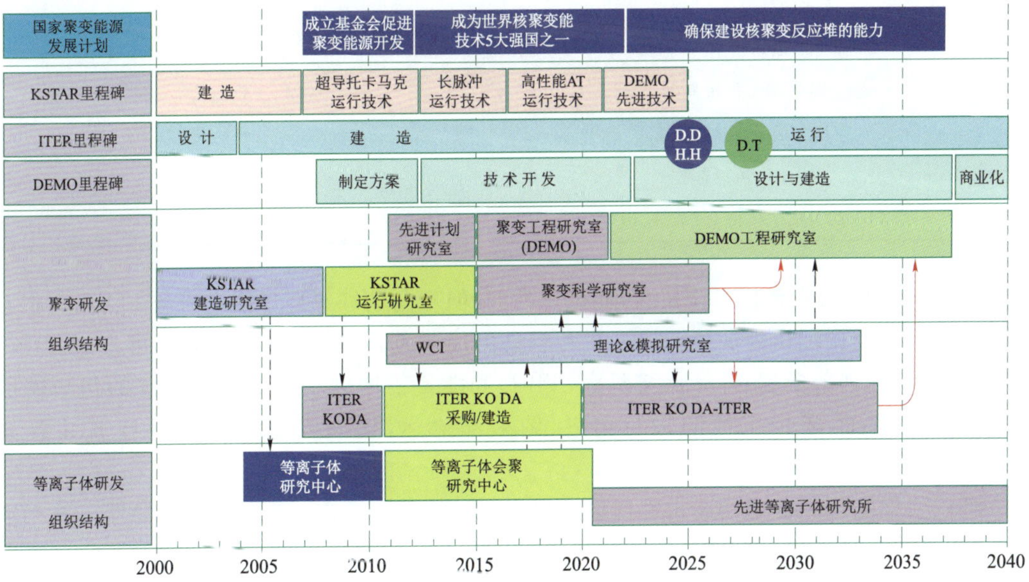

图 3.6.2　韩国聚变电站商业化中长期研发战略

可持续性和运行的可靠性，并保证即使发生最严重事故也无需撤离。表 3.6.1 示出了实现该目标的要求和标准。表 3.6.2 概括了 KO-DEMO 的设计参数。

表 3.6.1 KO-DEMO 前概念设计研究的要求

要　求	标　准
发电量	1.5 GWe,使用寿命 60 年,托卡马克型
燃料自身的可持续性	氘氚做燃料, TBR> 1.1
连续运行	稳态运行
无需撤离	氚的处理,废物处理,无高放废物
高的可用性	避免等离子体破裂,可用性达 80%,可维护性
低成本发电	经济竞争力

表 3.6.2 KO-DEMO 前概念研究的设计参数

参　数	KO-DEMO
聚变功率/GW	4.85
电站净效率	0.3—0.4
大半径/m,小半径/m,环径比	8, 2.5, 3.2
包层 入口/出口温度/℃	400/700
Q 值	48.5
磁场 B_t	5.5
等离子体电流/ MA	16
额外的加热功率/ MW	100
归一的等离子体压强(β_N)	4.43
约束增强因子 [$H_{98}(y,2)$]	1.21
自举电流份额	77.50%
归一的等离子体密度(n_e/n_{GW})	1.2

KO-DEMO 的规模比 ITER 大,环径比类似,但环向场和等离子体电流与 ITER 类似。

采用布雷顿循环作为能量转换方案和较高的冷却剂温度,电站的净效率可接近 40%。还将整合包层/屏蔽模型,计算氚增殖率(TBR)和能量倍增因子。KO-DEMO 的初步模拟结果表明,应当增强稳定性的运行边界、约束和输运,这一要求会成为一些新装置如 KSTAR 最优先的研究目标。

韩国将根据已经确定的要求部件设计聚变电站的分解结构。为了利用偏滤器区域产生的热量,可能会另外建一个产氢车间。

KO-DEMO 初期阶段可能会采用 HCSB 或 HCML,然后全面开发适合的材料和相关技术,先进的双冷却剂包层将代替早期的包层。表 3.6.3 列出了 KO HCML 的设计参数。

表 3.6.3 KO HCML 的设计参数

结构材料	Eurofer
冷却剂	气体氦
反射器	石墨
表面热通量 (平均值和峰值)/ MW/m^2	0.3, 0.5

续表

中子壁载荷/ $MW \cdot m^{-2}$	0.78
第一壁面积	0.444 1.62
热沉积/MW	0.675
氚产出率/ g/FPD	0.029
局部 TBR	0.36
冷却剂温度(入口/FW 出口/入口)/ ℃	300/363/406
冷却系统压强/ MPa	8.0
冷却剂质量流量/ $kg \cdot s^{-1}$	1.22

韩国 KO-DEMO 阶段性实施发展计划包含以下 4 个阶段的子计划：2007—2011 年，筹备阶段子计划；2012—2021 年，DEMO 研发子计划；2022—2036 年，DEMO 建造子计划；2037—2050 年，聚变动力电站子计划。

其中，KO-DEMO 阶段性实施发展计划第二阶段研发计划的范畴包括以下 3 个方面：开发 DEMO 系统和部件设计、生产和建造的各项技术；完成 DEMO FEED，证明其在经济和技术上的可行性；建造验证测试设施，验证设计方法。该阶段里程碑预测如图 3.6.3 所示。

图 3.6.3　K-DEMO 第二阶段研发计划里程碑预测

KO-DEMO 阶段性实施发展计划第三阶段建造计划的范畴：设计和建造聚变 DEMO 电站；测试材料、部件和系统；验证发电。该阶段里程碑预测如表 3.6.4 所示。

表 3.6.4　K-DEMO 第三阶段建造计划里程碑预测

2022 年	2024 年	2025 年	2029 年	2033 年	2035 年	2036 年
建造许可证	挖掘动工	材料选择	主要部件安装	调 试	运 行	首次发电

3.6.3　韩国 KO-DEMO 发展中存在的问题和建议

韩国 KO-DEMO 研究存在以下几方面的问题，针对不同的问题，提出了相应的战略建议。

1) KO-DEMO 研究应在 KSTAR 和 ITER 并行发展中推进工程研究。

- 预计从 ITER 到 DEMO 存在大量的工程任务，需要 10 年以上的时间完成；
- DEMO 聚变电站使用的冷却剂、装置运行温度和热循环等；
- DEMO 聚变电站的设计要求和法规要求；
- 与投资不成熟技术相关的各种风险。

战略建议：立即启动 DEMO 设计研究，不要坐失良机；采取降低风险的措施：经济和技术上的可行性验证前期工程设计；采用 DEMO 聚变电站的设计方法和安全性分析方法。

2）聚变反应堆材料和部件测试：测试 DEMO 反应堆内室部件需要高中子通量达 14 MeV 及大面积辐射区域；DEMO 反应堆平均热负载约为 4.5 MW/m^2；材料研究和建造辐照测试设施需要大量而长期的资金投入。

战略建议：解决这一问题，需要全球合作。

3）DEMO 许可证的问题。

4）冷却剂的选择：超临界水、氦气、液态金属；与工程可行性和技术先进性兼容。

5）热循环：最大限度地利用核裂变电站已证明的技术和经验；发电站设计的设计基础。

6）DEMO 反应堆和 DEMO 聚变电站：DEMO 反应堆设计不能与电站支持系统隔离；系统工程途径。

7）KSTAR 成为 DEMO 试验床：从成功的 DD 等离子体控制获取燃烧等离子体控制的方法；重点研究 DEMO 相关的工程课题，如 PFC。

3.7 印　度

3.7.1 印度聚变能源发展路线图

在聚变能源的前景更加明朗的条件下，鉴于聚变能在 21 世纪应用的可能性，而且它是规模大的、资源极其丰富的、洁净的可持续发展能源，各国基于聚变在能源政策中的定位，进行了相应的核能布局调整。但是随着聚变研究的规模越来越大，耗资越来越多，各主要聚变大国从各自的国情、能源情况和战略出发，调整聚变研究发展历程。

印度作为仅次于中国的发展中国家第二大聚变研究大国，由于能源资源短缺、经济发展快、人口压力大，因而对聚变能有紧迫的需求，对磁约束聚变研究给予了越来越大的重视和支持，在国际聚变界起着越来越重要的作用。目前正在加强本国的研发计划和建立稳固的国际协作计划，力争在 21 世纪中叶部署实用的聚变发电堆。

印度聚变能源未来发展路线：建造实验聚变增殖反应堆（EFBR），开展本国的聚变实验；2022 年建成 SST-2；2037 年建成 DEMO，进行技术资格验证、反应堆部件和工艺资格验证，材料资格验证；2060 年建成聚变电站，实现聚变动力堆，产生 2 GWe 的聚变功率容量。图 3.7.1 为印度聚变发展路线图。

印度的聚变能源计划除参与 ITER 计划外，还制定了本国的聚变研究计划目标：建立氚增殖的一个中间 D-T 装置和一个产生电力的 DEMO 反应堆。建立在已经得到充分论证的技术之上，印度将自行研制建造实验聚变增殖反应堆（EFBR），在本国进行聚变实验，输送 1 GW 聚变功率。EFBR 将成为未来反应堆部件综合实验的试验台，预计能够产生维持反应堆运行的足够的氚。印度 DEMO 反应堆的参数类似于聚变电站的参数。该装置开始的

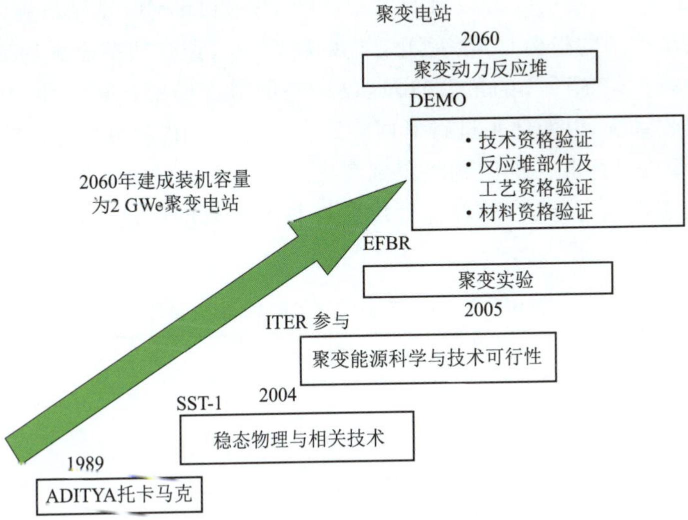

图 3.7.1 印度聚变发展路线图

时候设备可利用率会比较低(30%)。这将随着其运行经验的积累而逐步得到改善。来自该电站的运行经验将用于聚变电站的设计。

1989 年,ADITYA 托卡马克开始运行;2004 年 SST-1 开始试运行,进行稳态物理和相关技术研究;2005 年参与 ITER,证明聚变能源的科学和技术可行性;之后建造实验聚变增殖反应堆(EFBR),EFBR 将成为未来反应堆部件综合实验的试验台,开展本国的聚变实验,预计能够产生维持反应堆运行的足够的氚;2022 年建成 SST-2;2037 年建成 DEMO,进行技术资格验证、反应堆部件和工艺资格验证,材料资格验证。DEMO 堆的目的是产生 1 GW 的净电力。DEMO 堆的使用期限预计为 40 年,其参数类似于聚变电站的参数,装置可利用率最初约 30%,最后将达到 60%。2060 年建成聚变电站,实现聚变动力堆,产生 2 GWe 的聚变功率容量。

3.7.2 D-T 装置——稳态超导托卡马克-2(SST-2)

随着 SST-1 托卡马克氢等离子体稳态运行经验的不断增加,设计、建造和运行一个 D-T 装置——稳态超导托卡马克-2(SST-2)是印度下一步聚变发展战略的重点。参与 ITER 计划,了解 D-T 托卡马克反应堆部件的设计要求是印度自然的选择。参与 ITER 还将给印度提供运行 D-T 装置的经验,检验与燃烧等离子体实验相关的物理问题。虽然印度可以获得其他参与方承担的 ITER 其他部件的技术知识,但是印度已经意识到,为发展国内工业基础设施,未来 20 年内必须通过各种示范堆(DEMO)活动实现这些部件的研制。将通过首个 D-T 装置——SST-2,以一种综合方式对示范堆(DEMO)活动进行试验。

SST-2 的主要目标是研制一个 D-T 聚变反应堆,以检验和证明提出的反应堆研制活动的资格。该装置能够获得类似于 ITER 的经验,有较多的优势。首先,它可以使得本国自行研制的像增殖包层、氦冷偏滤器等技术部件开展综合试验。计划开展外侧为增殖包层和内侧为屏蔽包层的综合实验。这将模拟 DEMO 反应堆的包层运行,给出反馈意见,需要的话,将更改 DEMO 设计。第二,创建人力资源网,该网既属于国家机构网,也属于工业网络,这对建造 DEMO 是极其重要的。开发研制大型试验设备和 DEMO 基础设施(提供场址)是关键点。该装置要求达到的指标是:聚变能增益系数 $Q \approx 5$,聚变功率输出约 100 MW 以及长脉冲运行(1 000 s)。在 SST-2 的最后阶段,仅在外侧覆盖增殖包层模块,检验增殖包层的综合性能和氚回收系统,以便将来进行氚回收综合实验。在装置稳态运行期间,与保持聚变增益系数(Q)和聚变功率相关的问题将得到解决。表 3.7.1 列出了提出的由物理设计代码获得的 SST-2 装置的设计参数,随着各种反应堆技术成果的引进,这些参数将被进一步优化。该装置计划 2022 年投入运行。

表 3.7.1 SST-2 和印度 DEMO 相关参数

等离子体参数	SST-2	印度 DEMO
R_0/m	4.4	7.7
a /m	1.5	2.6
A	3.0	3.0
B_t/T	5.4	6.0
I_p/MA	11.2	17.8
f_{bs}/%	12	50
P_{loss}/MW	40	720
P_{fusion}/MW	100	3 300
P_{aux}/MW	20	110
Q	5	30
n/n_{GW}	0.93	0.93
$\langle T\rangle$/keV	4.5	21.5
$b\beta_N$	1.3	3.3

印度聚变路线图的下一步是 DEMO 堆。DEMO 堆的目的是产生 1 GW 的净电力。发电站的使用期限预计为 40 年,装置可用率最初约 30%,最后将达到 60%。

3.7.3 DEMO 的开发和聚变电站计划

印度目前正在自行研制增殖包层概念,并计划在 ITER 上对其性能进行检测。印度参与 ITER 计划加快与 ICRH、ECRH 和 NBI 等相关技术开发的步伐。其他需要研究的 DEMO 领域包括物理综合模拟、研制反应堆环境下的大型超导磁体和处理高热通量(10~20 MW/m^2)的偏滤器,研制先进材料的材料研制计划,研制满足各种要求(MV 和数十 A)的电源,研制加热和电流驱动系统(约 100 MW)、研制检验反应堆部件是否合格的所需要的检验设备。今后 30 年印度必须着重开发这些领域所需要的技术,这样印度聚变电站才有可能在 2050 年实现。

印度实验聚变增殖堆(EFBR)的要求:显示氚自足性;在目前的技术水平下建造;脉冲 D-T 装置;$Q \sim 20$,聚变功率输出达 1 GW;部件的整合实验。表 3.7.2 给出了印度 EFBR 和 DEMO 参数的比较。

表 3.7.2 印度 EFBR 和 DEMO 参数的比较

参 数	印度 EFBR	DEMO
R_0	5.0	7.7
a	1.87	2.6
A	2.7	3.0
B_t/T	5.3	6.0
I_p/MA	15.9	17.8
f_{bs}/%	27	50
P_{fusion}/MW	1 000	3 300
Q	20	30
n/n_{GW}	0.9	0.93
$<T>$/keV	11.9	21.5

印度 DEMO 反应堆要求：在 Q 约 30 的情况下产生 1 GW 以上的聚变功率；30%的装置可利用率，进一步提高利用率实现电站发电。

印度的第一个聚变电站计划至少在 2050 年前实现，那么随着聚变动力反应堆数量的上升，碳的释放在 2050 年后，将大大降低，这对印度长期能源状况有强烈的影响。因此，制定一个印度 DEMO 发展战略对 2050 年之前实现聚变电站是非常重要的。预计，在未来 30 年内，印度 DEMO 的各项活动都将广泛开展。

印度聚变动力电站(IFPP)的基准概念研究致力于在不考虑任何物理与工程假设的情况下实现电力输出。随着研发工作的进展，提高基准设计，实现具有较大功效的电站是可能的。在考虑物理与工程问题的情况下，已研制出一种系统设计代码。并将这种代码用于具有常规或先进托卡马克位形的 IFPP 的设计。已经对这些位形的平衡和稳定性进行了分析。对提供稳态运行的加热和电流驱动系统要求进行了计算。为使该设计在经济上更有吸引力，已经确定聚变技术开发的要求。表 3.7.3 列出了 IFPP 两种基线设计方案不同等离子体参数。

表 3.7.3 IFPP 两种基线设计方案不同等离子体参数

等离子体参数	IFPP 基线	IFPP 基线
R_0	7.7	7.7
a	2.6	2.6
A	3.0	3.0
B_t/T	6.0	6.0
I_p/MA	21.4	17.8
f_{bs}/%	25	50
P_{loss}/MW	522	720
P_{fusion}/MW	2 500	3 300
P_{aux}/MW	83	110
Q	30	30
n/n_{GW}	0.93	0.93
$<T>$/keV	15.5	21.5
β_N	2.3	3.3

印度聚变动力电站的设计目标是产生 1 GWe 的净电力。电站的使用期限为 40 年，因此，即便是设备可用性仅有 60%，也能运行 25 个满功率年(FPY)。已经构建了 IFPP 的基准设计。并确定该基准设计各辅助系统(辅助功率系统、磁体系统、偏滤器系统)的设计要求。

IFPP 辅助功率系统包括 NBI 和 RF 系统。NBI 功率为 80 MW，ICRH 为 30 MW，ECRH 和 LHCD 分别为 20 MW。因此，辅助功率系统的总功率约为 150 MW。

IFPP 磁体系统：TF 线圈为 D 形，其 D 宽度约 11.4 m，高度约 12.4 m。有 16～18 个 TF 模块，根据窗口需求而定。导体为 Nb_3Sn。

IFPP 偏滤器系统：目前考虑了单零点和双零点两种情况。将对这两种方案进行详细的评估，然后选其一。

IFPP 包层系统：IFPP 包层概念考虑用铅-锂冷却陶瓷增殖剂(LLCB)。第一壁材料是 LAFMS 上的钨，偏滤器是氦冷钨。CB 材料是 Li_2TiO_3，中子倍增剂是 Pb，结构材料是 LAFMs，冷却剂是铅-锂，反射体是石墨，屏蔽材料是 WC 和 SS。

3.8 各国聚变发展路线图分析

从欧、美、日等国的聚变发展路线图来看，人类实现聚变能源的商业应用还需大约 50 年。主要的依据是基于对现有的聚变科学技术的理解、聚变电站的经济可接受度(与煤电、裂变电站投资和运行费用)以及以与目前投资强度可比的速度发展来推测的。具体分析如下：

欧洲快车道计划：基于同时建设 ITER 和 IFMIF 并成功运行，在未来 30 年解决托卡马克聚变堆的稳态运行、燃烧等离子体物理和聚变堆材料等关键问题。目标是 30 年后建成发电量大于 1 000 MW 与裂变电站性能可比的稳态聚变示范电站。但是该路线图中依然有相当大的不确定性和风险：即 ITER 不能完全验证氚的自持(ITER TBM 计划仅部分验证氚的产生，不能全部验证 DEMO 所需的氚增值率 TBR 大于 1 和稳态运行；IFMIF 不能验证 DEMO 整体部件的稳定性和长寿命，仅能验证小尺寸聚变材料的性能。缺乏一个在足额中子通量下的聚变部件测试装置(即 CTF)，因而此路线图依然有技术风险和时间延后的可能性。由于欧洲对聚变能源需求并不十分迫切，仅以与现有投资强度相当的经费和人力资源来规划欧洲未来 50 年的聚变发展，因而该计划显得有些保守。

欧洲快车道计划是欧洲 20 世纪末围绕 ITER 计划而制定的，这些路线图也用于各自不同的目的，例如评估、计划或者差距分析等使用。

美国的聚变发展路线图：与欧洲相比，美国最大的不同是它将聚变研究作为科学研究计划，不是能源开发计划。不太强调 IFMIF 而重视建设一个部件测试装置(Component Test Facility，CTF)以及并行发展激光聚变途径，设想在 30 年后再决定采用哪种途径(磁约束或惯性约束)建设 DEMO，目标也是 30 年后建成发电量大于 1 000 MW 与裂变电站性能可比的稳态聚变示范电站。因此，美国聚变发展路线图更为复杂和细致，也较为保守，因而所需时间更长。2008 年以来，美国聚变界开始认真考虑使用聚变-裂变的可能性，试图加快聚变能源的应用进程。

但是，美国迄今仍然没有清晰的磁约束聚变的研发计划。国内各个主要从事聚变研究的机构提出了下一代装置各种不同的建造计划，主要一些概念包括：核科学装置(FNSF)、部件测试装置(CTF)和 Pilot Plant (PP)等，而且装置的具体结构还各不相同，如先进托卡马克 AT 类型、球形托卡马克、仿星器等概念。尽管这些装置概念和尺寸等相差较大，但他们一致比较认同的是，即使 ITER 完全成功，也还难以把 ITER 的知识和经验外延到 DEMO，中间需要一些装置，弥补这些不足。而这些概念的灵魂就是通过在这些装置平台上开展工程和物理的实验，解决 DEMO 之前最重要的一些问题，例如堆芯等离子体物理、运行、氚自持以及材料等，这样的定位就决定了这些概念装置仍然是以实验为主导的装置，甚至是科学研究装置。

由于对现有能源体系的依赖，欧美路线图都没有大规模加大对聚变能源发展投资的计划，也没有考虑未来能源发展对环境的额外投入问题，因而使得聚变能源的商业应用至少要在 50 年以后。这两种路线图都不适合中国对能源和环境的迫切需求，不适合中国国情。

韩国和俄罗斯政府也宣布在 2035 年前后建成聚变示范堆，但并无与欧、美、日类似的大规模科学讨论和论证，缺乏坚实的科学和技术基础，时间也几乎是 50 年建成聚变商用堆。

俄罗斯在磁约束核聚变研究方面比较先进，但俄罗斯目前的磁约束路线图仍然欠清晰，从其公布的报告来看已经出台的考虑和装置建造计划方面比较保守。ITER 时代俄罗斯首先保证 ITER 的顺利完成，其次开展 T-15 的改造(T-15M 装置)，再次与意大利合作建造 IGNITOR 装置。在装置的尺寸以及大小上，改造后的 T-15M 和 IGNITOR 装置都难以和聚变堆相比，更不能同 DEMO 相比，按照俄罗斯在 2007 年制定的路线图，T-15M 试图获得 $Q=1$ 的放电。还值得关注的是，俄罗斯比较清楚地表明了开展聚变-裂变混合堆的研究，但并不是以直接的能源开发为目的。

韩国的基本计划是用 KSTAR 过渡到 ITER，再过渡到 DEMO(2030 年)，在 2040 年建造聚变电站。其中 DEMO 的设计从 2020 年开始。可以看出，DEMO 的设计建造周期是 10 年，其聚变电站的设计和建造也是 10 年。

日本和印度的聚变发展路线图：日本和印度都是资源贫乏的国家，因而对聚变能有紧迫的需求。1998 年，日本核聚变会议组织建议将 ITER 作为第三阶段核聚变研究开发计划的主力装置并得到原子能委员会的批准。2007 年，在日本政府公布的第三期科学技术基本计划中，核聚变被定位为重点科学技术课题。日本在参加 ITER 的同时，正在将现有装置 JT-60 改造为大型超导托卡马克装置 JT-60SA，拟将 JT-60SA 作为 ITER 的卫星装置，开展燃烧等离子体的物理实验解决 ITER 向 DEMO 过度之间必须解决的物理和工程技术问题、材料问题等等，尤其是稳态运行的问题。日本将同时开展 IFMIF 建造和试验，解决 DEMO 条件下承受高壁负荷的材料问题；开展 DEMO 的设计研究，为在 2035 年左右建造 DEMO 创造条件。

日本在 2007—2008 年提出了磁约束核聚变研究的路线图后，尚未进行过评估和修改。现在日本国内基本认可的是，磁约束聚变研究的开发很大程度依赖于 ITER，如果 ITER 投入运行后很容易地获得了燃烧等离子体，则可以开始 DEMO 的工程设计，如果 ITER 开展的 DT 等离子体成功获得 $Q>10$ 的实验，则日本可以迅速进入 DEMO 的工程建设阶段。但在 ITER 达到其主要性能之前，必须同步开展托卡马克途径示范堆建造必需的相关研发。

日本最早在世界上提出 ITER(实验堆)～Demo-CREST(验证堆，2030 年)～CREST(实用堆，2050 年)的具体目标。Demo-CREST 的目标是验证作为实用堆 CREST 的经济性，分为两阶段开展研究：即发电验证阶段和性能提高阶段。在发电验证阶段，实现发电输出功率 50 万 kW。在性能提高阶段，通过进一步改善 CREST 拟采用的高性能等离子体，改进堆工艺技术(将热效率提高40%以上等),实现发电输出功率1 000 MW,由此可验证提高经济性能所必需的关键技术及CREST的可行性。日本为此已经开展了大量的前期研究和准备工作,并有明确的实施体制和方案,目标明确,力度到位。

印度作为亚洲第二大国,由于能源资源短缺、经济发展快、人口压力大,因而对聚变能有紧迫的需求,对磁约束聚变研究给予了越来越大的重视和支持,正在加强本国的研发计划和建立稳固的国际协作计划,力争在21世纪中叶部署实用的聚变发电堆。

印度政府拨出近亿美元支持建造一个中型超导托卡马克SST-1。印度公开地提出:发展中国家需要聚变能,但缺乏技术和资金;发达国家掌握着发展的主动权,却没有紧迫的能源需求,这已成为当代核能发展的一个问题。在本国政府和国际聚变界的支持下,亚洲国家肯定会在聚变能的开发研究中很快进入国际先进行列,为本国,也为人类社会的可持续发展做出重大贡献。印度作为仅次于中国的发展中国家第二大聚变研究大国,在国际聚变界有可能会发挥重要的作用。

印度的计划是从目前的SST-1过渡到ITER,在ITER工程建造和实验的同时代建造SST-2开展国内研究,在2037年建成DEMO,在2050年建成聚变电站,到2060年建造两个1GW的聚变电站。

为验证未来的示范聚变堆DEMO技术,ITER设计提供了3个实验包层模块(TBM)实验窗口用于进行增殖包层模块实验。根据ITER国际组织的安排,中国的固态实验包层模块和印度的混合型实验包层模块同被分配在2号窗口内,中国作为2号窗口主管。

中国、日本、印度同属亚洲国家,有着相同的能源紧迫需求,对于核聚变的研究,目前中、日、印度政府都是将其作为未来能源研究的目标推进。中国参加ITER计划正是基于能源长远的基本需求。尤其是日本的核聚变研究在国际上具有领先的水平。因此,在讨论和建议我国中国核聚变能源发展战略的时候,应将日本和印度的聚变发展思路放入视野。

对比各国考虑或制定的实现聚变能的战略路线图:

美国:ITER—(IFMIF)+FNSF(聚变核科学研究设施)—DEMO—聚变发电厂(50年以上)

俄罗斯:ITER—T-15MD+INGITOR/KTM—DEMO—聚变发电厂(50年)

中国:ITER—HL-2M+EAST-CFETP(中国聚变工程实验平台)/CFETR(中国聚变工程实验堆)—DEMO—聚变发电厂(50年)

欧盟:ITER—JET+JT-60SA+IFMIF—DEMO—聚变发电厂(60年)

日本:ITER—JT-60SA+IFMIF— DEMO—聚变发电厂(50年)

韩国:ITER—KSTAR—IFMIF—DEMO(30年)—聚变发电厂(40年)

印度:ITER—SST-2+EFBR(实验聚变增殖堆)—DEMO—聚变发电厂(60年)

中国磁约束聚变的发展路线和思路符合国际发展主流趋势。因为从ITER到DEMO,它们之间存在很多技术上的飞跃,直接过渡到DEMO显然具有极大的风险,必须采取措施对这些技术上的差距进行弥补,对未来聚变堆的主要部件进行综合实验,研究氚的增殖、提取、回收与包容约束工艺技术及DEMO条件下的材料试验等,为设计和建造DEMO提供技术基础。因此,中国、俄罗斯、印度和美国均分别考虑了在ITER与DEMO之间搭建一个桥梁过渡装置,分别是CFETR(中国)、KTM(俄罗斯)、EFBR(印度)、FNSF(美国);而欧盟、日本和韩国则是通过双边计划,即通过IFMIF的设计、建造和工艺验证来开展未来聚变电站环境下 PFC 先进材料研究等多项课题。

值得指出的是，2011 年 3 月 11 日日本东北地区 9 级特大地震所致海啸引发的福岛核电危机，引起了公众对裂变电站潜在威胁的担忧，更多的民众要求未来的核能开发技术必须证明是没有放射性污染威胁和不会因失控而发生连锁反应导致设备融化。核聚变给予了核能这种希望，因为核聚变不会引发设备融化或者产生大面积的污染——甚至是在最糟糕的自然灾害之后也不会引发这些灾难。这将促使各国政府重新审视核电发展规划。日本首相菅直人 2011 年 5 月 10 日宣布，中止日本政府以前制订的能源发展计划。日本原计划到 2030 年，原子能发电的比例要占到整个国家电力的 50%。菅直人鼓励日本探索其他能源生产形式。2011 年 9 月召开的日本原子能科学技术委员会第 27 次核聚变研究作业部会认为，福岛核事故并未对国际核聚变研究带来负面影响。福岛核事故将促使各国政府更加理性地进行核能研究，进一步加快包括聚变堆设计研究在内的安全性、经济性更高的新一代先进核能系统研制的步伐，从而调整和重新部署聚变发展路线图。

美国的聚变发展战略

总体思路	2003—2008	2009—2019	2020—2029	2030—2035	特点和课题
与欧洲相比，美国制定的聚变发展路线图更为广泛和复杂。除了和欧洲几乎相同的 ITER＋IFMIF 的磁约束路线外，美国并行发展激光惯性约束聚变途径。2003 年美国聚变能科学咨询委员会提出在未来 35 年内	1. 获得科学技术数据以支持 MFE 和 IFE 燃烧等离子体实验和选定关键新的 MFE 和 IFE 国内设施	1. 研究燃烧等离子体 2. 优化 MFE 和 IFE 聚变位形（DIII-D，C-Mode，NSTX，NIF）	建造、调试和运行聚变核科学研究设施（FNSF）目标：1）为"聚变环境下的材料"研究提供所必需的聚变环境；	建造示范堆（大于 1 000 MW）	美国的聚变发展战略是基于 2003 年美国制定的聚变发展路线图和 2007 年美国 FESAC 计划委员会的最终报告。
建成用于发电的聚变示范堆的发展计划。提出了美国建造聚变示范堆的最高目标。在通向聚变示范堆的路线上美国设想了 4 个时间段，并制定了每个时间段具体的科技目的、具体目标以及过渡到下一阶段活动所需的关键决策	2. 设计国际聚变材料辐射装置(IFMIF)	3. 测试材料，开发关键技术以便为在 MFE 和 IFE 中选择示范堆技术路线	2）实现稳态模式运行；3）实现高中子通量下的部件测试(CTF)；提供测试/验证聚变材料的材料辐照设施；4）验证氚的增殖；5）证明聚变可产生高品质的工艺热能和电能；6）产生重要的聚变动力（100～300 MW）；7）验氚的自给；8）进一步发展具有 DEMO 环境的先进托卡马克物理学	建造示范堆（大于 1 000 MW）	美国国内没有直接建造 DEMO 和聚变电站的计划，美国寄希望通过参加 ITER 和国际上与 DEMO 有关的其他计划或者其他途径（如惯性约束），在 2050 年后聚变能可以进入实用。由于国家惯性约束点火装置 NIF 预计 2012 年实现点火，因此美国正在研讨惯性约束走向实用能源的科学和技术可行性，并因此有可能得到更多支持；参加和大力支持 ITER，确保美国在 ITER 科学、技术和未来实验中的领导地位支持新概念和多途径的研究

俄罗斯的聚变发展战略

总体思路	2010—2016	2016—2031	2032—2050	特点和课题
首要任务是全力支持ITER成功，在ITER项目建设期间，俄罗斯仍将独立开展自己的核能研究工作，库尔恰托夫所和俄罗斯原子能机构共同制定了俄罗斯磁聚变战略，战略的目标就是建造利用高温磁约束等离子体的氘氚反应原理的纯净热核聚变反应堆；	1. T-15改造及T-15MD的运行和实验，建造聚变中子源（FNS）的物理原型，开展以中子源为基础的混合堆物理基础研究	1. ITER运行和实验	1. DEMO研制、试验	俄罗斯聚变计划中的首要任务是全力支持ITER成功，在ITER项目建设期间，俄罗斯仍将独立开展自己的核能研究工作，这也是俄原子能机构的工作战略重点之一。 1. 利用T-15MD建立核嬗变和燃料生产的聚变中子源的物理原型，作为基于托卡马克的受控热核聚变研究的中心项目 2. 利用IGNITOR实现点火，制造高通量中子源，用于材料测试
开发并建造聚变中子源（FNS）来解决原子能问题，并加速聚变应用。前者须通过积极参与ITER项目、升级本国聚变装置以及广泛的国际研究合作来实现；后者须开发聚变裂变混合堆，并符合热核堆和快堆以及俄罗斯原子能机构其他任务的要求	2. 与意大利合作建成IGNITOR反应堆，在强磁场装置上实现"点火" 3. 与哈萨克斯坦合作建成KTM托卡马克，进行混合堆堆芯物理、材料和偏滤器实验研究	2. 研发和试验建造热核电站所用材料（氚技术验证）	2. 建造热核电站并投入运行	3. 利用KTM开发用于聚变反应堆的材料、技术、建造原理的研究和测试的原型装置 4. 研究作为混合堆堆芯的紧凑托卡马克的等离子体物理特征，用于人工裂变燃料生产、核裂变产生的长期性高强度废料利用甚至可用于次临界系统的电生产

中国的聚变发展战略

总体思路	2011—2015	2016—2025	2030—2050	特点和课题
以建立近堆芯级稳态等离子体实验平台、吸收消化、开发和储备ITER后聚变堆关键技术、设计并筹备建设20～50万kW的聚变工程实验堆等为近期目标（2010—2020）；以建设、研究、运行聚变堆为中期目标（2020—2035）；以发展聚变电站为长远目标（2035—2050）。尽早在中国独立自主建设20～50万千瓦的聚变工程实验堆	1. 参与ITER工程；开展ITER实验包层设计 2. 完成HL-2A、EAST装置的扩建与性能改善 3. 开展聚变堆设计研究，建立聚变堆工程设计平台 4. 完成两个聚变工程实验堆总体工程概念设计（2014）	1. HL-2M、EAST装置实验，开展ITER辅助研究 2. 设计和建造20～50万kW的聚变工程实验堆 3. 发展聚变堆防护、远距离操作、热室、材料与工艺技术 4. 开展DEMO堆芯技术预研	设计建造中国第一个百万千瓦级聚变示范堆	以现有中、大型托卡马克装置为依托开展国际核聚变前沿问题研究，开展稳态高效运行的先进托卡马克聚变反应堆基础物理和工程问题实验研究；积极参与ITER的工程建设，消化、吸收、掌握聚变实验堆关键技术；发展ITER后聚变堆规模的加热、电流驱动、加料、氚处理、诊断和各种反馈控制系统；开展聚变堆总体设计，加快大规模理论和数值模拟的研究，提高对先进托卡马克运行模式下等离子体行为的理解和预测能力，为聚变工程实验堆的设计建设提供科学依据。锻炼队伍，培养人才，同时着手开展聚变工程实验堆的总体设计与预先研究等工作。通过十年左右（2010—2020年）的努力，建立并完善国家核聚变能源研究发展创新体系，使我国在2020年前后具备自主设计制造聚变工程实验堆的能力，跨入世界核聚变能源研究开发先进行列

欧盟的聚变发展战略

总体思路	2010—2030	2030—2040	2040—2060	特点和课题
1. EU 对 ITER 的出资约占 50%，是 EU 聚变能开发研究中最大的投资项目，尽快在约定的经费范围内建成 ITER 是其首要任务 2. 积极参与 BA 等有关其他重要合作项目，为 DEMO 提供更多工程技术基础 3. 在此基础上实现早已提出的“Fast Track”(欧洲快车)计划	1. ITER 建造、运行 2. IFMIF（国际核聚变材料辐照设施）的设计、建造和工艺验证(EVEDA) 3. DEMO 的概念设计和研发 4. JET 的 D-T 实验 5. JT-60SA 建造、试运行 6. EU mide-scale 设计、建造	1. ITER 实验、运行 2. IFMIF 辐照实验 3. 完成 DEMO 设计、工程建造	建成第一个聚变商业堆（能量大于 1 000 MW）	欧洲的聚变发展战略是以 ITER 和国际聚变材料辐射装置(IFMIF 能同时建设和平行运行为基础的。在 ITER 和 IFMIF 运行 10 年后，开始磁约束示范堆(DEMO)设计建造，在 ITER 运行 20 年后建成 DEMO 并运行，即 30 年后建成 DEMO，50 年后建成第一个聚变商用堆 1. JET D-T 实验验证 ITER 和聚变堆所需某些最重要工艺，包括氚安全处理及远距离处理与维护工艺 2. IFMIF 上开展未来聚变电站环境下先进材料研究等多项课题 3. 增殖堆再生区、材料开发和聚变材料辐射试验设备等与 DEMO 和原型反应堆相关研究

日本的聚变发展战略

总体思路	1980—2010	2010—2030	2030—2050	特点和课题
执行 1992 年由日本原子能委员会批准的第三阶段核聚变研究开发计划(1992—2030)，重点开展 JT-60、LHD、ITER 等实验和研制。该阶段目标是：达到自点火的条件，实现长时间燃烧，开发原型聚变堆所需堆工艺技术。作为实现该目标的重点装置。ITER 作为第三阶段主力装置并得到日本原子能委员会的批准	1. JT-60U 实验运行，燃烧等离子体可行性研究 2. ITER 的设计、研发	1. ITER 的建造、运行 2. JT-60 的改造、运行和实验(JT-60SA)；LHD 实验 3. IFMIF(国际核聚变材料辐照设施)的 EVEDA(工艺设计和验证)	建成实用堆 CREST，实现聚变能源的实际使用	1. JT-60SA 作为开展 ITER 辅助研究的超导托卡马克装置，开展 ITER 标准运行模 ELMyH 模等课题研究 2. LHD 开展托卡马克辅助研究，加深对环形等离子体的综合理解。为高等离子体压力下环等离子体稳定性的研究及输运势垒理论提供新的知识 3. IFMIF 是评价聚变堆材料稳妥性必需的模拟高能中子环境的装置，材料开发及其承受能力的保障与 ITER 计划一样，对于进入聚变发电验证堆建设的进程是至关重要的课题

续表

总体思路	1980—2010	2010—2030	2030—2050	特点和课题
2007年,在日本政府分布的第3期科学技术基本计划中,核聚变被定位为重点科学技术课题	3. LHD实验运行	4. 固态增殖/水冷却方式TBM研发 5. 通过ITER和JT-60SA等项目运行兆瓦级托卡马克示范堆(DEMO)设计	建成实用堆CREST,实现聚变能源的实际使用	4. 示范堆开发目标:① 确立以自加热为主的燃烧等离子体控制技术;② 实现稳态堆芯等离子体。目标是达到3～4兆瓦级的热输出功率,实现聚变输出功率密度比ITER高几倍的高等离子体压力运行及年度连续运行可大幅度超过ITER标准运行的非感应稳态运行和热/粒子控制;③ 确立系统的整合技术及发电包层试验;④ 确立可获取经济性预测的高β稳态运行技术;⑤ 示范堆(DEMO)相关材料、堆工艺技术开发;⑥ 示范堆(DEMO)概念设计;⑦ 理论模拟研究;⑧ 社会环境安全性问题研究

韩国的聚变发展战略

总体思路	2006—2012	2012—2030	2030—2050	特点和课题
韩国的聚变研究目前尚处于初级阶段,韩国根据本国建造第一个聚变电站的国家路线图的规定,确立了涵盖整体的必要的研发活动。在资源有限的条件下,有必要制定一个实用的战略计划。重点放在KSTAR和ITER上,同时加强对聚变科学的基础研究,培养年轻的科学家和工程人员使其发挥作用。刺激和建立国内各研究小组间的关系网络。鼓励核工业企业参与核聚变能源发展	1. KSTAR建造、运行和实验 2. KO-DEMO聚变电站的前概念研究 3. ITER采购包 4. 参与IFMIF 5. 试验包层模块(TBM)研制	1. ITER的建造、运行 2. 实现KSTAR的高性能等离子体和确保掌握ITER核心技术 3. 强化等离子体理论和模拟的相关研究 4. 完成DEMO的详细建造设计,建成示范堆(2030年)	建成韩国聚变电站(KFPP)(2040年)	2012年元月,韩国教育科学技术部确定了第二次核聚变能源开发振兴基本计划(2012—2016年)。根据该计划,韩国国家核聚变能源开发路线图第2阶段(2012—2021年)的目标由原来的"成为核聚变能源技术5大强国"修改为"开发成熟DEMO反应堆技术",其目标首先是实现KSTAR的高性能等离子体和确保掌握ITER的核心技术。同时,KSTAR的等离子体维持时间目标是增加到1MA,50s以上,争取接近示范堆(DEMO)和商用聚变堆开发所必需的300秒以上的目标。 研究课题:(a)高性能等离子体的运行与控制;(b)包层与核动力的守恒;(c)燃烧等离子体与氚的自给;(d)可靠的材料;(e)凭借可靠和坚实的等离子体控制技术,探索长脉冲和高性能先进托卡马克(AT)的运行模式

印度的聚变发展战略

总体思路	2004—2015	2016—2022	2023—2060	特点和课题
印度作为仅次于中国的发展中国家第二大聚变研究大国，由于能源资源短缺、经济发展快、人口压力大，因而对聚变能有紧迫的需求，对磁约束聚变研究给予了越来越大的重视和支持，在国际聚变界起着越来越重要的作用。目前正在加强本国的研发计划和建立稳固的国际协作计划，力争在 21 世纪中叶部署实用的聚变发电堆	1. SST-1 建成、运行和实验 2. ITER 研发、参与	1. 建造实验聚变增殖反应堆(EFBR)，聚变功率 1 GW，实现氚自持 2. 建成 SST-2	1. 建成印度示范堆 India DEMO（2037 年），产生 1 GW 的净电力 2. 2060 年建成 2×1 GWe 聚变电站，实现聚变动力堆，产生 2 GWe 的聚变功率容量	印度的能源状况要求印度至少在 2050 年以前实现聚变电站。届时印度将拥有聚变产生的电力，减少碳的消耗，从而限制碳的释放，减少环境污染。常规途径是印度只是在完成 SST-2 运行阶段后才开始建造 DEMO，但是这就可能会推迟 10～15 年实现 DEMO。而快速通道途径是在 SST-2 获得 5 年运行经验后开始 DEMO 的建造，因此要求适当修改 DEMO 设计方案。 1. EFBR 将成为未来反应堆部件综合实验的试验台，开展本国的聚变实验，预计能够产生维持反应堆运行的足够的氚。 2. DEMO 堆的目的是产生 1 GW 的净电力。DEMO 堆的使用期限预计为 40 年，其参数类似于聚变电站的参数，装置可利用率最初约 30%，最近将达到 60%。2060 年建成聚变电站，实现聚变动力堆，产生 2 GWe 的聚变功率容量。

参考文献

[1] 中国核工业集团公司．磁约束核聚变发展战略[R].2006,10.

[2] 冯开明．可控核聚变与 ITER 计划[J].现代电力,2006,(5):82-88.

[3] 科技部基础研究司．国家磁约束核聚变能源发展研究专项实施规划（一期）(2010-2020 年)[R].2010,4.

[4] 邱力俭．纵观国际核聚变进展 探讨中国核聚变发展的道路[J].力学进展,1999,4:471-480.

[5] 李建刚．关于中国磁约束下一步计划的考虑——中国聚变工程试验堆[R].2011,1.

[6] 中国科学技术大学．ITER 专项-聚变堆总体设计项目申报书- 提交版-8-15.,2011,8.

各国聚变发展战略对比

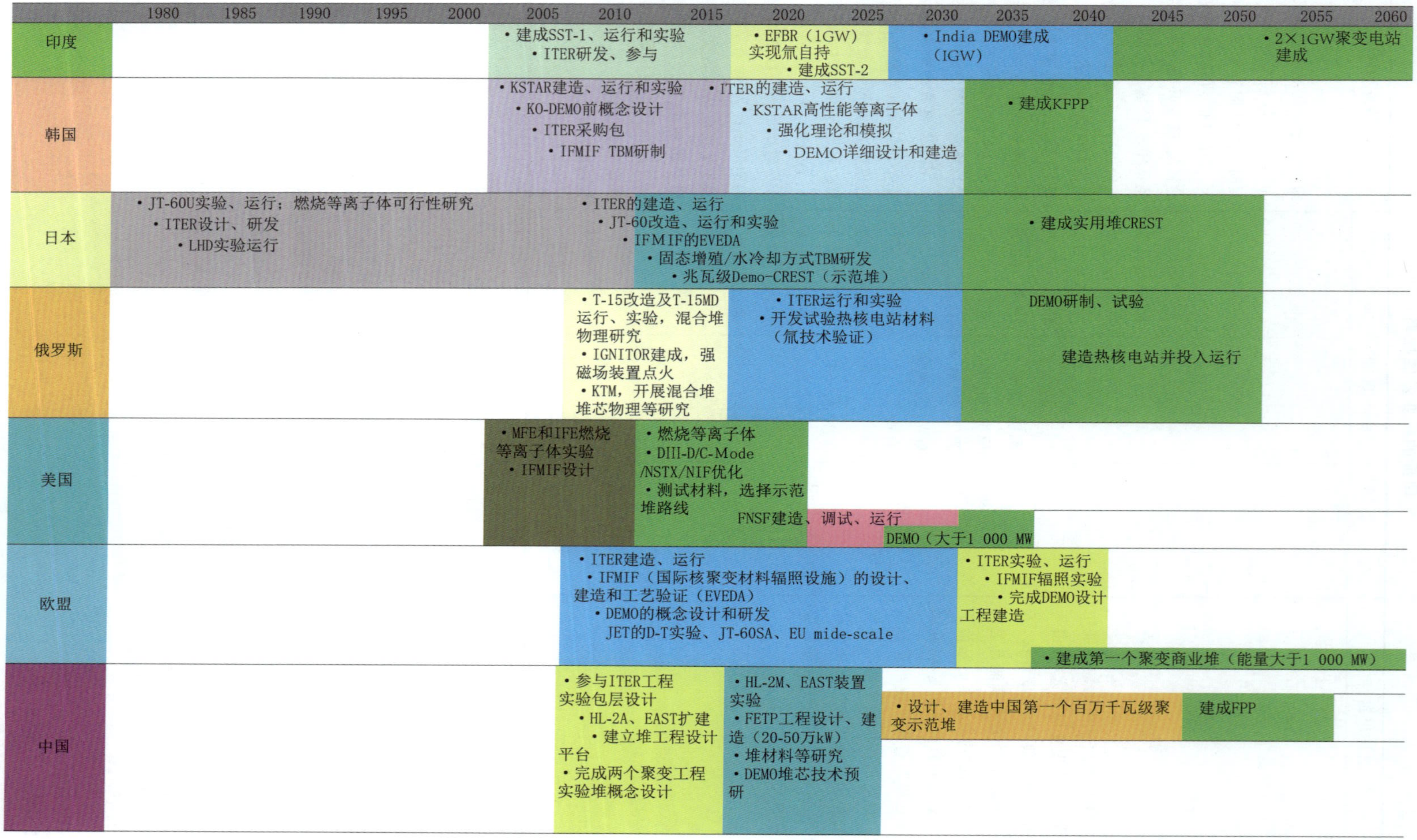
1980
1985
1990
1995
2000
2005
2010
2015
2020
2025
2030
2035
2040
2045
2050
2055
2060
印度
• 建成SST-1、运行和实验
• ITER研发、参与
• EFBR（1GW）实现氚自持
• 建成SST-2
• India DEMO建成（IGW）
• 2×1GW聚变电站建成
韩国
• KSTAR建造、运行和实验
• KO-DEMO前概念设计
• ITER采购包
• IFMIF TBM研制
• ITER的建造、运行
• KSTAR高性能等离子体
• 强化理论和模拟
• DEMO详细设计和建造
• 建成KFPP
日本
• JT-60U实验、运行；燃烧等离子体可行性研究
• ITER设计、研发
• LHD实验运行
• ITER的建造、运行
• JT-60改造、运行和实验
• IFMIF的EVEDA
• 固态增殖/水冷却方式TBM研发
• 兆瓦级Demo-CREST（示范堆）
• 建成实用堆CREST
俄罗斯
• T-15改造及T-15MD运行、实验，混合堆物理研究
• IGNITOR建成，强磁场装置点火
• KTM，开展混合堆堆芯物理等研究
• ITER运行和实验
• 开发试验热核电站材料（氚技术验证）
DEMO研制、试验
建造热核电站并投入运行
美国
• MFE和IFE燃烧等离子体实验
• IFMIF设计
• 燃烧等离子体
• DIII-D/C-Mode/NSTX/NIF优化
• 测试材料，选择示范堆路线
FNSF建造、调试、运行
DEMO（大于1 000 MW
欧盟
• ITER建造、运行
• IFMIF（国际核聚变材料辐照设施）的设计、建造和工艺验证（EVEDA）
• DEMO的概念设计和研发
JET的D-T实验、JT-60SA、EU mide-scale
• ITER实验、运行
• IFMIF辐照实验
• 完成DEMO设计
工程建造
• 建成第一个聚变商业堆（能量大于1 000 MW）
中国
• 参与ITER工程实验包层设计
• HL-2A、EAST扩建
• 建立堆工程设计平台
• 完成两个聚变工程实验堆概念设计
• HL-2M、EAST装置实验
• FETP工程设计、建造（20-50万kW）
• 堆材料等研究
• DEMO堆芯技术预研
• 设计、建造中国第一个百万千瓦级聚变示范堆
建成FPP

缩略语

A

ADITYA　印度等离子体研究所 1989 年研制的托卡马克装置。小半径 0.6 m，大半径 0.75 m

AEC　Atomic Energy Commission，原子能委员会

AGHS　Activity Gas Handling System，活性气体处理系统

Alcator　C-Mod　（美国麻省理工学院）强磁场环托卡马克装置

ANL　Argonne National Laboratory，阿贡国家实验室

APEX　Advanced Power Extraction Study，（美国）先进功率密度提取研究计划

APFA　Asia Plasma and Fusion Association，亚洲等离子体和聚变组织

APS　American Physical Society，美国物理学会

ARIES　Advanced Reactor Innovation and Evaluation Study，（美国）国家聚变电站研究计划

ARIES-RS　ARIES 计划反剪切托卡马克

ARIES-ST　ARIES 计划球形环托卡马克

ARIES AT　ARIES 计划先进托卡马克

ARIES-CS　ARIES 计划紧凑型仿星器

ASDEX　Axially Symmetric Divertor Experiment，轴对称偏滤器托卡马克。德国伽兴马克斯-普朗克等离子体物理研究所研制，1979 年建成，小半径 0.4 m，大半径 1.64 m。是 20 世纪 70 年代末德国建造的大型托卡马克研究装置。ASDEX 装置于 1990 年 8 月正式关闭，并将 ASDEX 装置主机赠送给中国核工业西南物理研究院

ASDEX-U　德国伽兴马克斯-普朗克等离子体物理研究所 1991 年研制的轴对称偏滤器托卡马克装置。小半径 0.5 m，大半径 1.65 m

AT　Advanced Tokamak，先进托卡马克

ATC 美国普林斯顿等离子体物理实验室1972年研制的托卡马克装置。小半径0.17 m,大半径0.90 m

ASIPP Institute of Plasma Physics ,Chinese Academy of Sciences,中国科学院等离子体物理研究所

B

BA计划 Broader Approach,欧盟与日本共同签署,合作开展的ITER更宽领域研究计划

BARC Bha Bha Atomic Research Center,印度巴巴原子研究中心

BEST 德国布鲁克能源与超导技术有限公司

BETA 印度等离子体所(IPP)1976年建造的环形基础实验装置

BP Build to Print,照图制造

C

CAD Computer-Aided Design,计算机辅助设计

Castor 捷克科学院等离子体物理研究所1985年研制的托卡马克装置。小半径0.09m,大半径0.40 m

CAT Center for Advanced Technology,(印度印多尔)先进技术中心

CDA Conceptual Design Activities,(ITER)概念设计活动

CEA Commissariat àl'Energie Atomique,法国原子能委员会

CFC Carbon Fibre Composites,碳纤维复合材料

CFETP China Fusion Engineering Test Platform,中国聚变工程实验平台

CFETR China Fusion Engineering Test Reactor,中国聚变工程实验堆

CFR Commercial Fusion Reactor,商用聚变堆

CFT Cryostat Feedthrough,低温容器过渡段

CHI Coaxial Helicity Injection,同轴螺旋性注入

CHS 日本国家聚变科学研究所1989年研制的螺旋器装置

CICC Cable-In-Conduit Conductor,管内电缆导体

CIEMAT Centre for Energy, Environment and Technology,(西班牙)能源、环境和技术中心

CINFEPEC China International Nuclear Fusion Energy Program Execution Center,中国国际核聚变能源执行中心,也是ITER国际组织的中国国内机构(CN-DA)。

Compass-D 捷克科学院等离子体物理研究所2010年研制的托卡马克装置。小半径0.21m,大半径0.56 m

CODAC Control, Data Access and Communication,控制、数据存取和通信

CPES Center of Plasma Edge Simulation,等离子体边缘模拟中心

CPI Communications & Power Industries,美国通讯电力工业公司

CPSS Coil Power Supply System,线圈电源系统

CPWG Communication Personnel Working Group,联络员工作组

CAEST Compact. Reversed Shear Tokamak，紧凑反剪切托卡马克。日本电力中央研究所建议的高经济性聚变实用堆概念

CRPP Center for Researchin Plasma Physic，洛桑联邦理工学院基础科学学院等离子体物理研究中心

CS Centre solenoid，中心螺线管

CSTN-IV 日本名古屋大学工程学院 1998 年建成的小型托卡马克装置

CSTP Council for Science & Technology Policy，日本科技政策委员会

CSWPI Center for Simulation of Wave-Plasma Interaction，波-等离子体相互作用模拟中心

CTB Coil Terminal Box，线圈终端盒

CT-6B 中国科学院物理研究所 1995 年建成的小型托卡马克装置

CTF Component Test Facility，美国计划在 ITER 和示范堆之间建造的部件测试装置

CW Continue Wave，连续波

D

DA Domestic Agency，ITER 参与各国国内机构的简称

DACS Data Acquisition and Control System，数据采集和控制系统

DAE Department of Atomic Energy，印度原子能部

DAS Data Acquisition Sub-system，数据采集子系统

DB Dry Box，干盒

DCX 美国橡树岭国家实验室的磁镜装置

DEMO Demonstration Reactor，示范反应堆。商用聚变堆前用于演示商用堆功能的聚变堆示范堆

DGCS Diagnostics & Gas Feed Control System，诊断和送气控制系统

DNB Diagnostic Neutral Beam，中性束诊断

DNFM Divertor Neutron Flux Monitor，偏滤器中子通量监测器

DOE Department of Energy，美国能源部

DOE-SC DOE Office of Science，美国能源部科学办公室

Doublet-Ⅲ 美国通用原子公司的托卡马克装置，简称 DIII-D，于 1986 年 2 月建成并运行

DPSSL Diode Pump Solid State Laser，二极管泵浦固体激光器

DTL Draft Tube Linac，漂移管直线加速器

E

EAST Experimental Advanced Superconducting Tokamak，中科院等离子体物理研究所 2006 年建成的世界首个全超导托卡马克装置，又称东方超环。小半径 0.45 m，大半径 1.90 m

ECCD Electron Cyclotron Current Drive，电子回旋电流驱动

ECE Electron Cyclotron Emission，电子回旋发射

ECH　Eectron Cyclotron Heating,电子回旋加热

ECPS　Electron Cyclotron Power Supply,电子回旋系统电源

ECR　Electron Cyclotron Resonance,电子回旋共振

ECRF　Electron Cyclotron Radio-Frequency,电子回旋射频

ECRH　Electron Cyclotron Resonant Heating,电子回旋共振加热

EDA　Engineering Design Activity,(ITER)工程设计活动

EDR　Engineering Design Report,工程设计报告

EFBR　Experimental Fusion Breeder Reactor, 印度计划建造的实验聚变增殖堆

EEC　European Economic Community,欧洲经济共同体

EFDA　European Fusion Development Agreement,欧洲聚变发展协议

EFTS　European Fusion Training Schedule,欧洲聚变培训计划

ELMs　Edge Localized Modes,边缘局域模

ELMy H-mode　伴随有边缘局域模的高约束模式(H 模)

ENEA　National Agency for New Technologies, Energy and Sustainable Economic Development,意大利新技术、能源和环境机构

EPR　Experimental Power Reactor,实验动力堆

ERM　Ecole Royale Militaire,(比利时布鲁塞尔)皇家军事学校

ETG　Electron Temperature Gradient 电子温度梯度

EURATOM,　European Atomic Energy Community,欧州原子能联营

EVEDA　Engineering Validation and the Engineering Design Activities, (国际聚变材料辐照设施的)工艺验证和工艺设计活动

F

FBR　Fast Breeder Reactor,快增殖堆

FCIPT　Facilitation Centre for Industrial Plasma Technologies, (印度)工业等离子体技术开发中心

FDF　Fusion Development Facility,聚变发展装置

FDR　Functional Design Review,最终设计评审

FEAC　Fusion Energy Advisory Committee,美国聚变能咨询委员会

FEAT　Fusion Energy Advanced Tokamak,先进托卡马克聚变实验堆计划

FEB　Fusion Experimental Breeder,(核工业西南物理研究院)聚变实验增殖堆

FER　Fusion Experimental Reactor,(日本)JT-60 托卡马克的下一代聚变实验装置

FFT　Fast Ferrite Tuner 快速铁素体调谐器

FESAC　Fusion Energy Sciences Advisory Committee,美国聚变能源科学咨询委员会,前身为 FEAC

FIR　Far Infrared Ray,远红外线

FIREX　Fast Ignition Realization Experiment,快点火验证实验计划

FMITF　Fusion Materials Irradiation Test Facility,聚变材料辐照试验装置

FNS　Fusion Neutron Source,聚变中子源

FNSF Fusion Nuclear Science Facility,聚变核科学研究设施

FOM Fundamental Research on Matte,(荷兰)物质研究基金会

FPR Fusion Power Reactor,聚变动力堆

FPY Full-Power Year,满功率年

FSP Fusion Simulation Project,聚变模拟项目

FSP Fusion Safety Programm,聚变安全大纲

FTU 意大利新技术、能源和环境机构(ENEA)法拉斯卡蒂研究中心 1989 年研制的托卡马克装置。小半径 0.31 m,大半径 0.93 m

FW First Wall,第一壁

FY-1 核工业西南物理研究院 1981 年建造的小型托卡马克装置,小半径 0.10 m,大半径 0.48 m

FZK Forschungszentrum Karlsruhe,德国卡尔斯鲁厄研究中心

FZJ Forschungszentrum Juelich,德国于利希研究中心

G

GA General Atomics,美国通用原子公司

GAMMA-10 日本 1983 年建造的世界上第一台采用热障的轴对称串级磁镜装置

GAO Government Accountability Office,美国审计总署

GDC Glow Discharge Cleaning,辉光放电清洗

GEKKO-Ⅻ 日本大阪大学激光工程研究所 1983 年建造的大型激光聚变实验装置

CICC Cable-In-Conduit-Conductors,超导体电缆管道

GIM Grazing Incidence Monochromator,掠入射单色仪

GPSC Gyrotron Dynamics Particle Simulation Center,回旋动力学粒子模拟中心

H

HANBIT 韩国建造的托卡马克装置

HCCB Helium Cooled Ceramic Breeder,氦冷陶瓷增殖剂,统称氦冷固态增殖剂

HCCB-TBM Helium Cooled Ceramic Breeder Test Blanket Module,氦冷固态增殖剂实验包层模块

HCML Helium-Cooled Molten Lithium,氦冷熔融锂

HCPB Helium Cooling Pebble Bed,氦冷铍床

HCSB Helium-Cooled Solid Breeder,氦冷固态增殖剂

HCSB-DEMO (核工业西南物理研究院)氦冷固态增殖剂示范堆

Heliotron A 日本京都大学建造的第一个环形约束装置——螺旋器-A

Heliotron-E 日本京都大学建造的螺旋器-E

HEDP High Energy Density Physics,高能量密度物理

HHFW High Harmonic Fast Wave,高谐波快波

HiPER 计划 High Power Laser Energy Research,高功率激光能源研究。由英国科研委员员中心实验室理事会组织发起,是欧盟致力于以高能量激光驱动惯性约束聚变为基础

的，发展清洁聚变能源技术为目标的大型研究项目

HL-1/HL-1M　HL-1，中国环流器一号。核工业西南物理研究院 1984 年自行设计和建造的中型磁约束可控核聚变实验研究装置，小半径 0.2 m，大半径 1.02m。1994 年，HL-1 改造成中国环流器新一号 HL-1M

HL-2A/HL-2M　HL-2A，中国环流器二号 A。核工业西南物理研究院于 2002 年底建造完成。HL-2A 是我国第一个具有先进偏滤器位形的非圆截面的托卡马克核聚变实验研究装置。小半径 0.4 m，大半径 1.65 m。HL-2M 是 HL-2A 的改造升级装置

HT-6B　中国科学院等离子体物理研究所 1982 年研制的托卡马克装置，小半径 0.125 m，大半径 0.45 m

HT-2　日本日立制作所研制的托卡马克实验装置

HT-7　中国科学院等离子体物理研究所 1994 年研制的托卡马克装置，小半径 0.13 m，大半径 0.4 m

HTS　High Temperature Superconducting Magnet，高温超导磁体

HUMAN SCAN　韩国彗曼扫描公司

HYBTOK-II　名古屋大学核工程学院 1991 年研制的托卡马克装置，小半径 0.27 m，大半径 1.22 m

I

IAEA　International Atomic Energy Agency，国际原子能机构

IAP　RAS Russian Academy of Sciences Institute of Applied Physics，俄罗斯科学院应用物理研究所

ICF　Inertial Confinement Fusion，惯性约束聚变

ICR　Ion Cyclotron Resonance，离子回旋共振

ICRH　Ion Cyclotron Resonance Heating，离子回旋共振加热

ICRF　Ion Cyclotron Radio-Frequency，离子回旋射频

IEA　International Energy Agency，国际能源机构

IFE　Inertial Fusion Energy，惯性约束聚变能

IFERC　International Fusion Energy Research Centre，（日本）国际核聚变能源研发中心

IFMIF　International Fusion Materials Irradiation Facility，国际聚变材料辐照设施

IFMIF-EVEDA　国际聚变材料辐照设施-工艺设计和工艺验证活动

IFP　Institute of Fusion Plasma，（意大利）等离子体聚变研究所

IFPP　Indian Fusion Power Plant，印度聚变动力电站

IFSA　Inertial Fusion Science and Application，惯性聚变科学与应用

IGBT　Insulated Gate Bipolar Transistor，绝缘栅双极型晶体管

IGCAR　Indira Gandhi Centre for Atomic Research，印度拉甘地原子能研究中心

IGNITOR　自持聚变反应堆（点火装置），由俄罗斯特罗伊茨克创新和热核研究所与意大利联合研制

IITD　Indian Institute of Technology Delhi，印度新德里理工学院

IITK　Indian Institute of Technology Kanpur,印度坎普尔理工学院

INEL　Idaho National Engineering Laboratory,美国爱达荷国家工程实验室

INL　Idaho National Laboratory,美国爱达荷国家实验室

INTOR　International Tokamak Reactor, 国际托卡马克反应堆的缩写。在国际原子能机构组织下的,由美国、日本和欧洲共同体设计的大型托卡马克装置,后被 ITER 取代

IO　The ITER Organization,ITER 国际组织的简称

IO-DA　The ITER Organization,Domestic Agency,ITER 国际组织各成员国国内机构的简称

IPP　Max Planck Institute of Plasma Physics,德国伽兴马克斯-普朗克等离子体物理研究所

IPR　Institute for Plasma Research, 印度等离子体研究所

IST　Instituto Superior Tecnico,葡萄牙高级技术学院

IST, CFN　葡萄牙高级技术学院核聚变中心

ISTTOK　葡萄牙高级技术学院核聚变中心 1992 年研制的托卡马克装置。小半径 0.46 m,磁场 0.5 T

ISX　Impurity Study Experiment,杂质研究实验装置

ITB　Internal Transport Barrier,内部输运垒

ITER　International Thermonuclear Experimental Reactor, 国际热核聚变实验堆的简称。由中国、美国、欧盟、日本、俄罗斯、韩国及印度七方共同建造的核聚变实验堆

ITER-TBM　ITER Test Blanket Module,ITER 实验包层模块

ITPA　International Tokamak Physics Activity,国际托卡马克物理活动

IUA　ITER Unit of Account,ITER 记账单位。一个 ITER 记账单位,等价于 1998 年的 1 000 美元。

IWS　In Wall Shielding,内中子屏蔽层,是 ITER 中核心装置-真空室的重要组成部分。

J

JAEA　Japan Atomic Energy Agency,日本原子能研究机构

JAERI　Japan Atomic Energy Research Institute,JAEA 的前身,原日本原子能研究所

JET　Joint European Torus,欧洲联合环。世界三大托卡马克之一。英国卡拉姆聚变能研究中心研制的迄今所有托卡马克实验装置中尺寸最大的装置,小半径 1.25 m,大半径 2.96 m。1983 年 6 月投入运行

JFT-1　日本原子能研究所建造的托卡马克装置,大半径 0.43 m

JFT-2　日本原子能研究所 1972 年建造的托卡马克装置,小半径 0.30 m, 大半径 0.90 m

JFT-2A　日本原子能研究所 1974 年建造的托卡马克装置,小半径为非圆截面,大半径 0.6 m

JFT-2M　日本原子能研究所1985年建造的托卡马克装置，小半径0.35 m，大半径1.31 m

JIPP-TⅡ　日本名古屋大学工程学院1985年建造的托卡马克装置，小半径0.23 m，大半径0.93 m

JIPP-TⅡU　JIPP-T II的改造升级装置，小半径0.23 m，大半径0.4 m

JSCCRYOGENMASH　Joint Stock Company CRYOGENMASH，俄罗斯深冷机械制造股份有限公司

JT-60　日本原子能研究所(现日本原子能研究开发机构)1985年建成的大型托卡马克点火装置，世界三大托卡马克(TFTR、JET、JT-60)之一。小半径1.0 m，大半径3.4 m

JT-60SA　在建中。JT-60U改造升级后的先进全超导托卡马克装置，从2007年开始由欧洲、日本共同设计制作，2013年4月进入组装，预计在2018年作为国际热核聚变实验堆的卫星托卡马克装置投入实验。小半径1.18 m，大半径2.97 m

JT-60U　JT-60的改造升级装置。小半径0.8～1.1 m，大半径3.2～3.4 m

J-TEXT　华中科技大学2007年研制的托卡马克装置。小半径0.30 m，大半径1.05 m

K

KAERI　The Korea Atomic Energy Research Institute，韩国原子能研究院

KAIST　Korea Advanced Institute of Science and Technology，韩国科学技术研究院

KAPRA　韩国加速器等离子体研究协会

KAT　KISWIRE LTD，韩国高丽制钢株式会社

KFPP　Korea Fusion Power Plant，韩国聚变电站

KI　Kurchatov Institute，俄罗斯库尔恰托夫研究所

KO-DEMO　韩国示范聚变堆

KOPEC　Korea Power Engineering Company Inc.，韩国电力技术株式会社

KSTAR　Korea Superconducting Tokamak Advanced Research，韩国国家聚变研究所2007年建成的世界上第一个采用新型超导磁体(Nb3Sn)材料产生磁场的全超导聚变装置。小半径0.5 m，大半径1.8 m

KT-5B　中国科学技术大学1984年研制的托卡马克实验装置。小半径0.10 m，大半径0.30 m

KT-5C　中国科学技术大学1989年研制的小型托卡马克实验装置。小半径0.125 m，大半径0.325 m

KT-1　韩国原子能研究院1987年研制的托卡马克装置。小半径0.05 m，大半径0.27 m

KTM　哈萨克斯坦材料测试托卡马克。俄罗斯计划建造的在ITER与DEMO之间搭建的桥梁过渡装置

KTX　中国科学技术大学设计中的反场箍缩装置。KTX设计目标为：半径比3.625(R/r=1.45 m/0.4 m)，最大等离子体电流1 MA，在无反馈时放电时间10～30 ms，主动反馈控制时间100 ms

KYUNGWON TECH　韩国暻园科技公司

L

LANL　Los Alamos National Laboratory 洛斯阿拉莫斯实验室

LATE　日本京都大学核工程系 2000 年研制的球形托卡马克装置。大半径 0.25 m

LFEX　日本大阪大学激光工程研究所 2009 年研制的激光器

LHCD　Lower Hybrid Current Drive,低混杂波电流驱动

LHD　Large Helical Device,大型螺旋器装置。日本自然科学研究机构核聚变科学研究所 1997 年建成的目前世界最大的超导仿星器核聚变实验装置

LHRH　Lower Hybrid Resonant Heating,低混杂波共振加热

LHRF　Lower Hybrid Radio Frequency,低混杂射频

LHW　Lower Hybrid Wave,低混杂波

LID　Local Island Divertor,局部磁岛偏滤器

LIFE　Laser-Ignited Fusion Energy,激光惯性聚变能源

LLCB　Lithium Lead Ceramic Breeder,锂铅陶瓷包层

LLNL　Lawrence Livermore National Laboratory,劳伦斯利弗莫尔国家实验室

LMJ　Laser Megajoule,法国兆焦耳激光装置,由法国原子能委员会下属的阿基坦科研究中心研制

LVPD　Large Volume Plasma Device,大容积等离子体装置

M

MAC　Management Advisory Committee ,(ITER)理事会管理咨询委员会

MAST　Mega Amp Spherical Tokamak,英国卡拉姆聚变能研究中心 1999 年建成的兆安球形托卡马克装置

MCF　Magnetic Confinement Fusion,磁约束聚变

MCP　Microchannel Plate,微通道板

MEPs　Members of the European Parliament,欧盟议会成员

MFE　Magnetic Fusion Energy,磁约束聚变能

MFTF-B　美劳伦斯·利弗莫尔国家实验室 1988 年研制的磁镜聚变试验装置

MHD　Magnetohydrodynamics,磁流体动力学

MIT　Massachusetts Institute of Technology,美国麻省理工学院

MITICA　Megavolt ITER Injector and Concept Advancement,ITER 兆瓦注入器和概念升级。ITER 兆瓦加速器研究(PRIMA)试验台之一

MMS　Machine Monitoring Sub-system,装置监测子系统

MOE　Ministry of Education,日本文部省,现日本文部科学省前身

MOST　Ministry of Science and Technology,中华人民共和国科学技术部

MPQ　Max-Planck-Institut für Quantenoptik,德国马克斯-普朗克量子光学研究所

MRI　Magnetic Resonance Imaging,磁共振成像

MSE　Motional Stark Effect,动态斯塔克效应

MST　Madison Symmetric Torus，麦迪逊对称环，美国威斯康星大学麦迪逊分校建造的反场箍缩装置

MIT　Massachusetts Institute of Technology，美国麻省理工学院

Mooncity　核工业西南物理研究院设计的 $D\text{-}^3He$ 聚变堆

N

NBTF　Neutral Beam Test Facility，中性束试验装置

NCTF　Nationally Centralized Tokamak Facility，国家中心托卡马克装置。日本 JT-60U 的改造和立项的过程中，曾拟建的装置名

NCSX　美普林斯顿等离子体物理实验室计划建造的国家紧凑仿星器，投资 1.7 亿美元，还未建成因多方原因于 2008 年 5 月关闭

NEMD　Nonequilibrium Molecular Dynamics，非平衡分子动力学

NET　根据欧盟核聚变研究规划的发展战略，JET 装置之后要建造和运行的下一代欧洲联合环

NFRC　National Fusion Research Center，KOREA，韩国国家聚变研究中心

NFRI　National Fusion Research Institute，KOREA，韩国国家聚变研究所

NI　NonInduced，非感应

NIF　National Ignition Facility，国家点火装置。是美国研究惯性约束聚变(ICF)和高能量密度物理(HEDP)的代表性实验装置，是目前世界上最大的激光器

NIFS　National Institute for Fusion Science，日本自然科学研究机构核聚变科学研究所

NIIEFA　D. V. Efremov Institute of Electrophysical Apparatus，D. V. 叶菲莫夫电物理仪器研究所

NIM　Normal Incidence Spectrometer，垂直入射谱仪

NNSA　National Nuclear Security Administration，美国国家核安全管理局

NN　Neural Networks，神经网络

NNB (N-NBI)　Negative Ion Source-Neutral Particle Beam，负离子源中性粒子束

NRC　National Research Council，美国国家研究理事会

NSTX　National Spherical Torus Experiment，国家球形环磁聚变实验装置。美普林斯顿等离子体物理实验室等单位联合建造的球形环托卡马克聚变实验装置，1999 年投入运行并首次产生等离子体。

NTM　Neoclassical Tearing Mode，新经典撕裂模

NUCTE-3　日本大学原子能研究所 1978 年研制的场反向位形装置

NTV　Neoclassical Toroidal Viscidity，新经典环向粘滞性

O

ODS　Oxide Dispersion Strengthened，氧化弥散强化

OFES　Office of Fusion Energy Science，美国聚变能源科学办公室

OFS　Office of Fusion Energy，美国聚变能源办公室

OJT On the Job Training,在职教育

ORMAK 美国橡树岭国家实验室 1971 年建造的托卡马克装置(欧马克)。小半径为 0.26 m,大半径 0.80 m

ORNL Oak Ridge National Laboratory,美橡树岭国家实验室

P

PAL Pohang Accelerator Laboratory,韩国浦项加速器实验室

PDC Pulse Discharge Cleaning,脉冲放电清洗

PHAROS 美国海军研究实验室建造的直线角向箍缩装置

PIACE-3 日本大阪大学等离子体物理实验室建造的箍缩装置

PMI Plasma-Material Interface,等离子体与材料接口

PFCs Plasma Facing Components,面向等离子体部件

PF Poloidal Field Coil,极向场线圈

PICRF Power of Ion Cyclotron Radio-Frequency,离子回旋加热功率

PIACE-3 日本大阪大学建造的反场位形装置

PMSS Personnel Monitoring & Safety Subsystem,个人监测和安全子系统

POSCO Pohang Iron and Steel Company,韩国浦项钢铁公司

PPCS Power Plant Concept Study,电站概念性研究

PPP Plasma Physics Programme, 印度制定的等离子体物理研究计划

Proto-RT/Mini-RT 日本东京大学建造的内部导体装置

PPPL Plasma Physics Laboratory, Princeton University,美国普林斯顿等离子体物理实验室

PRCKI Plasma Research Center, Kurchatov Institute,俄罗斯库尔恰托夫研究所等离子体研究中心

PRIMA The Padua Research on ITER Megavolt Accelerator,帕多瓦 ITER 兆瓦加速器研究,由欧盟、印度和日本三方共同参与完成

PSCS Power Supply Control Sub-system, 电源控制子系统

PSFC MIT Plasma Science and Fusion Center, Massachusetts Institute of Technology,美国麻省理工学院等离子体科学与聚变中心

PSII Plasma Source Ion Implantation,等离子体源离子注入

PTI RASIoffc Physico-Technical Institute, Russian Academy of Science, 俄罗斯科学院约飞物理技术研究所

Q

QCM Quasi Coincide Mode 准吻合模

QUEST 日本九州大学 2008 年建造的托卡马克装置

R

RAFMS Reduced Activation Ferritic/Martensitic steels,铁素体-马氏体钢

REMS Radiation and Environmental Monitoring System,辐射与环境监测系统

REPUTE-1 东京大学物理系 1984 年建造的反场箍缩装置

RFP Reverse Field Pinch,反场箍缩

RHVPS Regulated High Voltage Power Supply, 稳压高压电源

RWM Resistive Wall Mode,电阻壁模

RMP Resonant Magnetic Perturbation,共振磁扰动

RF Radio-Frequency,射频

RFQ Radio Frequency Quadrupole,射频四级加速器

ROSATOM 俄罗斯原子能机构/集团

S

SBB S-Bend Box,S 弯盒

SC Strip Casting,片铸

SC Super Conduction,超导

SciDAC Scientific Discovery through Advanced Computing,美国能源部高级计算科学发现项目

SEM TECHNOLOGY Sun East Electronic Equipment Company Limited,韩国日东科技公司

SERF Socio-Economic Research on Fusion,聚变社会经济学研究

SHe Supercritical Helium,超临界氦

SINP Saha Institute of Nuclear Physics, 印度萨哈核物理研究所

SMARTEX 印度建造的非中性等离子体系统装置

SNLA Sandia National Laboratories-Alberquerque,美国圣地亚哥国家实验室-阿尔伯克基

SNUT-79 韩国首尔国立大学核工程系建造的托卡马克装置。小半径 0.15 m,大半径 0.65 m

SOL Scrap-Off Layer,删削层

SPACE 日本名古屋大学建造的托卡马克装置。小半径 0.55 m, 大半径 0.28 m

SPIDER Source for the Production of Ions of Deuterium Extracted from an RF plasma,射频等离子体氘离子分离产生源。ITER 兆瓦加速器研究(PRIMA)试验台之一

SPPS 美国 ARIES 计划 1984 年完成的聚变电站概念设计——仿星器

SST-1 Steady State Superconducting Tokamak-1, 印度等离子体研究所 2004 年建成的中等尺寸的稳态超导托卡马克装置。小半径 0.2 m, 大半径 1.1 m

SST-2 继 SST-1 后印度等离子体研究所计划建造的首个氚增殖的 D-T 中间装置。SST-2 装置是印度下一步聚变发展战略的重点,预计 2022 年建成并投入运行。小半径 1.5 m,大半径 4.14 m

STA Science and Technology Agency, 日本原科学技术厅,现为日本文部科学省

STAC Science and Technology Advisory Committee,ITER 理事会科技咨询委员会

STAR 美国能源部科学办公室用于开展辐照材料氘氚同位素质量输运实验的氚实

验室

STFC　Scientific and Technological Facility Council,英国研究理事会科学与技术设施理事会

STR　核工业西南物理研究院设计的聚变商用堆概念

SUNIST　清华大学工程物理系/中国科学院物理研究所 2002 年研制的低环径比球形托卡马克。小半径 0.23 m,大半径 0.3 m

Super-ASHURA　日本产业综合研究院研制的准分子激光器

SVD　Singular Value Decomposition,奇异值分解

SWIM　波粒子与 MHD 相互作用模拟中心

SWIP　Southwestern Institute of Physics,中国核工业集团公司西南物理研究院(核工业西南物理研究院)

T

TAEs　Alfven eigenmode,阿尔芬本征模

TARA　美国麻省理工学院 1984 年研制的磁镜装置

TBM　Test Blanket Module,实验包层模块

TBWG　Test Blanket Working Group, ITER 包层工作组

TCV　瑞士洛桑联邦理工学院等离子体物理研究中心 1991 年研制的托卡马克装置。小半径 0.24 m,大半径 0.83 m

TF Coil　Toroidal Field Coil,环向场线圈

TF　Transverse Flow,横流

T-15　俄罗斯库尔恰托夫研究所 1988 年建造的世界上第一个拥有 Nb_3Sn 超导磁系统的托卡马克,T-15 在 20 世纪 70 年代曾被称为世界上四个大型托卡马克装置之一。由于经费问题最终于 1995 年关闭

T-15MD　俄罗斯库尔恰托夫原子能研究所在建中的 T-15 改造升级装置

TFTR　Tokamak Fusion Test Reactor,托卡马克聚变试验堆。美国普林斯顿等离子体物理实验室建造,世界三大托卡马克之一。TFTR 装置 1974 年开始建造,1982 年建成并投入运行,造价 3.14 亿美元,成为当时正在建造的新一代聚变研究装置中第一个开始运行的装置,1996 年关闭。小半径 0.4～0.96,大半径 2.1～3.1 m

TITAN　美国 ARIES 计划 1988 年完成的聚变电站概念设计——反场箍缩

T-MG　Toroidal-Motor Generator,环向场线圈电动发动机

TOKAMAK 托卡马克,又称环流器。是由环形(Тороидаль)、室(Камере)、磁(Магнит)、线圈(Катушка)4 个俄文单词词头组成的缩写,意为环形真空磁室。第一个托卡马克装置于 1954 年在前苏联库尔恰托夫原子能研究所建成

TORE-SUPRA　超环托卡马克。法国原子能委员会下属的磁约束聚变研究所 1988 年研制的中等规模的超导托卡马克装置。小半径 0.8,大半径 2.4m

TPE-1　日本电子技术综合研究所研制的环形箍缩装置

TPE-1RM15　日本电子技术综合研究所研制的反场箍缩装置

TPE-RX　日本产业技术综合研究所研制的反场箍缩装置

TRF　Tritium Removal Facility，除氚设施

TRIAM-1M　日本九州大学应用力学研究所研制的超导强磁场托卡马克实验装置。1986年建成投入运行，是当时世界上唯一采用Nb_3Sn超导线圈的托卡马克装置，同年6月27日成功产生第一个等离子体，2005年12月停止运行。

TRINITI　State Research Center of Russian Federation Troitsk Institute for Innovation and Fusion Research，俄罗斯特罗伊茨克创新和热核研究所

TS-3/4　日本东京大学物理系1986年和2000年先后建造的球形托卡马克装置

TST-2　日本东京大学物理系1999年建造的球形托卡马克装置

TUMAN-3　俄罗斯科学院约飞物理技术研究所1977年建造的该所最大的托卡马克装置。小半径0.23 cm，大半径0.55 m

U

UCLA　University of California, Los Angeles，美国加州大学洛杉矶分校

UCSD　University California, San Diego，美国加州大学圣地亚哥分校

UKAEA　United Kingdom Atomic Energy Authority，英国原子能管理局

ULQ　Ultra Low q discharge 超低 q 放电

USBPO　United States Burning Plasma Organization 美国燃烧等离子体组织

UV　Ultra Violet，紫外光

V

VDE　Vertical Displacement Event 垂直位移事件

VLQ　Very Low q Discharge　极低 q 放电

VIS　Visible Spectrometer，可见分光仪

VLT　Virtual Laboratory for Technology，美国虚拟技术实验室

VNIINM　俄罗斯 A. A. Bochvar 无机材料高科技研究所

W

WCLL　Water Cooling Lithium Lead，水冷锂铅

WDS　Water Detritiation System，水除氚系统

Y

YBCO　$YBa_2Cu_3O_7$，钇钡铜氧化物